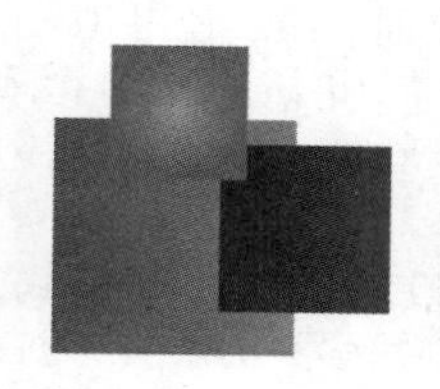

刘贵国 / 编著

HTML CSS JavaScript 网页制作

全能一本通

清华大学出版社

北京

内 容 简 介

本书紧密围绕网页设计师在制作网页过程中的实际需要和应该掌握的技术，全面介绍了使用HTML、CSS、JavaScript进行网页设计和制作的各方面内容和技巧。本书不仅仅将笔墨局限于语法讲解上，并通过一个个鲜活、典型的实例来达到学以致用的目的。每个语法都有相应的实例，每章后面又配有综合实例，力求达到理论知识与实践操作完美结合的效果。

全书共23章分为4部分，主要内容包括HTML入门、HTML基本标记、用HTML设置文字与段落格式、用HTML创建精彩的图像和多媒体页面、用HTML创建超链接和表单、使用HTML创建强大的表格、创建框架结构网页、移动开发基础HTML5、CSS基础知识、用CSS设计丰富的文字效果、用CSS设计图像和背景、设计更富灵活性的表格和表单、用CSS制作链接与网站导航、CSS中的滤镜、CSS+DIV布局定位基础、CSS+DIV布局方法、CSS3指南、JavaScript基础知识、数据类型和运算符、JavaScript语法基础、JavaScript中的事件、JavaScript中的对象、企业网站制作方法。

本书可作为普通高校计算机及相关专业教材、高职高专教材，也可供从事网页设计与制作、网站开发、网页编程等行业人员参考阅读。

图书在版编目（CIP）数据

HTML CSS JavaScript 网页制作全能一本通 / 刘贵国编著 . -- 北京 : 清华大学出版社 , 2017

ISBN 978-7-302-45972-9

Ⅰ . ① H… Ⅱ . ①刘… Ⅲ . ①超文本标记语言－程序设计②网页制作工具③ JAVA 语言－程序设计 Ⅳ . ① TP312 ② TP393.092

中国版本图书馆 CIP 数据核字 (2016) 第 312847 号

责任编辑：陈绿春
封面设计：潘国文
责任校对：徐俊伟
责任印制：沈　露

出版发行：清华大学出版社
网　　址：http://www.tup.com.cn，http://www.wqbook.com
地　　址：北京清华大学学研大厦A座　　邮　　编：100084
社 总 机：010-62770175　　邮　　购：010-62786544
投稿与读者服务：010-62776969，c-service@tup.tsinghua.edu.cn
质量反馈：010-62772015，zhiliang@tup.tsinghua.edu.cn
印 装 者：北京密云胶印厂
经　　销：全国新华书店
开　　本：188mm×260mm　　印　　张：29.5　　字　　数：914千字
版　　次：2017年8月第1版　　印　　次：2017年8月第1次印刷
印　　数：1～3000
定　　价：69.00元

产品编号：069954-01

近年来随着网络信息技术的广泛应用，越来越多的个人、企业纷纷建立自己的网站，利用网站来宣传推广自己。网页技术已经成为当代青年学生必备的基础技能。目前大部分制作网页的方式都是运用可视化的网页编辑软件进行的，这些软件的功能相当强大，使用非常方便。但是对于高级的网页制作人员来讲，一个专业网页设计者仍需了解 HTML、CSS、JavaScript 等网页设计语言和技术的使用方法，这样才能充分发挥自己丰富的想象力，更加随心所欲地设计符合标准的网页，以实现网页设计软件不能实现的许多重要功能。

本书主要内容

本书紧密围绕网页设计师在制作网页过程中的实际需要和应该掌握的技术，全面介绍了使用 HTML、CSS、JavaScript 进行网页设计和制作的各方面内容和技巧。本书不仅仅将笔墨局限于语法讲解上，并通过一个个鲜活、典型的实战来达到学以致用的目的。每个语法都有相应的实例，每章后面又配有综合实例。

全书共 23 章分为 4 部分，主要内容介绍如下。

■ 第 1 篇　HTML 篇

本部分由第 1~8 章组成，主要讲述了 HTML 入门、HTML 基本标记、用 HTML 设置文字与段落格式、用 HTML 创建精彩的图像和多媒体页面、用 HTML 创建超链接和表单、使用 HTML 创建强大的表格、创建框架结构网页、移动开发基础 HTML5。教你如何使用 HTML 语言标记，如何运用这些标记在 Web 页面中生成特殊效果，并且对每章节的属性和方法进行了详细的解析，同时还运用了大量的实例加以说明。

■ 第 2 篇　CSS 篇

本部分由第 9~17 章组成。在本部分中，介绍了 CSS 基础知识、用 CSS 设计丰富的文字效果、用 CSS 设计图像和背景、设计更富灵活性的表格和表单、用 CSS 制作链接与网站导航、CSS 中的滤镜、CSS+DIV 布局定位基础、CSS+DIV 布局方法、CSS3 指南。

■ 第 3 篇　JavaScript 篇

本部分由第 18~22 章组成。主要讲述了 JavaScript 基础知识、数据类型和运算符、JavaScript 语法基础、JavaScript 中的事件、JavaScript 中的对象。教会读者使用 JavaScript 制作丰富多彩的特效网页。

■ 第 4 篇　综合案例篇

第 23 章是综合案例，采用最流行的 CSS+DIV 布局的方法，综合讲述了企业网站制作方法。教会读者如何将各个知识点应用于一个实用系统中。避免学习的知识停留于表面、局限于理论，使读者学习的知识可以马上应用于实际的相关工作中。

本书主要特色

■ 知识全面系统

本书内容完全从网页创建的实际角度出发，将所有HTML、CSS和JavaScript元素进行归类，每个标记的语法、属性和参数都有完整、详细的说明，信息量大，知识结构完善。

■ 典型实例讲解

本书的每章都配有大量实用案例，将本章的基础知识综合贯穿起来，力求达到理论知识与实际操作完美结合的效果。

■ 最新技术讲解

最新版本 HTML 5 和 CSS3 的新功能与新特性，技术新颖、实用。

■ 配合 Dreamweaver 进行讲解

本书以浅显的语言和详细的步骤介绍了在可视化网页软件 Dreamweaver 中如何运用 HTML、CSS 和 JavaScript 代码来创建网页，使网页制作更加得心应手。在最后一章向读者展示了完全不用编写代码，在 Dreamweaver 中创建完整网页的过程。

■ 配图丰富，效果直观

对于每个实例代码，本书都配有相应的效果图，读者无须自己进行编码，也可以看到相应的运行结果或者显示效果。在不便上机操作的情况下，读者也可以根据书中的实例和效果图进行分析和比较。

本书读者对象

■ 网页设计与制作人员；

■ 网站建设与开发人员；

■ 大中专院校相关专业的师生；

■ 网页制作培训班学员；

■ 个人网站爱好者与自学读者。

本书是集体的结晶，参加本书编写的人员均为从事网页教学工作的资深教师和拥有大型商业网站建设经验的资深网页设计师，他们有着丰富的教学经验和网页设计经验。参加编写的人员除了封面署名的以外，还包括冯雷雷、晁辉、陈石送、何琛、吴秀红、王冬霞、何本军、乔海丽、邓仰伟、孙雷杰、孙文记、何立、倪庆军、胡秀娥、赵良涛、徐曦、刘桂香、葛俊科、葛俊彬等。在编写的过程中，我们以科学、严谨的态度，力求精益求精，但疏漏之处在所难免，恳请广大读者朋友批评指正。

本书配套资源请到清华大学出版社官方网站下载：http://www.tup.tsinghua.edu.cn。

作者

2017 年 5 月

目录
CONTENTS

第1篇　HTML篇

第20章 JavaScript语法基础....379

第21章 JavaScript中的事件....397

第1章

HTML 入门

本章导读

在制作网页时，大多采用一些专门的网页制作软件，如FrontPage、Dreamweaver等。这些工具都是所见即所得的，非常方便。使用这些编辑软件可以不用编写代码，在不熟悉HTML语言的情况下，同样可以制作网页。这是网页编辑软件的最大成功之处，但也是它们的最大不足之处，就是受软件自身的约束，将产生一些垃圾代码，它们将会增大网页的体积，降低网页的下载速度。

技术要点：

- 什么是HTML
- HTML文件编写方法
- HTML文件的基本结构
- 网页设计与开发的过程

1.1 什么是 HTML

上网冲浪（即浏览网页）时，呈现在人们面前的一个个漂亮的页面就是网页，是网络内容的视觉呈现方式。那么，网页是怎样制作的呢？其实网页的主体是一个用 HTML 代码编写的文本文件，使用 HTML 中的相应标签，即可将文本、图像、动画及音乐等内容嵌入网页中，再通过浏览器的解析，丰富多彩的网页内容就呈现出来了。

HTML 的英文全称是 Hyper Text Markup Language，中文通常称作“超文本标记语言”或“超文本标签语言”，HTML 是 Internet 上用于编写网页的主要语言，它提供了精简而有力的文件定义方式，可以设计出各种超媒体文件，通过 HTTP 通信协议，使 HTML 文件可以在全球互联网（World Wide Web）上进行跨平台的文件交换。

1. HTML 的特点

HTML 文档制作简单，且功能强大，支持不同数据格式的文件导入，这也是互联网盛行的原因之一，其主要特点如下。

（1）HTML 文档容易创建，只需一个文本编辑器即可完成。

（2）HTML 文件存储量小，能够尽可能快地在网络环境下传输与显示。

（3）平台无关性。HTML 独立于操作系统平台，它能对多平台兼容，只需要一个浏览器就能够在操作系统中浏览网页文件。可以使用在广泛的平台上，这也是互联网盛行的另一个原因。

（4）容易学习，不需要丰富的编程知识。

（5）可扩展性高，HTML 语言的广泛应用带来了加强功能、增加标识符等要求，HTML 采取子类元素的方式，为系统扩展带来保证。

2. HTML 的历史

HTML 1.0：1993 年 6 月，互联网工程工作小组（IETF）工作草案发布。

HTML 2.0：1995 年 11 月发布。

HTML 3.2：1996 年 1 月 W3C 推荐标准。

HTML 4.0：1997 年 12 月 W3C 推荐标准。

HTML 4.01：1999 年 12 月 W3C 推荐标准。

HTML 5.0：2008 年 8 月 W3C 工作草案。

1.2 HTML 文件的基本结构

编写 HTML 文件时，必须遵循一定的语法规则。一个完整的 HTML 文件由标题、段落、表格和文本等各种嵌入的对象组成，这些对象统称为“元素”。HTML 使用标签来分隔并描述这些元素，整个 HTML 文件其实就是由元素与标签组成的。

1.2.1 HTML 文件结构

HTML 的任何标签都由“<”和“>”围起来，如 <HTML>。在起始标签的标签名前加上符号“/”便是其终止标签，如 </HTML>，夹在起始标签和终止标签之间的内容受标签的控制。超文本文档分为头和主体两个部分，在文档头部，对文档进行了一些必要的定义，文档主体是要显示的各种文档信息。

基本语法：

```
<html>
<head> 网页头部信息 </head>
<body> 网页主体正文部分 </body>
</html>
```

语法说明：

其中 <html> 在最外层，表示这对标签之间的内容是 HTML 文档，一个 HTML 文档总是以 <html> 开始，以 </html> 结束。<head> 之间包括文档的头部信息，如文档标题等，若不需要头部信息则可省略此标签。<body> 标签一般不能省略，表示正文内容的开始。

下面就以一个简单的 HTML 文件来熟悉 HTML 文件的结构。

实例代码

```
<!doctype html>
<html>
<head>
<meta charset="utf-8">
<title> 简单的 HTML 文件结构 </title>
</head>
<body>
是我的第一个网页，简单的 HTML 文件结构 !
</body>
</html>
```

这一段代码是使用HTML中最基本的几个标签组成的，在浏览器中运行代码并预览效果，如图 1-1 所示。

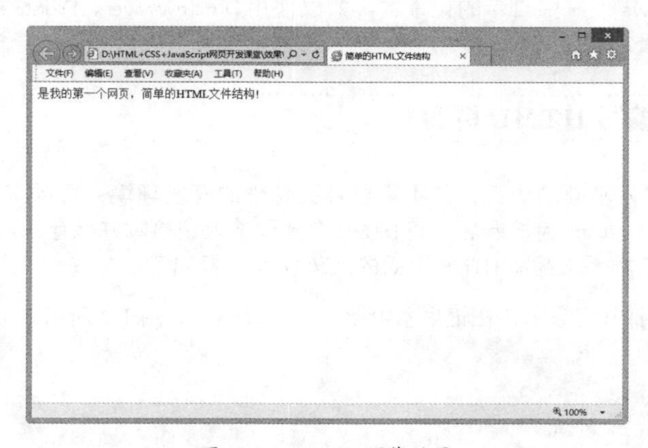

图 1-1　HTML 预览效果

下面解释上面的例子。

- HTML 文件就是一个文本文件。文本文件的后缀名是 .txt，而 HTML 的后缀名是 .html。
- HTML 文档中第一个标签是 <html>，这个标签告诉浏览器这是 HTML 文档的开始。
- HTML 文档的最后一个标签是 </html>，这个标签告诉浏览器这是 HTML 文档的终止。
- 在 <head> 和 </head> 标签之间的文本是头信息，在浏览器窗口中，头信息是不被显示在页面上的。
- 在 <title> 和 </title> 标签之间的文本是文档标题，它被显示在浏览器窗口的标题栏。
- 在 <body> 和 </body> 标签之间的文本是正文，会被显示在浏览器中。
- 在 <p> 和 </p> 标签代表段落。

1.2.2 编写 HTML 文件的注意事项

HTML 由标签和属性构成的，在编写文件时要注意以下几点。

01 “<” 和 “>” 是任何标签的开始和结束。元素的标签要用这对尖括号括起来，并且在结束标签的前面加一个 “/” 斜杠，如 <table></table>。

02 在源代码中不区分大小写。

03 任何回车和空格在源代码中均不起作用。为了代码的清晰，建议不同的标签之间用回车进行换行。

04 在 HTML 标签中可以放置各种属性，如：

```
<h1 align="right">2016 年春晚 </h1>
```

其中 align 为 h1 的属性，right 为属性值，元素属性出现在元素的 <> 内，并且和元素名之间有一个空格分隔，属性值可以直接书写，也可以使用 "" 括起来，如下面的两种写法都是正确的。

```
<h1 align="right">2016 年春晚 </h1>
<h1 align=right>2016 年春晚 </h1>
```

05 要正确输入标签。输入标签时，不要输入多余的空格，否则浏览器可能无法识别这个标签，导致无法正确地显示信息。

06 在 HTML 源代码中注释。<!-- 要注释的内容 --> 注释语句只出现在源代码中，不会在浏览器中显示。

1.3 HTML 文件编写方法

由于 HTML 语言编写的文件是标准的 ASCII 文本文件，因此可以使用任意一种文本编辑器打开并编写 HTML 文件，例如 Windows 系统中自带的记事本。如果使用 Dreamweaver、FrontPage 等软件，则能以可视化的方式进行网页的编辑、制作等。

1.3.1 使用记事本编写 HTML 页面

HTML 是一个以文字为基础的语言，并不需要什么特殊的开发环境，可以直接在 Windows 自带的记事本中编写。HTML 文档以 .html 为扩展名，将 HTML 源代码输入记事本并保存，可以在浏览器中打开文档以查看其效果。使用记事本手工编写 HTML 页面的具体操作步骤如下。

01 在 Windows 系统中，打开记事本，在记事本中输入以下代码，如图 1-2 所示。

```
<!doctype html>
<html>
<head>
<meta charset="utf-8">
<title> 无标题文档 </title>
```

```
</head>
<body>
<table width="600">
  <tbody>
    <tr>
      <td><img src="images/index.jpg" width="600" height="544" alt=""/></td>
    </tr>
  </tbody>
</table>
</body>
</html>
```

说明

如果还不知道怎么新建记事本的读者，在你的计算机桌面上或者“我的电脑”硬盘中的空白区域单击鼠标右键，选择“新建”|“文本文档”命令。

02 当编辑完 HTML 文件后，选择“文件”|“另存为”命令，弹出“另存为”对话框，将其存为扩展名为 .htm 或 .html 的文件即可，如图 1-3 所示。

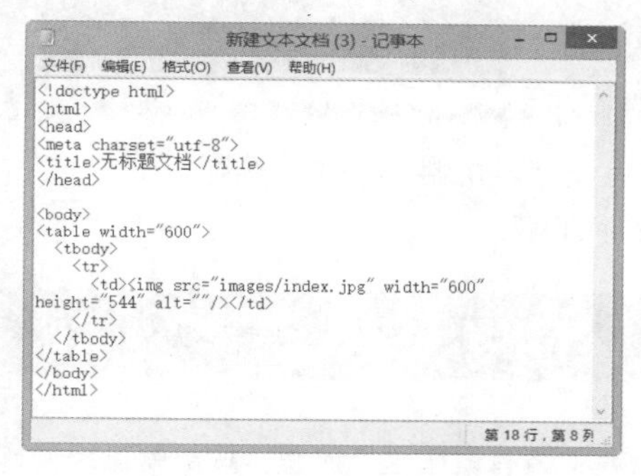

图 1-2 在记事本中输入代码

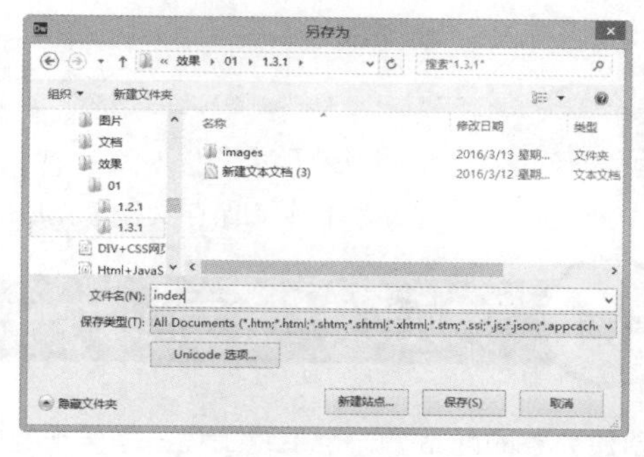

图 1-3 保存文件

提示

注意是“另存为”，而不是“保存”，如果选择“保存”，Windows 系统会默认把它存为 .txt 记事本文件；.html 是一个扩展名，注意是一个点，而不是句号。

03 单击“保存”按钮，此时该文本文件就变成了 HTML 文件，在浏览器中浏览效果，如图 1-4 所示。

图 1-4 浏览网页效果

1.3.2 使用 Dreamweaver 编写 HTML 页面

在 Dreamweaver CC “代码”视图中可以查看或编辑源代码。在 Dreamweaver 中编写代码的具体操作步骤如下。

01 打开 Dreamweaver CC 软件，新建空白文档，在“代码视图”中编写 HTML 代码，如图 1-5 所示。

02 在 Dreamweaver 中编辑完代码后，返回“设计视图”，效果如图 1-6 所示。

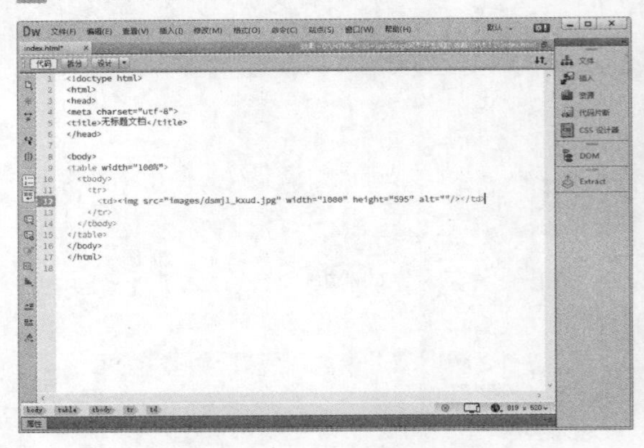

图 1-5 编写 HTML 代码

图 1-6 设计视图

03 选择“文件”|“保存”命令，保存文档，完成 HTML 文件的编写。

1.4 网页设计与开发的过程

创建完整的网站是一个系统工程，需要一定的工作流程，只有遵循这个流程，按部就班地操作，才能设计制作出满意的网站。因此在设计网页前，先要了解网页设计与开发的基本流程，这样才能制作出更好、更合理的网站。

1.4.1 明确网站定位

在创建网站时，确定站点的目标是第一步。设计者应清楚建立站点的目标定位，即确定它将提供什么样的服务，网页中应该提供哪些内容等。要确定站点目标定位，应该从以下 3 个方面考虑。

- 网站的整体定位。网站可以是大型商用网站、小型电子商务网站、门户网站、个人主页、科研网站、交流平台、公司和企业介绍性网站、服务性网站等。首先应该对网站的整体进行一个客观的评估，同时要以发展的眼光看待问题，否则将带来许多升级和更新方面的不便。
- 网站的主要内容。如果是综合性网站，那么对于新闻、邮件、电子商务、论坛等都要有所涉及，这样就要求网页要结构紧凑、美观大方；对于侧重某一方面的网站，如书籍网站、游戏网站、音乐网站等，则往往对网页美工要求较高，使用模板较多，更新网页和数据库较快；如果是个人主页或介绍性的网站，那么一般来讲，网站的更新速度较慢，浏览率较低，并且由于链接较少，内容不如其他网站丰富，但对美工的要求更高一些，可以使用较鲜艳、明亮的颜色，同时可以添加 Flash 动画等，使网页更具动感并充满活力，否则网站没有吸引力。
- 网站浏览者的教育程度。对于不同的浏览者群，网站的吸引力是截然不同的，如针对少年儿童的网站，卡通和科普性的内容更符合浏览者的品位，也能够达到网站寓教于乐的目的；针对学生的网站，往往对网站的动感程度和特效技术要求更高一些；对于商务浏览者，网站的安全性和易用性更为重要。

1.4.2 收集信息和素材

首先要创建一个新的总目录（文件夹），例如“D:\ 我的网站”，来放置建立网站的所有文件，然后在这个目录下建立两个子目录：“文字资料”“图片资料”。放入目录中的文件名最好全部用英文小写，因为有些主机不支持大写和中文，以后增加的内容可再创建子目录。

1. 文本内容素材的收集

具体的文本内容，可以让访问者清楚地明白作者的 Web 页中想要说明的东西。我们可以从网络、书本、报刊上找到需要的文字材料，也可以使用平时的试卷和复习资料，还可以自己编写有关的文字材料，将这些素材制作成 Word 文档保存在“文字资料”子目录中。收集的文本素材既要丰富，又要便于有机地组织，这样才能做出内容丰富、整体感强的网站。

2. 艺术内容素材的收集

只有文本内容的网站对于访问者来讲是枯燥乏味、缺乏生机的，如果加上艺术内容素材，如静态图片、动态图像、音像等，将使网页充满动感与生机，也将吸引更多的访问者。这些素材主要来源于 4 个方面。

- 从 Internet 上获取。可以充分利用网上的共享资源，可使用百度、雅虎等收集图片素材。
- 从 CD-ROM 中获取。在市场上，有许多关于图片素材库的光盘，也有许多教学软件，可以选取其中的图片资料。
- 利用现成图片或自己拍摄。既可以从各种图书出版物（如科普读物、教科书、杂志封面、摄影集、摄影杂志等）中获取图片，也可以使用自己拍摄和积累的照片资料。将杂志的封面彩图用扫描仪扫描下来，经过加工后，整合制作到网页中。
- 自己动手制作一些特殊效果的图片，特别是动态图像，自己动手制作往往效果更好。可采用 3ds Max 或 Flash 进行制作。

鉴于网上只能支持几种图片格式，所以可先将以上途径收集的图片用 Photoshop 等图像处理工具转换成 JPG、GIF 等格式，再保存到“图片资料”子目录中。另外，图片应尽量精美而小巧，不要盲目追求大而全，要以在网页的美观与网络的速度两者之间取得良好的平衡为宜。

1.4.3 规划栏目结构

合理地组织站点结构，能够加快站点的设计，提高工作效率，节省工作时间。当需要创建一个大型网站时，如果将所有网页都存储在一个目录下，当站点的规模越来越大时，管理起来就会变得很困难，因此合理地使用文件夹管理文档就显得很重要。

网站的目录是指在创建网站时建立的目录，要根据网站的主题和内容来分类规划，不同的栏目对应不同的目录，在各个栏目目录下也要根据内容的不同对其划分不同的分目录，如页面图片放在 images 目录下，新闻放在 news 目录下，数据库放在 database 目录下等，同时要注意目录的层次不宜太深，一般不要超过 3 层。另外给目录起名的时候要尽量使用能表达目录内容的英文或汉语拼音，这样会更加方便日后的管理和维护，如图 1-7 所示为企业网站的站点结构图。

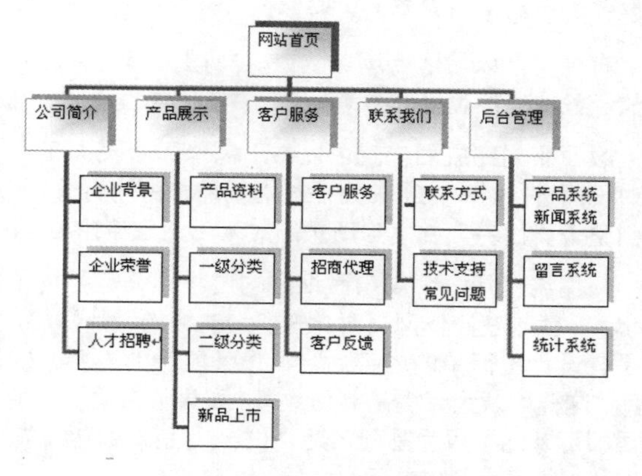

图 1-7 企业网站的站点结构图

1.4.4 设计页面图像

在规划好网站的栏目结构和搜集完资料后就需要设计网页图像了，网页图像设计包括Logo、标准色彩、标准字、导航条和首页布局等。可以使用 Photoshop 或 Fireworks 软件来具体设计网站的图像。有经验的网页设计者通常会在使用网页制作工具制作网页之前，设计好网页的整体布局，这样在具体设计过程中将会胸有成竹，大大节省工作时间，如图 1-8 所示是设计的网页整体图像。

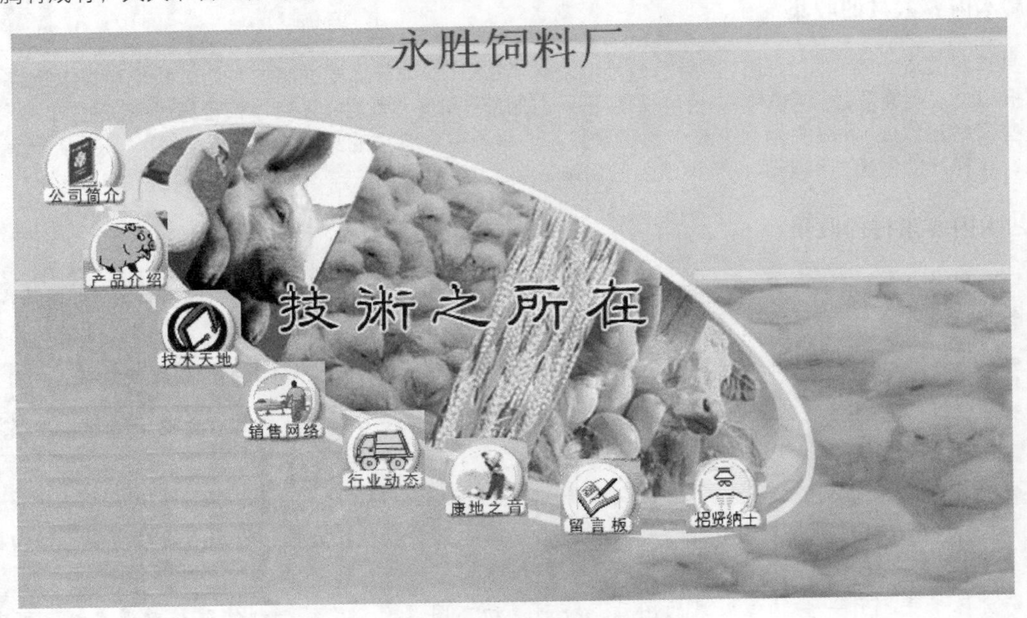

图 1-8 设计的网页图像

1.4.5 制作页面

具体到每个页面的制作时，首先要做的就是设计版面布局。就像传统的报刊杂志一样，需要将网页看作一张报纸、一本杂志来进行排版布局。

版面指的是在浏览器中看到的完整的一个页面的大小。因为每个人的显示器分辨率不同，所以同一个页面的大小可能出现 640px×480px、800px×600px 或 1024px×768px 等不同尺寸。目前主要以 1024px×768px 分辨率的用户为主，在实际制作网页时，应将网页内容宽度限制在 778px 以内（可以用表格或层来进行限制），这样在用 1024px×768px 分辨率的显示器进行浏览时，除去浏览器左右的边框后，刚好能完全显示出网页的内容。

布局就是以最适合浏览的方式将图片和文字排放在页面的不同位置。这是一个创意的过程，需要一定的经验，当然也可以参考一些优秀的网站来寻求灵感。

版面布局完成后，就可以着手制作每个页面了，通常都从首页做起，制作过程中可以先使用表格或层对页面进行整体布局，然后将需要添加的内容分别添加到相应的单元格中，并随时预览效果进行调整，直到整个页面完成并达到理想的效果。然后使用相同的方法完成整个网站中其他页面的制作。

网页制作是一个复杂而细致的过程，一定要按照先大后小、先简单后复杂的顺序制作。所谓“先大后小”，就是在制作网页时，先把大的结构设计好后，再逐步完善小的结构设计；所谓“先简单后复杂”，就是先设计出简单的内容后，再设计复杂的内容，以便出现问题时修改。在制作网页时要灵活运用模板和库，这样可以大大提高制作效率。如果很多网页都使用相同的版面设计，就应为这个版面设计一个模板，然后即可以此模板为基础创建网页。以后如果想要改变所有网页的版面设计，只需简单地改变模板即可，如图 1-9 所示为制作的网页。

图 1-9　制作的网页

1.4.6　实现后台功能

页面设计制作完成后，如果还需要动态功能就需要开发动态功能模块。网站中常用的功能模块有搜索、留言板、新闻信息发布、在线购物、技术统计、论坛及聊天室等。

1. 留言板

留言板、论坛及聊天室是为浏览者提供信息交流的地方。浏览者可以围绕个别的产品、服务或其他话题进行讨论。顾客也可以提出问题、提出咨询，或者得到售后服务。但是聊天室和论坛是比较占用资源的，一般不是大中型的网站没有必要建设论坛和聊天室，如果访问量不是很大，做好了也没有人来访问，如图 1-10 所示为留言板页面。

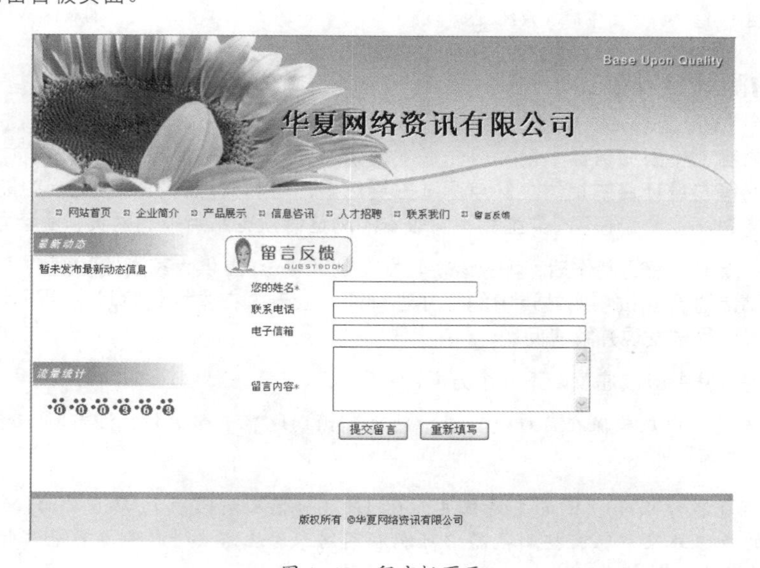

图 1-10　留言板页面

2. 搜索功能

搜索功能是使浏览者在短时间内，快速地从大量的资料中找到符合要求的资料。这对于资料非常丰富的网站来说很有用。要建立一个搜索功能，就要有相应的程序及完善的数据库支持，可以快速地从数据库中搜索到所需要的内容。

3. 新闻发布管理系统

新闻发布管理系统提供方便、直观的页面文字信息的更新维护界面，提高工作效率、降低技术要求，非常适合经常更新的栏目或页面，如图 1-11 所示为新闻发布管理系统。

4. 购物网站

实现电子交易的基础，用户将感兴趣的产品放入自己的购物车，以备最后统一付款。当然用户也可以修改购物的数量，甚至将产品从购物车中取出。用户选择结算后，系统自动生成本系统的订单，如图 1-12 所示为购物网站。

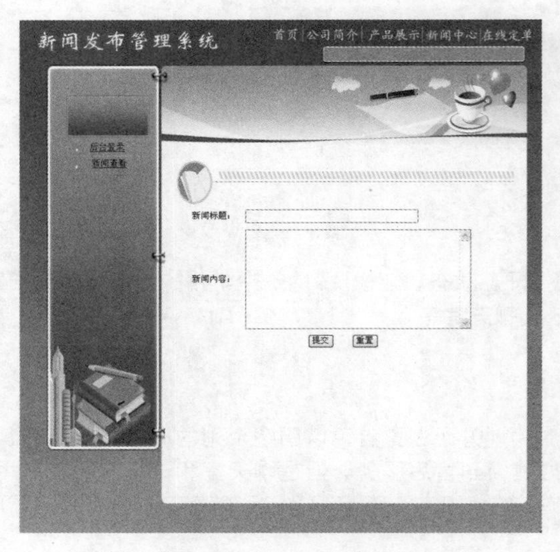

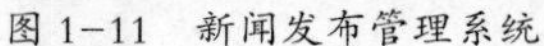
图 1-11　新闻发布管理系统

图 1-12　购物网站

1.4.7 网站的测试与发布

在将网站的内容上传到服务器之前，应先在本地站点进行完整的测试，以保证页面外观和效果、链接和页面下载时间等与设计目的相同。站点测试主要包括：检测站点在各种浏览器中的兼容性、站点中是否有断掉的链接等。可以使用不同类型和不同版本的浏览器预览站点中的网页，检查可能存在的问题。

在完成了对站点中页面的制作后，就应该将其发布到 Internet 上供大家浏览和观赏了。但是在此之前，应该对所创建的站点进行测试，对站点中的文件进行逐一检查，在本地计算机中调试网页以防止包含在网页中的错误，以便尽早发现并解决问题。

在测试站点的过程中应该注意以下几个方面。

- 在测试站点过程中应确保在目标浏览器中网页如预期地显示和工作，没有损坏的链接，以及下载时间不宜过长等。
- 了解各种浏览器对 Web 页面的支持程度，不同的浏览器观看同一个 Web 页面，会有不同的效果。很多制作的特殊效果，在有些浏览器中可能看不到，为此需要进行浏览器兼容性检测，以找出不被其他浏览器支持的部分。

- 检查链接的正确性，可以通过 Dreamweaver 提供的检查链接功能检查文件或站点中的内部链接及孤立文件。

网站制作完毕，需要发布到 Web 服务器上才能够让别人浏览。现在，上传网站的工具有很多，有些网页制作工具本身就带有 FTP 功能，利用这些 FTP 工具，可以很方便地把网站发布到服务器上。

CuteFtp 是一款非常受欢迎的 FTP 工具，界面简洁，并具有支持上下载断点续传、操作简单方便等特点，使其在众多的 FTP 软件中脱颖而出，无论是下载软件还是更新主页，CuteFtp 都是一款不可多得的好工具，如图 1-13 所示为 CuteFtp 软件的界面。

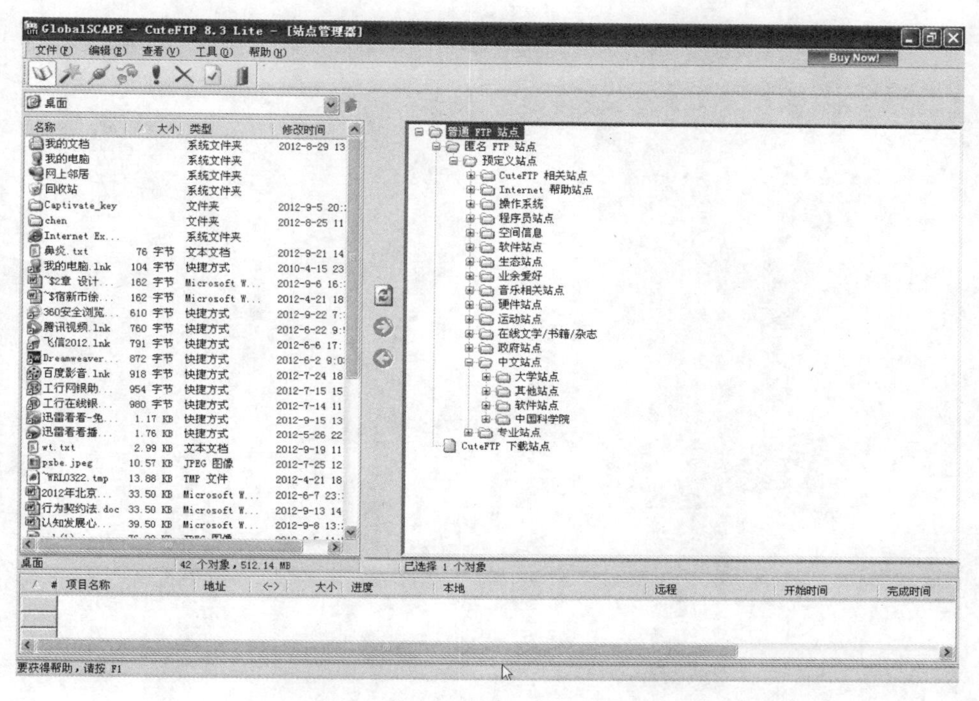

图 1-13　CuteFtp 软件

1.5　本章小结

通过本章的学习可以了解一个优秀的网页设计者应该在掌握可视化编辑工具的基础上，进一步熟悉 HTML 语言，以便清除那些垃圾代码，从而达到快速制作高质量网页的目的。HTML 是搭建网页的基础语言，如果不了解 HTML 语言，就不能灵活地实现想要的网页效果。本章介绍了 HTML 的基本概念和编写方法，以及浏览 HTML 文件的方法，使读者对 HTML 有一个初步的了解，从而为后面的学习打下坚实基础。

第2章

HTML 基本标记

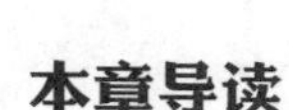

本章导读

<head>作为各种声明信息的包含元素出现在文档的顶端，并且要先于<body>出现；而<body>用来显示文档的主体内容。本章就来讲解这些基本标记的使用方法，这些都是一个完整的网页必不可少的，通过它们可以了解网页的基本结构及其工作原理。

技术要点：

- HTML页面主体常用设置
- 页面的头部元素<head>和<！DOCTYPE>
- 页面标题元素<title>
- 元信息元素<meat>
- 脚本元素<script>
- 创建样式元素<style>
- 链接元素<link>
- 综合实例——创建基本的HTML文件

实例展示

使用了背景图像

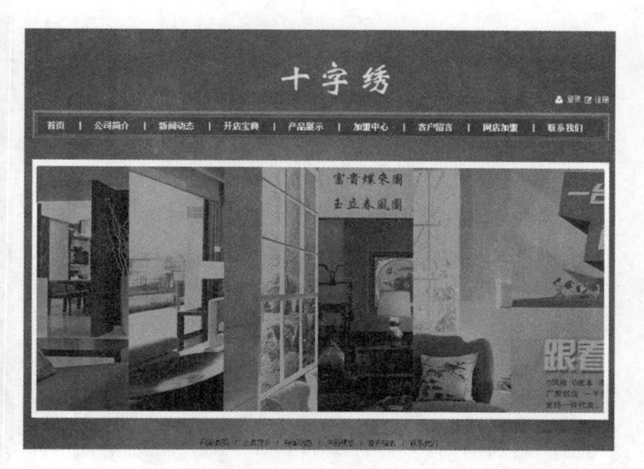

简单的 HTML 网页

2.1　HTML 页面主体的常用设置

在 <body> 和 </body> 之间放置的是页面中所有的内容，如图片、文字、表格、表单、超链接等。<body> 标记有自己的属性，包括网页的背景设置、文字属性设置和链接设置等。设置 <body> 标记内的属性，可控制整个页面的显示方式。

2.1.1　定义网页背景色——bgcolor

对大多数浏览器而言，其默认的背景颜色为白色或灰白色。在网页设计中，bgcolor 属性标记整个 HTML 文档的背景颜色。

基本语法：

```
<body bgcolor=" 背景颜色 ">
```

语法说明：

背景颜色有两种表示方法：

- 使用颜色名指定，例如红色、绿色分别用 red、green 表示。
- 使用十六进制格式数据值 #RRGGBB 来表示，RR、GG、BB 分别表示颜色中的红、绿、蓝三基色的两位十六进制数据。

实例代码：

```
<!doctype html>
<html>
<head>
<meta charset="utf-8">
<title> 无标题文档 </title>
</head>
<body bgcolor="#f0f000">
</body>
</html>
```

在代码中加粗部分的代码标记 bgcolor="#f0f000" 是为页面设置背景颜色，在浏览器中浏览效果，如图 2-1 所示。背景颜色在网页上非常常见，如图 2-2 所示的网页使用了大面积的红色背景。

图 2-1　设置页面的背景颜色

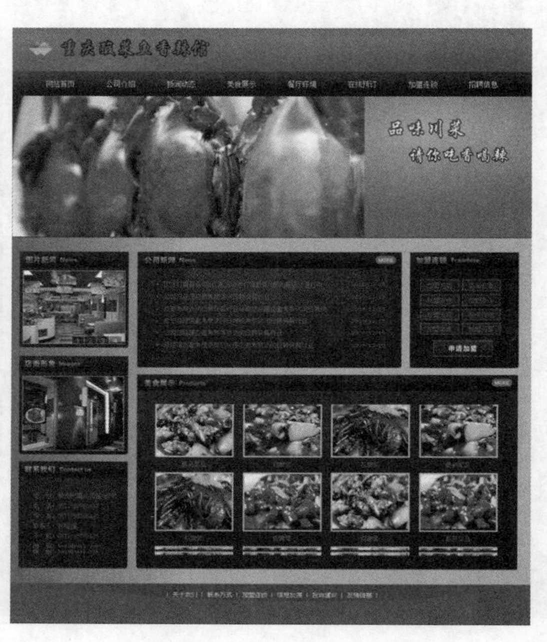

图 2-2　使用背景颜色的网页

2.1.2　设置背景图片——background

网页的背景图片可以衬托网页的显示效果，从而取得更好的视觉效果。背景图片不仅要好看，而且还要注意不要“喧宾夺主”，影响网页内容的阅读。通常使用深色的背景图片配合浅色的文本，或者浅色的背景图片配合深色的文本。background 属性用来设置 HTML 网页的背景图片。

基本语法：

```
<body background=" 图片的地址 ">
```

语法说明：

background 属性值就是背景图片的路径和文件名。图片的地址可以是相对地址，也可以是绝对地址。在默认情况下，用户可以省略此属性，这时图片会按照水平和垂直的方向不断重复出现，直到铺满整个页面。

实例代码：

```
<!doctype html>
<html>
<head>
<meta charset="utf-8">
<title> 无标题文档 </title>
</head>
<body background="images/b_epbg.gif" >
</body>
</html>
```

在代码中加粗部分的代码标记 background="images/b_epbg.gif" 为设置的网页背景图片，在浏览器中预览可以看到背景图像，如图 2-3 所示。在网络上除了可以看到各种背景色的页面之外，还可以看到一些以图片作为背景的页面，如图 2-4 所示的网页使用了背景图像。

图 2-3 页面的背景图像

图 2-4 使用了背景图像的页面

说明

网页中可以使用图片作为背景，但图片一定要与插图及文字的颜色相协调，才能达到美观的效果，如果色差太大会使网页失去美感。

为保证浏览器载入网页的速度，建议尽量不要使用尺寸过大的图片作为背景图片。

2.1.3 设置文字颜色——text

通过 text 可以设置 body 内所有文本的颜色。在没有对文字的颜色进行单独定义时，该属性可以对页面中的所有文字起作用。

基本语法：

```
<body text=" 文字的颜色 ">
```

语法说明：

在该语法中，text 的属性值与设置页面背景色的方法相同。

实例代码：

```
<!doctype html>
<html>
<head>
<meta charset="utf-8">
<title> 设置文本颜色 </title>
</head>
<body  text="#FF0000">
  弘扬民族文化，丰富百姓生活，提供优质产品，奉献满意服务，是我们一贯追求的目标。展望未来，公司将不断探索，推陈出新，致力于集聚优势、吸取民族文化之精髓、全力打造具有民族特色的一流品牌，不断提高核心竞争力，矢志成为一家拥有一流人才、一流品牌和一流管理的国际化卓越企业。
</body>
</html>
```

在代码中加粗部分的代码标记 text="#FF0000" 为设置的文字颜色，在浏览器中预览可以看到文档中文字的颜色，如图 2-5 所示。

在网页中需要根据网页整体色彩的搭配来设置文字的颜色，如图 2-6 所示的文字和整个网页的颜色相协调。

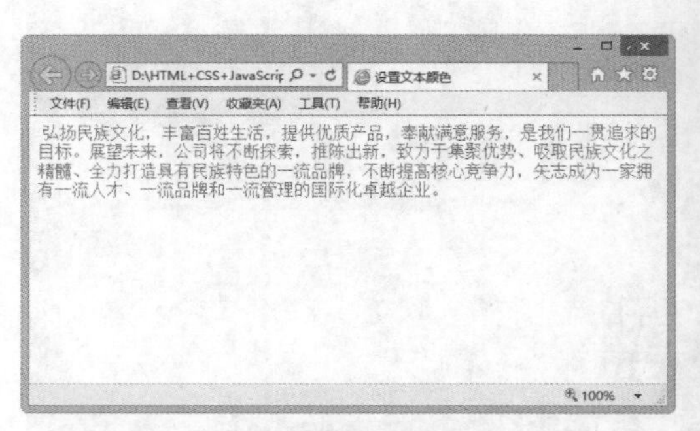

图 2-5　设置文字的颜色

图 2-6　文字的颜色

2.1.4　设置链接文字属性

为了突出超链接，超链接文字通常采用与其他文字不同的颜色，超链接文字的底部还会加一条横线。网页的超链接文字有默认的颜色，在默认情况下，浏览器以蓝色作为超链接文字的颜色，访问过的超链接文字则颜色变为暗红色。在 <body> 标记中也可以自定义这些颜色。

基本语法：

```
<body link=" 颜色 ">
```

语法说明：

该属性的设置与前面几个设置颜色的方法类似，都是与 body 标签放置在一起，表明它对网页中所有未单独设置的元素起作用。

实例代码：

```
<!doctype html>
<html>
<head>
<meta charset="utf-8">
<title> 设置链接文字属性 </title>
```

```
</head>
<body link="#993300">
<a href="#">链接的文字</a>
</body>
</html>
```

在代码中加粗部分的代码标记 link="#993300" 是为链接文字设置颜色的，在浏览器中浏览效果，可以看到链接的文字已经不是默认的蓝色了，如图 2-7 所示。

使用 alink 可以设置鼠标单击超链接时的颜色，举例如下。

```
<!doctype html>
<html>
<head>
<meta charset="utf-8">
<title>设置链接文字属性</title>
</head>
<body alink="#0066FF">
<a href="#">链接的文字</a>
</body>
</html>
```

在代码中加粗部分的代码标记 alink="#0066FF" 是为单击链接的文字时设置颜色的，在浏览器中浏览效果，可以看到单击链接的文字时，文字已经改变了颜色，如图 2-8 所示。

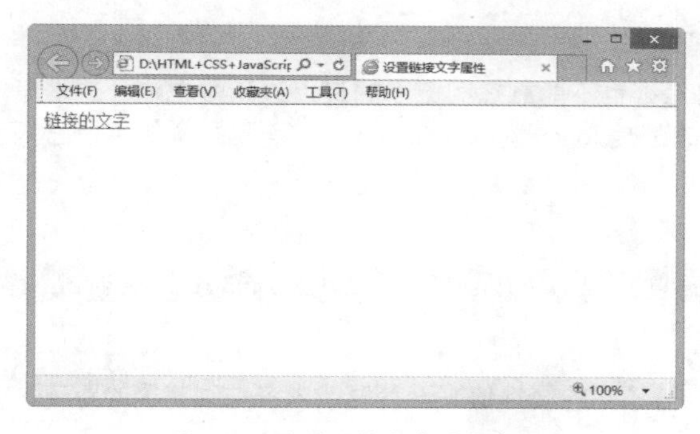

图 2-7　设置链接文字的颜色

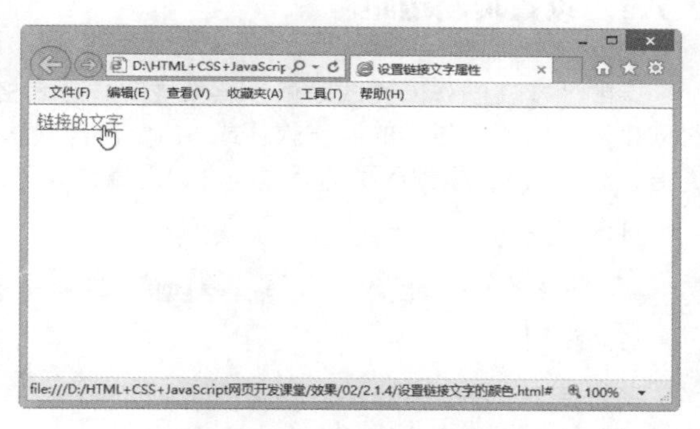

图 2-8　单击链接文字时的颜色

使用 vlink 可以设置已访问过的超链接颜色，举例如下。

```
<!doctype html>
<html>
<head>
<meta charset="utf-8">
<title>设置链接文字属性</title>
</head>
<body  vlink="#FF0000">
<a href="#">链接的文字</a>
</body>
</html>
```

在代码中加粗部分的代码标记 vlink="#FF0000" 是为链接的文字设置访问后的颜色的，在浏览器中浏览效果，可以看到单击链接后文字的颜色已经发生了改变，如图 2-9 所示。

在网页中，一般文字上的超链接都是蓝色的（当然，也可以自己设置成其他颜色），文字下面有一条下画线。当移动鼠标指针到该超链接上时，鼠标指针就会变成一只手的形状，此时用鼠标左键单击，就可以直接跳转到与这个超链接相链接的网页。如果已经浏览过某个超链接，这个超链接的文本颜色就会发生改变，如图 2-10 所示为网页中的超链接文字颜色。

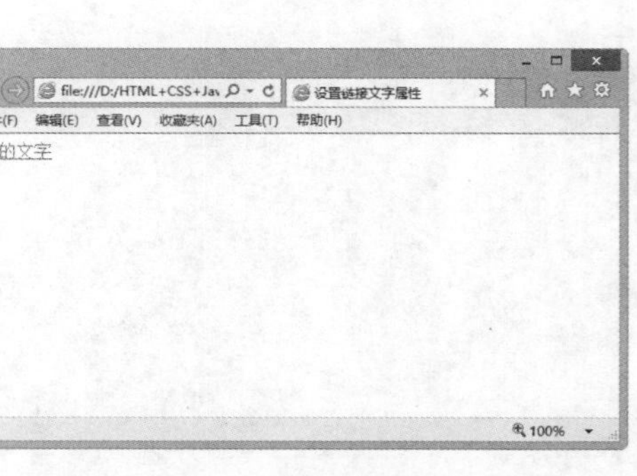
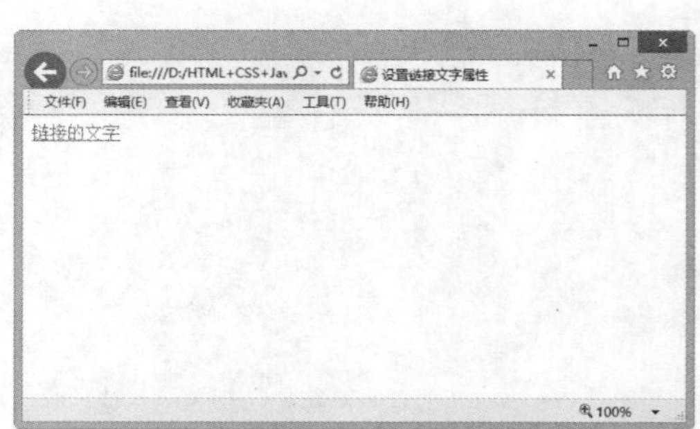

图 2-9 访问后的超链接文字的颜色

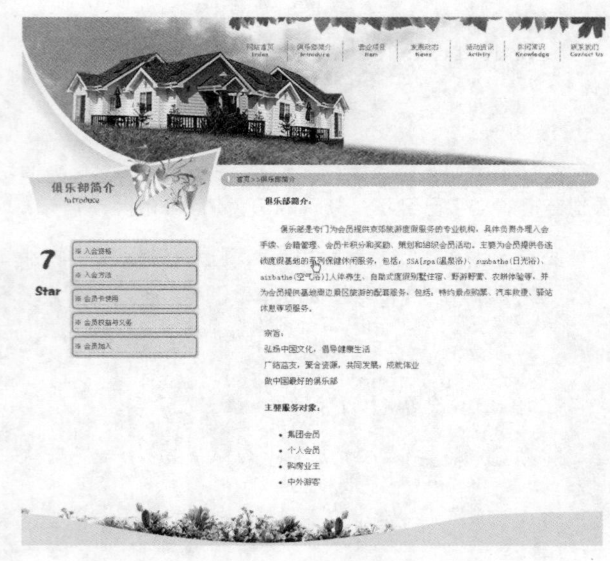

图 2-10 网页中的超链接文字颜色

2.1.5 设置页面边距

有的朋友在制作网页的时候，感觉文字或者表格怎么也不能靠在浏览器的最上边和最左边，这是怎么回事呢？因为一般用的制作软件或 HTML 语言默认的都是 topmargin、leftmargin 值等于 12，如果把它们的值设为 0，就会看到网页的元素与左边距离为 0 了。

基本语法：

```
<body topmargin=value leftmargin=value rightmargin=value bottomnargin=value>
```

语法说明：

通过设置 topmargin/leftmargin/rightmargin/bottomnargin 不同的属性值来设置显示内容与浏览器的距离。在默认情况下，边距的值以像素为单位。

- topmargin 设置到顶边的距离；
- leftmargin 设置到左边的距离；
- rightmargin 设置到右边的距离；
- bottommargin 设置到底边的距离。

实例代码：

```
<!doctype html>
<html>
<head>
<meta charset="utf-8">
<title> 设置页面边距 </title>
</head>
<body topmargin="80" leftmargin="80">
<p> 设置页面的上边距 </p>
<p> 设置页面的左边距 </p>
</body>
</html>
```

在代码中加粗部分的代码 topmargin="80" 是设置上边距的，leftmargin="80" 是设置左边距的，在浏览器中浏览效果，可以看到定义的边距效果，如图 2-11 所示。

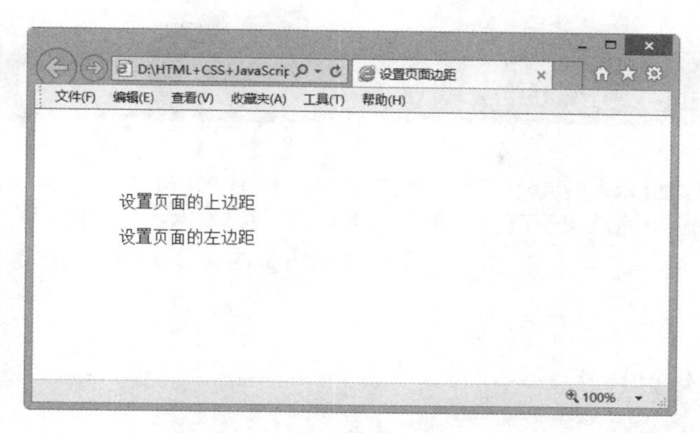

图 2-11 设置的边距效果

提示

一般网站的页面左边距和上边距都设置为 0，这样看起来页面不会有太多的空白。

2.2 页面头部元素 <head> 和 <!DOCTYPE>

在 HTML 语言的头部元素中，一般需要包括标题、基础信息和元信息等。HTML 的头部元素是以 <head> 为开始标记的，以 </head> 为结束标记。

基本语法：

```
<head>……</head>
```

语法说明：

定义在 HTML 语言头部的内容都不会在网页上直接显示，而是通过另外的方式起作用。

实例代码：

```
<!doctype html>
<html>
<head>
文档头部信息
</head>
<body>
文档正文内容
</body>
</html>
```

HTML 也有多个不同的版本，只有完全明白页面中使用的确切 HTML 版本，浏览器才能完全、正确地显示出 HTML 页面，这就是 <!DOCTYPE> 的用处。

<!DOCTYPE> 不是 HTML 标签。它为浏览器提供一项信息（声明），即 HTML 是用什么版本编写的。

实例代码：

```
<!DOCTYPE html>
```

<!DOCTYPE> 声明位于文档中的顶部位置，处于 <html> 标签之前。此标签可告知浏览器文档使用哪种 HTML 或 XHTML 规范。

该标签可声明三种 DTD 类型，分别表示严格版本、过渡版本，以及基于框架的 HTML 文档。在上面的声明中，声明了文档的根元素是 HTML，它在公共标识符被定义为 "-//W3C//DTD XHTML 1.0 Strict//EN" 的 DTD 中进行了定义。

2.3 页面标题元素 <title>

不管是用户还是搜索引擎，对一个网站的最直观的印象往往来自这个网站的标题。用户通过搜索自己感兴趣的关键字，来到搜索结果页面，决定他是否点击的关键字往往在于网站的标题。在网页中设置网页的标题，只要在HTML 文件的头部 <title></title> 中输入标题信息就可以在浏览器上显示。标题标记以 <title> 开始，以 </title> 结束。

基本语法：

```
<head>
<title>……</title>
……</head>
```

语法说明：

页面的标题只有一个，它位于 HTML 文档的头部，即 <head> 和 </head> 之间。

实例代码：

```
<!doctype html>
<html>
<head>
<meta charset="utf-8">
<title> 万通科技有限公司 </title>
</head>
<body>
</body>
</html>
```

在代码中加粗部分的代码标记"<title> 万通科技有限公司 </title>"设置网页的标题，在浏览器中浏览效果，可以在浏览器标题栏看到网页标题，如图 2-12 所示。

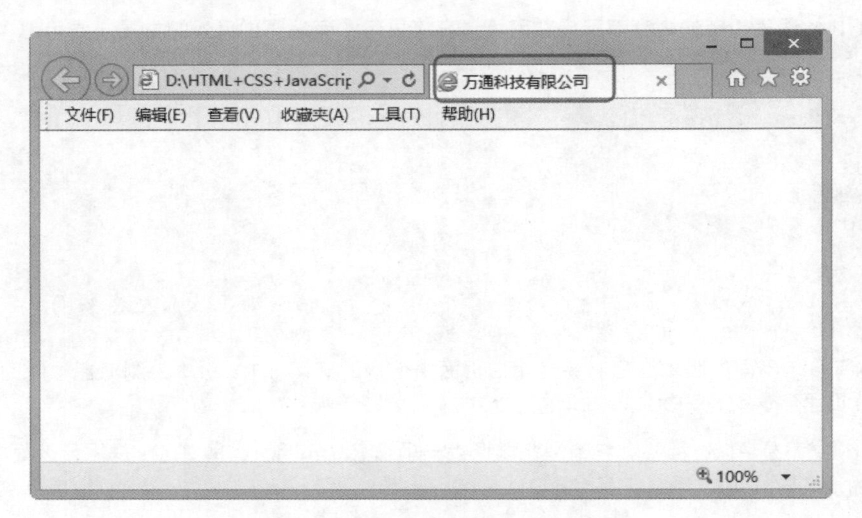

图 2-12　页面标题

提示

了解了网站标题的重要性之后，下面讲述如何设置网站标题。首先应该明确网站的定位，希望对哪类词感兴趣的用户能够通过搜索引擎来到我们的站点，在经过关键字调研之后，选择几个能带来大量流量的关键字，然后把最具代表性的关键字放在 title（标题）的最前面。

2.4　元信息元素 <meta>

<meta> 标记的功能主要是定义页面中的信息，这些信息并不会显示在浏览器中，而只在源代码中显示。<meta> 标记通过属性定义文件信息的名称、内容等。<meta> 标记能够提供文档的关键字、作者及描述等多种信息，在 HTML 头部可以包括任意数量的 <meta> 标记。

name 属性用于描述网页，它是以名称 / 值形式的名称，name 属性的值所描述的内容（值）通过 content 属性表示，便于搜索引擎查找分类。其中最重要的是 description、keywords 和 robots。

http-equiv 属性用于提供 HTTP 协议的响应 MIME 文档头，它是以名称 / 值形式的名称，http-equiv 属性的值所描述的内容（值）通过 content 属性表示，通常为网页加载前提供给浏览器等设备使用。其中最重要的是 content-type charset 提供编码信息、refresh 刷新与跳转页面、no-cache 页面缓存。

2.4.1　设置页面关键词

关键词是描述网站的产品及服务的词语，选择适当的关键词是建立一个高排名网站的第一步。选择关键词的一个重要技巧是选取那些常为人们在搜索时所用到的关键词。当用关键词搜索网站时，如果网页中包含该关键词，就可以在搜索结果中列出来。

基本语法：

```
<meta name="keywords" content=" 输入具体的关键词 ">
```

语法说明：

在该语法中，name="keywords" 用于定义网页的关键词，也就是设置网页的关键词属性，而在 content 中则定义具体的关键词。

实例代码：

```
<!DOCTYPE html PUBLIC "-//W3C//DTD XHTML 1.0 Transitional//EN"
"http://www.w3.org/TR/xhtml1/DTD/xhtml1-transitional.dtd">
<html xmlns="http://www.w3.org/1999/xhtml">
<head>
<meta name="keywords" content=" 网页设计  网站建设  网站优化 ">
<title> 插入关键字 </title>
</head>
<body>
</body>
</html>
```

在代码中加粗的代码标记为插入关键字。

提示

- 要选择与网站或页面主题相关的文字，不要给网页定义与网页描述内容无关的关键词；
- 选择具体的词语，别寄望于行业或笼统的词语；
- 可以为网页提供多个关键词，多个关键词应该使用空格分开；
- 不要给网页定义过多的关键词，最好保持在 10 个以内，搜索引擎将忽略过多的关键词；
- 揣摩用户会用什么作为搜索词，把这些词放在页面上或直接作为关键字；
- 关键词可以不止一个，最好根据不同的页面制定不同的关键词组合，这样页面被搜索到的概率将大大增加。

2.4.2 设置页面主要内容

描述标签是 description，网页的描述标签为搜索引擎提供了关于这个网页的概括性描述。网页的描述元标签是由一两个语句或段落组成的，内容一定要有相关性，描述不能太短、太长或过分重复。

基本语法：

```
<meta name="description" content=" 设置页面描述 ">
```

语法说明：

在该语法中，description 用于定义网页的简短描述。description 出现在 name 属性中，使用 content 属性提供网页的简短描述。网页简短描述不能太长，应该保持在 140～200个字符或者 100个左右的汉字即可。

实例代码：

```
<!DOCTYPE html PUBLIC "-//W3C//DTD XHTML 1.0 Transitional//EN"
"http://www.w3.org/TR/xhtml1/DTD/xhtml1-transitional.dtd">
<html xmlns="http://www.w3.org/1999/xhtml">
<head>
<meta name="description" content=" 网页设计教程，完善的网页设计内容，使初学者迅速掌握网页设计的精髓 ">
<title> 设置页面描述 </title>
</head>
<body>
</body>
</html>
```

提示

在创建描述元标签 description 时，要注意避免以下几点误区：

- 把网页的所有内容都复制到描述元标签中；
- 与网页实际内容不相符的描述元标签，一定要注意描述和网站主题的相关性；
- 过于宽泛的描述，例如“这是一个网页”或“关于我们”等；
- 在描述部分堆砌关键字，堆砌关键字不仅不利于排名，而且会受到惩罚；
- 所有的网页或很多网页使用千篇一律的描述元标签，这样不利于网站优化。

2.4.3 定义页面的搜索方式

可以通过 meta 中的 robots 定义网页搜索引擎的索引方式。

基本语法：

```
<meta name="robots" content=" 搜索方式 ">
```

语法说明：

robots 出现在 name 属性中，使用 content 属性定义网页搜索引擎的索引方式。搜索方式的取值见表 2-1 所示。

表 2-1 搜索方式的取值

属性值	说 明	属性值	说 明
all	表示能搜索当前网页及其链接的网页	nofollow	搜索引擎不继续通过此网页的链接搜索其他的网页

续表

属性值	说　明	属性值	说　明
index	表示能搜索当前网页	noindex	表示不能搜索当前网页
follow	搜索引擎继续通过此网页的链接搜索其他的网页	none	搜索引擎将忽略此网页

实例代码：

```
<!DOCTYPE html PUBLIC "-//W3C//DTD XHTML 1.0 Transitional//EN"
"http://www.w3.org/TR/xhtml1/DTD/xhtml1-transitional.dtd">
<html xmlns="http://www.w3.org/1999/xhtml">
<head>
<title></title>
<meta name="robots" content="index">
</head>
<body>
……
</body>
</html>
```

在代码中加粗的<meta name="robots" content="index">标记将网页的搜索方式设置为“能搜索当前网页”。

2.4.4　定义编辑工具

现在有很多编辑软件都可以制作网页，在源代码的头部可以设置网页编辑工具的名称。与其他meta元素相同，编辑工具也只是在页面的源代码中可以看到，而不会显示在浏览器中。

基本语法：

```
<meta name="generator" content="编辑软件的名称">
```

语法说明：

在该语法中，name为属性名称，设置为generator，也就是设置编辑工具，在content中定义具体的编辑工具名称。

实例代码：

```
<!DOCTYPE html PUBLIC "-//W3C//DTD XHTML 1.0 Transitional//EN"
"http://www.w3.org/TR/xhtml1/DTD/xhtml1-transitional.dtd">
<html xmlns="http://www.w3.org/1999/xhtml">
<head>
<meta name="generator" content="FrontPage">
<title>设置编辑工具</title>
</head>
<body>
</body>
</html>
```

在代码中加粗部分的标记为定义编辑工具FrontPage。

2.4.5　定义页面的作者信息

author出现在name属性中，使用content属性提供网页的作者。

基本语法：

```
<meta name="author" content="作者的姓名">
```

语法说明：

在该语法中，name 为属性名称，设置为 author，也就是设置作者信息，在 content 中定义具体的信息。

实例代码：

```
<!DOCTYPE html PUBLIC "-//W3C//DTD XHTML 1.0 Transitional//EN"
"http://www.w3.org/TR/xhtml1/DTD/xhtml1-transitional.dtd">
<html xmlns="http://www.w3.org/1999/xhtml">
<head>
<meta name="author" content="小王">
<title>设置作者信息</title>
</head>
<body>
</body>
</html>
```

在代码中加粗部分的标记为设置作者的信息。

2.4.6 定义网页文字及语言

在网页中还可以设置语言的编码方式，这样浏览器就可以正确地选择语言，而不需要人工选取。

基本语法：

```
<meta http-equiv="content-type" content="text/html; charset=字符集类型" />
```

语法说明：

在该语法中，http-equiv 用于传送 HTTP 通信协议的标头，而在 content 中才是具体的属性值。charset 用于设置网页的内码语系，也就是字符集的类型，国内常用的是 GB 码，charset 往往设置为 gb2312，即简体中文。英文是 ISO-8859-1 字符集，此外还有其他的字符集。

实例代码：

```
<!DOCTYPE html PUBLIC "-//W3C//DTD XHTML 1.0 Transitional//EN"
"http://www.w3.org/TR/xhtml1/DTD/xhtml1-transitional.dtd">
<html xmlns="http://www.w3.org/1999/xhtml">
<head>
<meta http-equiv="content-type" content="text/html; charset=euc-jp" />
<title>Untitled Document</title>
</head>
<body>
</body>
</html>
```

在代码中加粗部分的标记是设置网页文字及语言的，此处设置的语言为日语。

2.4.7 定义页面的跳转

在浏览网页时经常会看到一些欢迎信息的页面，在经过一段时间后，这些页面会自动转到其他页面，这就是网页的跳转。用 http-equiv 属性中的 refresh 不仅能够完成页面自身的自动刷新，也可以实现页面之间的跳转。通过设置 meta 对象的 http-equiv 属性来实现跳转页面功能。

基本语法：

```
<meta http-equiv="refresh" content="跳转的时间;URL=跳转到的地址">
```

语法说明：

在该语法中，refresh 出现在 http-equiv 属性中，refresh 表示网页的刷新，而在 content 中设置刷新的

时间和刷新后的链接地址，时间和链接地址之间用分号相隔。默认情况下，跳转时间以秒为单位。

实例代码：

```
<!DOCTYPE html PUBLIC "-//W3C//DTD XHTML 1.0 Transitional//EN"
"http://www.w3.org/TR/xhtml1/DTD/xhtml1-transitional.dtd">
<html xmlns="http://www.w3.org/1999/xhtml">
<head>
<meta http-equiv="refresh" content="10;url=index1.html">
<title> 定义网页的跳转 </title>
</head>
<body>
10 秒后自动跳转
</body>
</html>
```

在代码中加粗部分的标记是设置网页的定时跳转的，这里设置为 10 秒后跳转到 index1.html 页面。在浏览器中预览可以看出，跳转前如图 2-13 所示，跳转后如图 2-14 所示。

图 2-13　跳转前

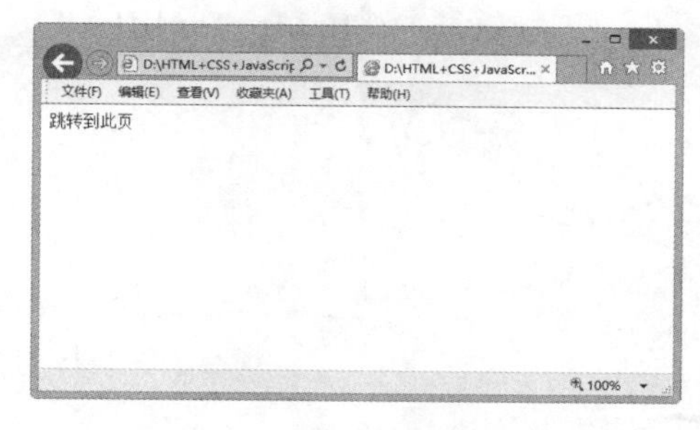

图 2-14　跳转后

2.4.8 定义页面的版权信息

copyright 用于定义网页版权。

基本语法：

```
<meta name="copyright" content="© http://www.baidu.com" />
```

语法说明：

在该语法中，copyright 出现在 name 属性中，使用 content 属性定义网页的版权。

2.5 脚本元素 <script>

<script> 标签用于定义客户端脚本，例如 JavaScript。JavaScript 是一种客户端脚本语言，可以帮助 HTML 实现一些动态的功能。JavaScript 最常用于图片操作、表单验证，以及内容动态更新。

基本语法：

```
<script type="text/javascript" src="dru.js"></script>
```

语法说明：

script 标签是成对出现的，以 <script> 开始，以 </script> 结束。script 元素既可包含脚本语句，也可通过 src 属性指向外部脚本文件。必需的 type 属性规定脚本的类型。

在 HTML 文件中有三种方式可以加载 JavaScript，分别是内部引用 JavaScript、外部引用 JavaScript、内联引用 JavaScript。下面实例演示如何使用内部引用 JavaScript 的方法，将脚本插入 HTML 文档。

实例代码：

```
<!DOCTYPE html PUBLIC "-//W3C//DTD XHTML 1.0 Transitional//EN"
"http://www.w3.org/TR/xhtml1/DTD/xhtml1-transitional.dtd">
<html xmlns="http://www.w3.org/1999/xhtml">
<body>
<script type="text/javascript">
document.write("<h1>Hello World!</h1>")
</script>
</body>
</html>
```

在代码中加粗部分的标记是插入的 JavaScript 脚本，用于显示 Hello World! 文字。在浏览器中预览如图 2-15 所示。

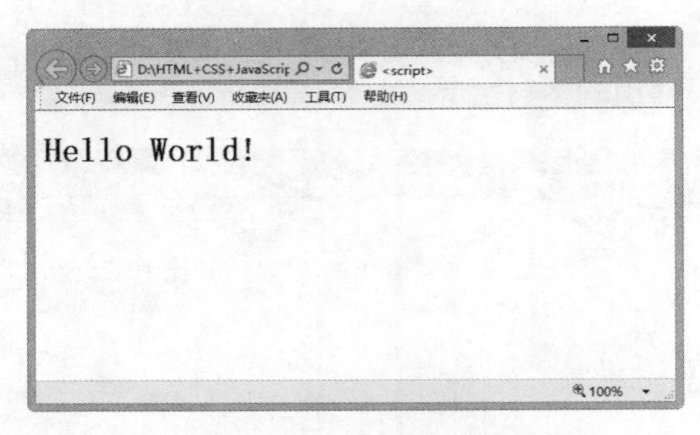

图 2-15 JavaScript 脚本

2.6 创建样式元素 <style>

<style> 标签用于为 HTML 文档定义样式信息。在 style 中，可以规定在浏览器中如何呈现 HTML 文档。

基本语法：

```
<style type="text/css">
.......
</style>
```

语法说明：

type 属性是必需的，定义 style 元素的内容，值是 "text/css"。style 元素位于 head 部分中。

下面的实例演示如何使用添加到 <head> 部分的样式信息对 HTML 进行格式化。

实例代码：

```
<!DOCTYPE html PUBLIC "-//W3C//DTD XHTML 1.0 Transitional//EN"
"http://www.w3.org/TR/xhtml1/DTD/xhtml1-transitional.dtd">
<html xmlns="http://www.w3.org/1999/xhtml">
<head>
<style type="text/css">
h1{color: red}
p {color: blue}
</style>
</head>
<body>
<h1> 标题格式 </h1>
<p> 段落格式 </p>
</body>
</html>
```

在代码中加粗部分的标记是对 HTML 进行格式化，用于显示文字的颜色。在浏览器中预览，如图 2-16 所示。

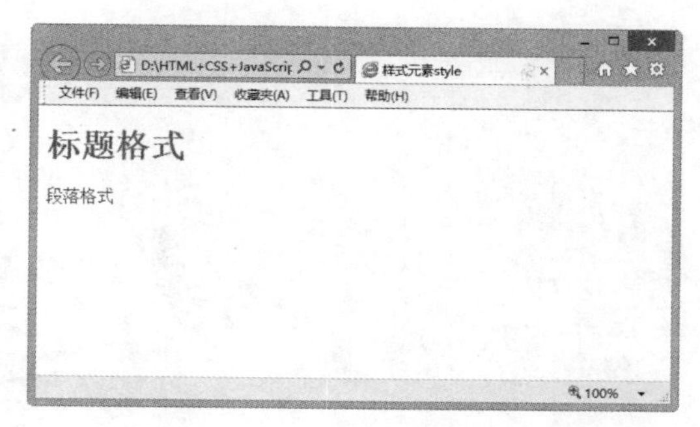

图 2-16 对 HTML 进行格式化

2.7 链接元素 <link>

<link> 标签定义文档与外部资源之间的关系。<link> 标签最常用于链接样式表——链接的类型属性 type、源文档与目标文档的关系属性 rel、外部文件的路径 href。

基本语法：

```
<head>
<link rel="stylesheet" type="text/css" href="theme.css" />
</head>
```

语法说明：

在用于样式表时，<link> 标签得到了几乎所有浏览器的支持。在 HTML 中，<link> 标签没有结束标签。在 XHTML 中，<link> 标签必须被正确地关闭。

下面实例演示如何使用 <link> 标签链接到一个外部样式表。

实例代码：

```
<!DOCTYPE html PUBLIC "-//W3C//DTD XHTML 1.0 Transitional//EN"
"http://www.w3.org/TR/xhtml1/DTD/xhtml1-transitional.dtd">
<html xmlns="http://www.w3.org/1999/xhtml">
<head>
<meta http-equiv="Content-Type" content="text/html; charset=gb2312" />
<title>链接到外部 CSS 样式表</title>
<link rel="stylesheet" type="text/css" href="style.css" media="screen" />
</head>
<body>
<div id="main_container">
     <div id="header">
          <div id="logo"><a href="home.html"><img src="images/logo.png"
width="358" height="40" alt="" title="" border="0" /></a></div>
          <div id="menu">
               <ul>
                    <li><a class="current" href="#" title="">home</a></li>
                    <li><a href="#" title="">about me</a></li>
                    <li><a href="#" title="">my photos</a></li>
                    <li><a href="#" title="">my projects</a></li>
                    <li><a href="#" title="">contact</a></li>
               </ul>
          </div>
     </div>
```

在代码中加粗部分的标记是使用 <link> 标签链接到一个外部样式表 style.css。在浏览器中预览，如图 2-17 所示。

图 2-17　使用 <link> 标签链接到外部样式表

2.8 综合实例——创建基本的 HTML 文件

本章主要学习了 HTML 文件整体标记的使用方法，下面就用所学的知识创建最基本的 HTML 文件。

01 使用 Dreamweaver CC 打开网页文档，如图 2-18 所示。

02 打开拆分视图，在代码 <title> 十字绣 </title> 之间输入标题，如图 2-19 所示。

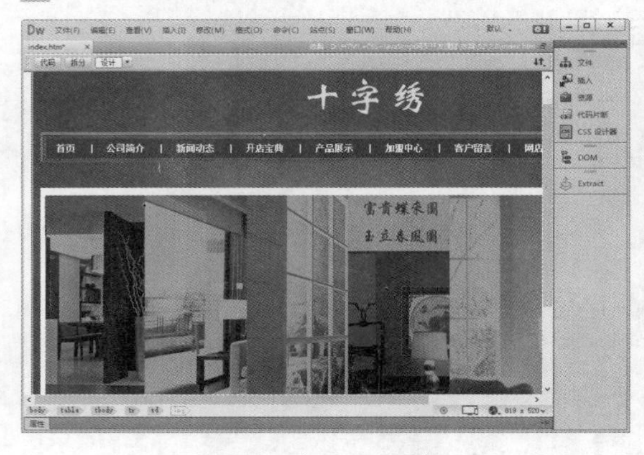

图 2-18　打开网页文档

图 2-19　设置网页的标题

03 打开拆分视图，在<head>和</head>之间输入<meta charset=”utf-8”>代码，从而定义网页的语言，如图 2-20 所示。

04 在 <body> 标签中输入 topmargin="0" leftmargin="0" 代码，用于设置网页的上边距和左边距，将上边距、左边距均设置为 0，如图 2-21 所示。

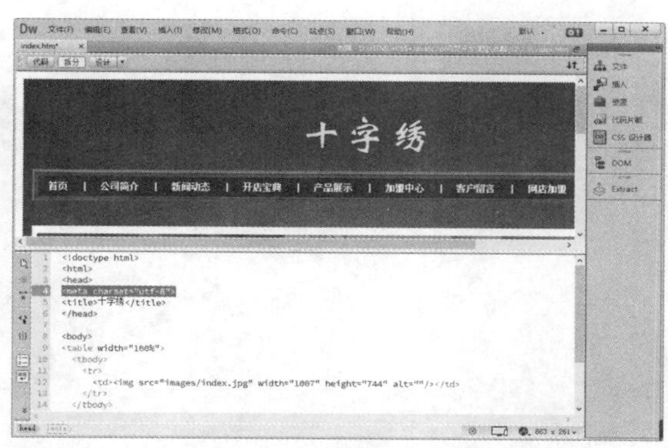

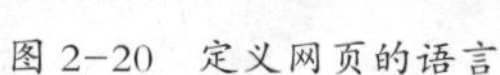
图 2-20　定义网页的语言

图 2-21　设置页面的边距

05 保存网页，在浏览器中预览，如图 2-22 所示。

图 2-22　预览效果

2.9　本章小结

通过对本章的学习可以了解到一个完整的 HTML 文档必须包含 3 个部分：一个由 <html> 元素定义的文档版本信息、一个由 <head> 定义各项声明的文档头部和一个由 <body> 定义的文档主体部分。<head> 作为各种声明信息的包含元素出现在文档的顶端，并且要先于 <body> 出现。而 <body> 用来显示文档主体内容。本章讲解了这些基本标记的使用方法，这些都是一个完整的网页必不可少的。

第3章

用 HTML 设置文字与段落格式

本章导读

文字不仅是网页信息传达的一种常用方式，也是视觉传达最直接的方法，运用经过精心处理的文字材料完全可以制作出效果出众的版面。输入完文本内容后就可以对其进行格式化操作，而设置文本样式是实现快速编辑文档的有效操作，让文字看上去编排有序、整齐美观。因此掌握好文字的使用，对于网页制作来说是最基本的。

技术要点：

- ◆ 插入其他标记
- ◆ 设置文字的格式
- ◆ 设置段落的格式
- ◆ 水平线标记
- ◆ 设置滚动文字
- ◆ 综合实例——设置页面文本及段落

实例展示

设置页面及文本段落的效果

3.1 插入其他标记

在网页中除了可以输入汉字、英文和其他文字外，还可以输入一些空格和特殊字符，如￥、$、◎、# 等。

3.1.1 输入空格符号

可以用许多不同的方法来分开文字，包括空格、标签和回车。这些都被称为“空格”，因为它们可以增加字与字之间的距离。

基本语法

```
 
```

语法说明：

在网页中可以有多个空格，输入一个空格使用“ ”表示，输入多少个空格就添加多少个“ ”。

实例代码：

```
<!doctype html>
<html>
<head>
<meta charset="utf-8">
<title> 输入空格符号 </title>
</head>
<body>
       本公司倡导 " 专业、务实、高效、创新 " 的企业精神，具有良好的内部机制。优良的工作环境以及良好的激励机制，吸引了一批高素质、高水平、高效率的人才。拥有完善的技术研发力量和成熟的售后服务团队。         我们的宗旨是：" 用服务与真诚来换取你的信任与支持，互惠互利，共创双赢！ " 我公司愿与国内外各界同仁志士竭诚合作，共创未来！
</body>
</html><
```

在代码中加粗部分的标记   为设置空格代码，在浏览器中预览，可以看到浏览器完整地保留了输入的空格代码效果，如图 3-1 所示。

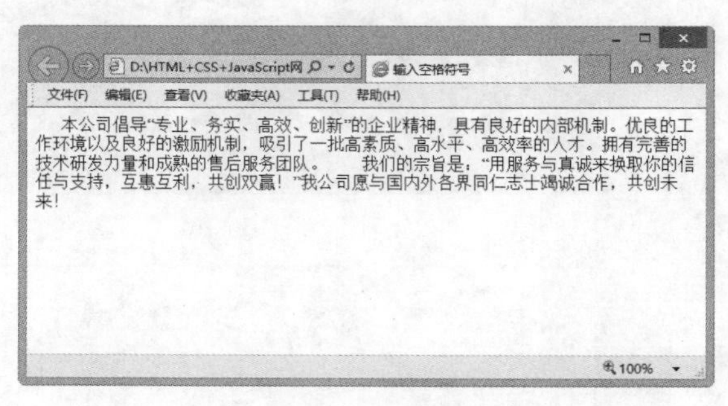

图 3-1　空格效果

3.1.2　输入特殊符号

除了空格以外，在网页的制作过程中，还有一些特殊的符号也需要使用代码进行代替。一般情况下，特殊符号的代码由前缀“&”、字符名称和后缀“;”组成。使用特殊符号可以将键盘上没有的字符输入。

基本语法

```
&amp;……&copy;
```

语法说明：

在需要添加特殊符号的地方添加相应的符号代码即可。常用符号及其对应代码见表 3-1 所示。

表 3-1　特殊符合

特 殊 符 号	符 号 代 码	特 殊 符 号	符 号 代 码
“	"	§	§
&	&	©	©
<	<	®	®
>	>	™	™
×	×		

3.2 设置文字的格式

<font> 标记用来控制字体、字号和颜色等属性，它是 HTML 中最基本的标记之一，掌握好 <font> 标记的使用方法是控制网页文本的基础。其可以用来定义文字的字体（Face）、大小（Size）和颜色（Color），也就是其 3 个参数。

3.2.1 设置字体——face

face 属性规定的是字体的名称，如中文字体的“宋体”“楷体”“隶书”等。可以通过字体的 face 属性设置不同的字体，设置的字体效果必须在浏览器中安装相应的字体后才可以正确显示，否则有些特殊字体会被浏览器中的普通字体所代替。

基本语法：

```
<font face=" 字体样式 ">……</font>
```

语法说明：

face 属性用于定义该段文本所采用的字体名称。如果浏览器能够在当前系统中找到该字体，则使用该字体显示。

实例代码：

```
<!doctype html>
<html>
<head>
<meta charset="utf-8">
<title> 设置字体 </title>
</head>
<body>
<p><font face=" 华文彩云 "> 一寸光阴一寸金，寸金难买寸光阴，</font></p>
<p><font face=" 华文细黑 "> 我们是国家的主人，应该处处为国家着想，</font></p>
<p><font face=" 微软雅黑 "> 不傲才以骄人，不以宠而作威。</font></p></body>
</html>
```

在代码中加粗部分的代码标记是设置文字的字体的，在浏览器中预览，可以看到不同的字体效果，如图 3-2 所示。

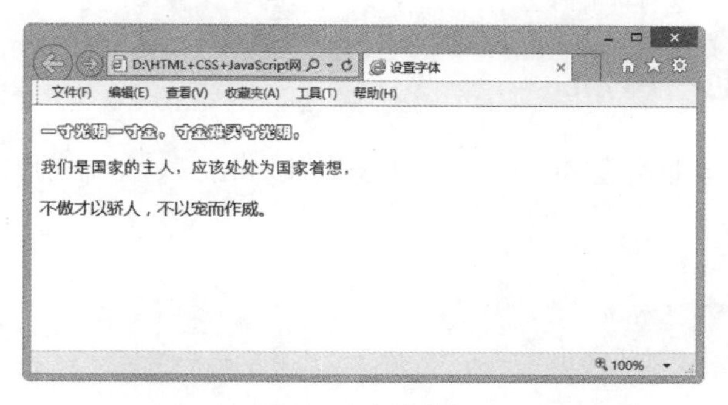

图 3-2　字体属性

3.2.2 设置字号——size

文字的大小也是字体的重要属性之一。除了使用标题文字标记设置固定大小的字号之外，HTML 语言还提供了 <font> 标记的 size 属性来设置普通文字的字号。

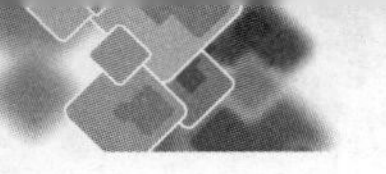

基本语法：

```
<font size=" 文字字号 ">……</font>
```

语法说明：

size 属性用来设置字体大小，它有绝对和相对两种方式。size 属性有 1～7 级，7 个等级，1 级字体最小，7 级字体最大，默认的字体大小是 3 级。可以使用“Size=?”定义字体的大小。

实例代码：

```
<!doctype html>
<html>
<head>
<meta http-equiv="Content-Type" content="text/html; charset=gb2312" />
<title> 设置字号 </title>
</head>
<body>
<p><font size="3"> 一寸光阴一寸金，寸金难买寸光阴，</font></p>
<p><font size="5"> 我们是国家的主人，应该处处为国家着想，</font></p>
<p><font size="7"> 不傲才以骄人，不以宠而作威。</font></p>
</body>
</html>
```

在代码中加粗部分的标记是设置文字的字号的，在浏览器中浏览效果，如图 3-3 所示。

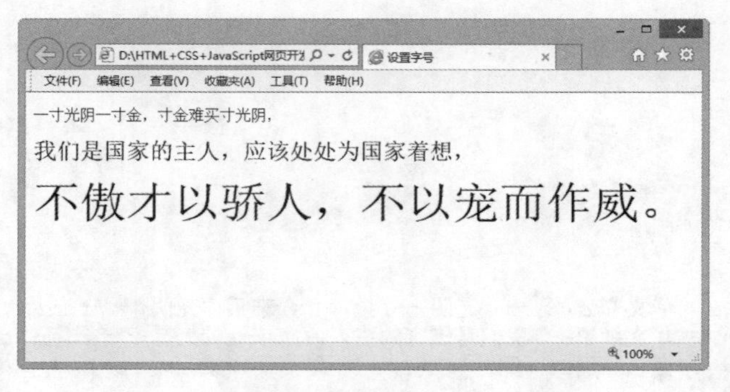

图 3-3 设置文字的字号

提示

<font> 标记和它的属性可影响周围的文字，该标记可应用于文本段落、句子和单词，甚至单个字符。

3.2.3 设置文字颜色——color

在 HTML 页面中，还可以通过不同的颜色表现不同的文字效果，从而增加网页的色彩，吸引浏览者的注意。

基本语法：

```
<font color=" 字体颜色 ">……</font>
```

语法说明：

它可以用浏览器承认的颜色名称和十六进制数值表示。

实例代码：

```
<!doctype html>
<html>
<head>
<meta http-equiv="Content-Type" content="text/html; charset=gb2312" />
```

```
<title> 设置文字颜色 </title>
</head>
<body>
<p><font color="#FF0000"> 一寸光阴一寸金，寸金难买寸光阴，</font></p>
<p><font color="#3333CC"> 我们是国家的主人，应该处处为国家着想，</font></p>
<p><font color="#03F030"> 不傲才以骄人，不以宠而作威。</font></p>
</body>
</html>
```

在代码中加粗部分的标记是设置字体的颜色的，在浏览器中预览，可以看到字体颜色的效果，如图 3-4 所示。

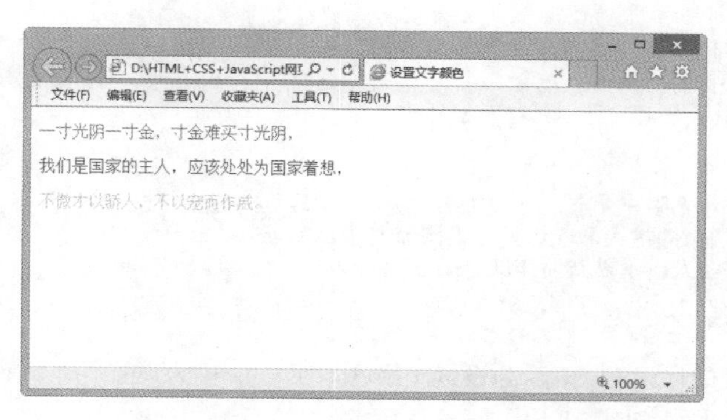

图 3-4 设置字体颜色效果

提示

注意字体的颜色一定要鲜明，并且和底色协调，你可以想象一下白色背景和灰色的字或是蓝色的背景和红色的字搭配有多么的难看、刺眼。

3.2.4 设置粗体、斜体、下画线——b、strong、em、u

<b> 和 <strong> 是 HTML 中格式化粗体文本的最基本元素。在 <b> 和 </b> 之间的文字或在 <strong> 和 </strong> 之间的文字，在浏览器中都会以粗体字体显示。该元素的首尾部分都是必需的，如果没有结尾标记，则浏览器会认为从 <b> 开始的所有文字都是粗体的。

基本语法：

```
<b> 加粗的文字 </b>
<strong> 加粗的文字 </strong>
```

语法说明：

在该语法中，粗体的效果可以通过 <b> 标记来实现，也可以通过 <strong> 标记来实现。<b> 和 <strong> 是行内元素，它可以插入到一段文本的任何位置。

<i>、<em> 和 <cite> 是 HTML 中格式化斜体文本的最基本元素。在 <i> 和 </i> 之间的文字、在 <em> 和 </em> 之间的文字或在 <cite> 和 </cite> 之间的文字，在浏览器中都会以斜体字显示。

基本语法：

```
<i> 斜体文字 </i>
<em> 斜体文字 </em>
<cite> 斜体文字 </cite>
```

语法说明：

斜体的效果可以通过 <i> 标记、<em> 标记和 <cite> 标记来实现。一般在一篇以正体显示的文字中用斜体文字起到醒目、强调或者区别的作用。

<u> 标记的使用方法和粗体及斜体标记类似，它作用于需加下画线的文字。

基本语法：

```
<u> 下画线的内容 </u>
```

语法说明：

该语法与粗体和斜体的语法基本相同。

实例代码：

```
<!doctype html>
<html>
<head>
<meta http-equiv="Content-Type" content="text/html; charset=gb2312" />
<title> 设置粗体、斜体、下画线 </title>
</head>
<body>
<p><strong> 一寸光阴一寸金，寸金难买寸光阴，</strong></font></p>
<p><em> 我们是国家的主人，应该处处为国家着想，</em></p>
<p><u> 不傲才以骄人，不以宠而作威。</u></p>
</body>
</html>
```

在代码中加粗部分的标记 <strong> 为设置文字的加粗、<em> 为设置斜体、<u> 为设置下画线，在浏览器中浏览效果，如图 3-5 所示。

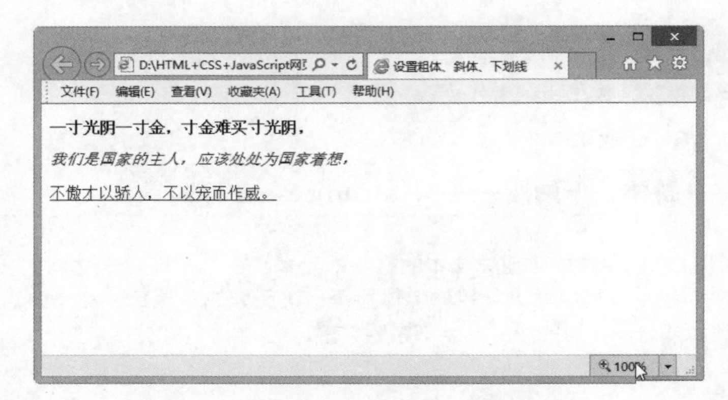

图 3-5　文字加粗、斜体、下画线的效果

3.2.5　设置上标与下标——sup、sub

sup 上标文本标签、sub 下标文本标签都是 HTML 的标准标签，尽管使用的场合比较少，但是数学等式、科学符号和化学公式经常会用到它们。

基本语法：

```
<sup> 上标内容 </sup>
<sub> 下标内容 </sub>
```

语法说明：

在 ^{......} 中的内容的高度会按照前后文本流定义的高度的一半显示，sup 文字下端和前面文字的下端对齐，但是与当前文本流中文字的字体和字号都是一样的。

在 _{......} 中的内容的高度为前后文本流定义的高度一半显示，sup 文字上端和前面文字的上端对齐，但是与当前文本流中文字的字体和字号都是相同的。

实例代码：

```
<!doctype html>
<html>
<head>
<meta charset="utf-8">
<title> 设置上标与下标 </title>
</head>
<body>
<p>A<sup>2</sup>+B<sup>2</sup>=(A+B)<sup>2</sup>-2AB </p>
<p>H<sub>2</sub>SO<sub>4 </sub> 化学方程式硫酸分子 </p>
</body>
</html>
```

在代码中加粗部分的 <sup> 标记为设置上标、<sub> 为设置下标，在浏览器中浏览效果，如图 3-6 所示。

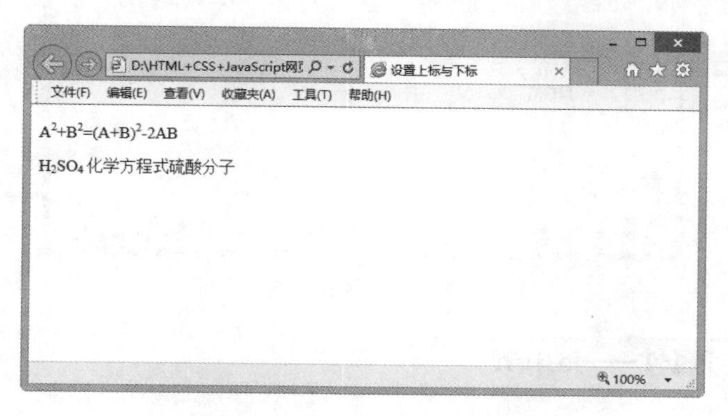

图 3-6　上标标记和下标标记

3.3 设置段落的格式

在制作网页的过程中，将一段文字分成相应的段落，不仅可以增加网页的美观度，而且使网页层次分明，让浏览者感觉不到拥挤。在网页中如果要把文字有条理地显示出来，离不开段落标记的使用。在 HTML 中可以通过标记实现段落的效果。

3.3.1 段落标记——p

HTML 标签中最常用、最简单的标签是段落标签，也就是 <p></p>，说它常用是因为几乎所有的文档文件都会用到这个标签，说它简单从外形上就可以看出来，它只有一个字母。虽说是简单，但是却非常重要，因为这是一个用来区别段落的标记。

基本语法：

```
<p> 段落文字 <p>
```

语法说明：

段落标记可以没有结束标记 </p>，而每个新的段落标记开始的同时也意味着上一个段落的结束。

实例代码：

```
<!doctype html>
<html>
<head>
<meta charset="utf-8">
<title> 段落标记 </title>
```

```
</head>
<body>
<p> 随着人们环保意识的增强及对人造板材认识的不断深入，优质高等级细木工板这种最接近于实木的人造板材，以其结构稳定、强度高、用胶量小、健康环保等诸多特性，越来越受到人们的青睐。</p><p> 细木工板选料及加工工艺严格按国家标准执行，采用两次砂光、两次成型的先进生产工艺；特别是干燥过程严格把关，所以产品平整、光滑、不易变形，从任意方向锯开无明显缝隙、死节等缺陷。</p>
</body>
</html>
```

在代码中加粗部分的代码标记 <p> 为段落标记，<p> 和 </p> 之间的文本是一个段落，效果如图 3-7 所示。

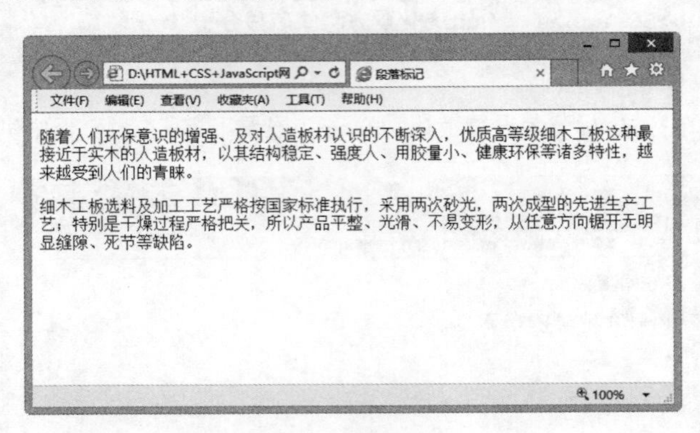

图 3-7　段落效果

3.3.2　段落的对齐属性——align

默认情况下，文字是左对齐的。而在网页制作过程中，常常需要选择其他的对齐方式。关于对齐方式的设置要使用 align 参数进行。

基本语法：

```
<align= 对齐方式 >
```

语法说明：

在该语法中，align 属性需要设置在标题标记的后面，其对齐方式的取值见表 3-2 所示。

表 3-2　对齐方式

属 性 值	含 义	属 性 值	含 义
left	左对齐	right	右对齐
center	居中对齐		

实例代码：

```
<!doctype html>
<html>
<head>
<meta charset="utf-8">
<title> 段落的对齐属性 </title>
</head>
<body>
<p align="left"> 你可以从别人那里得来思想，你的思想方法，即熔铸思想的模子却必须是你自己的。
</p>
<p align="center"> 人类的全部历史都告诫有智慧的人，不要笃信时运，而应坚信思想。</p>
<p align="right"> 没有引发任何行动的思想都不是思想，而是梦想。</p>
</body>
</html>
```

align="left"是设置段落为左对齐，align="center"是设置段落为居中对齐，align="right"是设置段落为右对齐，在浏览器中浏览效果，如图 3-8 所示。

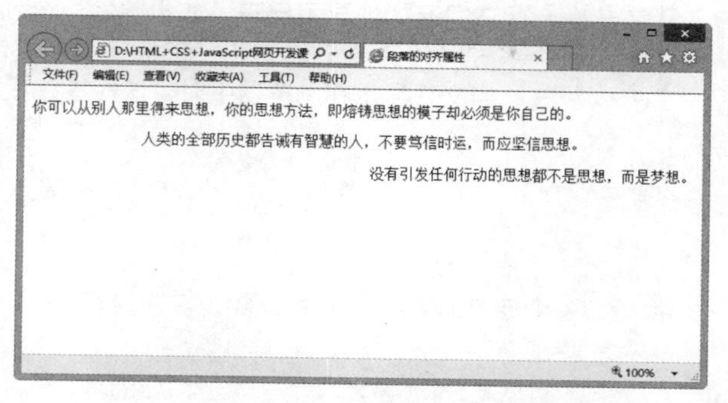

图 3-8　段落的对齐效果

3.3.3　不换行标记——nobr

在网页中如果某一行的文本过长，浏览器会自动对这段文字进行换行处理。可以使用 nobr 标记来禁止自动换行。

基本语法：

```
<nobr>不换行文字</nobr>
```

语法说明：

nobr 标签用于使指定文本不换行，nobr 标签之间的文本不会自动换行。

实例代码：

```
<!doctype html>
<html>
<head>
<meta charset="utf-8">
<title>不换行标记</title>
</head>
<body>
<nobr>我们的宗旨是："用服务与真诚来换取你的信任与支持，互惠互利，共创双赢！"我公司愿与国内外各界同仁志士竭诚合作，共创未来！</nobr>
</body>
</html>
```

在代码中加粗部分的代码标记 <nobr> 为不换行标记，在浏览器中预览，可以看到 <nobr> 和 </nobr> 之间的文字不换行一直往后排，如图 3-9 所示。

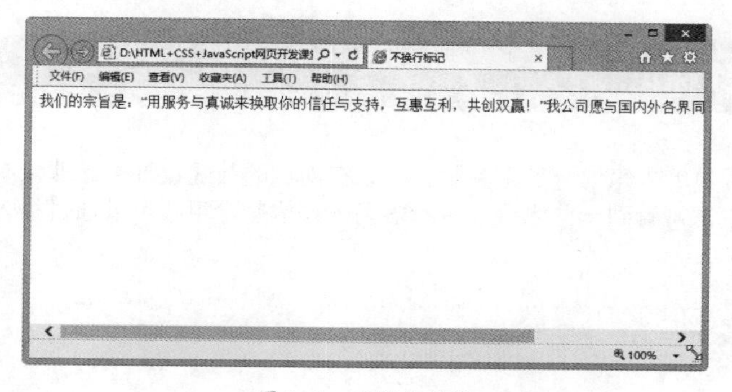

图 3-9　不换行效果

3.3.4 换行标记——br

在 HTML 文本显示中，默认是将一行文字连续地显示出来，如果想将一个句子后面的内容在下一行显示就会用到换行符
。换行符号标签是一个单标签，也叫“空标签”，不包含任何内容，在 HTML 文件中的任何位置只要使用了
 标签，当文件显示在浏览器中时，该标签之后的内容将在下一行显示。

基本语法：

```
<br>
```

语法说明：

一个
 标记代表一个换行，多个连续的
 标记可以实现多次换行。

实例代码：

```
<!doctype html>
<html>
<head>
<meta charset="utf-8">
<title> 换行标记 </title>
</head>
<body>
<br> 公司自行开发、引进、生产的产品为：高档工程、家居卷帘；韩国 ALKENZ、美国布乐、澳洲永固等卷帘；高档百折帘；美国进口风琴帘；竹木帘；进口铝百叶帘；印尼进口木百叶帘；高档垂帘等。<br> 公司积累了十多年的窗饰面料、窗饰传动机构、电控遥控系统等产品的设计、开发经验。
</body>
</html>
```

在代码中加粗部分的代码标记
 为设置换行标记，在浏览器中预览，可以看到换行的效果，如图 3-10 所示。

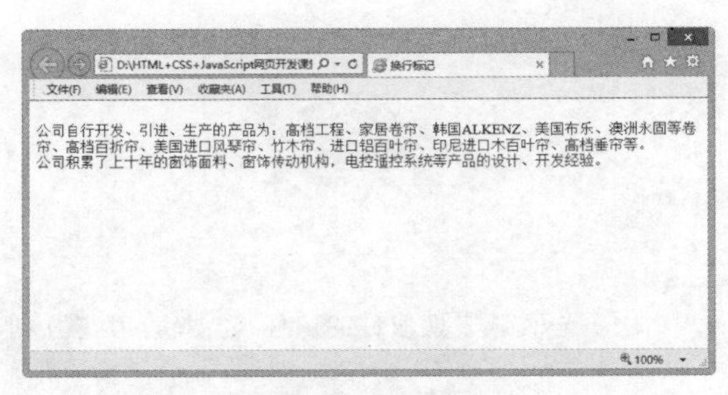

图 3-10 换行效果

提示

 是唯一可以为文字分行的方法。其他标记如 <p>，可以为文字分段。

3.4 水平线标记

水平线对于制作网页的人来说一定不会陌生，它在网页的版式设计中是非常有用的，可以用来分隔文本和对象。在网页中常常看到一些水平线将段落隔开，这些水平线可以通过插入图片实现，也可以更简单地通过标记来完成。

3.4.1 插入水平线——hr

水平线标记用于在页面中插入一条水平标尺线，使页面看起来更整齐。

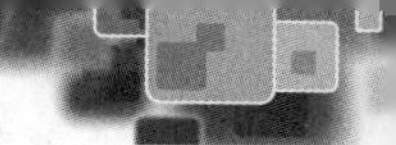

基本语法：

```
<hr>
```

语法说明：

在网页中输入一个 <hr> 标记，就添加了一条默认样式的水平线。

实例代码：

```
<!doctype html>
<html>
<head>
<meta charset="utf-8">
<title> 插入水平线 </title>
</head>
<body><p> 公司简介 </p>
<hr>
<p>  公司建立种植、养殖基地，多品种、多层次开发适销对路的农产品，致力拓展农村绿色产业 " 公司 + 科研单位 + 基地 + 工厂 + 农户 " 的有机结合，实现 " 农、工、贸 " 一体化。在句容市政府和茅山镇政府的大力引导支持下，为带动当地经济发展、提高农民收入、加快建设小康社会，小康公司投资建设 2000 亩金银花基地，成立了 " 句容市茅山金银花中药材专业合作社 "" 智能化优良种苗快繁基地 " 等，并注册 " 得撒 " 品牌，以科技促生产，以管理抓效益，努力为当地经济建设做实事。</p>
</body>
</html>
```

在代码中加粗部分的标记为水平线标记，在浏览器中预览，可以看到插入的水平线效果，如图 3-11 所示。

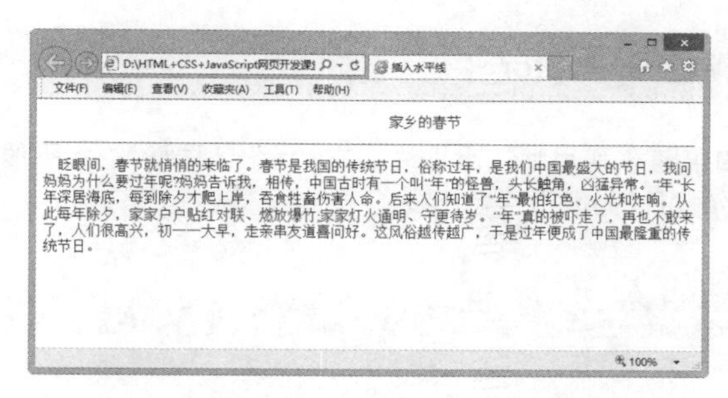

图 3-11　插入水平线效果

3.4.2　设置水平线宽度与高度属性——width、size

默认情况下，水平线的宽度为 100%，可以使用 width 手动调整水平线的宽度。size 标记用于改变水平线的高度。

基本语法：

```
<hr width=" 宽度 ">
<hr size=" 高度 ">
```

语法说明：

在该语法中，水平线的宽度值可以是确定的像素值，也可以是窗口的百分比。水平线的高度只能使用绝对的像素来定义。

实例代码：

```
<!doctype html>
<html>
<head>
<meta charset="utf-8">
```

```
<title> 设置水平线宽度与高度属性 </title>
</head>
<body>
<p> 公司简介 </p>
<hr width="500"size="3">
<p>  公司建立种植、养殖基地，多品种、多层次开发适销对路的农产品，致力拓展农村绿色产业 " 公司 + 科研单位 + 基地 + 工厂 + 农户 " 的有机结合，实现 " 农、工、贸 " 一体化。在句容市政府和茅山镇政府的大力引导支持下，为带动当地经济发展、提高农民收入、加快建设小康社会，小康公司投资建设 2000 亩金银花基地，成立了 " 句容市茅山金银花中药材专业合作社 "" 智能化优良种苗快繁基地 " 等，并注册 " 得撒 " 品牌，以科技促生产，以管理抓效益，努力为当地经济建设做实事。</p>
</body>
</html>
```

在代码中加粗部分的标记为设置水平线的宽度和高度，在浏览器中预览，可以看到将宽度设置为 500 像素，高度设置为 3 像素的效果，如图 3-12 所示。

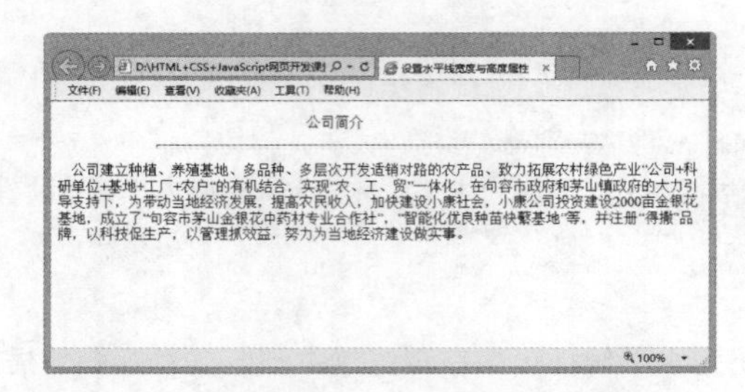

图 3-12 设置水平线宽度和高度

3.4.3 设置水平线的颜色——color

在网页设计过程中，如果随意利用默认水平线，常常会出现插入的水平线与整个网页颜色不协调的情况。设置不同颜色的水平线可以为网页增色不少。

基本语法：

```
<hr color=" 颜色 ">
```

语法说明：

颜色代码是十六进制的数值或者颜色的英文名称。

实例代码：

```
<!doctype html>
<html>
<head>
<meta charset="utf-8">
<title> 设置水平线的颜色 </title>
</head>
<body>
<p> 公司简介 </p>
<hr width="500"size="3"color="#CC3300">
<p>  公司建立种植、养殖基地，多品种、多层次开发适销对路的农产品，致力拓展农村绿色产业 " 公司 + 科研单位 + 基地 + 工厂 + 农户 " 的有机结合，实现 " 农、工、贸 " 一体化。在句容市政府和茅山镇政府的大力引导支持下，为带动当地经济发展、提高农民收入、加快建设小康社会，小康公司投资建设 2000 亩金银花基地，成立了 " 句容市茅山金银花中药材专业合作社 "" 智能化优良种苗快繁基地 " 等，并注册 " 得撒 " 品牌，以科技促生产，以管理抓效益，努力为当地经济建设做实事。</p>
</body>
</html>
```

在代码中加粗部分的标记为设置水平线的颜色，在浏览器中预览，可以看到水平线的颜色效果，如图 3-13 所示。

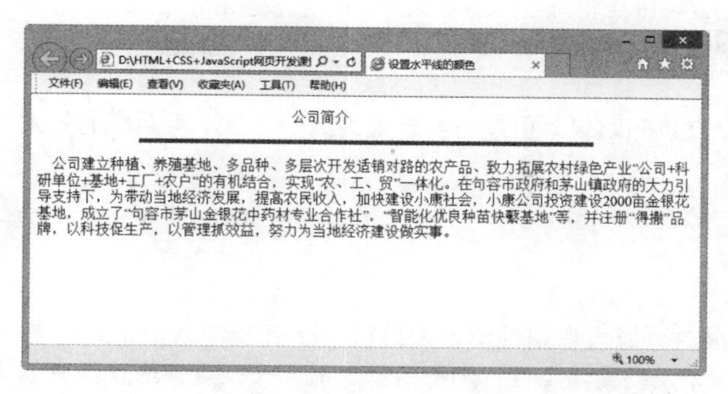

图 3-13 设置水平线的颜色

3.4.4 设置水平线的对齐方式——align

水平线在默认情况下是居中对齐的，如果想让水平线左对齐或右对齐就需要设置对齐方式。

基本语法：

```
<hr align=" 对齐方式 ">
```

语法说明：

在该语法中对齐方式有 3 种，包括 center、left 和 right，其中 center 的效果与默认的效果相同。

实例代码：

```
<!doctype html>
<html>
<head>
<meta charset="utf-8">
<title> 设置水平线的对齐方式 </title>
</head>
<body>
<p> 公司简介 </p>
<hr width="500"size="3"color="#CC3300"  align="center">
<p>  公司建立种植、养殖基地，多品种、多层次开发适销对路的农产品，致力拓展农村绿色产业 " 公司 + 科研单位 + 基地 + 工厂 + 农户 " 的有机结合，实现 " 农、工、贸 " 一体化。在句容市政府和茅山镇政府的大力引导支持下，<hr  width="200"color="#00200"align="left"> 为带动当地经济发展，提高农民收入、加快建设小康社会、小康公司投资建设 2000 亩金银花基地，成立了 " 句容市茅山金银花中药材专业 <hr width="150"color="#33CC00 "align="right"> 合作社 "" 智能化优良种苗快繁基地 " 等，并注册 " 得撒 " 品牌，以科技促生产，以管理抓效益，努力为当地经济建设做实事。</p>
</body>
</html>
```

在代码中加粗部分的标记为设置水平线的排列方式，在浏览器中预览，可以看到水平线不同对齐方式的效果，如图 3-14 所示。

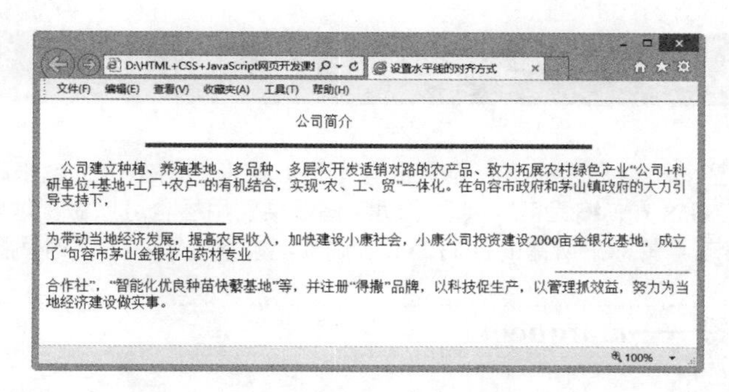

图 3-14 设置水平线的对齐方式

3.4.5 水平线去掉阴影——noshade

默认的水平线是空心立体的效果，可以将其设置为实心并且不带阴影的效果。

基本语法：

```
<hr noshade>
```

语法说明：

noshade 是布尔值的属性，它没有属性值，如果在 <hr> 元素中写上了这个属性，则浏览器不会显示立体形状的水平线，反之则无须设置该属性，浏览器默认显示一条立体形状带有阴影的水平线。

实例代码：

```
<!doctype html>
<html>
<head>
<meta charset="utf-8">
<title> 水平线去掉阴影 </title>
</head>
<body>
<p> 公司简介 </p>
<hr width="500"size="3"color="#CC3300" noshade>
<p>  公司建立种植、养殖基地，多品种、多层次开发适销对路的农产品，致力拓展农村绿色产业 " 公司 + 科研单位 + 基地 + 工厂 + 农户 " 的有机结合，实现 " 农、工、贸 " 一体化。在句容市政府和茅山镇政府的大力引导支持下，为带动当地经济发展、提高农民收入、加快建设小康社会，小康公司投资建设 2000 亩金银花基地，成立了 " 句容市茅山金银花中药材专业合作社 "" 智能化优良种苗快繁基地 " 等，并注册 " 得撒 " 品牌，以科技促生产，以管理抓效益，努力为当地经济建设做实事。</p>
</body>
</html>
```

在代码中加粗部分的标记为设置无阴影的水平线，在浏览器中预览，可以看到水平线没有阴影的效果，如图 3-15 所示。

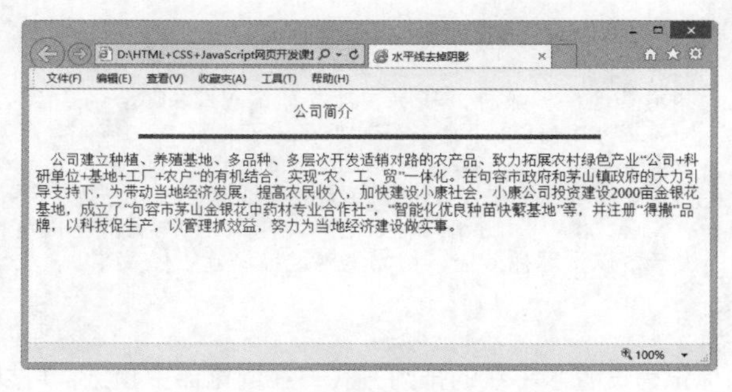

图 3-15 设置无阴影的水平线

3.5 设置滚动文字

滚动字幕的使用使整个网页更具动感，显得很有生气。现在的网站中也越来越多地使用滚动字幕来加强网页的互动性。用 JavaScript 编程可以实现滚动字幕效果，用层也可以做出非常漂亮的滚动字幕，而用 HTML 的 <marquee> 滚动字幕标记所需的代码最少，确实能够以较短的下载时间换来较好的效果。

3.5.1 滚动文字标签——marquee

使用 marquee 标签可以将文字、图片等设置为动态滚动的效果。

基本语法：

```
<marquee> 滚动的文字 </marquee>
```

语法说明：

只要在标签之间添加要进行滚动的文字即可。而且可以在标签之间设置这些文字的字体、颜色等属性。

实例代码：

```
<!doctype html>
<html>
<head>
<meta charset="utf-8">
<title> 滚动文字标签 </title>
</head>
<body>
<marquee><p> 企业还通过建立健全、科学、合理的人才资源管理和开发体制，形成了一套能鼓励、提高创新能力和创新效率的评价体系和激励机制。<br>
企业愿景：打造行业领先、社会尊重、员工自豪的一流企业。<br>
企业精神：秉承执着、开拓、协作、奉献的精神，为中国苗木业增收的伟大事业而不懈努力。</p>
</marquee>
</body>
</body>
</html>
```

在代码中加粗的 <marquee> 与 </marquee> 之间的文字滚动出现，在浏览器中浏览效果，如图 3-16 所示。

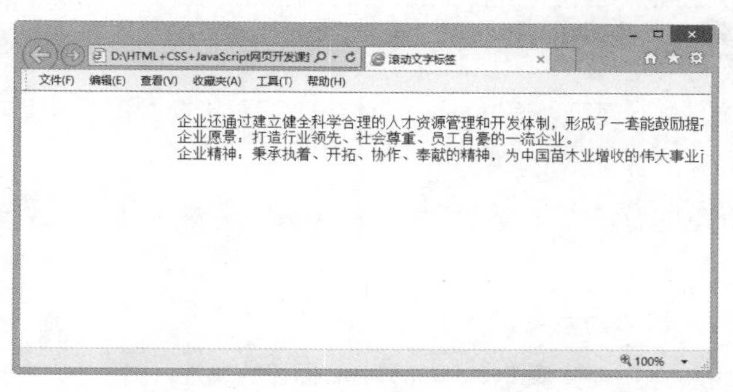

图 3-16　设置文字滚动

3.5.2　滚动方向属性——direction

默认情况下，文字滚动的方向是从右向左的，可以通过 direction 标记来设置滚动的方向。

基本语法：

```
<marquee direction=" 滚动方向 "> 滚动的文字 </marquee>
```

语法说明：

在该语法中，滚动方向包括 up、down、left 和 right 4 个取值，它们分别表示向上、向下、向左和向右滚动，其中向左滚动 left 的效果与默认效果相同。

实例代码：

```
<!doctype html>
<html>
<head>
<meta charset="utf-8">
<title> 滚动方向属性 </title>
</head>
```

```
<body>
<marquee  direction="up"><p> 企业还通过建立健全科学合理的人才资源管理和开发体制，形成了一套能鼓励提高创新能力和创新效率的评价体系和激励机制。<br>
  企业愿景：打造行业领先、社会尊重、员工自豪的一流企业。<br>
企业精神：秉承执着、开拓、协作、奉献的精神，为中国苗木业增收的伟大事业而不懈努力。</p>
</marquee>
</body>
</body>
</html>
```

在代码中加粗的 <marquee> 与 </marquee> 之间的文字滚动出现，direction="up" 将文字的滚动方向设置为向上，在浏览器中浏览效果，如图 3-17 所示。

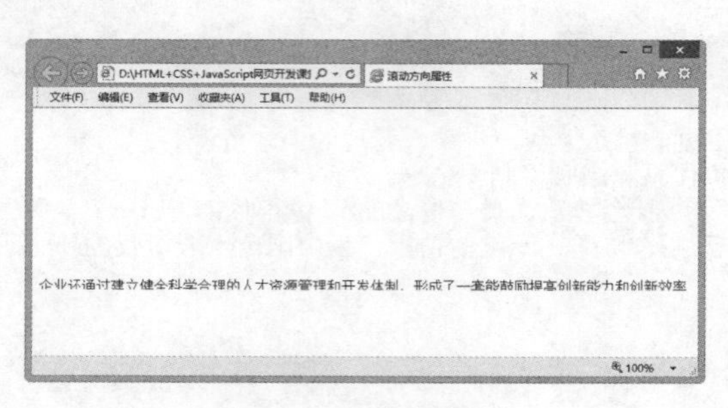

图 3-17　设置滚动方向

3.5.3　滚动方式属性——behavior

除了可以设置滚动方向外，还可以通过 behavior 标记来设置滚动方式，如循环运动等。

基本语法：

```
<marquee behavior=" 滚动方式 "> 滚动的文字 </marquee>
```

语法说明：

behavior 标记的取值见表 3-3 所示。

表 3-3　behavior 标记的属性

属 性 值	说 明	属 性 值	说 明
scroll	循环滚动，默认效果	alternate	来回交替进行滚动
slide	只滚动一次就停止		

实例代码：

```
<!doctype html>
<html>
<head>
<meta charset="utf-8">
<title> 滚动方式属性 </title>
</head>
<body>
<marquee direction="up"  behavior="scroll"><p> 企业还通过建立健全、科学、合理的人才资源管理和开发体制，形成了一套能鼓励提高创新能力和创新效率的评价体系和激励机制。<br>
企业愿景：打造行业领先、社会尊重、员工自豪的一流企业。<br>
企业精神：秉承执着、开拓、协作、奉献的精神，为中国苗木业增收的伟大事业而不懈努力。</p>
</marquee>
</body>
</body>
</html>
```

在代码中加粗的 <marquee> 与 </marquee> 之间的文字滚动出现，behavior="scroll" 将文字的滚动方式设置为循环滚动，在浏览器中浏览效果，如图 3-18 所示。

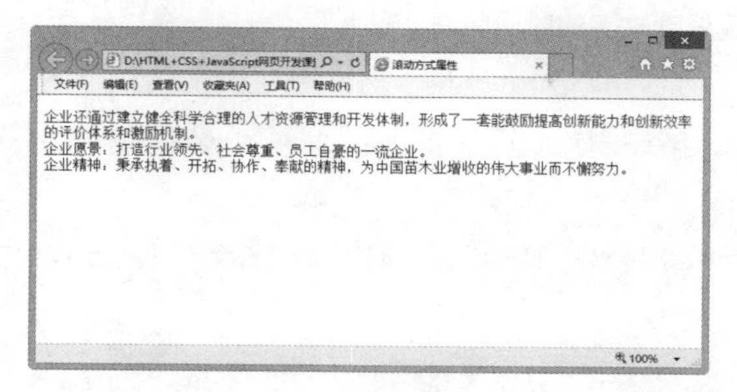

图 3-18　设置滚动方式

3.5.4　滚动速度属性——scrollamount

scrollamount 标记用于设置文字滚动的速度。

基本语法：

```
<marquee scrollamount=" 滚动速度 "> 滚动的文字 </marquee>
```

语法说明：

滚动的速度实际上是设置滚动文字每次移动的长度，以像素为单位。

实例代码：

```
<!doctype html>
<html>
<head>
<meta charset="utf-8">
<title> 滚动速度属性 </title>
</head>
<body>
<marquee direction="up"  behavior="scroll"  scrollamount="1"><p> 企业还通过建立健全、科学、合理的人才资源管理和开发体制，形成了一套能鼓励提高创新能力和创新效率的评价体系和激励机制。<br>
  企业愿景：打造行业领先、社会尊重、员工自豪的一流企业。<br>
企业精神：秉承执着、开拓、协作、奉献的精神，为中国苗木业增收的伟大事业而不懈努力。</p>
</marquee>
</body>
</body>
</html>
```

在代码中加粗的 <marquee> 与 </marquee> 之间的文字滚动出现，scrollamount="1" 将文字滚动的速度设置为 1，在浏览器中浏览效果，如图 3-19 所示。

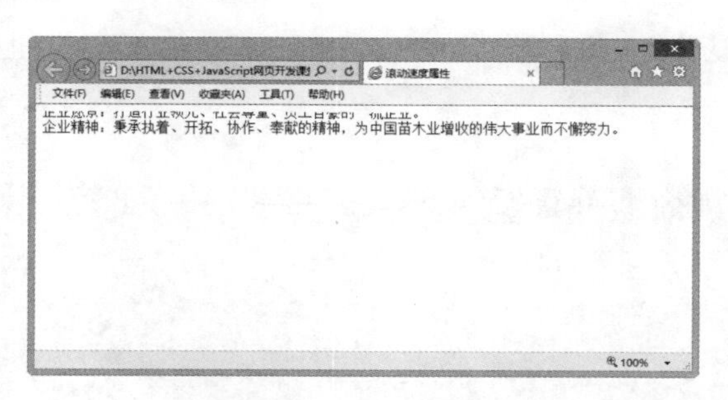

图 3-19　设置滚动速度

3.5.5 滚动延迟属性——scrolldelay

scrolldelay 标记用于设置滚动文字的时间间隔。

基本语法：

```
<marquee scrolldelay=" 时间间隔 "> 滚动的文字 </marquee>
```

语法说明：

scrolldelay 的时间间隔单位是毫秒，如果设置的时间比较长会产生走走停停的现象。

实例代码：

```
<!doctype html>
<html>
<head>
<meta charset="utf-8">
<title> 滚动延迟属性 </title>
</head>
<body>
<marquee direction="up" behavior="scroll" scrollamount="1" scrolldelay="60"><p> 企业还通过建立健全、科学、合理的人才资源管理和开发体制，形成了一套能鼓励提高创新能力和创新效率的评价体系和激励机制。<br>
企业愿景：打造行业领先、社会尊重、员工自豪的一流企业。<br>
企业精神：秉承执着、开拓、协作、奉献的精神，为中国苗木业增收的伟大事业而不懈努力。</p>
</marquee>
</body>
</body>
</html>
```

在代码中加粗的 <marquee> 与 </marquee> 之间的文字滚动出现，scrolldelay="60" 将文字的滚动延迟设置为 60，在浏览器中浏览效果，如图 3-20 所示。

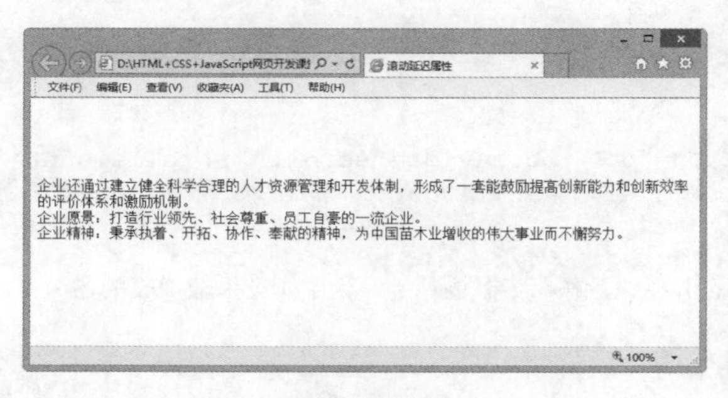

图 3-20 设置滚动延迟

3.5.6 滚动循环属性——loop

设置文字滚动后，默认情况下会不断循环下去，如果希望滚动几次就停止，可以使用 loop 标记设置滚动的次数。

基本语法：

```
<marquee loop=" 循环次数 "> 滚动的文字 </marquee>
```

实例代码：

```
<!doctype html>
<html>
<head>
<meta charset="utf-8">
```

```
<title>滚动循环属性</title>
</head>
<body>
<marquee direction="up"  scrolldelay="60" loop="3"><p>企业还通过建立健全、科学、合理的人才资源管理和开发体制，形成了一套能鼓励提高创新能力和创新效率的评价体系和激励机制。<br>
企业愿景：打造行业领先、社会尊重、员工自豪的一流企业。<br>
企业精神：秉承执着、开拓、协作、奉献的精神，为中国苗木业增收的伟大事业而不懈努力。</p>
</marquee>
</body>
</body>
</html>
```

在代码中加粗的 <marquee> 与 </marquee> 之间的文字滚动出现，loop="3" 将文字滚动的循环次数设置为 3，在浏览器中浏览效果，如图 3-21 所示。

当文字滚动 3 个循环之后，滚动文字将不再出现，如图 3-22 所示。

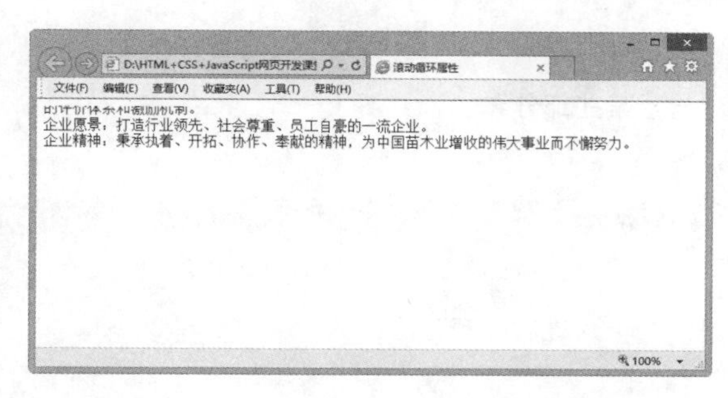

图 3-21　设置循环次数

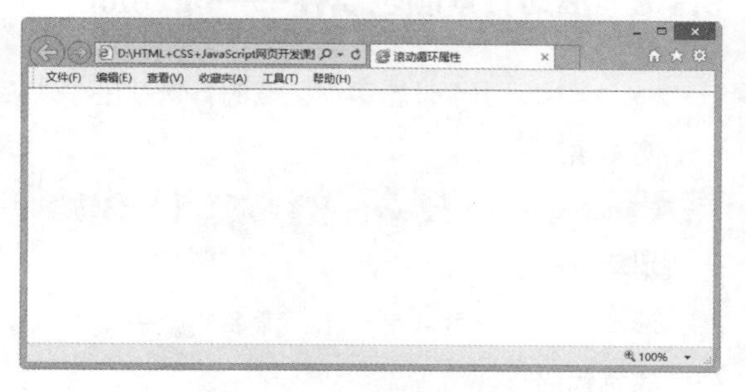

图 3-22　滚动文字不再出现

3.5.7　滚动范围属性——width、height

如果不设置滚动背景的面积，默认情况下，水平滚动的文字背景与文字同高、与浏览器窗口同宽，使用 width 和 height 标记可以调整其水平和垂直的范围。

基本语法：

```
<marquee width="背景宽度" height ="背景高度">滚动的文字</marquee>
```

语法说明：

以像素为单位设置滚动背景的宽度和高度。

实例代码：

```
<!doctype html>
<html>
<head>
<meta charset="utf-8">
<title>滚动范围属性</title>
</head>
<body>
<marquee direction="up" scrollamount="1" width="450" height="280"><p>企业还通过建立健全、科学、合理的人才资源管理和开发体制，形成了一套能鼓励提高创新能力和创新效率的评价体系和激励机制。<br>
企业愿景：打造行业领先、社会尊重、员工自豪的一流企业。<br>
企业精神：秉承执着、开拓、协作、奉献的精神，为中国苗木业增收的伟大事业而不懈努力。</p>
</marquee>
</body>
</body>
</html>
```

在代码中加粗的 <marquee> 与 </marquee> 之间的文字滚动出现，width="450" height="280" 将文字的滚动宽度和高度分别设置为 450 和 280，在浏览器中浏览效果，如图 3-23 所示。

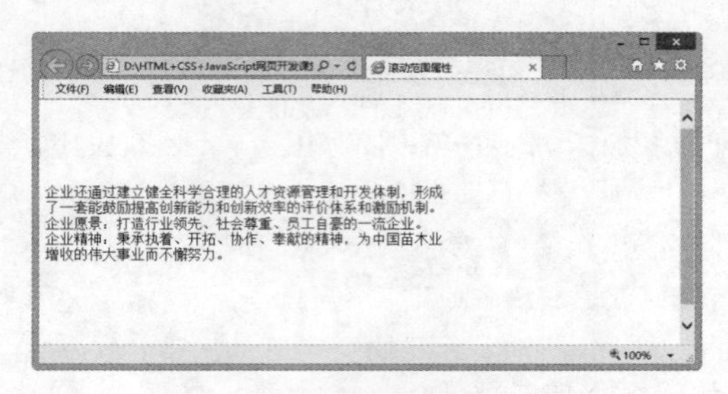

图 3-23　设置滚动宽度和高度

3.5.8　滚动背景颜色属性——bgcolor

bgcolor 标记用于设置滚动区域的背景颜色，以突出显示某些部分。

基本语法：

```
<marquee bgcolor=" 背景颜色 "> 滚动的文字 </marquee>
```

语法说明：

滚动背景颜色可以是一个已命名的颜色，也可以是一个十六进制的颜色值。

实例代码：

```
<!doctype html>
<html>
<head>
<meta charset="utf-8">
<title> 滚动背景颜色属性 </title>
</head>
<body>
<marquee direction="up" scrollamount="1" width="450" height="280"
bgcolor="#F99000"><p> 企业还通过建立健全、科学、合理的人才资源管理和开发体制，形成了一套能鼓
励提高创新能力和创新效率的评价体系和激励机制。<br>
企业愿景：打造行业领先、社会尊重、员工自豪的一流企业。<br>
企业精神：秉承执着、开拓、协作、奉献的精神，为中国苗木业增收的伟大事业而不懈努力。</p>
</marquee>
</body>
</body>
</html>
```

在代码中加粗的 <marquee> 与 </marquee> 之间的文字滚动出现，bgcolor="#F99000" 将文字滚动区域的背景颜色设置为橘色，在浏览器中浏览效果，如图 3-24 所示。

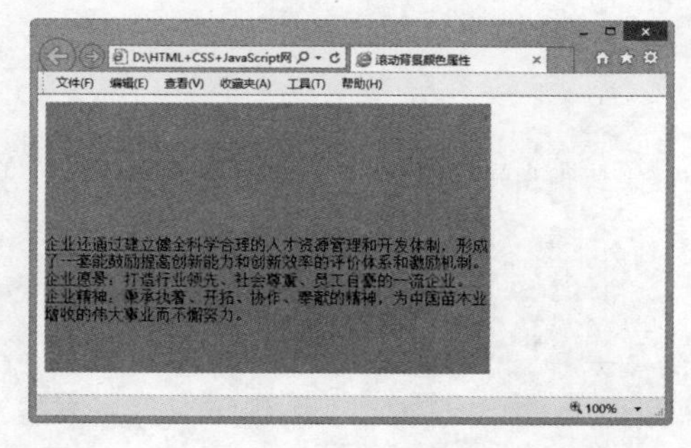

图 3-24　设置滚动区域的背景颜色

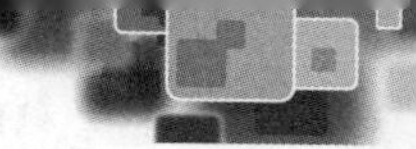

3.5.9　滚动空间属性——hspace、vspace

hspace 和 vspac 标记用于设置滚动文字周围的文字与滚动背景之间的空白区域。

基本语法：

```
<marquee hspace=" 水平范围 " vspace=" 垂直范围 "> 滚动的文字 </marquee>
```

语法说明：

以像素为单位设置水平范围和垂直范围。

实例代码：

```
<!doctype html>
<html>
<head>
<meta charset="utf-8">
<title> 滚动空间属性 </title>
</head>
<body>
<marquee direction="up" scrollamount="1" width="450" height="280" bgcolor="#F99000"hspace="40" vspace="20"><p> 企业还通过建立健全、科学、合理的人才资源管理和开发体制，形成了一套能鼓励提高创新能力和创新效率的评价体系和激励机制。<br>
企业愿景：打造行业领先、社会尊重、员工自豪的一流企业。<br>
企业精神：秉承执着、开拓、协作、奉献的精神，为中国苗木业增收的伟大事业而不懈努力。</p>
</marquee>
</body>
</body>
</html>
```

在代码中加粗的 <marquee> 与 </marquee> 之间的文字滚动出现，hspace="40" vspace="20" 将文字的水平范围和垂直范围分别设置为 40 和 20，在浏览器中浏览效果，如图 3-25 所示。

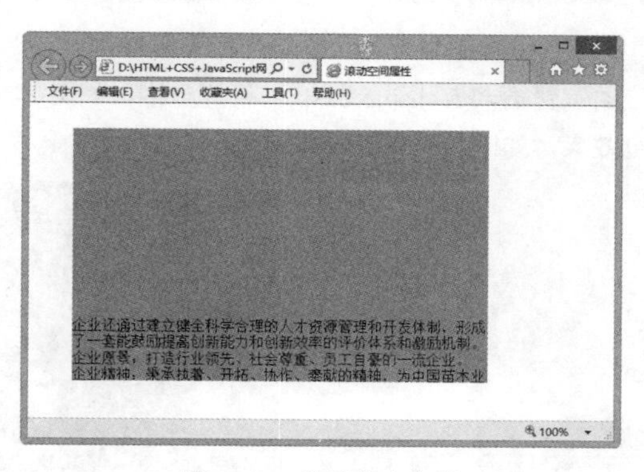

图 3-25　设置空白空间

3.6 综合实例——设置页面文本及段落

文字是人类语言基本的表达方式之一，文本的控制与布局在网页设计中占了很大比例，文本与段落也可以说是最重要的组成部分。本章通过大量实例详细讲述了文本与段落标记的使用方法，下面通过实例，练习网页文本与段落的设置方法。

01 使用 Dreamweaver CC 打开网页文档，如图 3-26 所示。

02 切换到代码视图，在文字的前面输入代码 <font color="#265F01"face=" 宋体 "size="4">，设置文字的字体、大小、颜色，如图 3-27 所示。

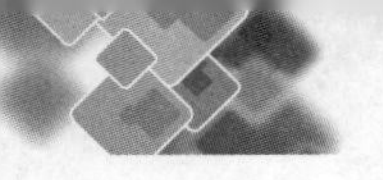

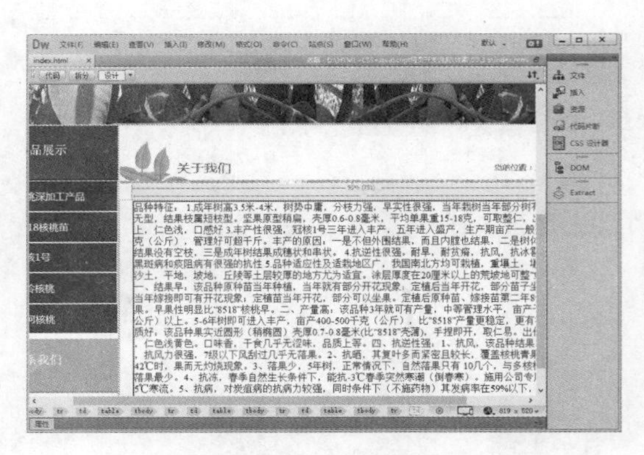

图 3-26　打开网页文档

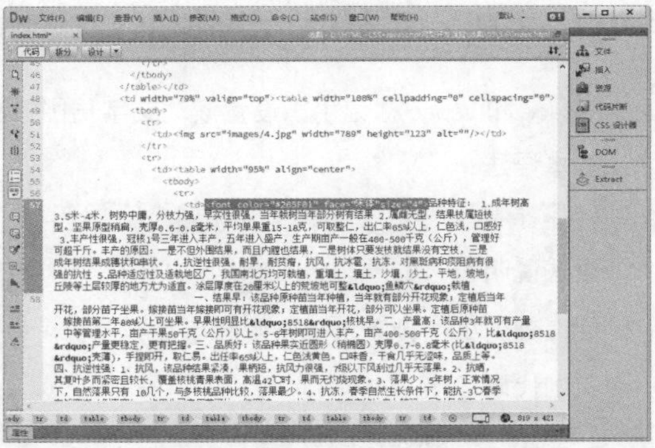

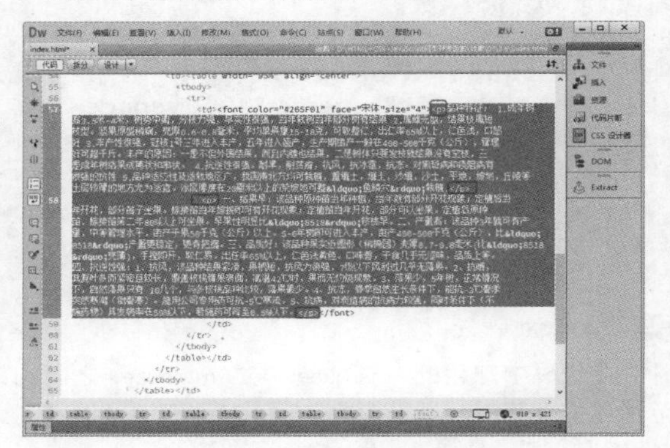

图 3-27　输入代码

03 在代码视图中，在文字的最后输入代码 </font>，如图 3-28 所示。

04 打开代码视图，在文本中输入代码 <p>……</p>，即可将文字分成相应的段落，如图 3-29 所示。

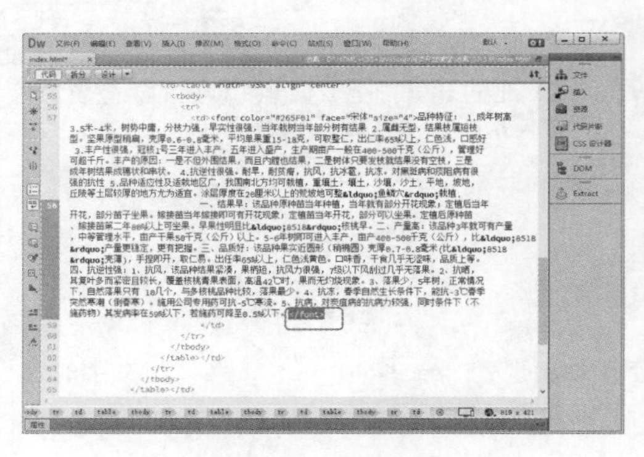

图 3-28　输入代码

图 3-29　输入段落标记

05 在拆分视图中，在文字相应的位置输入   ，设置空格，如图 3-30 所示。

06 保存网页，在浏览器中浏览效果，如图 3-31 所示。

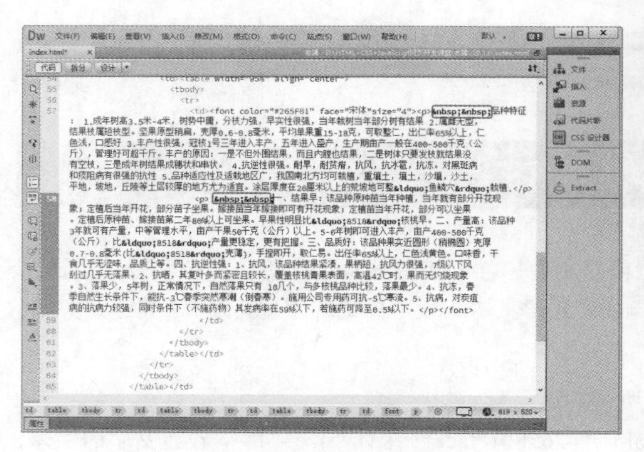

图 3-30　输入空格标记

图 3-31　设置页面及文本段落的效果

3.7 本章小结

文字的控制与布局在网页设计中占了很大比例，网页中添加文字并不困难，主要的问题是如何编排这些文字，以及控制这些文字的显示方式。通过对本章的学习，读者可以掌握如何在网页中合理地使用文字，如何根据需要选择不同的文字效果。

第4章

用 HTML 创建精彩的图像和多媒体页面

本章导读

图像是网页中不可缺少的元素，巧妙地在网页中使用图像可以为网页增色不少。网页美化最简单、最直接的方法就是在网页上添加图像，图像不但使网页更加美观、形象和生动，而且使网页中的内容更加丰富多彩。利用图像创建精美网页，能够给网页增加生机，从而吸引更多的浏览者。在网页中，除了可以插入文本和图像外，还可以插入动画、声音、视频等媒体元素，如滚动效果、Flash、Applet、ActiveX及Midi声音文件等。通过对本章的学习，读者可以学习到多媒体文件的使用方法，从而丰富网页的效果，吸引浏览者的注意。

技术要点：

- 网页中常见的图像格式
- 插入图像并设置图像属性
- 添加多媒体文件
- 添加背景音乐
- 综合实例——创建多媒体网页
- 综合实例——创建图文混合排版网页

实例展示

多媒体效果

图文混合排版

4.1　网页中常见的图像格式

每天在网络上交流的计算机用户数不胜数，因此使用的图像格式一定能够被每个操作平台所接受，当前互联网上流行的图像格式通常以 GIF 和 JPEG 为主。另外还有一种名叫 PNG 的文件格式，也被越来越多地应用在网络中，下面就对这 3 种图像格式的特点进行介绍。

1. GIF 格式

GIF 是英文 Graphic Interchange Format 的缩写，即图像交换格式，文件最多可使用 256 种颜色，最适合显示色调不连续或具有大面积单一颜色的图像，例如导航条、按钮、图标、徽标或其他具有统一色彩和色调的图像。

GIF 格式的最大优点就是可制作动态图像，可以将数张静态图像文件作为动画帧串联起来，转换成一个动画文件。

GIF 格式的另一优点就是可以将图像以交错的方式在网页中呈现。所谓“交错显示”就是当图像尚未下载完成时，浏览器会先以马赛克的形式将图像显示出来，让浏览者可以大略猜出下载图像的雏形。

2. JPEG 格式

JPEG 是英文 Joint Photographic Experts Group 的缩写，它是一种图像压缩格式。此文件格式是用于摄影或连续色调图像的高级格式，这是因为 JPEG 文件可以包含数百万种颜色。随着 JPEG 文件品质的提高，文件的大小和下载时间也会随之增加。通常可以通过压缩 JPEG 文件，在图像品质和文件大小之间达到良好的平衡。

JPEG 格式是一种压缩得非常紧凑的格式，专门用于不含大色块的图像。JPEG 图像有一定的失真度，但是在正常的损失下肉眼分辨不出 JPEG 和 GIF 图像的区别，而 JPEG 文件只有 GIF 文件尺寸的 1/4。JPEG 对图标之类的含大色块的图像不是很有效，且不支持透明图和动态图，但它能够保留全真的色调板格式。如果图像需要全彩模式才能表现效果，JPEG 格式就是最佳的选择。

3. PNG 格式

PNG（Portable Network Graphics）图像格式是一种非破坏性的网页图像文件格式，它提供了将图像文件以最小的方式压缩却又不造成图像失真的技术。它不仅具备了 GIF 图像格式的大部分优点，而且还支持 48-bit 的色彩、更快地交错显示、跨平台的图像亮度控制、更多层的透明度设置。

4.2 插入图像并设置图像属性

我们今天看到的丰富多彩的网页都是因为有了图像的作用。想一想过去，网络中大部分都是纯文本的网页，非常枯燥，就知道图像在网页设计中的重要性了。在HTML 页面中可以插入图像，并设置图像属性。

4.2.1 图像标记——img

有了图像文件后，就可以使用 img 标记将图像插入到网页中了，从而达到美化网页的目的。img 元素的相关属性见表 4-1 所示。

表 4-1

属　性	描　述	属　性	描　述
src	图像的源文件	dynsrc	设定 avi 文件的播放
alt	提示文字	loop	设定 avi 文件循环播放的次数
width，height	宽度和高度	loopdelay	设定 avi 文件循环播放的延迟时间
border	边框	start	设定 avi 文件的播放方式
vspace	垂直间距	lowsrc	设定低分辨率图片
hspace	水平间距	usemap	映像地图
align	排列		

基本语法：

```
<img src=" 图像文件的地址 ">
```

语法说明：

在语法中，src 参数用来设置图像文件所在的路径，该路径可以是相对路径，也可以是绝对路径。

4.2.2　设置图像高度——height

height 属性用来定义图片的高度，如果 <img> 元素不定义高度，图片就会按照其原始尺寸显示。

基本语法：

```
<img src=" 图像文件的地址 " height=" 图像的高度 ">
```

语法说明：

在该语法中，height 设置图像的高度。

实例代码：

```
<!doctype html>
<html>
<head>
<meta charset="utf-8">
<title> 设置图像高度 </title>
</head>
<body>
<img src="images/shizixiu.jpg"height="374" alt=""/>
<img src="images/shizixiu.jpg" height="200" alt=""/>
</body>
</html>
```

在代码中加粗部分的第 1 行标记是使用 height="374" 设置图像的高度为 374，而第 2 行标记是使用 height="200" 调整图像的高度为 200，在浏览器中预览，可以看到调整图像高度的效果，如图 4-1 所示。

图 4-1　调整图像的高度

提示

尽量不要通过 height 和 width 属性来缩放图像。如果通过 height 和 width 属性来缩小图像，那么用户就必须下载大尺寸的图像文件（即使图像在页面上看上去很小）。正确的做法是，在网页上使用图像之前，应该通过软件把图像处理为合适的尺寸。

4.2.3　设置图像宽度——width

width 属性用来定义图片的宽度，如果 <img> 元素不定义宽度，图片就会按照其原始尺寸显示。

基本语法：

```
<img src=" 图像文件的地址 " width=" 图像的宽度 >
```

语法说明：

在该语法中，width 设置图像的宽度。

实例代码：

```
<!doctype html>
<html>
<head>
<meta charset="utf-8">
<title> 设置图宽度 </title>
</head>
<body>
<img src="images/shizixiu.jpg" width="500" alt=""/>
<img src="images/shizixiu.jpg" width="691" alt=""/>
</body>
</html>
```

在代码中加粗部分的第 1 行标记是使用 width="500" 设置图像宽度为 500，而第 2 行标记是使用 width="691" 调整图像的宽度为 691，在浏览器中预览，可以看到调整图像宽度的效果，如图 4-2 所示。

图 4-2 调整图像的宽度

提示

在指定宽、高时，如果只给出宽度或高度中的一项，则图像将按原宽高比例进行缩放；否则，图像将按指定的宽度和高度显示。

4.2.4 设置图像的边框——border

默认情况下，图像是没有边框的，使用 img 标记符的 border 属性，可以定义图像周围的边框。

基本语法：

```
<img src=" 图像文件的地址 " border=" 图像边框的宽度 ">
```

语法说明：

在该语法中，border 的单位是像素，值越大边框越宽。HTML4.01 不推荐使用图像的 "border" 属性。但是所有的主流浏览器均支持该属性。

实例代码：

```
<!doctype html>
```

```
<html>
<head>
<meta charset="utf-8">
<title> 设置图像的边框 </title>
</head>
<body>
<img src="images/hua.jpg" width="421" height="301" alt=""/ border="5">
<img src="images/hua.jpg" width="423" height="301" alt=""/>
</body>
</html>
```

在代码中加粗部分的标记第 1 行是使用 border="5" 为图像添加边框，第 2 行没有为图像添加边框，在浏览器中预览，可以看到边框宽度为 5 像素的效果，如图 4-3 所示。

图 4-3 添加图像边框效果

4.2.5 设置图像水平间距——hspace

通常浏览器不会在图像和其周围的文字之间留出很多空间，除非创建一个透明的图像边框来扩大这些间距，否则图像与其周围文字之间默认保持 2 像素的距离，对于大多数设计者来说太近了。可以在 img 标记符内使用属性 hspace 设置图像的周围空白，通过调整图像的边距，可以使文字和图像的排列显得紧凑，看上去更加协调。

基本语法：

```
<img src=" 图像文件的地址 " hspace=" 水平边距 ">
```

语法说明：

通过 hspace 属性可以以像素为单位，指定图像左边和右边的文字与图像之间的间距，水平边距 hspace 属性的单位是像素。

实例代码：

```
<!doctype html>
<html>
<head>
<meta charset="utf-8">
<title> 设置图像水平间距 </title>
</head>
<body>
<img src="images/hua.jpg" width="497" height="359"  hspace="100">
</body>
</html>
```

在代码中加粗部分的标记 hspace="100" 是为图像添加水平边距，在浏览器中预览，可以看到设置的水平边距为 100 像素，如图 4-4 所示。

图 4-4　设置图像的水平边距效果

4.2.6　设置图像垂直间距——vspace

vspace 属性控制上面或下面的文字与图像之间的距离。

基本语法：

```
<img src=" 图像文件的地址 " vspace=" 垂直边距 ">
```

语法说明：

在该语法中，vspace 属性的单位是像素。

实例代码：

```
<!doctype html>
<html>
<head>
<meta http-equiv="Content-Type" content="text/html; charset=gb2312" />
<title> 设置图像垂直间距 </title>
</head>
<body>
<img src="images/jiudian.jpg" width="600" height="400" vspace="50">
</body>
</html>
```

在代码中加粗部分的标记 vspace="50" 是为图像添加垂直边距，在浏览器中预览，可以看到设置的垂直边距为 50 像素，如图 4-5 所示。

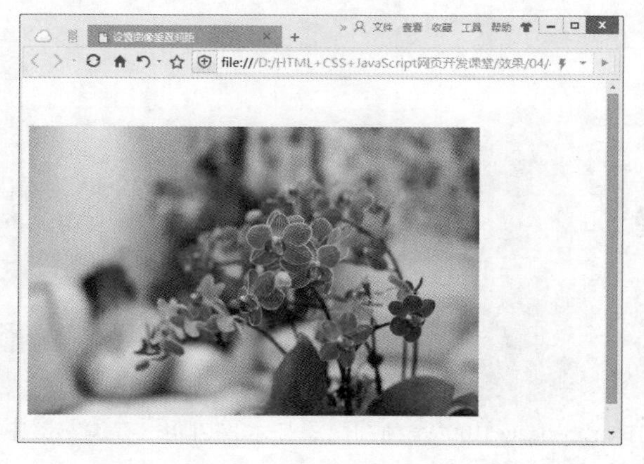

图 4-5　设置图像的垂直边距效果

4.2.7　设置图像的对齐方式——align

<img> 标签的 align 属性定义了图像相对于周围元素的水平和垂直对齐方式。

基本语法：

```
<img src=" 图像文件的地址 " align=" 对齐方式 ">
```

语法说明：

可以通过 <img> 标签的 align 属性来控制带有文字包围的图像的对齐方式。HTML 和 XHTML 标准指定了 5 种图像对齐属性值：left、right、top、middle 和 bottom。align 的取值见表 4-2 所示。

表 4-2

属　性	描　述	属　性	描　述
bottom	把图像与底部对齐	left	把图像对齐到左边
top	把图像与顶部对齐	right	把图像对齐到右边
middle	把图像与中央对齐		

实例代码：

```
<!doctype html>
<html>
<head>
<meta charset="utf-8">
<title> 设置图像的对齐方式 </title>
</head>
<body>
<img src="images/xianhua.jpg" width="495" height="333" align="right">
</body>
</html>
```

在代码中加粗部分的标记 align="right" 是为图像设置对齐方式，在浏览器中预览，可以看出图像是右对齐的，如图 4-6 所示。

图 4-6　为图像设置对齐方式

4.2.8　设置图像的替代文字——alt

<img> 标签的 alt 属性指定了替代文本，用于在图像无法显示或者用户禁用图像显示时，代替图像显

示在浏览器中的内容。强烈推荐在文档的每个图像中都使用这个属性，这样即使图像无法显示，用户还可以了解到与图像相关的信息。

基本语法：

```
<img src=" 图像文件的地址 " alt=" 提示文字的内容 " >
```

语法说明：

alt 属性的值是一个最多可以包含 1024 个字符的字符串，其中包括空格和标点。这个字符串必须包含在引号中。这段 alt 文本中可以包含对特殊字符的实体引用，但它不允许包含其他类别的标记，尤其是不允许有任何样式标签。

实例代码：

```
<!doctype html>
<html>
<head>
<meta charset="utf-8">
<title> 设置图像的替代文字 </title>
</head>
<body>
<img src="images/xianhua.jpg" width="500" height="368" alt=" 鲜花 ">
</body>
</html>
```

在代码中加粗部分的标记 alt=" 鲜花 " 是图像的提示文字，在浏览器中预览，可以看到添加的提示文字，如图 4-7 所示。

图 4-7　添加提示文字效果

4.3 添加多媒体文件

如果能在网页中添加音乐或视频文件，可以使单调的网页变得更加生动，但是如果要正确浏览嵌入这些文件的网页，就需要在客户端的计算机中安装相应的播放软件，在网页中常见的多媒体文件包括音频文件和视频文件。

基本语法：

```
<embed src=" 多媒体文件地址 " width=" 多媒体的宽度 " height=" 多媒体的高度 " autostart=" 是否自动运行 " loop=" 是否循环播放 " ></embed>
```

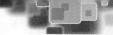

语法说明：

在语法中，width 和 height 一定要设置，单位是像素，否则无法正确显示播放多媒体的文件；autostart 的取值有两个，一个是 true，表示自动播放；另一个是 false，表示不自动播放；loop 的取值不是具体的数字，而是 true 或 false，如果取值为 true，表示媒体文件将无限次循环播放；如果取值为 false，则只播放一次。

实例代码：

```
<!doctype html>
<html>
<head>
<meta charset="utf-8">
<title> 添加多媒体文件标记 </title>
</head>
<body>
<embed src="images/1b.swf" width="980" height="280"></embed>
</body>
</html>
```

在代码中加粗部分的代码标记是插入多媒体的，在浏览器中预览插入的多媒体效果，如图 4-8 所示。

图 4-8　插入多媒体文件效果

4.4　添加背景音乐

许多有特色的网页上放置了背景音乐，随网页的打开而循环播放。在网页中加入一段背景音乐，只要用 bgsound 标记就可以实现。

4.4.1　设置背景音乐——bgsound

在网页中，除了可以嵌入普通的声音文件外，还可以为某个网页设置背景音乐。

基本语法：

```
<bgsound src=" 背景音乐的地址 ">
```

语法说明：

src 是音乐文件的地址，其可以是绝对路径也可以是相对路径。背景音乐的文件可以是 avi、mp3 等声音文件。

实例代码：

```
<!doctype html>
<html>
<head>
<meta charset="utf-8">
<title> 设置背景音乐 </title>
</head>
<body>
<img src="images/index.jpg" width="1007" height="600" />
<bgsound src="images/yinyue.wav">
</body>
</html>
```

在代码中加粗部分的代码标记 <bgsound src="images/yinyue.wav"> 是插入背景音乐的，在浏览器中预览可以听到音乐，如图 4-9 所示。在制作网页时，添加一种背景音乐可以使网页更加吸引人。

图 4-9　插入背景音乐

4.4.2　设置循环播放次数——loop

通常情况下，背景音乐需要循环播放，可以通过设置 loop 来控制循环播放的次数。

基本语法：

```
<bgsound src=" 背景音乐的地址 " loop=" 播放次数 ">
```

语法说明：

loop 是循环次数，-1 是无限循环。

实例代码：

```
<!doctype html>
<html>
<head>
<meta charset="utf-8">
<title> 设置循环播放次数 </title>
</head>
<body>
<img src="images/index.jpg" width="1007" height="600" />
<bgsound src="images/yinyue.wav"loop="5">
</body>
```

```
    </html>
```

在代码中加粗部分的代码标记 loop="5" 设置插入的背景音乐的循环播放次数，在浏览器中预览，可以听到背景音乐循环播放 5 次后自动停止播放，如图 4-10 所示。

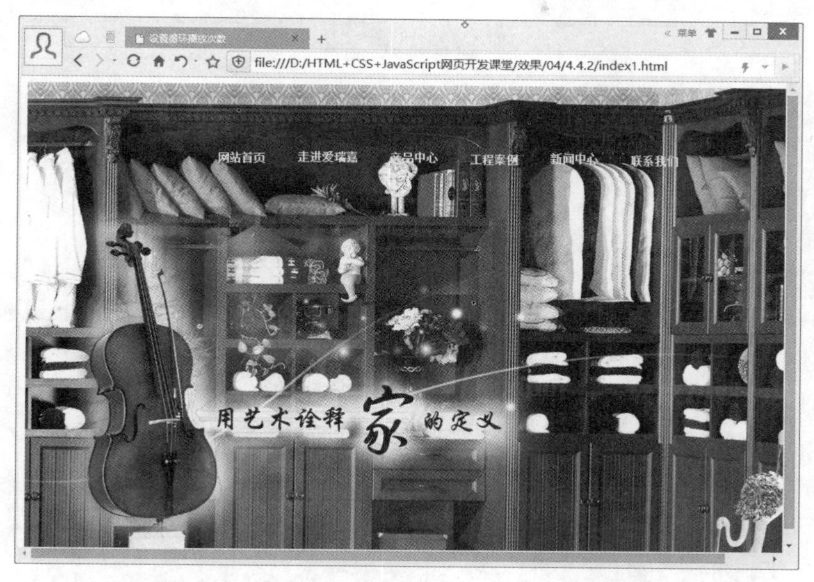

图 4-10 背景音乐循环播放 5 次后自动停止效果

4.5 综合实例

本章主要讲述了网页中常用的图像格式及如何在网页中插入图像、设置图像属性、在网页中插入多媒体等。下面通过以上所学到的知识讲述两个实例。

综合实例 1——创建多媒体网页

下面将通过具体的实例来讲述创建多媒体网页的方法，具体操作步骤如下。

01 使用 Dreamweaver CC 打开网页文档，如图 4-11 所示。

02 打开拆分视图，在相应的位置输入代码 <embed src="images/top.swf" width="978" height="238"></embed>，如图 4-12 所示。

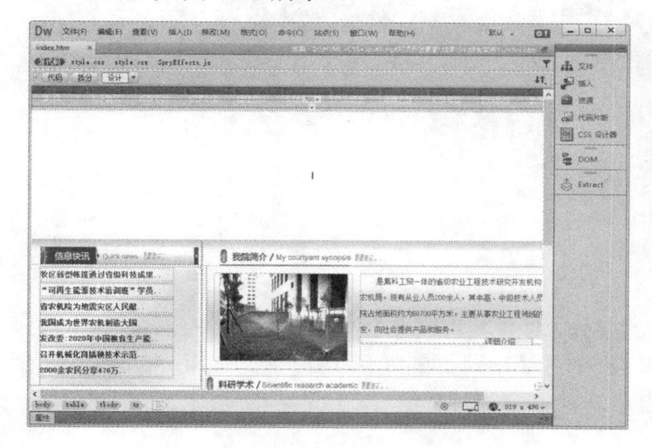

图 4-11 打开网页文档

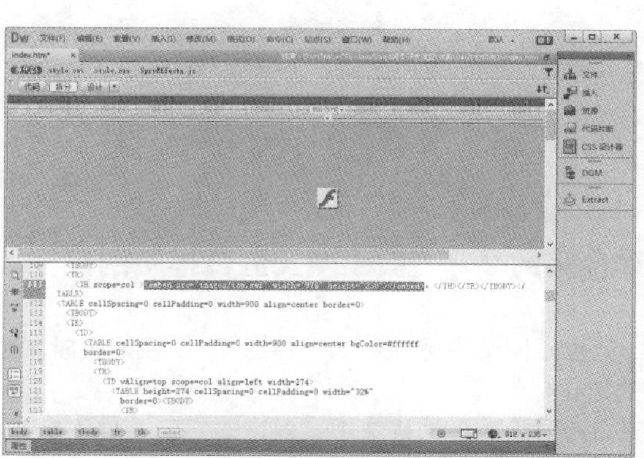

图 4-12 输入代码

03 将光标置于 body 的后面，输入背景音乐代码 <bgsound src="images/gequ.wav">，如图 4-13 所示。

04 在代码中输入播放的次数，<bgsound src="images/gequ.wav" loop="infinite ">，如图 4-14 所示。

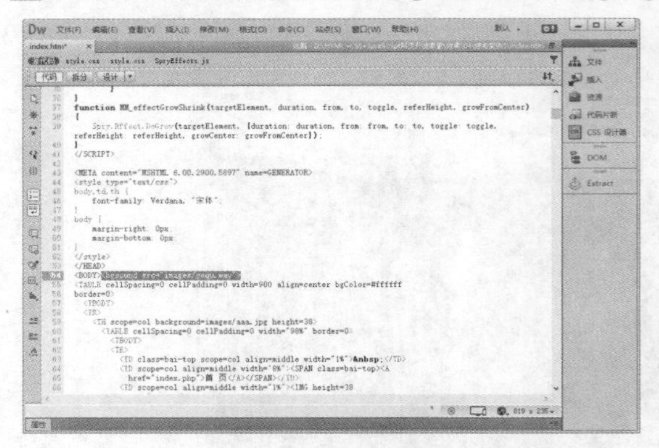

图 4-13　输入背景音乐代码

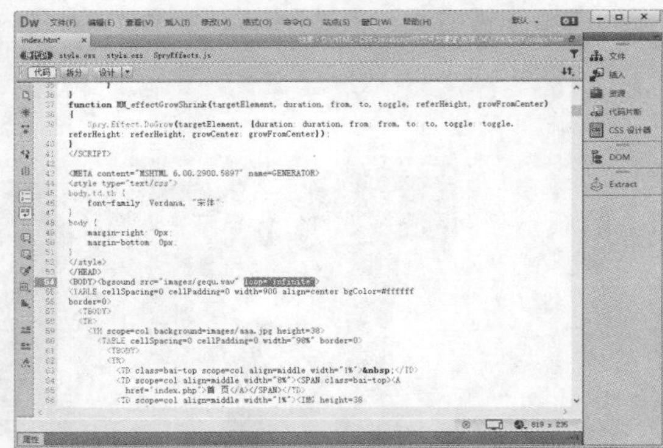

图 4-14　输入播放次数代码

05 保存文档，按 F12 键，在浏览器中预览，效果如图 4-15 所示。

图 4-15　多媒体效果

综合实例 2——创建图文混合排版网页

虽然网页中可以使用各种图片，以使网页显得更加漂亮，但有时也需要在图片旁边添加一些文字说明。图文混排一般有几种方法，对于初学者而言，可以将图片放置在网页的左侧或右侧，并将文字内容放置在图片旁边。下面讲述图文混排的方法，具体步骤如下。

01 使用 Dreamweaver CC 打开网页文档，如图 4-16 所示。

02 打开代码视图，将光标置于相应的位置，输入图像代码 <img src="images/b11.jpg" >，如图 4-17 所示。

图 4-16 打开网页文档

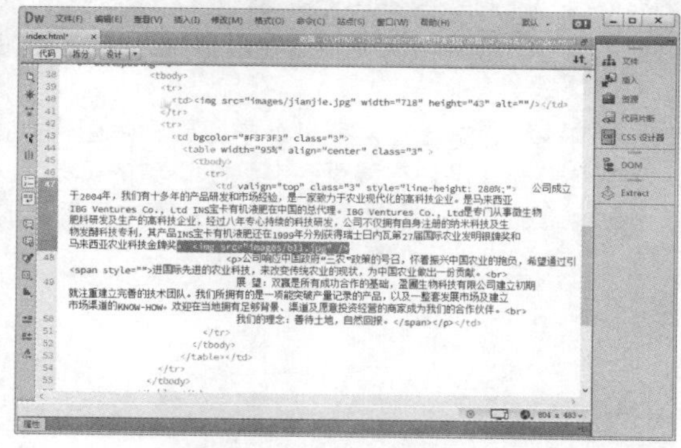

图 4-17 输入图像代码

03 在代码视图中输入 width="285" height="206"，设置图像的高和宽，如图 4-18 所示。

04 在代码视图中输入 hspace="10" vspace="5"，设置图像的水平边距和垂直边距，如图 4-19 所示。

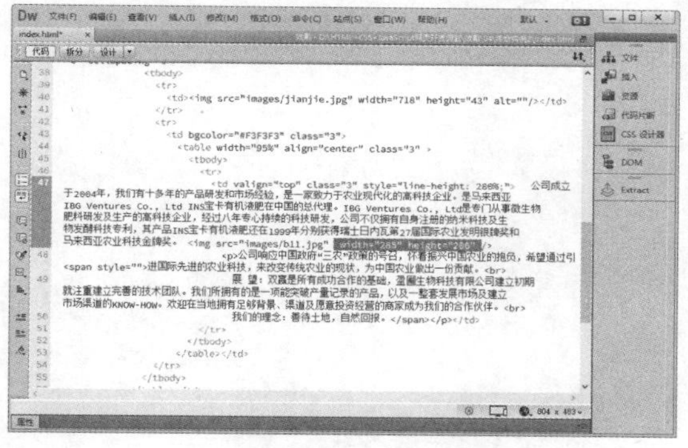

图 4-18 设置图像的高和宽

图 4-19 设置图像的水平边距和垂直边距

05 在代码视图中输入 align="left"，用来设置图像的对齐方式为“左对齐”，如图 4-20 所示。

06 保存文档，按 F12 键，在浏览器中预览，如图 4-21 所示。

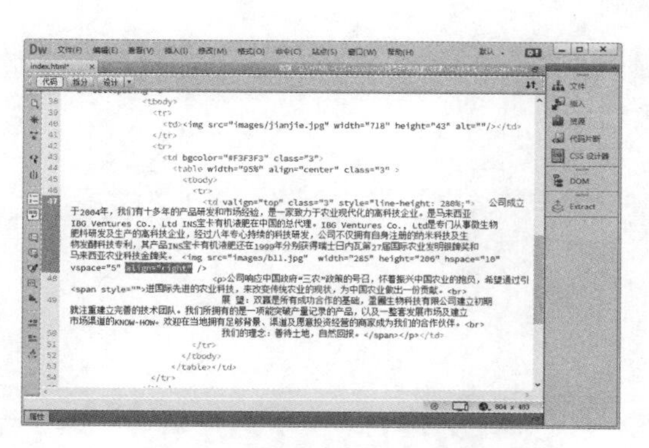

图 4-20 设置图像的对齐方式

图 4-21 图文混合排版效果

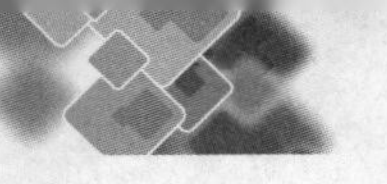

4.6 本章小结

通过本章的学习，读者可以学习到利用图像创建精美网页的方法，能够给网页增加生机，从而吸引更多的浏览者驻足。在网页中，除了讲到的可以插入文本和图像外，还可以插入动画、声音、视频等媒体元素，通过对多媒体文件的使用，从而丰富网页的效果，吸引浏览者的注意。

第5章

用 HTML 创建超链接和表单

本章导读

超链接是HTML文档的最基本特征之一。超链接的英文名是hyperlink，它能够让浏览者在各个独立的页面之间方便地跳转。每个网站都是由众多的网页组成的，网页之间通常也都是通过链接方式相互关联的。各个网页链接在一起后，才能真正构成一个网站。表单的用途很多，在制作网页时，特别是制作动态网页时常常会用到，表单的作用就是收集用户的信息，将其提交到服务器，从而实现与客户的交互，它是HTML页面与浏览器端实现交互的重要手段。

技术要点：

- 超链接的基本概念
- 创建基本超链接
- 创建图像的超链接
- 创建锚点链接
- 插入表单
- 插入表单对象
- 给网页添加链接

实例展示

插入表单对象

为网页添加链接

5.1 超链接的基本概念

超链接由源地址文件和目标地址文件构成，当访问者单击超链接时，浏览器会从相应的目标地址检索网页并显示在浏览器中。如果目标地址不是网页而是其他类型的文件，浏览器会自动调用本机上的相关程序打开所要访问的文件。

链接由以下 3 个部分组成：

（1）位置点标记 <a>，将文本或图片标识为链接。

（2）属性 href="..."，放在位置点起始标记中。

（3）地址（称为 URL），浏览器要链接的文件。URL 用于标识 Web 或本地磁盘上的文件位置，这些链接可以指向某个 HTML 文档，也可以指向文档引用的其他元素，如图形、脚本或其他文件。

5.2 创建基本超链接

超链接的范围很广泛，利用它不仅可以进行网页之间的相互跳转，还可以使网页链接到相关的图像文件、多媒体文件及下载程序等。

5.2.1 超链接标记

链接标记 <a> 在 HTML 中既可以作为一个跳转其他页面的链接，也可以作为“埋设”在文档中某处的一个“锚定位”，<a> 也是一个行内元素，它可以成对出现在一段文档的任何位置。

基本语法：

```
<a href=" 链接目标 "> 链接显示文本 </a>
```

语法说明：

在该语法中，<a> 标记的属性值见表 5-1 所示。

表 5-1　<a> 标记的属性值

属　性	说　明	属　性	说　明
href	指定链接地址	title	为链接添加提示文字
name	为链接命名	target	指定链接的目标窗口

实例代码：

```
<!doctype html>
<html>
<head>
<meta charset="utf-8">
<title> 超链接标记 </title>
</head>
<body>
<p><br>
<a href="1"> 科学的进步取决于科学家的劳动和他们的发明的价值。
</a></p>
<p><a href="2"> 科学不但能 " 给青年人以知识，给老年人以快乐 "，还能使人习惯于劳动和追求真理，
能为人民创造真正的精神财富和物质财富，能创造出没有它就不能获得的东西。 </a></p>
<p><a href="3"> 人是动物，本来是好动的；劳动不只是为生活，也是为健康。 </a></p>
<p><a href="4"> 人，不管是什么，应当从事劳动，汗流满面地工作，他生活的意义和目的、他的幸福、
他的欢乐就在于此。 </a><br>
<a href="5"> 要想获得一种见解，首先就需要劳动，自己的劳动，自己的首创精神，自己的实践。</
a></p>
</body>
</html>
```

在代码中加粗部分的代码标记为设置文档中的超链接，在浏览器中预览，可以看到链接效果，如图 5-1 所示。我们在网站上也经常看到链接的效果，如图 5-2 所示。

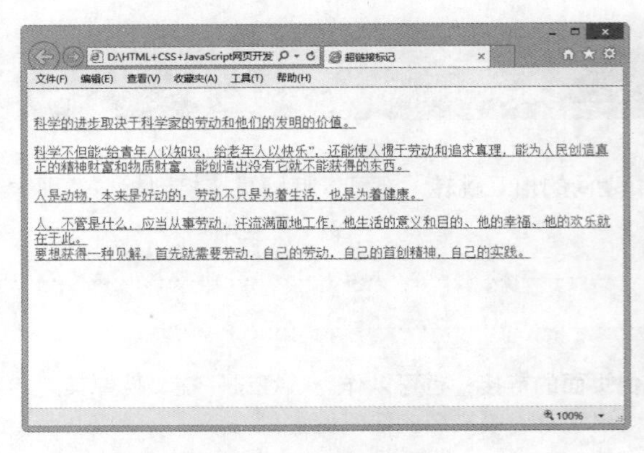

图 5-1　超链接效果

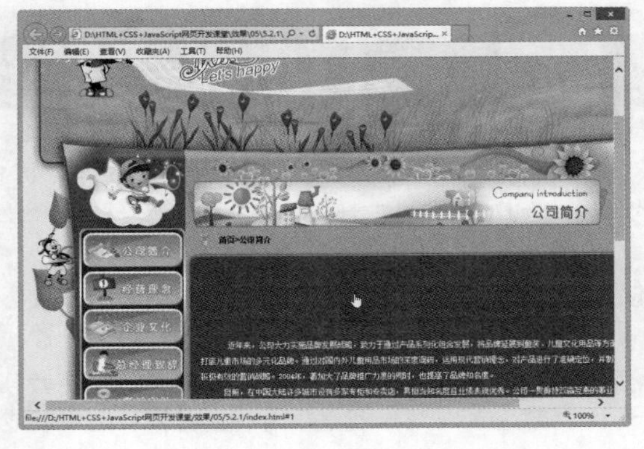

图 5-2　超链接网页

5.2.2　设置的目标窗口

在创建网页的过程中，默认情况下超链接在原来的浏览器窗口中打开，可以使用 target 属性来控制打开的目标窗口。

基本语法：

```
<a href=" 链接目标 " target=" 目标窗口的打开方式 ">
```

语法说明：

在该语法中，target 参数的取值有 4 种，见表 5-2 所示。

表 5-2　target 参数的取值

属 性 值	含　义	属 性 值	含　义
-self	在当前页面中打开链接	-top	在顶层框架中打开链接，也可以理解为在根框架中打开链接
-blank	在一个全新的空白窗口中打开链接	-parent	在当前框架的上一层里打开链接

实例代码：

```
<!doctype html>
<html>
<head>
<meta charset="utf-8">
<title> 设置的目标窗口 </title>
</head>
<body>
<p><a href="gongshijianjie.html" target="_blank"> 公司简介 </a></p>
<p> 公司理念 </p>
<p> 产品展示 </p>
<p> 联系我们 </p>
</body>
</html>
```

在代码中加粗的代码标记 target="_blank" 是设置内部链接的目标窗口，在浏览器中预览并单击设置链接的对象，可以打开一个新的窗口，如图 5-3 和图 5-4 所示。

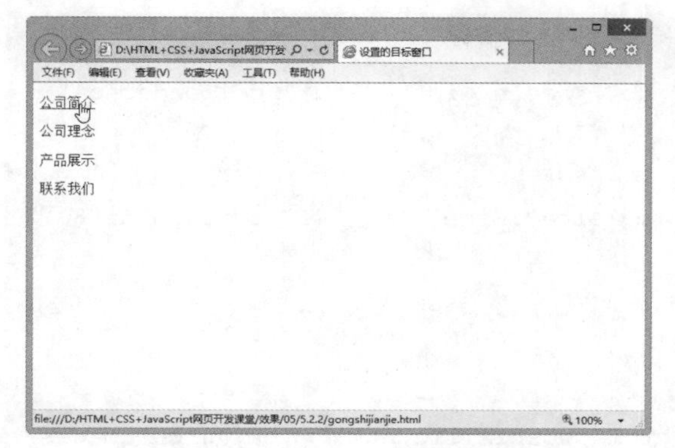

图 5-3　设置链接目标窗口

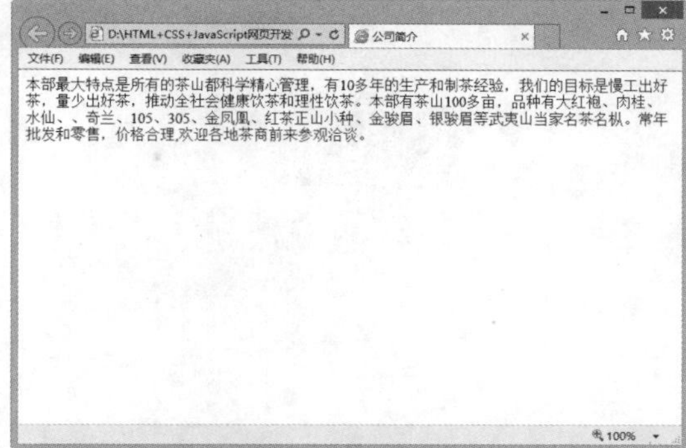

图 5-4　打开的目标窗口

5.3　创建图像的超链接

图像的链接包括为图像元素制作链接和在图像的局部制作链接，其中在图像的局部制作链接比较复杂，将会使用到 <map>、<area> 等元素及相关属性。

5.3.1　设置图像超链接

设置普通图像超链接的方法非常简单，可以通过 <a></a> 标记来实现。

基本语法：

```
<a href=" 链接目标 "> 链接的图像 </a>
```

语法说明：

为图像添加超链接，使其指向其他的网页或文件，这就是图像超链接。

实例代码：

```
<!doctype html>
<html>
<head>
<meta charset="utf-8">
<title> 设置图像超链接 </title>
<style type="text/css">
body {
  margin-left: 0px;
  margin-top: 0px;
  margin-right: 0px;
  margin-bottom: 0px;
}
</style>
</head>
<body>
<table width="1013" cellpadding="0" cellspacing="0">
  <tbody>
    <tr>
      <td><img src="images/top.jpg" width="1013" height="446" alt=""/></td>
    </tr>
    <tr>
      <td><table width="100%" cellpadding="0" cellspacing="0">
        <tbody>
          <tr>
```

```
                <td width="18%"><img src="images/left.jpg" width="185"
height="423" alt=""/></td>
            <td width="82%" valign="top"><table width="100%" cellpadding="0"
cellspacing="0">
                <tbody>
                  <tr>
                    <td valign="top"><img src="images/left_01.jpg" width="819"
height="81" alt=""/></td>
                  </tr>
                  <tr>
                    <td><table width="100%">
                      <tbody>
                        <tr>
                              <td><a href="woshixilie,html"><img src="images/
left_04.jpg" width="255" height="264" alt=""/></a></td>
            <td><img src="images/left_06.jpg" width="253" height="287"
alt=""/></td>
        <td><img src="images/left_07.jpg" width="260" height="287" alt=""/></
td>
                        </tr>
                      </tbody>
                    </table></td>
                  </tr>
                </tbody>
              </table></td>
            </tr>
          </tbody>
        </table></td>
      </tr>
      <tr>
        <td><img src="images/di.jpg" width="1003" height="77" alt=""/></td>
      </tr>
    </tbody>
  </table>
  </body>
  </html>
```

在代码中加粗部分的标记是为图像添加链接，在浏览器中预览，当鼠标指针放置在链接的图像上时，鼠标指针会发生相应的变化，如图 5-5 所示。

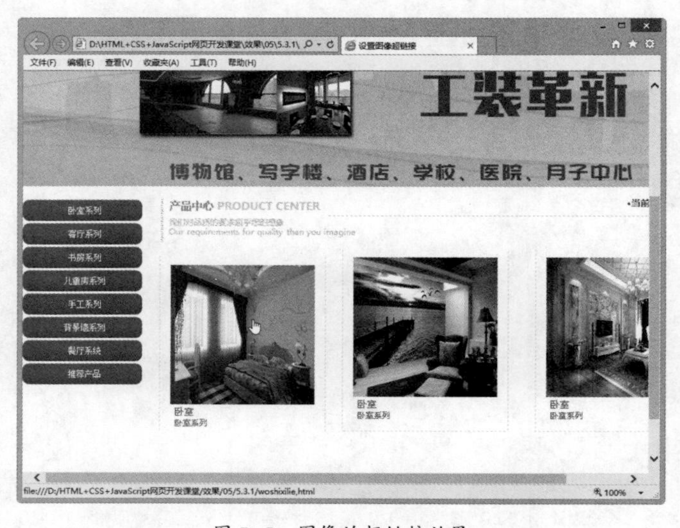

图 5-5　图像的超链接效果

5.3.2　设置图像热区链接

图像整体可以是一个超链接的载体，而且图像中的一部分或多个部分也可以分别成为不同的链接，这就是图像的热区链接。图像链接单击的是图像，而热点链接单击的是图像中的热点区域。

基本语法：

```
<img usemap="# 热区名称 ">
<map name=" 热区名称 ">
<area shape=" 热点形状 " coords=" 区域坐标 " href="# 链接目标 " alt=" 替换文字 ">
......
</map>
```

语法解释：

创建链接区域元素 <map>，用来在图像元素中定义一个链接区域，<map> 元素本身并不能指定链接区域的大小和链接目标，<map> 元素的主要作用是，用来标记链接区域，页面中的图像元素可以使用 <map> 元素标记的区域。

在 <area> 标记中定义了热区的位置和链接，其中 shape 参数用来定义热区形状，热点的形状包括 rect（矩形区域）、circle（椭圆形区域）和 poly（多边形区域）3 种，对于复杂的热点图像可以选择多边形工具来绘制。coords 参数则用来设置区域坐标，对于不同形状来说，coords 设置的方式也不同。链接的文本说明属性 alt 用来使用附件的文本对链接进行说明。链接区域的名称属性 name，用来定义链接区域的名称，方便图像元素的调用。Name 属性的取值必须是唯一的。

实例代码：

```
<map name="Map">
 <area shape="circle" coords="230,329,64" href="#">
  <area shape="circle" coords="470,440,57" href="#">
  <area shape="circle" coords="700,347,66" href="#">
  <area shape="circle" coords="237,592,65" href="#">
  <area shape="circle" coords="705,596,55" href="#">
</map>
```

代码中加粗的部分 name="Map" 和 shape="rect"，将热区的名称设置为 Map，热点形状设置为 rect 矩形区域，并分别设置了热区的区域坐标和链接目标，如图 5-6 所示。

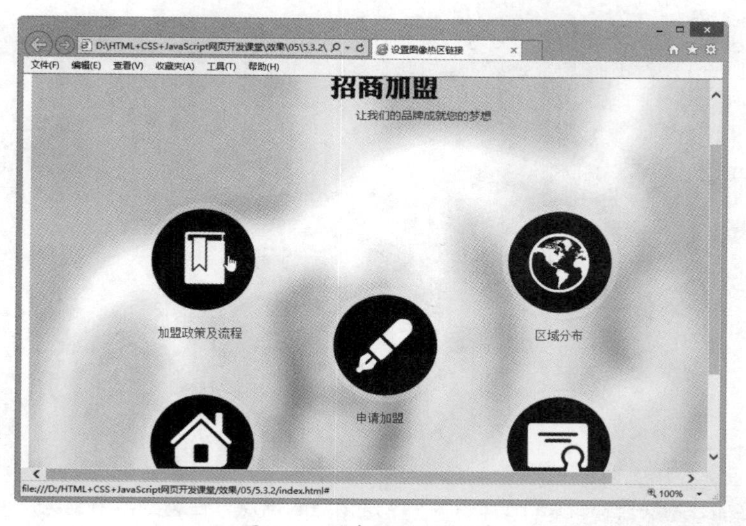

图 5-6　创建链接区域元素

5.4 创建锚点链接

网站中经常会有一些文档页面由于文本或者图像内容过多，导致页面过长。访问者需要不停地拖曳浏览器上的滚动条来查看文档中的内容。为了方便用户查看文档中的内容，在文档中需要进行锚点链接。

5.4.1 创建锚点

锚点就是指在给定名称的一个网页中的某一个位置，在创建锚点链接前首先要建立锚点。

基本语法：

```
<a name=" 锚点的名称 "></a>
```

语法说明：

利用锚点名称可以链接到相应的位置。这个名称只能包含小写的 asii 和数字，且不能以数字开头，同一个网页中可以有无数个锚点，但是不能有相同名称的锚点。

实例代码：

```
<!doctype html>
<html>
<head>
<meta charset="utf-8">
<title> 创建锚点 </title>
</head>
<body>
<p>    公司介绍        公司新闻                招聘中心 </p>
<p><a name="a"></a> 公司简介 </p>
<p> 公司集产品开发、工程设计、生产制作、后期服务于一体，专业生产各种品牌服装展架、鞋柜、酒店用品系列、展示架、货架等五金配件，并可接受客户的特殊设计和订货，拥有生产、装配流水线和完善的售后服务。<br>
多年来公司以追求完美品质为宗旨，专业从事卖场展示道具，为诸多客户提供了规划设计、制造、运输、安装、维修、咨询等全方位服务。<br>
我们的理念：诚信经营、用心做事。
欢迎新老顾客光临！！！ </p>
<p><a name="b"></a> 新闻中心 </p>
<p> 五金行业悲与喜。<br>
服装店装修需要掌控四个关键区域。<br>
卖场货柜陈列。<br>
商务休闲装的由来。<br>
男人的别样生活，从穿衣服开始。<br>
天阔服装道具网站开通了。<br>
怎样学习服装制板？ </p>
<p><a name="c"></a> 人才招聘 </p>
<p> 招聘人数      10 <br>
招聘职位        网络销售 <br>
工作地点        长沙 <br>
在线应聘        查看详细 </p>
<p> </p>
<p> </p>
</body>
</html>
```

在代码中加粗部分的代码标记 <a name="c"></a> 是创建的锚点，在浏览器中浏览效果，如图 5-7 所示。

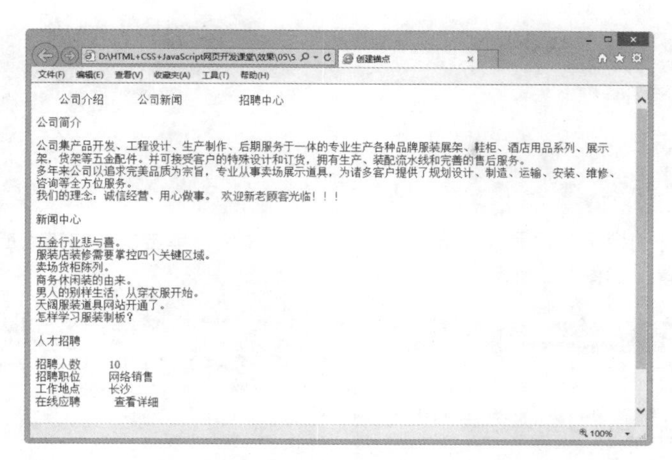

图 5-7　创建锚点

5.4.2　链接到页面不同位置的锚点链接

建立锚点以后，即可创建到锚点的链接，需要用＃号及锚点的名称作为 href 属性值。

基本语法：

```
<a href="# 锚点的名称 ">……</a>
```

语法说明：

在该语法中，在 href 属性后输入页面中创建的锚点的名称，可以链接到页面中不同的位置。

实例代码：

```
<!doctype html>
<html>
<head>
<meta charset="utf-8">
<title> 链接到页面不同位置的锚点链接 </title>
</head>
<body>
<p><a href="#a"> 公司介绍 </a>
  <a href="#b"> 公司新闻 </a>
  <a href="#b"> 招聘中心 </a>
</p>
<p><a name="a"></a> 公司简介 </p>
<p> 公司集产品开发、工程设计、生产制作、后期服务于一体，专业生产各种品牌服装展架、鞋柜、酒店用品系列、展示架、货架等五金配件，并可接受客户的特殊设计和订货，拥有生产、装配流水线和完善的售后服务。<br>
多年来公司以追求完美品质为宗旨，专业从事卖场展示道具，为诸多客户提供了规划设计、制造、运输、安装、维修、咨询等全方位服务。<br>
我们的理念：诚信经营、用心做事。
 欢迎新老顾客光临！！！ </p>
<p><a name="b"></a> 新闻中心 </p>
<p> 五金行业悲与喜。<br>
服装店装修需要掌控四个关键区域。<br>
卖场货柜陈列。<br>
商务休闲装的由来。<br>
男人的别样生活，从穿衣服开始。<br>
天阔服装道具网站开通了。<br>
怎样学习服装制板？ </p>
<p><a name="c"></a> 人才招聘 </p>
<p> 招聘人数      10 <br>
```

```
招聘职位          网络销售 <br>
工作地点          长沙 <br>
在线应聘          查看详细 </p>
<p> </p>
<p> </p>
</body>
</html>
```

在代码中加粗部分的标记为设置锚点链接，在浏览器中浏览，单击创建的锚点链接，如图 5-8 所示，可以链接到相应的位置，如图 5-9 所示。

公司介绍 公司新闻 招聘中心

公司简介

公司集产品开发、工程设计、生产制作、后期服务于一体的专业生产各种品牌服装展架、鞋柜、酒店用品系列、展示架，货架等五金配件。并可接受客户的特殊设计和订货，拥有生产、装配流水线和完善的售后服务。
多年来公司以追求完美品质为宗旨，专业从事卖场展示道具，为诸多客户提供了规划设计、制造、运输、安装、维修、咨询等全方位服务。
我们的理念：诚信经营、用心做事。欢迎新老顾客光临！！！

新闻中心

五金行业悲与喜。
服装店装修需要掌控四个关键区域。
卖场货柜陈列。
商务休闲装的由来。
男人的别样生活，从穿衣服开始。
天阔服装道具网站开通了。
怎样学习服装制板？

人才招聘

招聘人数　10
招聘职位　网络销售

图 5-8　单击锚点链接

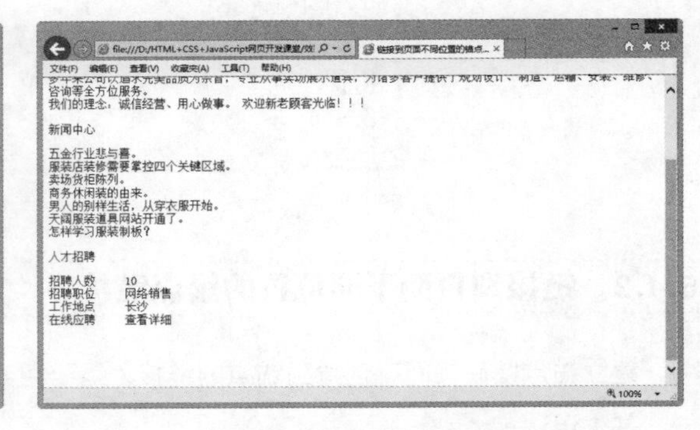

图 5-9　链接到相应的位置

在浏览页面时，如果页面篇幅很长，就要不断地拖曳滚动条，给浏览带来了不便，想要浏览者既可以从头到尾阅读，又可以很快寻找到自己感兴趣的特定内容进行部分阅读，就可以通过锚点链接来实现。当浏览者单击页面上的某个“锚点”时，就能自动跳转到网页的相应位置，为浏览者提供了方便，如图 5-10 所示为锚点链接网页。

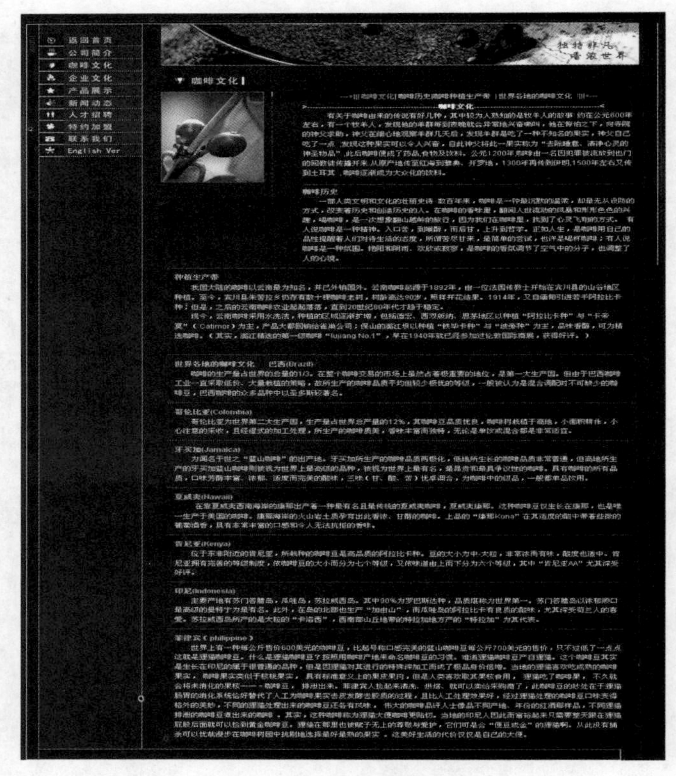

图 5-10　锚点链接网页

5.5 插入表单——form

在网页中 <form></form> 标记对用来创建一个表单，即定义表单的开始和结束位置，在标记对之间的一切都属于表单的内容。在表单的 <form> 标记中，可以设置表单的基本属性，包括表单的名称、处理程序和传送方式等。一般情况下，表单的处理程序 action 和传送方法 method 是必不可少的参数。

5.5.1 处理动作——action

action 用于指定表单数据提交到哪个地址进行处理。

基本语法：

```
<form action=" 表单的处理程序 ">
……
</form>
```

语法说明：

表单的处理程序是表单要提交的地址，也就是表单中收集到的资料将要传递到的程序地址。该地址可以是绝对地址，也可以是相对地址，还可以是一些其他形式的地址。

实例代码：

```
<!doctype html>
<html>
<head>
<meta charset="utf-8">
<title> 程序提交 </title>
</head>
<body>
欢迎您预定本店的房间，您填写的预订表将被发送到酒店客房预订处，我们会在最短的时间内给您回复。
<form action="mailto:jiudian@.com">
</form>
</body>
</html>
```

在代码中加粗部分的标记 action 是程序提交标记，这里将表单提交到电子邮件。

5.5.2 表单名称——name

name 用于为表单命名，该属性不是表单的必要属性，但是为了防止表单提交到后台处理程序时出现混乱，一般需要给表单命名。

基本语法：

```
<form name=" 表单名称 ">
……
</form>
```

语法说明：

表单名称中不能包含特殊字符和空格。

实例代码：

```
<!doctype html>
<html>
<head>
```

```
<meta charset="utf-8">
<title>表单名称</title>
</head>
<body>
欢迎您预定本店的房间，您填写的预订表将被发送到酒店客房预订处，我们会在最短的时间内给您回复。
<form action="mailto:jiudian@.com" name="form1">
</form>
</body>
</html>
```

在代码中加粗部分的标记 name="form1" 是表单名称标记。

5.5.3 传送方法——method

表单的 method 属性用于指定在数据提交到服务器时使用哪种 HTTP 提交方式，可取值为 get 或 post。

基本语法：

```
<form method="传送方法">
……
</form>
```

语法说明：

传送方法的值只有两种，即 get 和 post。

- get：表单数据被传送到 action 属性指定的 URL，然后这个新的 URL 被送到处理程序处。
- post：表单数据被包含在表单主体中，然后被送到处理程序处。

实例代码：

```
<!doctype html>
<html>
<head>
<meta charset="utf-8">
<title>传送方法</title>
</head>
<body>
欢迎您预定本店的房间，您填写的预订表将被发送到酒店客房预订处，我们会在最短的时间内给您回复。
<form action="mailto:jiudian@.com" method="post" name="form1">
</form>
</body>
</html>
```

在代码中加粗部分的代码标记 method="post" 是传送方式。

5.5.4 编码方式——enctype

表单中的 enctype 属性用于设置表单信息提交的编码方式。

基本语法：

```
<form enctype="编码方式">
……
</form>
```

语法说明：

enctype 属性为表单定义了 MIME 编码方式，编码方式的取值见表 5-3 所示。

表 5-3 编码方式的属性值

enctype 的取值	取值的含义
application/x-www-form-urlencoded	默认的编码形式
multipart/form-data	MIME 编码，上传文件的表单必须选择该项

实例代码：

```
<!doctype html>
<html>
<head>
<meta charset="utf-8">
<title>编码方式</title>
</head>
<body>
欢迎您预定本店的房间，您填写的预订表将被发送到酒店客房预订处，我们会在最短的时间内给您回复。
<form action="mailto:jiudian@.com" method="post"
enctype="application/x-www-form-urlencoded" name="form1">
</form>
</body>
</html>
```

在代码中加粗的代码标记是编码方式。

提示

enctype 属性默认的取值是 application/x-www-form-urlencoded，这是所有网页的表单所使用的可接受的类型。

5.5.5 目标显示方式——target

target 用来指定目标窗口的打开方式，表单的目标窗口往往用来显示表单的返回信息。

基本语法：

```
<form target="目标窗口的打开方式">
……
</form>
```

语法说明：

目标窗口的打开方式有 4 个选项：_blank、_parent、_self 和 _top。其中 _blank 为将链接的文件载入一个未命名的新浏览器窗口中；_parent 为将链接的文件载入含有该链接框架的父框架集或父窗口中；_self 为将链接的文件载入该链接所在的同一框架或窗口中；_top 为在整个浏览器窗口中载入所链接的文件，因而会删除所有框架。

实例代码：

```
<!doctype html>
<html>
<head>
<meta charset="utf-8">
<title>目标显示方式</title>
</head>
<body>
欢迎您预订本店的房间，您填写的预订表将被发送到酒店客房预订处，我们会在最短的时间内给您回复。
<form action="mailto:jiudian@.com" method="post"
enctype="application/x-www-form-urlencoded" name="form1" target="_blank">
</form>
</body>
```

```
</html>
```

在代码中加粗部分的代码标记 target="_blank" 是目标显示方式。

5.6 综合实例

本章前面讲解了创建超链接和表单的基本构成标记，下面通过具体实例讲述超链接的创建和表单的使用方法，使读者能够更深刻地了解到其在实际应用中的使用方法。

综合案例 1——插入表单对象

插入表单对象的具体操作步骤如下。

01 使用 Dreamweaver CC 打开网页文档，如图 5-11 所示。

02 打开拆分视图，在 <body> 和 </body> 之间相应的位置输入代码 <form ></form>，插入表单，如图 5-12 所示。

图 5-11　打开网页文档

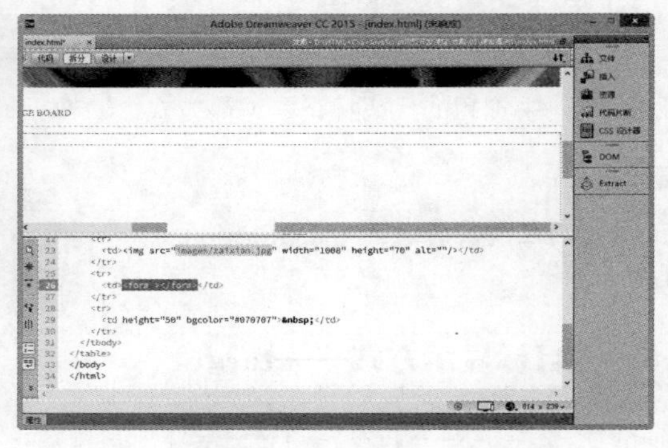

图 5-12　输入代码

03 在代码中输入 <formformaction="mailto:gw163@.com"></form> 代码，将表单中收集到的内容以电子邮件的形式发送出去，如图 5-13 所示。

04 在 <form> 标记中输入 method="post" id="form1" 代码，将表单的传送方式设置为 post，名称设置为 form1，此时的代码如下所示，如图 5-14 所示。

```
<form action="formaction=" mailto:gw163@.com" " method="post" id="form1">
</form>
```

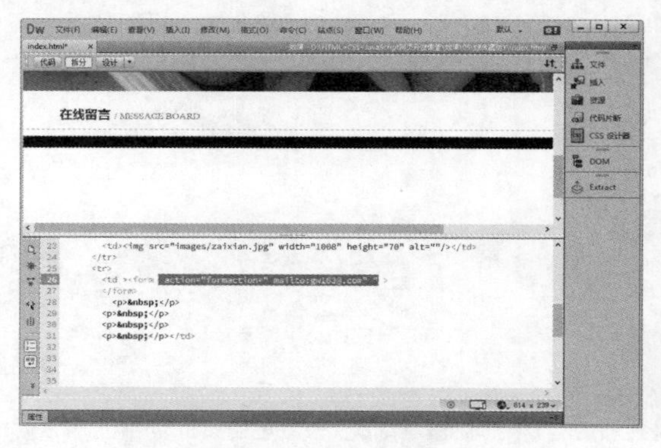

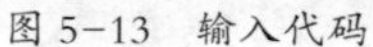

图 5-13　输入代码

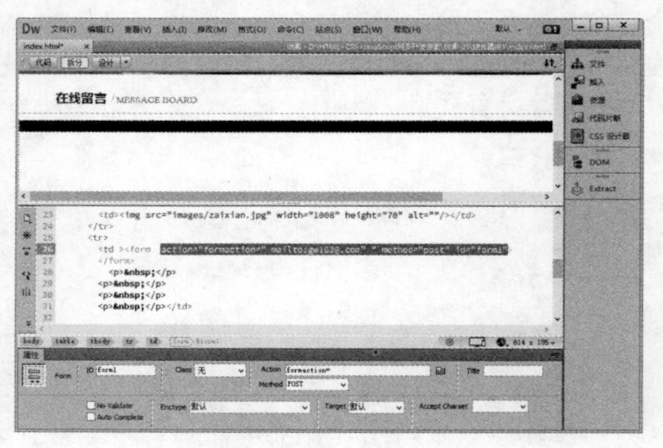

图 5-14　输入代码

05 在 <form> 和 </form> 标记之间输入代码 <table>......</table>，插入 6 行 2 列的表格，将表格的宽度设置为 85%，填充设置为 10，如图 5-15 所示。

06 将光标置于表格的第 1 行第 1 列的单元格中，在 <form> 和 </form> 之间相应的位置输入代码 <td > 产品名称：</td>，如图 5-16 所示。

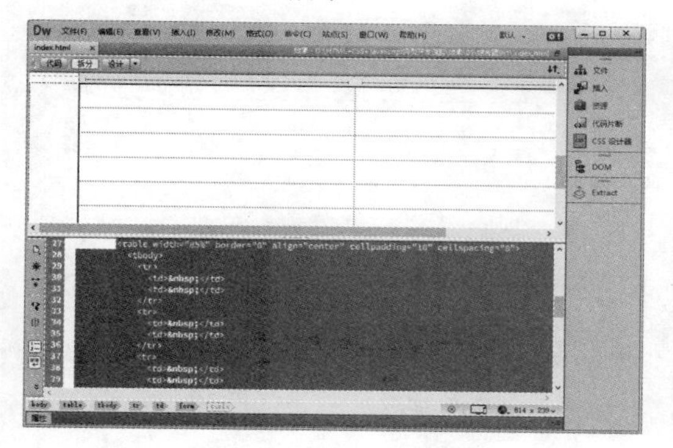
图 5-15　输入表格代码

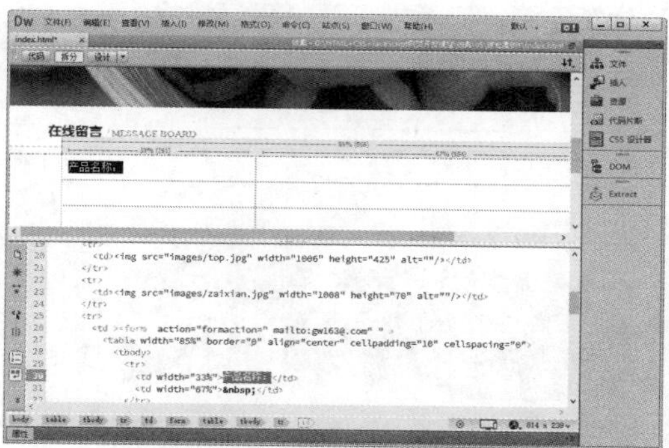
图 5-16　输入文字

07 打开拆分视图，将光标置于表格的第 1 行第 2 列的单元格中，输入文本域代码 <input type="text" name="textfield" id="textfield" size="30" maxlength="25">，插入文本域，如图 5-17 所示。

08 同样在表格的其他第 1 列单元格中输入相应的文字，在第 2 列单元格中插入文本域代码，如图 5-18 所示。

```
<tr>
<td> 联系人：</td>
<td><input type="text" name="textfield2" id="textfield2" size="25"
maxlength="25"></td>
 </tr>
<tr>
  <td> 联系电话：</td>
   <td><input type="text" name="textfield3" id="textfield3" size="35"
maxlength="20"></td>
 </tr>
```

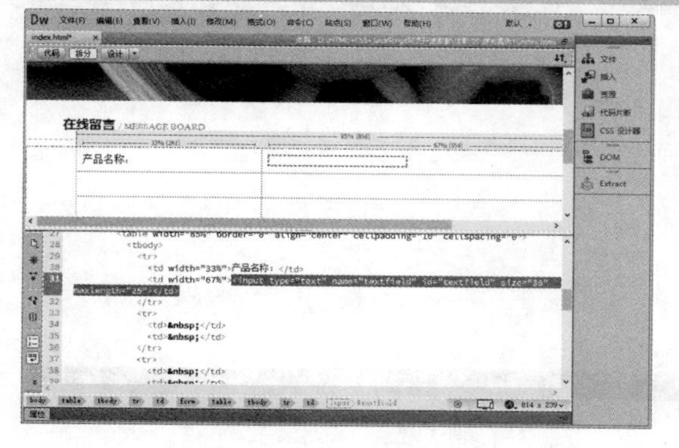
图 5-17　输入文本域代码

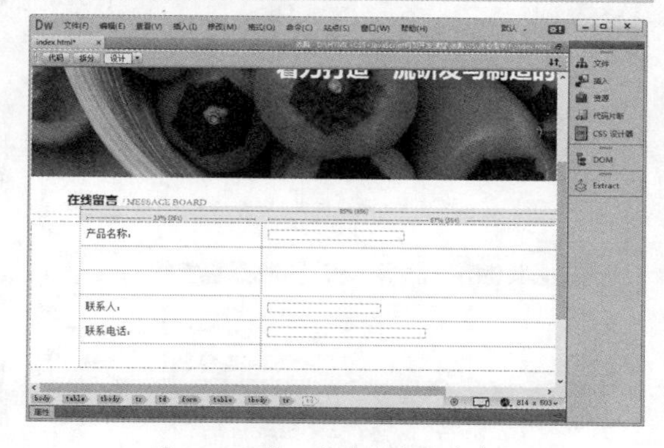
图 5-18　输入其他的文本域代码

09 将光标置于表格的第 2 行第 1 列单元格中，输入文字 <td> 产品数量：</td>，在第 2 列单元格中输入复选框代码，如图 5-19 所示。

```
<td> 产品数量：</td>
<td><input type="checkbox" name="checkbox" id="checkbox">10~50 件
 <input type="checkbox" name="checkbox2" id="checkbox2">50~100 件
 <input type="checkbox" name="checkbox3" id="checkbox3">100~200
 <input type="checkbox" name="checkbox4" id="checkbox4">200~ 件以上
 </td>
```

10 打开拆分视图，将光标置于表格的第 3 行第 1 列单元格中，输入文字“产品说明：”，在第 2 列单元格中输入文本区域，如图 5-20 所示。

```
<td> 产品说明：</td>
```

```
<td><textarea name="textarea" cols="50" rows="8" id="textarea"></textarea></td
```

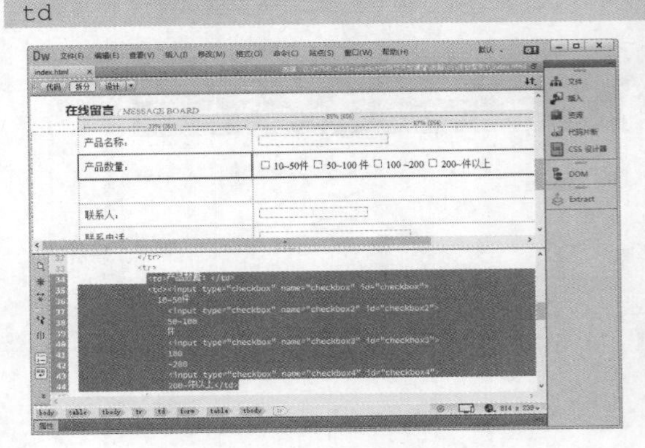

图 5-19　输入复选框代码

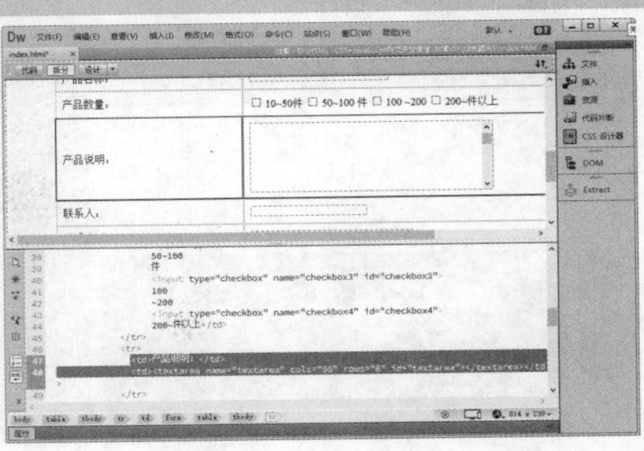

图 5-20　文本区域代码

11 将光标置于表格的第 6 行第 2 列单元格中，输入按钮代码，如图 5-21 所示。

12 保存文档，按 F12 键，预览表单效果，如图 5-22 所示。

```
<td><input type="submit" name="submit" id="submit" value=" 提交 ">
<input type="reset" name="reset" id="reset" value=" 重置 "></td>
```

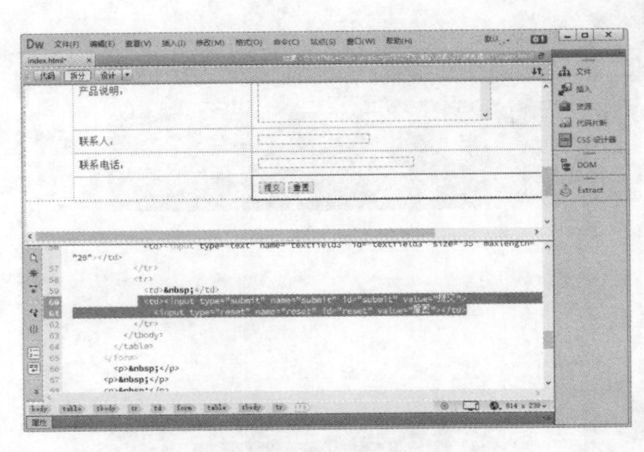

图 5-21　插入按钮域代码

图 5-22　表单效果

综合案例 2——给网页添加链接

通过网页上的超链接可以实现在网上方便、快捷的访问，它是网页上不可缺少的重要元素，使用超链接可以将众多的网页链接在一起，形成一个有机的整体。为网页添加链接的具体操作步骤如下。

01 使用 Dreamweaver CC 打开网页文档，如图 5-23 所示。

02 选中要创建热区链接的图像，在属性面板中选择“矩形热点工具”，如图 5-24 所示。

```
<td><img src="images/top.jpg" width="1007" height="474" alt=""/></td>
```

图 5-23　打开网页文档

图 5-24　选中图像

03 打开代码视图，在<body>和</body>之间相应的位置输入如下代码，设置图像的热区链接，如图5-25所示。

```
<map name="Map">
  <area shape="rect" coords="342,90,384,110" href="#">
  <area shape="rect" coords="398,87,470,112" href="#">
  <area shape="rect" coords="490,88,555,110" href="#">
  <area shape="rect" coords="576,88,658,112" href="#">
  <area shape="rect" coords="680,87,746,110" href="#">
  <area shape="rect" coords="766,90,834,110" href="#">
  <area shape="rect" coords="856,87,920,114" href="#">
  <area shape="rect" coords="940,90,1004,113" href="#">
</map>
```

04 保存网页，在浏览器中浏览效果，如图 5-26 所示。

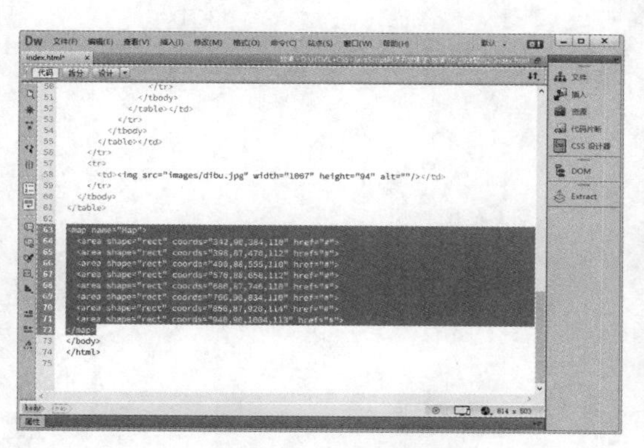

图 5-25　设置图像的热区

图 5-26　预览效果

5.7 本章小结

本章的重点是掌握超链接的基本概念，创建基本超链接、图像超链接、锚点链接，以及插入表单等，最后通过典型实例讲述了超链接特殊效果和表单对象的插入方法。

第6章

使用 HTML 创建强大的表格

本章导读

表格是网页制作中使用最多的形式之一。在制作网页时，使用表格可以更清晰地排列数据。但在实际制作过程中，表格更多地用在网页布局定位上。很多网页都是以表格布局的，这是因为表格在文本和图像的位置控制方面都有很强的功能。灵活、熟练地使用表格，在网页制作时会有如虎添翼的感觉。

技术要点：

- ◆ 创建并设置表格属性
- ◆ 表格的结构标记
- ◆ 综合实例——使用表格排版网页

实例展示

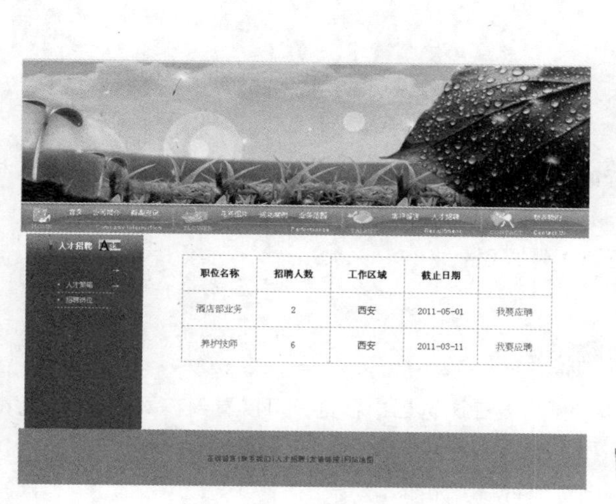

细线表格

使用表格排版的网页

6.1 创建并设置表格属性

表格由行、列和单元格三部分组成。使用表格可以排列页面中的文本、图像以及各种对象。行贯穿表格的左右，列则是上下方式的，单元格是行和列交汇的部分，它是输入信息的地方。

6.1.1 表格的基本标记——table、tr、td

表格由行、列和单元格三部分组成，一般通过三个标记来创建，分别是表格标记 table、行标记 tr 和单元格标记 td。表格的各种属性都要在表格的开始标记 <table> 和表格的结束标记 </table> 之间才有效。

- 行：表格中的水平间隔。
- 列：表格中的垂直间隔。
- 单元格：表格中行与列相交所产生的区域。

基本语法：

```
<table>
<tr>
<td> 单元格内的文字 </td>
<td> 单元格内的文字 </td>
</tr>
<tr>
<td> 单元格内的文字 </td>
<td> 单元格内的文字 </td>
</tr>
</table>
```

语法说明：

<table> 标记和 </table> 标记分别表示表格的开始和结束，而 <tr> 和 </tr> 则分别表示行的开始和结束，在表格中包含几组 <tr></tr> 就表示该表格有几行，<td> 和 </td> 表示单元格的起始和结束。

实例代码：

```
<!doctype html>
<html>
<head>
<meta charset="utf-8">
<title> 表格的基本标记 </title>
</head>
<body>
<table border="1">
<tr>
<td> 第 1 行第 1 列单元格 </td><td> 第 1 行第 2 列单元格 </td>
</tr>
<tr>
<td> 第 2 行第 1 列单元格 </td><td> 第 2 行第 2 列单元格 </td>
</tr>
</table>
</body>
</html>
```

在代码中加粗部分的代码标记是表格的基本构成部分，在浏览器中预览，可以看到在网页中添加了一个 2 行 2 列的表格，表格没有边框，如图 6-1 所示。

在制作网页的过程中，一般都使用表格来控制网页的布局，如图 6-2 所示。

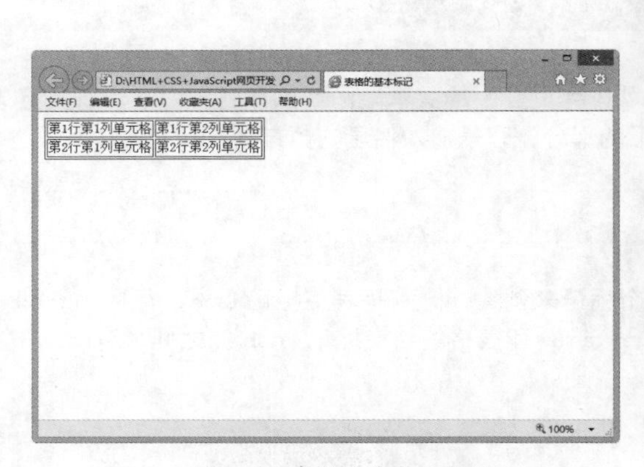

图 6-1　表格的基本构成效果

图 6-2　使用表格来控制网页的布局

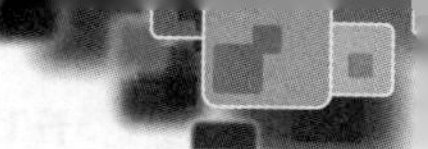

6.1.2 表格宽度和高度——width、height

width 标签用来设置表格的宽度；height 标签用来设置表格的高度，以像素或百分比为单位。

基本语法：

```
<table width=" 表格宽度 " height=" 表格高度 ">
```

语法说明：

表格高度和表格宽度值可以以“像素”为单位，也可以以“百分比”为单位，如果设计者不指定，则默认宽度自适应。

实例代码：

```
<!doctype html>
<html>
<head>
<meta charset="utf-8">
<title> 表格宽度和高度 </title>
</head>
<body>
<table width="700" height="200">
<tr>
<td> 第 1 行第 1 列单元格 </td><td> 第 1 行第 2 列单元格 </td>
</tr>
<tr>
<td> 第 2 行第 1 列单元格 </td><td> 第 2 行第 2 列单元格 </td>
</tr>
</table>
</body>
</html>
```

在代码中加粗部分的代码标记 width="700" height="200" 是设置表格的宽度为 700 像素，高度为 200 像素，在浏览器中预览，可以看到相应的效果，如图 6-3 所示。

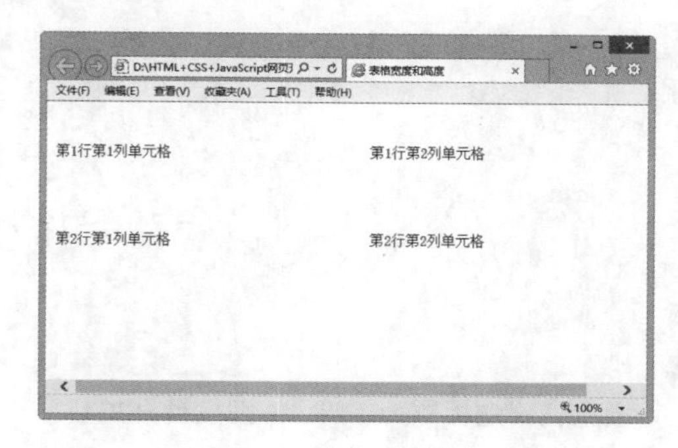

图 6-3 表格的宽和高

6.1.3 表格的标题——caption

<caption> 标签可以为表格提供一个简短的说明，与图像的说明类似。默认情况下，大部分可视化浏览器在表格的上方中央显示表格的标题。

基本语法：

```
<caption> 表格的标题 </caption>
```

实例代码：

```
<!doctype html>
```

```
<html>
<head>
<meta charset="utf-8">
<title> 表格的标题 </title>
</head>
<body>
<table width="700" height="150">
 <caption>
  KDW2 型按键开关资料一览表
 </caption>
  <tr>
    <td width="98"> 序号 </td>
    <td width="96"> 规格型号 </td>
    <td width="105"> 总高度 (H) </td>
    <td width="95"> 键帽外径 </td>
    <td width="101"> 盖尺寸 </td>
    <td width="77"> 基座尺寸 </td>
  </tr>
  <tr>
    <td>1</td>
    <td>KDW2-1A（大） </td>
    <td>22.9+0.1</td>
    <td>5</td>
    <td>5-0.05 白 </td>
    <td>18 白 </td>
  </tr>
  <tr>
    <td>2</td>
    <td>KDW2-2B（小） </td>
    <td>22.9+0.1</td>
    <td>3.5</td>
    <td>4.9-0.05 白 </td>
    <td>18 白 </td>
  </tr>
  <tr>
    <td>3</td>
    <td>KDW2-2</td>
    <td>22.9+0.1</td>
    <td>5</td>
    <td>5.2 黑 </td>
    <td>18 黑 </td>
  </tr>
</table>
</body>
</html>
```

在代码中加粗部分的标记为设置表格的标题为“KDW2 型按键开关资料一览表”，在浏览器中预览，可以看到表格的标题，如图 6-4 所示。

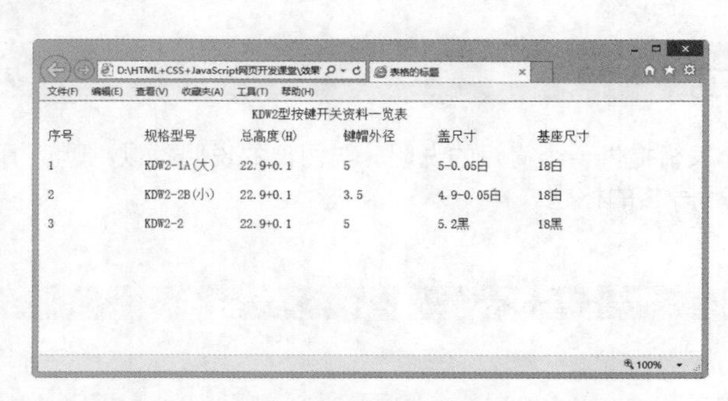

图 6-4　表格的标题

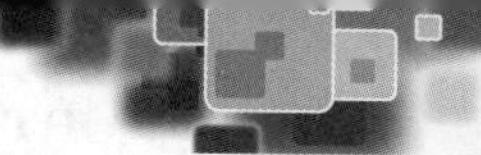

提示

使用 <caption> 标记创建表格标题的好处是，标题定义包含在表格内。如果表格移动或在 HTML 文件中重定位，标题会随着表格相应地移动。

6.1.4　表格的表头——th

表头是指表格的第一行或第一列等对表格内容的说明，文字样式居中、加粗显示，通过 <th> 标记实现。

基本语法：

```
<table >
<tr>
<th>……</th>
……
</tr>
</table>
```

语法说明：

（1）<th>：表示头标记，包含在 <tr> 标记中。

（2）在表格中，只要把标记 <td> 改为 <th> 就可以实现表格的表头。

实例代码：

```
<!doctype html>
<html>
<head>
<meta charset="utf-8">
<title> 表格的表头 </title>
</head>
<body>
<table width="700" height="150">
  <caption>
    KDW2 型按键开关资料一览表
  </caption>
  <tr>
   <th> 序号 </th>
   <th> 规格型号 </th>
   <th> 总高度 (H)</th>
    <th> 键帽外径 </th>
    <th> 盖尺寸 </th>
    <th> 基座尺寸 </th>
  </tr>
  <tr>
    <td>1</td>
    <td>KDW2-1A( 大 ) </td>
    <td>22.9+0.1</td>
    <td>5</td>
    <td>5-0.05 白 </td>
    <td>18 白 </td>
  </tr>
  <tr>
    <td>2</td>
    <td>KDW2-2B( 小 ) </td>
    <td>22.9+0.1</td>
    <td>3.5</td>
    <td>4.9-0.05 白 </td>
    <td>18 白 </td>
  </tr>
```

```
    <tr>
      <td>3</td>
      <td>KDW2-2</td>
      <td>22.9+0.1</td>
      <td>5</td>
      <td>5.2 黑 </td>
      <td>18 黑 </td>
    </tr>
  </table>
  </body>
  </html>
```

在代码中加粗部分的代码标记为设置表格的表头，在浏览器中预览，可以看到表格的表头效果，如图 6-5 所示。

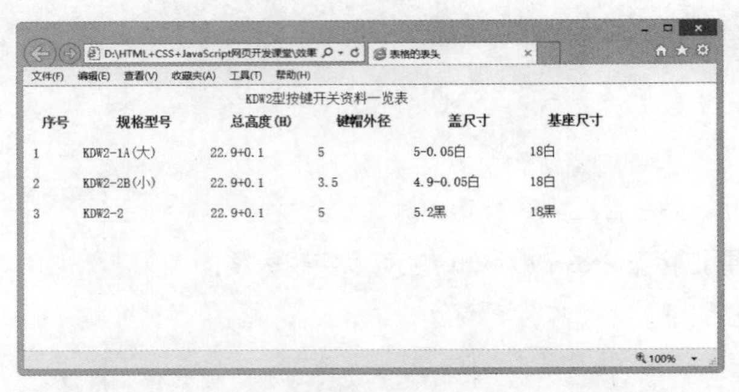

图 6-5　表格的表头效果

6.1.5　表格对齐方式——align

可以使用表格的 align 属性来设置表格的对齐方式。

基本语法：

```
<table align=" 对齐方式 " >
```

语法说明：

align 的参数取值，见表 6-2 所示。

表 6-2　align 参数取值

属 性 值	说　明
left	整个表格在浏览器页面中左对齐
center	整个表格在浏览器页面中居中对齐
right	整个表格在浏览器页面中右对齐

实例代码：

```
<!doctype html>
<html>
<head>
<meta charset="utf-8">
<title> 表格对齐方式 </title>
</head>
<body>
<table width="700" height="150" align="right">
  <caption>
    KDW2 型按键开关资料一览表
```

```
    </caption>
    <tr>
     <th> 序号 </th>
     <th> 规格型号 </th>
     <th> 总高度 (H)</th>
      <th> 键帽外径 </th>
      <th> 盖尺寸 </th>
      <th> 基座尺寸 </th>
    </tr>
    <tr>
      <td>1</td>
      <td>KDW2-1A(大) </td>
      <td>22.9+0.1</td>
      <td>5</td>
      <td>5-0.05 白 </td>
      <td>18 白 </td>
    </tr>
    <tr>
      <td>2</td>
      <td>KDW2-2B(小) </td>
      <td>22.9+0.1</td>
      <td>3.5</td>
      <td>4.9-0.05 白 </td>
      <td>18 白 </td>
    </tr>
    <tr>
      <td>3</td>
      <td>KDW2-2</td>
      <td>22.9+0.1</td>
      <td>5</td>
      <td>5.2 黑 </td>
      <td>18 黑 </td>
    </tr>
  </table>
  </body>
  </html>
```

在代码中加粗部分的标记 align="right" 设置表格的对齐方式，在浏览器中预览，可以看到表格为右对齐，如图 6-6 所示。

KDW2型按键开关资料一览表

序号	规格型号	总高度(H)	键帽外径	盖尺寸	基座尺寸
1	KDW2-1A(大)	22.9+0.1	5	5-0.05白	18白
2	KDW2-2B(小)	22.9+0.1	3.5	4.9-0.05白	18白
3	KDW2-2	22.9+0.1	5	5.2黑	18黑

图 6-6　表格的右对齐效果

表格的基本属性在网页制作的过程中应用非常广泛。如图 6-7 所示为使用表格排列文字。

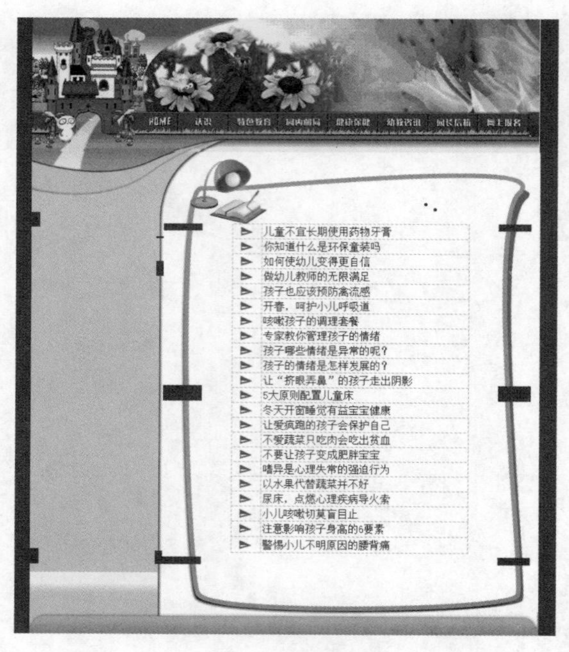

图 6-7　使用表格排列文字

提示

虽然整个表格在浏览器页面范围内居中对齐，但是表格中单元格的对齐方式并不会因此而改变。如果要改变单元格的对齐方式，就需要在行、列或单元格内另行定义。

6.1.6　表格的边框宽度——border

可以通过表格添加 border 属性，从而实现为表格设置边框线以及美化表格的目的。默认情况下如果不指定 border 属性，表格的边框为 0，则浏览器将不显示表格的边框。

基本语法：

```
<table border=" 边框宽度 ">
```

语法说明：

通过 border 属性定义边框线的宽度，单位为“像素”。

实例代码：

```
<!doctype html>
<html>
<head>
<meta charset="utf-8">
<title> 表格的边框宽度 </title>
</head>
<body>
<table width="700" height="150" align="right" border="2">
  <caption>
    KDW2 型按键开关资料一览表
  </caption>
  <tr>
   <th> 序号 </th>
   <th> 规格型号 </th>
   <th> 总高度 (H)</th>
```

```
        <th> 键帽外径 </th>
        <th> 盖尺寸 </th>
        <th> 基座尺寸 </th>
      </tr>
      <tr>
        <td>1</td>
        <td>KDW2-1A(大) </td>
        <td>22.9+0.1</td>
        <td>5</td>
        <td>5-0.05 白 </td>
        <td>18 白 </td>
      </tr>
      <tr>
        <td>2</td>
        <td>KDW2-2B(小) </td>
        <td>22.9+0.1</td>
        <td>3.5</td>
        <td>4.9-0.05 白 </td>
        <td>18 白 </td>
      </tr>
      <tr>
        <td>3</td>
        <td>KDW2-2</td>
        <td>22.9+0.1</td>
        <td>5</td>
        <td>5.2 黑 </td>
        <td>18 黑 </td>
      </tr>
    </table>
    </body>
    </html>
```

在代码中加粗部分的标记 border="2" 为设置表格的边框宽度，在浏览器中预览，可以看到将表格边框宽度设置为 2 像素的效果，如图 6-8 所示。

KDW2型按键开关资料一览表

序号	规格型号	总高度(H)	键帽外径	盖尺寸	基座尺寸
1	KDW2-1A(大)	22.9+0.1	5	5-0.05白	18白
2	KDW2-2B(小)	22.9+0.1	3.5	4.9-0.05白	18白
3	KDW2-2	22.9+0.1	5	5.2黑	18黑

图 6-8　表格的边框宽度效果

提示

border 属性设置的表格边框只能影响表格四周的边框宽度，而并不能影响单元格之间边框的尺寸。虽然设置边框宽度没有限制，但是一般边框设置不应超过 5 像素，过于宽大的边框会影响表格的整体美观。

6.1.7　表格边框颜色——bordercolor

为了美化表格，能为表格设定不同颜色的边框。默认情况下边框的颜色是灰色的，可以使用 bordercolor 设置边框的颜色。但是设置边框颜色的前提是边框的宽度不能为 0，否则无法显示边框的颜色。

基本语法：

```
<table border=" 边框宽度 " bordercolor=" 边框颜色 ">
```

语法说明：

定义颜色的时候，可以使用英文颜色名称或十六进制颜色值。

实例代码：

```
<!doctype html>
<html>
<head>
<meta charset="utf-8">
<title> 表格边框颜色 </title>
</head>
<body>
<table width="500" border="1" bordercolor="#FF0000">
  <tr>
    <td> 单元格 1</td>
    <td> 单元格 2</td>
  </tr>
  <tr>
    <td> 单元格 3</td>
    <td> 单元格 4</td>
  </tr>
</table>
</body>
</html>
```

在代码中加粗部分的代码标记 bordercolor="#FF0000" 是设置表格边框的颜色的，在浏览器中预览，可以看到边框颜色的效果，如图 6-9 所示。

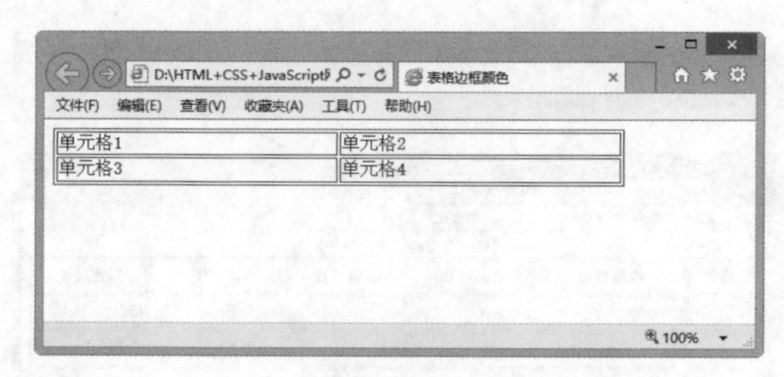

图 6-9　表格边框颜色的效果

6.1.8　单元格间距——cellspacing

在表格的单元格和单元格之间，可以设置一定的距离，这样可以使表格显得不过于紧凑。

基本语法：

```
<table cellspacing=" 间距值 ">
```

语法说明：

单元格的间距以“像素”为单位，默认值是 2。

实例代码：

```
<!doctype html>
<html>
<head>
<meta charset="utf-8">
```

```
<title> 单元格间距 </title>
</head>
<body>
<table width="500" border="1" bordercolor="#FF0000" cellspacing="10">
  <tr>
    <td> 单元格 1</td>
    <td> 单元格 2</td>
  </tr>
  <tr>
    <td> 单元格 3</td>
    <td> 单元格 4</td>
  </tr>
</table>
</body>
</html>
```

在代码中加粗部分的代码标记 cellspacing="10" 是设置单元格的间距的，在浏览器中预览，可以看到单元格的间距为 10 像素的效果，如图 6-10 所示。

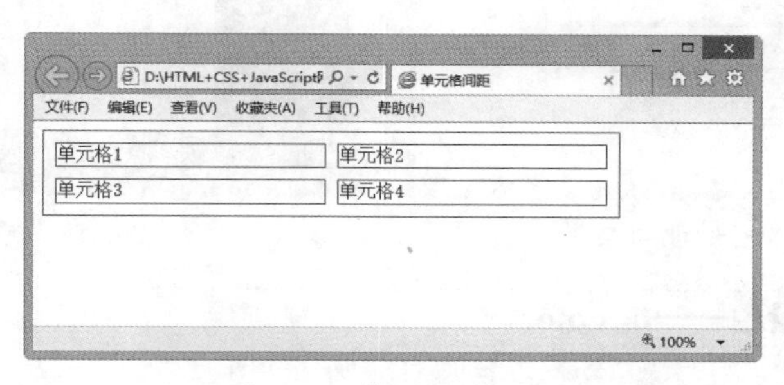

图 6-10　单元格间距效果

6.1.9　单元格边距——cellpadding

在默认情况下，单元格内的内容会紧贴着表格的边框，这样看上去非常拥挤。可以使用 cellpadding 来设置单元格边框与单元格内的内容之间的距离。

基本语法：

```
<table cellpadding=" 文字与边框距离值 ">
```

语法说明：

单元格里的内容与边框的距离以“像素”为单位，一般可以根据需要进行设置，但是不能过大。

实例代码：

```
<!doctype html>
<html>
<head>
<meta charset="utf-8">
<title> 单元格边距 </title>
</head>
<body>
<table width="500" border="1" bordercolor="#FF0000" cellpadding="10">
  <tr>
    <td> 单元格 1</td><td> 单元格 2</td>
  </tr>
  <tr>
    <td> 单元格 3</td><td> 单元格 4</td>
  </tr>
</table>
```

```
</body>
</html>
```

在代码中加粗部分的代码标记 cellpadding="10" 是设置单元格边距的，在浏览器中预览，可以看到文字与边框的距离效果，如图 6-11 所示。

在制作网页的同时对表格的边框进行相应的设置，可以很容易地制作出细线的表格，如图 6-12 所示为细线表格。

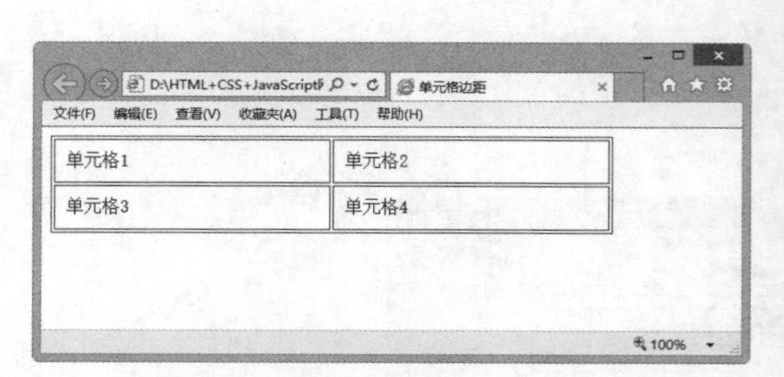

图 6-11　单元格边距效果

图 6-12　细线表格的效果

6.1.10　表格的背景色——bgcolor

表格的背景颜色属性 bgcolor 是针对整个表格的，bgcolor 定义的颜色可以被行、列或单元格定义的背景颜色所覆盖。

基本语法：

```
<table bgcolor=" 背景颜色 ">
```

语法解释：

定义颜色的时候，可以使用英文颜色名称或十六进制颜色值表示。

实例代码：

```
<!doctype html>
<html>
<head>
<meta charset="utf-8">
<title> 表格的背景色 </title>
</head>
<body>
<table width="500" border="1"cellpadding="10" cellspacing="10"
bordercolor="#FF0000" bgcolor="#FFFF00">
  <tr>
    <td> 单元格 1</td>
    <td> 单元格 2</td>
  </tr>
  <tr>
    <td> 单元格 3</td>
    <td> 单元格 4</td>
  </tr>
</table>
</body>
</html>
```

在代码中加粗部分的代码标记 bgcolor="#FFFF00" 为设置表格的背景颜色，在浏览器中预览，可以看到表格设置了黄色的背景，如图 6-13 所示。

表格背景颜色在网页中也比较常见，如图 6-14 所示的表格就使用了背景颜色。

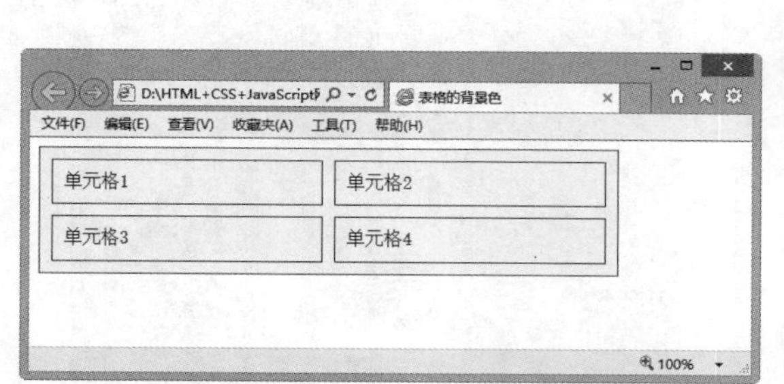

图 6-13　设置表格背景颜色效果

图 6-14　表格使用了背景颜色

6.1.11　表格的背景图像——background

除了可以为表格设置背景颜色之外，还可以为表格设置更加美观的背景图像。

基本语法：

```
<table background=" 背景图像地址 " >
```

语法说明：

背景图像的地址可以为相对地址，也可以为绝对地址。

实例代码：

```
<!doctype html>
<html>
<head>
<meta charset="utf-8">
<title> 表格的背景图像 </title>
</head>
<body>
<table width="500" border="1"cellpadding="10" cellspacing="10"
 bordercolor="#FF0000" background="images/bg4.gif">
  <tr>
    <td> 单元格 1</td>
    <td> 单元格 2</td>
  </tr>
  <tr>
    <td> 单元格 3</td>
    <td> 单元格 4</td>
  </tr>
</table>
</body>
</html>
```

在代码中加粗部分的代码标记 background="images/bg4.gif" 为设置表格的背景图像，在浏览器中预览，可以看到表格设置了背景图像的效果，如图 6-15 所示。

在网页中常设置表格的背景图像，如图 6-16 所示。

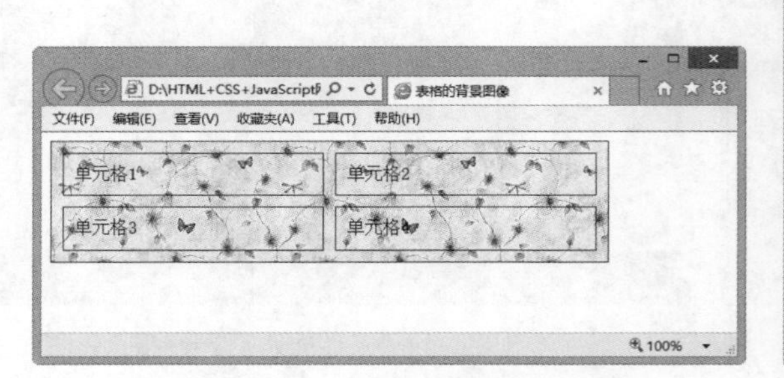

图 6-15　设置表格的背景图像效果

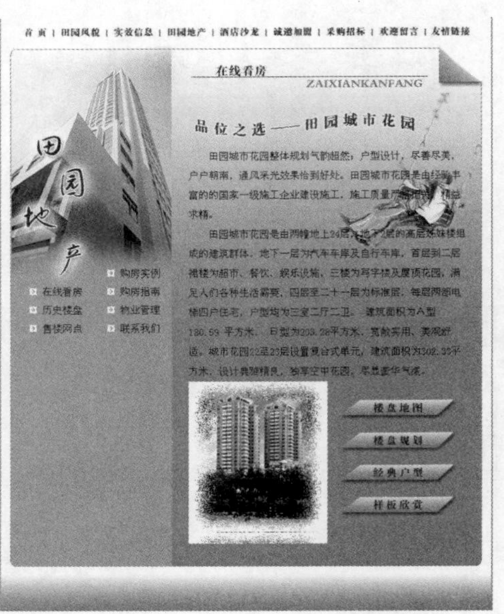

图 6-16　表格的背景图像

6.2 表格的结构标记

为了在源代码中清楚地区分表格结构，HTML 语言中规定了 <thead>、<tdoby> 和 <tfoot> 三个标记，分别对应于表格的表头、表主体和表尾。

6.2.1 设计表头样式——thead

表首样式的开始标记是 <thead>，结束标记是 </thead>。它们用于定义表格最上端表首的样式，可以设置背景颜色、文字对齐方式、文字的垂直对齐方式等。

基本语法：

```
<thead>
……
</thead>
```

语法说明：

在该语法中，bgcolor、align、valign 的取值范围与单元格中的设置方法相同。在 <thead> 标记内还可以包含 <td>、<th> 和 <tr> 标记，而一个表元素中只能有一个 <thead> 标记。

实例代码：

```
<!doctype html>
<html>
<head>
<meta charset="utf-8">
<title> 设计表头样式 </title>
</head>
```

```
<body>
<table width="622" height="150" border="1">
<caption>
  珠宝类型
</caption>
  <thead bgcolor="#00FFFF" align="left">
   <tr>
   <td width="189">珠宝分类</td>
    <td width="185">产品系列</td>
    <td width="226">产品介绍</td>
  </tr>
</thead>
  <tr>
    <td>黄金</td>
    <td>爱的漩涡</td>
    <td>我们相遇，我们碰撞，爱的真相才会百花齐放......</td>
  </tr>
  <tr>
    <td>铂金<br></td>
    <td>小时代，大恋爱</td>
    <td>我们相遇，我们碰撞，爱的真相才会百花齐放......</td>
  </tr>
  <tr>
    <td> 白金<br><br></td>
    <td>致青春</td>
    <td>我们相遇，我们碰撞，爱的真相才会百花齐放......</td>
  </tr>
  <tr>
    <td>钻石</td>
    <td>爱的誓言</td>
    <td>我们相遇，我们碰撞，爱的真相才会百花齐放......</td>
  </tr>
  <tr>
    <td>K金</td>
    <td>爱的蜜方</td>
    <td>我们相遇，我们碰撞，爱的真相才会百花齐放......</td>
  </tr>
  <tr>
     <td colspan="3">为客户创造价值最大化&rdquo;的经营理念，致力于服务标准化、经营专
业化、管理规范化、专注于品牌运作。</td>
  </tr>
</table>
</body>
</html>
```

在代码中加粗部分的 <thead></thead> 之间的代码为设置表格的表头，在浏览器中浏览效果，如图 6-17 所示。

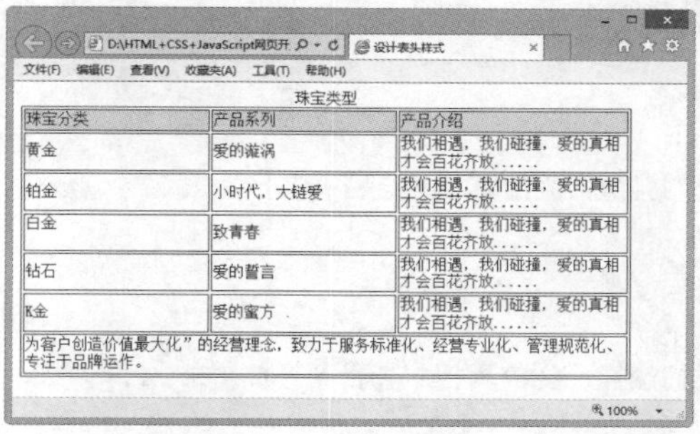

图 6-17 设置表格的表头

6.2.2 设计表主体样式——tbody

与表首样式的标记功能类似，表主体样式用于统一设计表主体部分的样式，标记为 <tbody>。

基本语法：

```
<tbody bgcolor=" 背景颜色 " align=" 对齐方式 ">
……
</tbody>
```

语法说明：

在该语法中，bgcolor、align、valign 的取值范围与 <thead> 标记中的相同。一个表元素中只能有一个 <tbody> 标记。

实例代码：

```
<!doctype html>
<html>
<head>
<meta charset="utf-8">
<title> 设计表主体样式 </title>
</head>
<body>
<table width="622" height="150" border="1">
  <caption>
    珠宝类型
  </caption>
      <tr>
      <thead bgcolor="#00FFFF" align="left">
        <td width="189"> 珠宝分类 </td>
      <td width="185"> 产品系列 </td>
      <td width="226"> 产品介绍 </td>
    </thead> </tr>
   <tr>
    <tbody bgcolor="#E808A8" align="center "><td> 黄金 </td>
    <td> 爱的漩涡 </td>
    <td> 我们相遇，我们碰撞，爱的真相才会百花齐放 ......</td>
  </tr>
  <tr>
    <td> 铂金 <br /></td>
    <td> 小时代，大恋爱 </td>
    <td> 我们相遇，我们碰撞，爱的真相才会百花齐放 ......</td>
  </tr>
  <tr>
    <td> 白金 <br />
      <br /></td>
    <td> 致青春 </td>
    <td> 我们相遇，我们碰撞，爱的真相才会百花齐放 ......</td>
  </tr>
  <tr>
    <td> 钻石 </td>
    <td> 爱的誓言 </td>
    <td> 我们相遇，我们碰撞，爱的真相才会百花齐放 ......</td>
  </tr>
  <tr>
    <td>K 金 </td>
    <td> 爱的蜜方 </td>
    <td> 我们相遇，我们碰撞，爱的真相才会百花齐放 ......</td>
  </tbody></tr>
  <tr>
```

```
        <td colspan="3">为客户创造价值最大化&rdquo;的经营理念，致力于服务标准化、经营专业化、管理规范化、专注于品牌运作。</td>
      </tr>
    </table>
    </body>
    </html>
```

在代码中加粗部分的代码标记为设置表格的表主体，在浏览器中浏览效果，如图 6-18 所示。

图 6-18　设置表格的表主体的效果

6.2.3　设计表尾样式——tfoot

<tfoot> 标签用于定义表尾样式。

基本语法：

```
< tfoot bgcolor="背景颜色"align="对齐方式"valign="垂直对齐方式">
……
</tfoot>
```

语法说明：

在该语法中，bgcolor、align、valign 的取值范围与 <thead> 标签中的相同。一个表元素中只能有一个 <tfoot> 标签。

实例代码：

```
<!doctype html>
<html>
<head>
<meta charset="utf-8">
<title>设计表尾样式</title>
</head>
<body>
<table width="622" height="150" border="1">
  <caption>
    珠宝类型
  </caption>
     <tr>
     <thead bgcolor="#00FFFF" align="left">
       <td width="189">珠宝分类</td>
      <td width="185">产品系列</td>
      <td width="226">产品介绍</td>
   </thead> </tr>

  <tr>
```

```
        <tbody bgcolor="#E808A8" align="center "><td> 黄金 </td>
        <td> 爱的漩涡 </td>
        <td> 我们相遇，我们碰撞，爱的真相才会百花齐放 ......</td>
      </tr>
      <tr>
        <td> 铂金 <br /></td>
        <td> 小时代，大恋爱 </td>
        <td> 我们相遇，我们碰撞，爱的真相才会百花齐放 ......</td>
      </tr>
      <tr>
        <td> 白金 <br />
          <br /></td>
        <td> 致青春 </td>
        <td> 我们相遇，我们碰撞，爱的真相才会百花齐放 ......</td>
      </tr>
      <tr>
        <td> 钻石 </td>
        <td> 爱的誓言 </td>
        <td> 我们相遇，我们碰撞，爱的真相才会百花齐放 ......</td>
      </tr>
      <tr>
        <td>K 金 </td>
        <td> 爱的蜜方 </td>
        <td> 我们相遇，我们碰撞，爱的真相才会百花齐放 ......</td>
      </tbody></tr>
      <tr>
       <tfoot align="right" bgcolor="#00FF00">  <td colspan="3"> 为客户创造价值最大
化 &rdquo; 的经营理念，致力于服务标准化、经营专业化、管理规范化、专注于品牌运作。</td>
     </tfoot> </tr>
    </table>
    </body>
    </html>
```

在代码中加粗部分的代码标记为设置表尾样式，在浏览器中浏览效果，如图 6-19 所示。

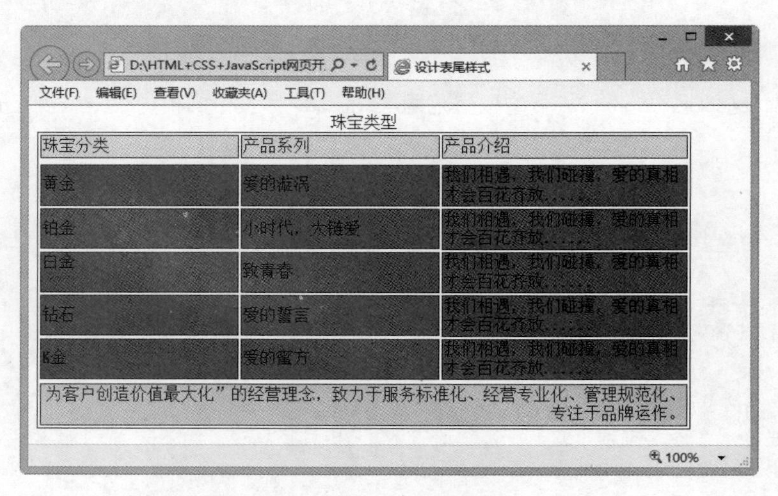

图 6-19　设置表尾样式效果

6.3 综合实例——使用表格排版网页

表格在网页版面布局中发挥着非常重要的作用，网页中的很多元素都需要表格来排列。本章主要讲述了表格的常用标签，下面就通过实例讲述表格在整个网页排版布局方面的综合运用。

01 打开 Dreamweaver CC，新建一空白文档，如图 6-20 所示。

02 打开代码视图，将光标置于相应的位置，输入如下代码，插入 3 行 1 列的表格，如图 6-21 所示。

```
<table width="1007" cellpadding="0" cellspacing="0">
  <tbody>
    <tr>
      <td> </td>
    </tr>
    <tr>
      <td> </td>
    </tr>
    <tr>
      <td> </td>
    </tr>
  </tbody>
</table>
```

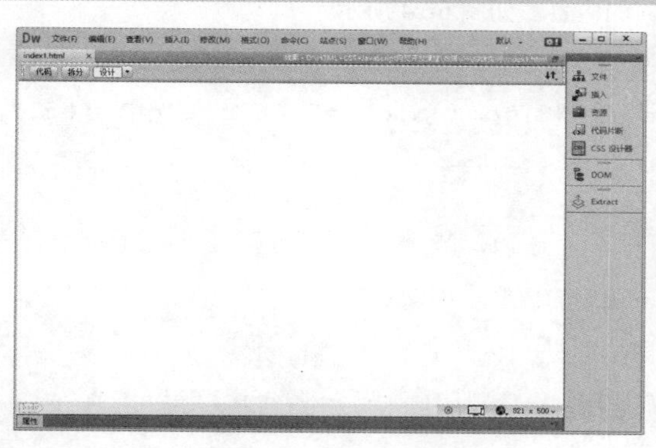

图 6-20　新建文档

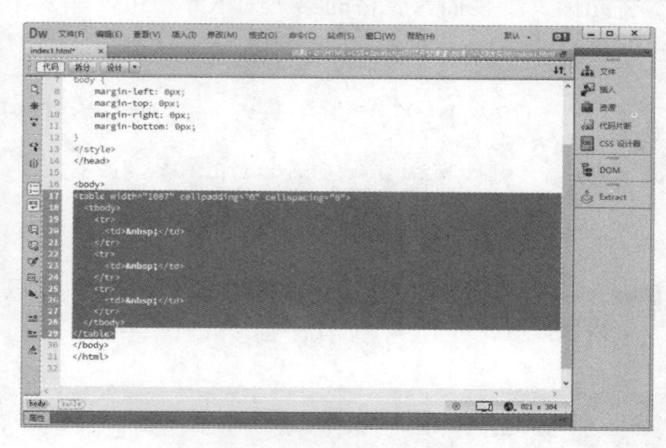

图 6-21　插入表格

03 在表格的第 1 行单元格中输入以下代码，如图 6-22 所示。

```
<table width="1007" cellpadding="0" cellspacing="0">
  <tbody>
    <tr>
      <td><img src="images/1_02.jpg" width="1007" height="264" alt=""/></td>
    </tr>
    <tr>
      <td> </td>
    </tr>
    <tr>
      <td> </td>
    </tr>
  </tbody>
</table>
```

04 将光标置于表格的第 2 行单元格中，输入以下代码，插入 1 行 2 列的表格，如图 6-23 所示。

```
<td><table width="100%" cellpadding="0" cellspacing="0">
        <tbody>
          <tr>
            <td> </td>
            <td> </td>
          </tr>
        </tbody>
      </table>
```

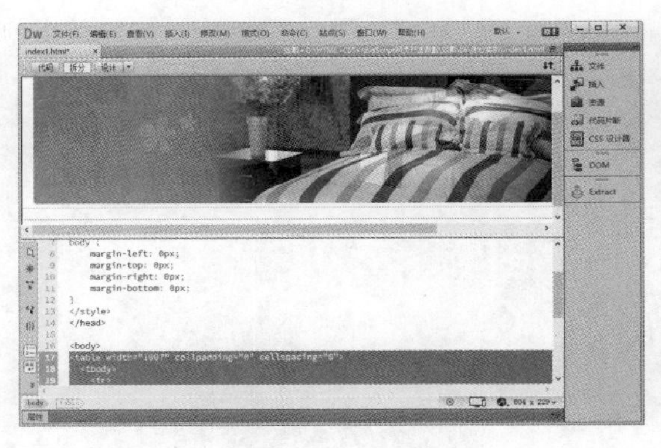

图 6-22　输入内容

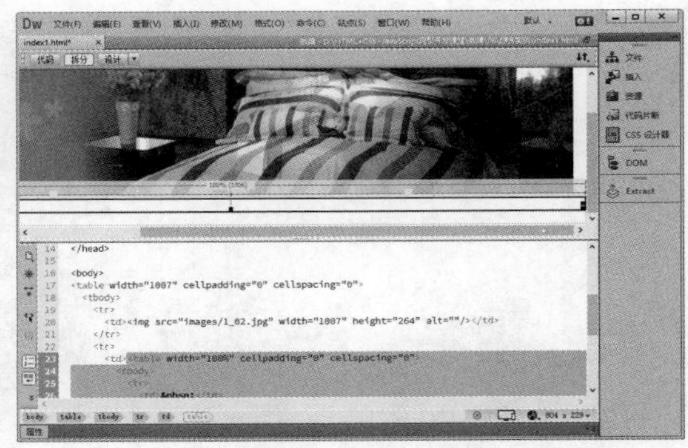

图 6-23　插入表格

05 将光标置于刚插入表格的第 1 列单元格中，输入相应的内容，如图 6-24 所示。

```
    <tbody>
       <tr>
         <td width="25%"><img src="images/1_03.jpg" width="246" height="551"
alt=""/></td>
          <td width="75%"> </td>
       </tr>
    </tbody>
```

06 将光标置于刚插入表格的第 2 列单元格中，输入以下相应的内容，如图 6-25 所示。

```
    <tbody>
        <tr>
        <td width="25%"><img src="images/1_03.jpg" width="246" height="551"
         alt=""/></td>
         <td width="75%"><img src="images/1_04.jpg" width="761" height="902"
        alt=""/></td>
            </tr>
    </tbody>
```

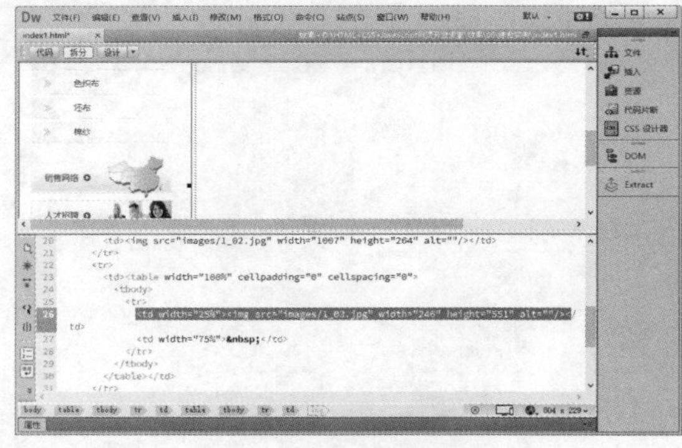

图 6-24　输入内容

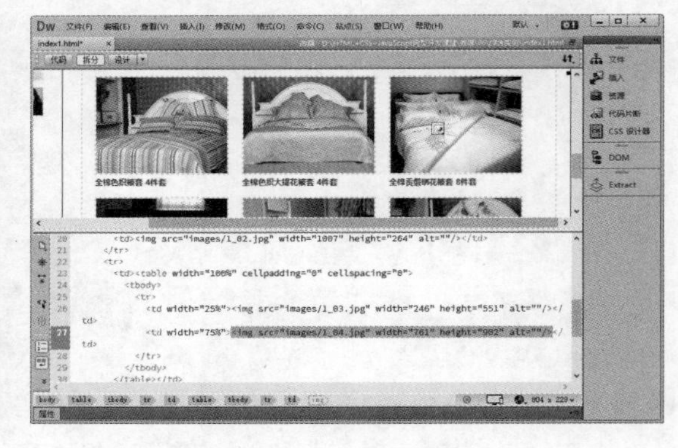

图 6-25　输入内容

07 将光标置于表格的第 3 行单元格中，输入以下代码内容，如图 6-26 所示。

```
    <tr>
          <td><img src="images/1_06.jpg" width="1007" height="102" alt=""/></td>
        </tr>
```

08 保存文档，按 F12 键在浏览器中预览，效果如图 6-27 所示。

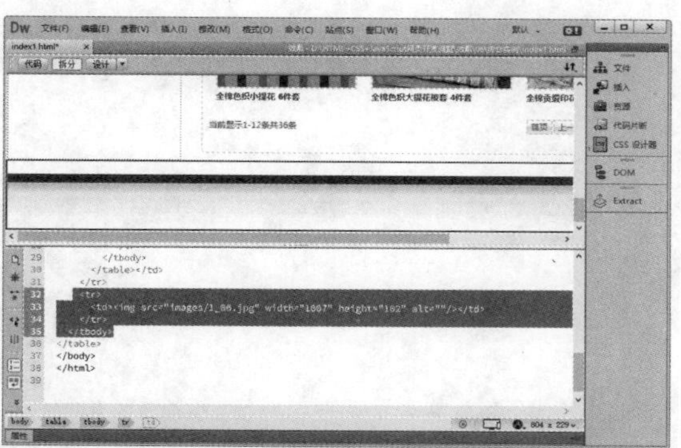

图 6-26　输入内容

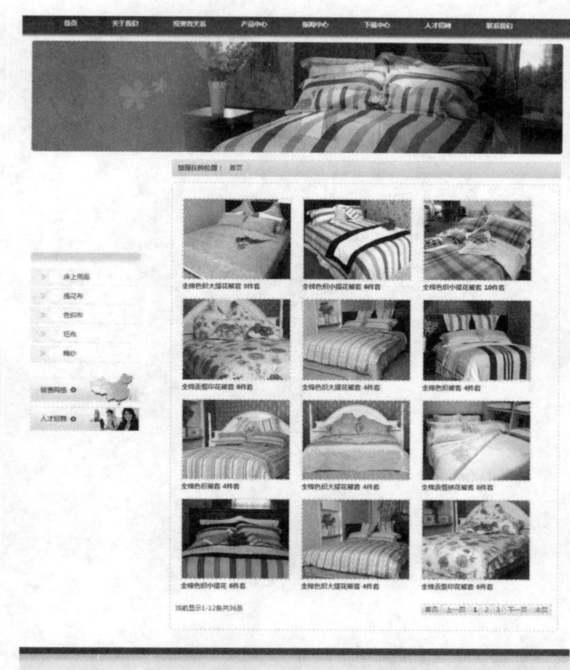

图 6-27　利用表格排版的网页效果

6.4 本章小结

本章主要讲述了创建并设置表格属性、表格的结构标记，以及使用表格布局网页的方法。使用表格还可以清晰地显示列表数据，可以将各种数据排成行和列，从而使浏览者更容易阅读信息。

第7章

创建框架结构网页

本章导读

框架是网页设计中常用的技术，可以在一个浏览器窗口中显示多个文档。利用这个特点，框架技术可以广泛地应用到网站导航和文档浏览器中，方便访问者对网页的浏览，减少访问者下载页面所需的时间。框架一般由框架集和框架组成。框架集就像一个大的容器，包括了所有的框架，是框架的集合；框架是框架集中一个独立的区域，用于显示一个独立的网页文档。

技术要点：

- 窗口框架简介
- 设置框架集标记frameset属性
- 设置框架标记frame属性
- 浮动框架
- 综合实例——创建上方固定、左侧嵌套的框架网页

实例展示

上方固定左侧嵌套的框架网页

浮动框架网页

7.1 窗口框架简介

框架技术可以将浏览器分割成多个小窗口，并且可以在每个小窗口中显示不同的网页，这样我们就可以很方便地在浏览器中浏览不同的网页效果了。

框架结构是将两个或两个以上的网页组合起来，在同一个窗口中打开的网页结构。框架把一个网页分成几个单独的区域，每个区域为一个单独的 HTML 文件。显示时，每个区域像一个单独的网页，可以有自己的滚动条、背景、标题等。当浏览器分割成多个窗口后，各窗口就会扮演不同的角色，实现不同的功能。举例来说，有些论坛就是把浏览器分割成两个窗口，一个窗口主要显示帖子的标题，而另一个窗口会显示具体的内容。这样的设计显然比一个窗口的网页在浏览时方便得多，而且用户也可以任意切换题目。

框架最常见的用途就是导航。一组框架通常包括一个含有导航条的框架和另一个显示主要内容的框架。

框架的基本结构主要分为框架和框架集两个部分。它是利用 <frame> 标记与 <frameset> 标记来定义。其中 <frame> 标记用于定义框架，而 <frameset> 标记则用于定义框架集。

```
<html>
<head>
<title> 框架的基本结构 </title>
```

```
</head>
<frameset …>
<frame …>
</frame …>
</frameset>
</html>
```

7.2 设置框架集标记 frameset 属性

所谓“框架”就是网页页面分成几个窗口，同时可取得多个 URL。只要使用标记 <frameset> 和 <frame> 设置即可，而所有框架标记要放在一个总的HTML文档中，这个文档只记录了该框架是如何划分的，而不会显示任何其他的资料，所以不必放入 <body> 标记，浏览该框架必须先读取这个文档。<frameset> 是用来划分窗口的，每个窗口由一个 <frame> 标记所标识。

7.2.1 水平分割窗口——rows

常见窗口的分割包括：水平分割、垂直分割和嵌套分割。具体采用哪种分割方式，取决于实际需要，可用 <frameset> 标记中的 rows（水平分割）或 cols（垂直分割）属性来进行分割。水平分割窗口是将页面沿水平方向切割，也就是将页面分成上下排列的多个窗口。

基本语法：

```
<frameset rows="高度1，高度2，…，* ">
<frame src="url">
<frame src="url">
…
</frameset>
```

语法说明：

rows 属性的值代表各子窗口的高度，第一个子窗口的高度为高度 1，第二个子窗口的高度为高度 2，以此类推，而最后一个 *，则代表最后一个子窗口的高度，值为其他子窗口高度分配后所剩余的高度。设置高度数值的方式有两种：

- 采用整数设置，单位为像素（px），语法如下：

```
<frameset rows="100，200，*">
```

- 用百分比设置，语法如下：

```
<frameset rows="20%，50%，*">
```

实例代码：

```
<!doctype html>
<html>
<head>
<meta charset="utf-8">
<title>水平分割窗口</title>
</head>
<frameset rows="100,*" frameborder="yes" border="1" framespacing="1">
<frame src="top.html" name="topFrame" scrolling="No"
noresize="noresize" id="topFrame" />
<frame src="foot.html" name="mainFrame" id="mainFrame" />
</frameset>
<noframes>
<body>
</body>
```

```
</noframes>
</html>>
```

在代码中加粗部分的代码标记 rows="100,*" 为设置水平分割，在浏览器中预览，可以看到页面被分为上下两个窗口，如图 7-1 所示。

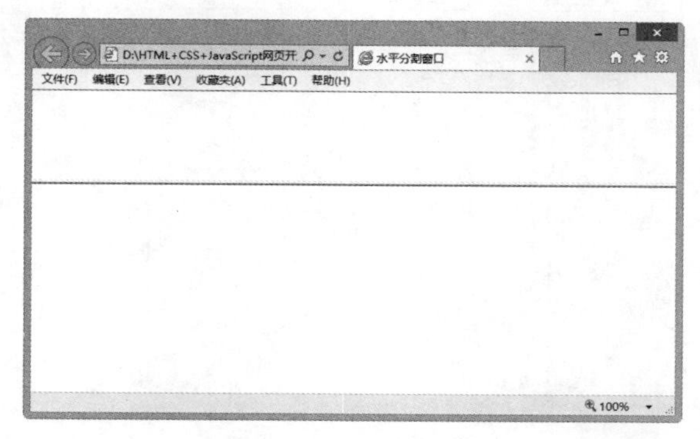

图 7-1　水平分割效果

7.2.2　垂直分割窗口——cols

cols 属性指定了垂直框架的布局方法，它将页面沿垂直方向分割成多个窗口，由一组用逗号分隔的像素值、百分比值或相对度量值组成列表。

基本语法：

```
<frameset cols=" 宽度 1, 宽度 2,…,* ">
<frame src="url">
<frame src="url">
…
</frameset>
```

语法说明：

cols 可以取多个值，每个值表示一个框架窗口的水平宽度，它的单位可以是像素，也可以是占浏览器的百分比。

实例代码：

```
<!doctype html>
<html>
<head>
<meta charset="utf-8">
<title> 垂直分割窗口 </title>
</head>
<frameset rows="*" cols="156*,649*" framespacing="1" frameborder="yes"
border="1">
  <frame src="left1.html" name="leftFrame" frameborder="Yes" id="leftFrame" />
  <frameset rows="*" cols="499,149">
    <frame src="left2.html" frameborder="yes"/>
      <frame src="left3.html" name="mainFrame" frameborder="Yes"
id="mainFrame" />
  </frameset>
</frameset>
<noframes>
<body>
</body>
</noframes>
</html>
```

在代码中加粗的代码标记 cols="156*,649*" 是设置框架的垂直分割，在浏览器中浏览效果，如图 7-2 所示。

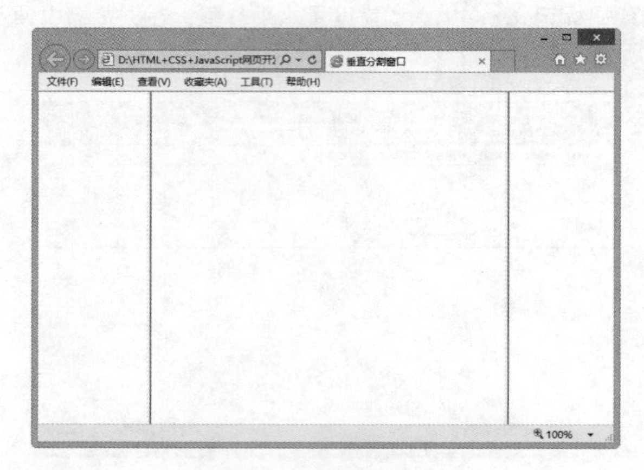

图 7-2　垂直分割效果

7.2.3　嵌套分割窗口

在实际应用中，嵌套分割窗口框架使用极为广泛。嵌套分割窗口就是在一个页面中，既有水平分割的框架，又有垂直分割的框架。

基本语法：

```
<frameset rows="30%,*">
<frame>
<frameset cols="20%,*">
   <frame>
<frame>
</frameset>
</frameset>
```

实例代码：

```
<!doctype html>
<html>
<head>
<meta charset="utf-8">
<title> 嵌套分割窗口 </title>
</head>
<frameset  rows="200,*" cols="*" frameborder="no" border="0"
framespacing="0">
<frame src="top.html" name="topFrame" frameborder="yes" scrolling="No"
noresize="noresize" id="topFrame" />
<frameset rows="*" cols="300,*" framespacing="1" frameborder="yes"
border="1">
<frame src="left.html" name="leftFrame" frameborder="yes" scrolling="No"
noresize="noresize" id="leftFrame" />
<frame src="right.html" name="mainFrame" frameborder="yes"
 id="mainFrame" />
</frameset>
</frameset>
<noframes>
<body>
</body>
</noframes>
</html>
```

在代码中加粗部分的代码标记 <frameset> 为设置嵌套分割窗口，在浏览器中浏览效果，如图 7-3 所示。

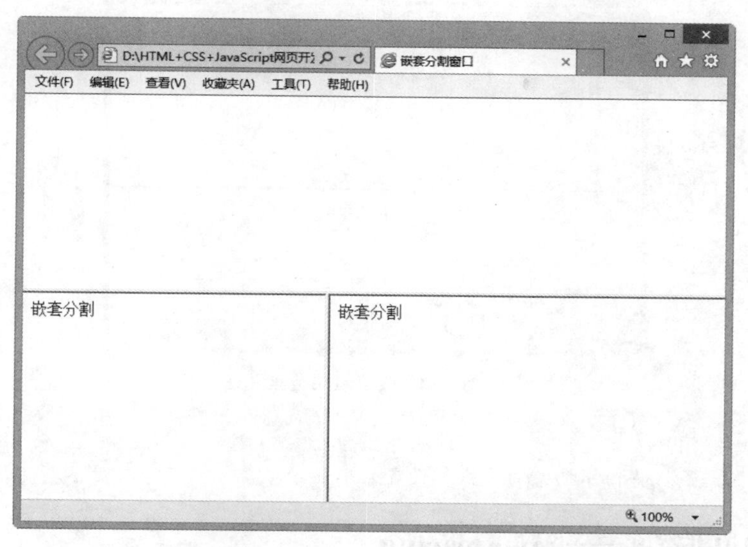

图 7-3 嵌套分割窗口效果

7.2.4 设置边框——frameborder

frameborder 属性用于控制窗口框架的周围是否显示框架，此属性可使用在 <frameset> 标记与 <frame> 标记中，如果使用在 <frameset> 标记内时，可控制窗口框架的所有子窗口；如果用在 <frame> 标记中，则只能控制该标记所代表的子窗口。

基本语法：

```
<frameset frameborder=" 是否显示 ">
```

语法说明：

frameborder 的取值只能为 0、1，或者是 yes、no。如果取值为 0 或 no，那么边框将会隐藏；如果取值为 1 或 yes，边框将会显示。

实例代码：

```
<!doctype html>
<html>
<head>
<meta charset="utf-8">
<title> 设置边框 </title>
</head>
<frameset rows="220,*" cols="*" framespacing="1" frameborder="1" border="1">
  <frame src="top.html" name="topFrame" scrolling="No" noresize="noresize"
id="topFrame" />
  <frame src="foot.html" name="mainFrame" id="mainFrame" />
</frameset>
<noframes>
<body>
</body>
</noframes>
</html>
```

在代码中加粗部分的标记 frameborder="1" 为设置框架的边框，此处将边框设置为 1 像素以显示边框效果，在浏览器中浏览效果，如图 7-4 所示。

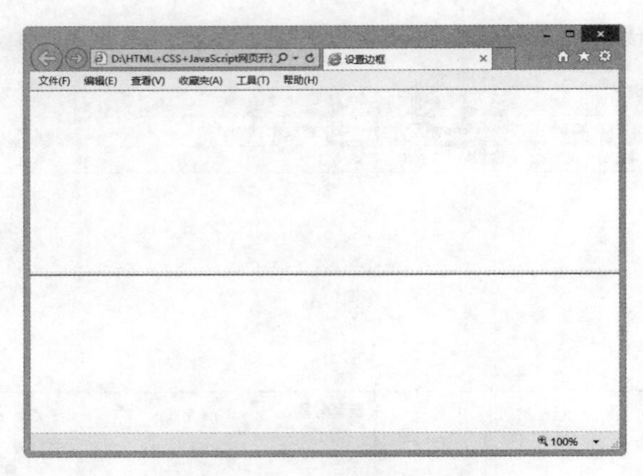

图 7-4 设置框架边框

提示

如果不想显示边框，最好将相邻框架的边框都设置为不显示。

7.2.5 框架的边框宽度——framespacing

在默认情况下框架的边框宽度是 1，通过 framespacing 可以调整边框的宽度。

基本语法：

```
<frameset framespacing=" 边框宽度 ">
```

语法说明：

边框宽度就是在页面中各个边框之间的线条宽度，以“像素”为单位。边框宽度只能对框架集起作用，对单个框架无效。

实例代码：

```
<!doctype html>
<html>
<head>
<meta charset="utf-8">
<title> 框架的边框宽度 </title>
</head>
<frameset rows="102,*" cols="*" frameborder="yes" border="6" framespacing="6">
  <frame src="top.html" name="topFrame" frameborder="yes" scrolling="No" noresize="noresize" id="topFrame" />
    <frameset rows="*" cols="300,*" framespacing="6" frameborder="yes" border="6">
      <frame src="left.html" name="leftFrame" frameborder="yes" scrolling="No" noresize="noresize" id="leftFrame" />
      <frame src="right.html" name="mainFrame" frameborder="yes" id="mainFrame" />
    </frameset>
</frameset>
<noframes>
<body>
</body>
</noframes>
</html>
```

在代码中加粗部分的标记 framespacing="6" 为设置框架的边框宽度，在浏览器中预览，将边框宽度设置为 6 像素的效果，如图 7-5 所示。

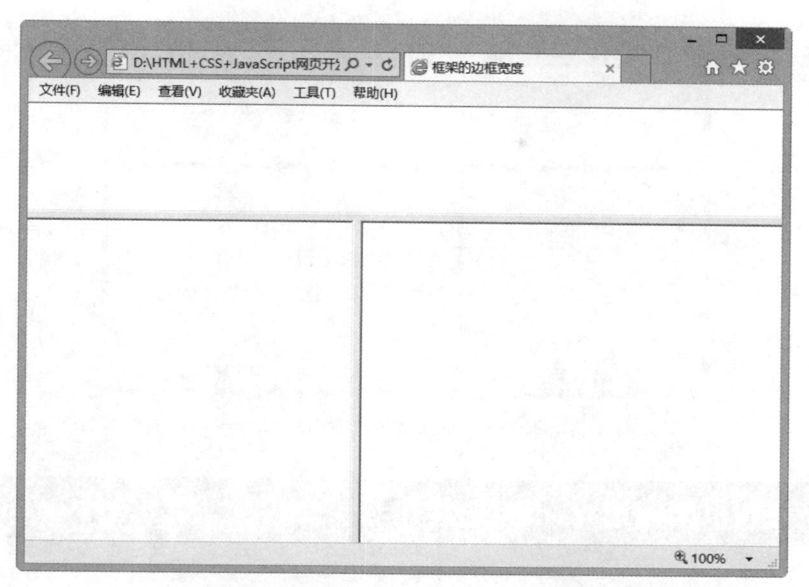

图 7-5　设置框架的边框宽度效果

7.2.6　框架的边框颜色——bordercolor

通过 bordercolor 可以设置框架集的边框颜色。

基本语法：

```
<frameset bordercolor=" 边框颜色 ">
```

实例代码：

```
<!doctype html>
<html>
<head>
<meta charset="utf-8">
<title> 框架的边框颜色 </title>
</head>
<frameset rows="102,*" cols="*" frameborder="yes" border="6"
framespacing="6"
bordercolor="#FF0033">
  <frame src="top.html" name="topFrame" frameborder="yes" scrolling="No"
 noresize="noresize" id="topFrame" />
   <frameset rows="*" cols="300,*" framespacing="6" frameborder="yes"
border="6">
    <frame src="left.html" name="leftFrame" frameborder="yes" scrolling="No"
noresize="noresize" id="leftFrame" />
      <frame src="right.html" name="mainFrame" frameborder="yes"
id="mainFrame" />
  </frameset>
</frameset>
<noframes>
<body>
</body>
</noframes>
</html>
```

在代码中加粗部分的标记 bordercolor="#FF0033" 为设置框架边框的颜色，在浏览器中预览，可以看到边框的颜色效果，如图 7-6 所示。

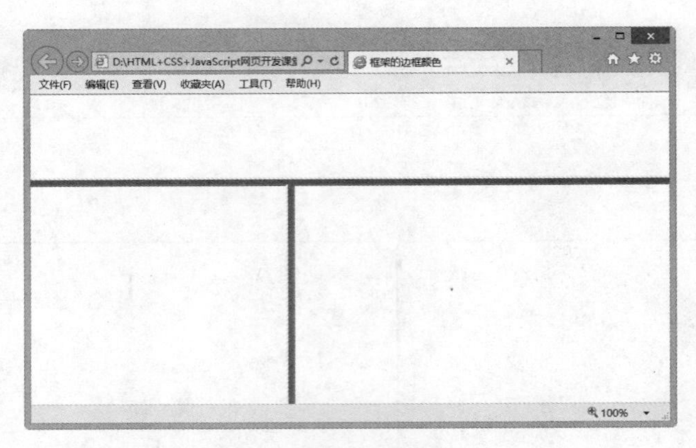

图 7-6　框架边框的颜色效果

7.3 设置框架标记 frame 属性

<frame> 用来定义每个单独的框架页面，框架页面的属性设置都在 <frame> 标记中进行。

7.3.1　框架页面源文件——src

框架结构中的每个页面都是一个单独的文件，这些文件都通过 src 来指定一个初始文件地址。

基本语法：

```
<frame src="html 文件的位置 ">
```

语法说明：

src 属性的设置方法和前面介绍的 <img> 标记的 src 属性的用法是相同的，HTML 文件可以是一个网页文件，也可以是一张图片，地址类型可以是相对地址、绝对地址或带有锚点链接的地址。

实例代码：

```
<!doctype html>
<html>
<head>
<meta charset="utf-8">
<title> 框架页面源文件 </title>
</head>
<frameset rows="257,*" cols="*" frameborder="yes" border="6"
framespacing="6">
  <frame src="top.html" name="topFrame" frameborder="yes" scrolling="No"
 noresize="noresize" id="topFrame" />
   <frameset rows="*" cols="275,*" framespacing="6" frameborder="yes"
border="6">
    <frame src="left.html" name="leftFrame" frameborder="yes" scrolling="No"
 noresize="noresize" id="leftFrame" />
      <frame src="right.html" name="mainFrame" frameborder="yes"
id="mainFrame" />
   </frameset>
</frameset>
<noframes>
<body>
</body>
</noframes>
</html>
```

在代码中加粗部分的代码标记 src="top.html"、src="left.html"、src="right.html" 分别设置框架的页面源文件为 top.html、left.html 和 right.html，在浏览器中预览，可以看到相应的效果，如图 7-7 所示。

图 7-7 框架页面源文件

7.3.2 框架名称——name

name 属性用来指定窗口的名称，当完成子窗口的名称定义后，可指定超链接的链接目标显示到网页的某个子窗口中。

基本语法：

```
<frame src=" html 文件的位置 " name=" 子窗口名称 " >
```

语法说明：

框架的页面名称中不允许包含特殊字符、连字符、空格等，必须是单个的单词或者字母组合。

实例代码：

```
<!doctype html>
<html>
<head>
<meta charset="utf-8">
<title> 框架名称 </title>
</head>
<frameset rows="257,*" cols="*" frameborder="yes" border="6" framespacing="6">
  <frame src="top.html" name="topFrame" frameborder="yes" scrolling="No" noresize="noresize" id="topFrame" />
  <frameset rows="*" cols="275,*" framespacing="6" frameborder="yes" border="6">
    <frame src="left.html" name="leftFrame" frameborder="yes" scrolling="No" noresize="noresize" id="leftFrame" />
      <frame src="right.html" name="mainFrame" frameborder="yes" id="mainFrame" />
  </frameset>
</frameset>
<noframes>
<body>
</body>
</noframes>
</html>
```

在代码中加粗部分的代码标记为设置框架页面的名称，在浏览器中浏览效果，如图 7-8 所示。

图 7-8 设置框架页面的名称

7.3.3 调整框架窗口的尺寸——noresize

每个框架都有其固定的宽度和高度，可以通过拖曳边框进行调整。不过有时候需要将框架的宽度和高度保持不变，禁止浏览器在访问框架的时候随意改变框架尺寸，此时就可以使用 noresize 属性。

基本语法：

```
<frame src=" 页面源文件地址 " noresize>
```

语法说明：

noresize 没有属性值，添加该属性后就不能拖曳边框了，反之无须指定此属性。

实例代码：

```
<!doctype html>
<html>
<head>
<meta charset="utf-8">
<title> 调整框架窗口的尺寸 </title>
</head>
<frameset rows="257,*" cols="*" frameborder="yes" border="6"
framespacing="6">
  <frame src="top.html" name="topFrame" frameborder="yes" scrolling="No"
 noresize="noresize" id="topFrame" />
   <frameset rows="*" cols="275,*" framespacing="6" frameborder="yes"
border="6">
    <frame src="left.html" name="leftFrame" frameborder="yes" scrolling="No"
 noresize="noresize" id="leftFrame" />
    <frame src="right.html" name="mainFrame" frameborder="yes" noresize
id="mainFrame" />
  </frameset>
</frameset>
<noframes>
<body>
</body>
</noframes>
</html>
```

在代码中加粗部分的代码标记为设置不能调整窗口的尺寸，在浏览器中预览，可以发现左侧的框架和头部的框架不能调整尺寸，如图 7-9 所示。

图 7-9　调整框架窗口的尺寸

7.3.4　框架边框与页面内容的水平边距——marginwidth

网页的边距可以通过 margin 来设定，那么框架和网页一样也可以设置边距，可以利用 <frame> 标记中的 marginwidth 属性来设置框架左右边缘的宽度；marginheight 属性可以设置框架上下边缘的宽度。

基本语法：

```
<frame src=" 页面源文件地址 " marginwidth="value" >
```

语法说明：

在 HTML 文件中，利用框架 <frame> 标记中的 marginwidth 属性可以设置相应子框架的左右边缘的空白尺寸。

实例代码：

```
<!doctype html>
<html>
<head>
<meta charset="utf-8">
<title> 框架边框与页面内容的水平边距 </title>
</head>
<frameset rows="257,*" cols="*" frameborder="yes" border="6"
framespacing="6">
  <frame src="top.html" name="topFrame" frameborder="yes" scrolling="No"
noresize="noresize" id="topFrame" />
   <frameset rows="*" cols="275,*" framespacing="6" frameborder="yes"
border="6">
     <frame src="left.html" name="leftFrame" frameborder="yes" scrolling="No"
noresize="noresize" id="leftFrame" />
        <frame src="right.html" name="mainFrame" scrolling="No"
frameborder="yes"
noresize id="mainFrame" marginwidth="50"/>
  </frameset>
</frameset>
<noframes>
<body>
</body>
```

```
</noframes>
</html>
```

在代码中加粗部分的代码标记 marginwidth="50" 为在右侧的框架中设置水平边距为 50 像素，在浏览器中预览，可以看到文本内容与框架的边框之间有很大空间，效果如图 7-10 所示。

图 7-10　边框与页面内容的水平边距效果

7.3.5　框架边框与页面内容的垂直边距——marginheight

通过 marginheight 可以设置边框与页面内容的垂直边距。

基本语法：

```
<frame src=" 页面源文件地址 " marginheight="value">
```

语法说明：

垂直边距用来设置页面的上、下边缘与框架边框的距离。

实例代码：

```
<!doctype html>
<html>
<head>
<meta charset="utf-8">
<title> 框架边框与页面内容的垂直边距 </title>
</head>
<frameset rows="257,*" cols="*" frameborder="yes" border="6" framespacing="6">
  <frame src="top.html" name="topFrame" frameborder="yes" scrolling="No"
 noresize="noresize" id="topFrame" />
   <frameset rows="*" cols="275,*" framespacing="6" frameborder="yes" border="6">
     <frame src="left.html" name="leftFrame" frameborder="yes" scrolling="No"
noresize="noresize" id="leftFrame" />
        <frame src="right.html" name="mainFrame" scrolling="No" frameborder="yes"
noresize id="mainFrame" marginwidth="50"marginheight="50"/>
  </frameset>
</frameset>
<noframes>
<body>
```

```
</body>
</noframes>
</html>
```

在代码中加粗部分的代码标记 marginheight="50" 为在右侧框架中设置边框与页面内容的垂直边距为 50 像素，在浏览器中预览，可以看到边框与页面内容之间有很多空白，如图 7-11 所示。

图 7-11　边框与页面内容的垂直边距效果

7.3.6　设置框架滚动条显示——scrolling

scrolling 属性用于控制窗口框架中是否显示滚动条，使用此属性可以避免 HTML 文件因内容过多而无法完全显示的问题。此属性用于 <frame> 标记中。

基本语法：

```
<frame scrolling="yes 或 no 或 auto">
```

语法说明：

scrolling 取值包括 yes、no 或 auto。其中，yes 表示一直显示滚动条，而 no 则表示无论什么情况都不显示滚动条，auto 是系统的默认值，它是根据具体内容来调整的，当页面长度超出浏览器窗口的范围时就会自动显示滚动条。

实例代码：

```
<!doctype html>
<html>
<head>
<meta charset="utf-8">
<title>设置框架滚动条显示</title>
</head>
<frameset rows="257,*" cols="*" frameborder="yes" border="6"
framespacing="6">
  <frame src="top.html" name="topFrame" frameborder="yes" scrolling="yes"
noresize="noresize" id="topFrame" />
   <frameset rows="*" cols="251,*" framespacing="6" frameborder="yes"
border="6">
      <frame src="left.html" name="leftFrame" frameborder="yes"
scrolling="yes"
noresize="noresize" id="leftFrame" />
      <frame src="right.html" name="mainFrame" scrolling="yes"
frameborder="yes"
noresize id="mainFrame"/>
```

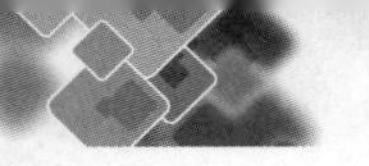


```
    </frameset>
  </frameset>
  <noframes>
  <body>
  </body>
  </noframes>
  </html>
```

在代码中加粗部分的代码标记 scrolling="yes" 为设置框架中显示滚动条，在这里将 scrolling 的值设置为 yes，在浏览器中预览，可以看到出现了滚动条，如图 7-12 所示。

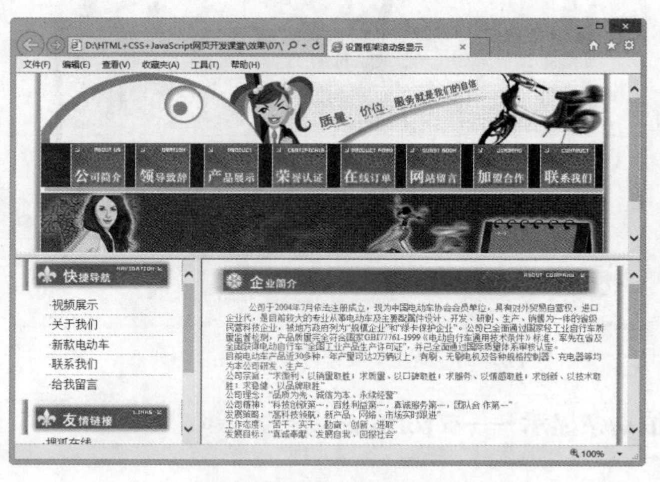

图 7-12　显示滚动条效果

7.3.7　不支持框架标记——noframes

当别人使用的浏览器太旧，不支持框架功能时，就会看到一片空白。为了避免这种情况的发生，可使用 <nofames> 标记，当使用者的浏览器看不到框架时，就会看到 <nofames> 与 </nofames> 之间的内容，而不是一片空白。这些内容可以提醒浏览者转用新的浏览器的字句，甚至是一个没有框架的网页或能自动切换至没有框架的页面版本。

基本语法：

```
<noframes>
</noframes>
```

语法说明：

noframes 可以为那些不支持框架的浏览器显示文本。如果希望为 frameset 添加 <noframes> 标签，就必须把其中的文本包装在 <body></body> 标签中。

实例代码：

```
<!doctype html>
<html>
<head>
<meta charset="utf-8">
<title> 不支持框架 </title>
</head>
<frameset rows="*" cols="209,*" framespacing="1" frameborder="yes"
border="1">
<frame src="left.html" name="leftframe" scrolling="yes">
<frame src="right.html" name="mainframe">
</frameset>
```

```
<noframes>
很抱歉，您使用的浏览器不支持框架功能，请转用新的浏览器！
</noframes>
</html>
```

在代码中加粗部分的代码标记为设置不支持框架标记，若浏览器支持框架，那么它不会理会 <noframes> 中的内容；若浏览器不支持框架，由于不认识所有框架标记，不明的标记会被略过，标记包围的东西便被解读出来，所以放在 <noframes> 范围内的文字会被显示。

7.4 浮动框架

浮动框架是一种较为特殊的框架，它是在浏览器窗口中嵌套的子窗口，整个页面并不一定是框架页面，但要包含一个框架窗口。<iframe> 框架可以完全由设计者定义宽度和高度，并且可以放置在一个网页的任何位置，这极大地扩展了框架页面的应用范围。

7.4.1 浮动框架的页面源文件——src

浮动框架中最基本的属性就是 src，它用来指定浮动框架页面的源文件地址。

基本语法：

```
<iframe src="url"></iframe>
```

语法说明

Src="" 当前框架所链接的页面地址。

实例代码：

```
<td valign=top>
<iframe src="fudong.html"></iframe>
</td>
```

在代码中加粗部分的代码标记 <iframe src="fudong.html"> 为设置浮动框架的源文件，在浏览器中浏览效果，如图 7-13 所示。

图 7-13　设置浮动框架的源文件

7.4.2 浮动框架的宽度和高度——width 和 height

<frameset> 生成的框架结构是依赖上级空间尺寸的，它的宽度或者高度必须有一个和上级框架相同。而 <iframe> 浮动框架可以完全由指定的宽度和高度决定。

基本语法：

```
<iframe src=" 浮动框架的源文件 " width=" 浮动框架的宽 " height=" 浮动框架的高 ">
</iframe>
```

语法说明：

浮动框架的宽度和高度值都以“像素”为单位。

实例代码：

```
<td valign=top>
<iframe src="fudong.html" width="800" height="400"></iframe>
</td>
```

在代码中加粗部分的代码标记 width="800" height="400" 为设置浮动框架的宽为 800 像素、高为 400 像素，在浏览器中预览可以看到相应的效果，如图 7-14 所示。

图 7-14　设置浮动框架页面的宽和高

7.4.3 浮动框架的对齐方式——align

浮动框架的对齐方式用于设置浮动框架页面相对于浏览器窗口的水平位置。

基本语法：

```
<iframe src=" 浮动框架的源文件 " align=" 对齐方式 "></iframe>
```

语法说明：

它的取值包括左对齐 left、右对齐 right、居中对齐 middle 和底部对齐 bottom。

实例代码：

```
<td valign=top>
<iframe src="fudong.html" width="700" height="400" align="right"></iframe>
</td>
```

在代码中加粗部分的代码标记 align="right" 为设置浮动框架的对齐方式，在浏览器中预览，可以看到浮动框架右对齐的效果，如图 7-15 所示。

图 7-15　浮动框架的对齐方式

7.4.4　设置浮动框架是否显示滚动条——scrolling

浮动框架的 scrolling 属性有 3 种情况，包括不显示、根据需要显示和总显示滚动条。

基本语法：

```
<iframe src=" 浮动框架的源文件 " scrolling=" 是否显示滚动条 "></iframe>
```

语法说明：

scrolling 的取值范围见表 7-1 所示。

表 7-1　scrolling 的取值范围

属 性 值	说　明	属 性 值	说　明
auto	默认值，整个框架在浏览器页面中左对齐	no	在任何情况下都不显示滚动条
yes	总是显示滚动条，即使页面内容不足以撑满框架范围，滚动条的位置也会预留出来		

实例代码：

```
<td valign=top>
<iframe src="fudong.html" width="700" height="400"
align="right" scrolling="yes"></iframe>
</td>
```

在代码中加粗部分的代码标记 scrolling="yes" 为设置显示浮动框架滚动条，在浏览器中浏览效果，如图 7-16 所示。

图 7-16　浮动框架滚

7.4.5 浮动框架的边框——frameborder

在浮动框架页面中，可以使用 frameborder 设置显示框架边框。

基本语法：

```
<iframe src=" 浮动框架的源文件 " frameborder=" 是否显示框架边框 "></iframe>
```

语法说明：

frameborder 只能取 0 和 1，或 yes 和 no。0 和 no 表示边框不显示，1 和 yes 为默认值，表示显示边框。

实例代码：

```
<td valign=top>
<iframe src="fudong.html"width="700" height="400" scrolling="yes"
frameborder="0"></iframe>
</td>
```

在代码中加粗部分的代码标记 frameborder="0" 为设置浮动框架边框为不显示，在浏览器中浏览效果，如图 7-17 所示。

图 7-17 设置浮动框架边框的效果

提示

浮动框架的边框有显示和不显示两种情况，如果设置为显示边框，则 <iframe> 尺寸范围会出现一种立体边框效果。

7.5 综合实例——创建上方固定、左侧嵌套的框架网页

将浏览器画面分割成多个子窗口时，可赋予各子窗口不同的功能。最常见的应用方式就是以一个子窗口作为网页的主画面，另一个窗口则用于控制该窗口的显示内容。要达到这个目的，可以运用 <a> 标记的 target 属性，来指定显示链接网页的子窗口。

下面就用本章所学的知识来创建上方固定、左侧嵌套的框架网页，具体操作步骤如下。

01 启动 Dreamweaver CC，新建一个空白文档，打开代码视图，在相应的位置输入以下代码，如图 7-18 所示。

```
<!doctype html>
<html>
```

```
<head>
<meta charset="utf-8">
<title>创建上方固定左侧嵌套的框架网页</title>
</head>
<frameset rows="209,*" cols="*" frameborder="no" border="1"
framespacing="1">
<frame src="top.html" name="topFrame" frameborder="yes" scrolling="yes"
noresize="noresize" id="topFrame" />
  <frameset rows="*" cols="223,*" framespacing="0" frameborder="no"
border="0">
   <frame src="left.html" name="leftFrame" frameborder="yes" scrolling="yes"
noresize="noresize" id="leftFrame" />
    <frame src="right.html" name="mainFrame" scrolling="yes" noresize
id="mainFrame" />
   </frameset>
</frameset>
<noframes><body>
</body></noframes>
</html>
```

02 打开拆分视图，将光标置于头部框架中，在头部框架 top.html 中输入以下代码，如图 7-19 所示。

```
<table width="990" cellpadding="0" cellspacing="0">
  <tbody>
    <tr>
      <td><img src="images/top.jpg" width="990" height="43" alt=""/></td>
    </tr>
    <tr>
      <td><img src="images/top1.jpg" width="993" height="398" alt=""/></td>
    </tr>
  </tbody>
</table>
```

图 7-18　输入代码

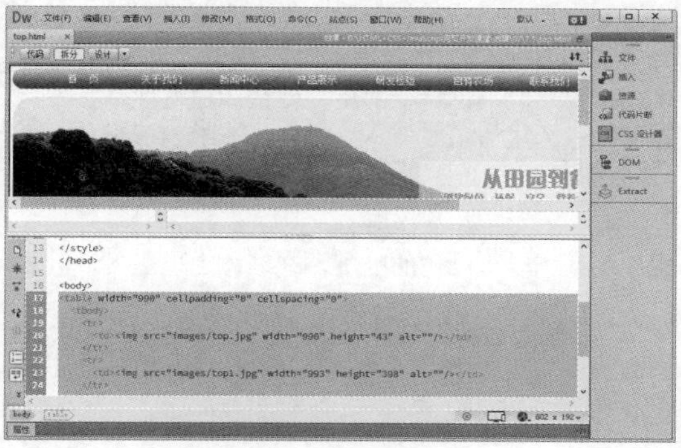

图 7-19　在顶部框架中输入内容

03 将光标置于左侧的框架中，在左侧框架中输入以下代码，如图 7-20 所示。

```
<table width="199">
  <tbody>
    <tr>
      <td><img src="images/left.jpg" width="199" height="320" alt=""/></td>
    </tr>
  </tbody>
</table>
```

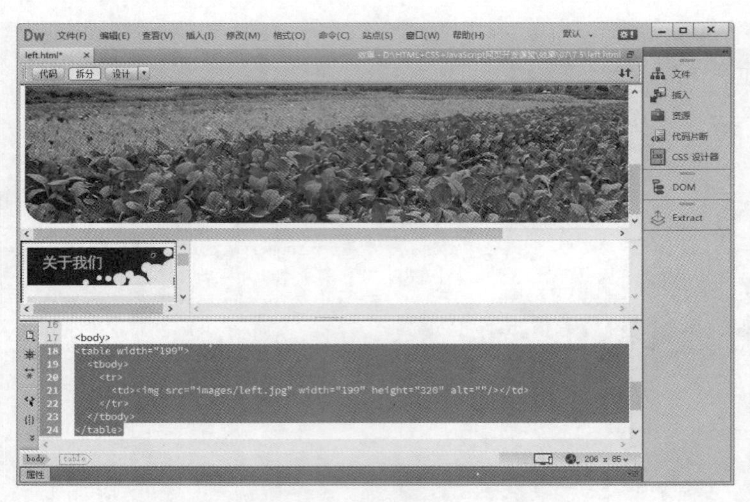

图 7-20　在左侧框架中输入内容

04 将光标置于右侧的框架中，在右侧框架中输入以下代码，如图 7-21 所示。

```
    <table width="100%" cellpadding="0" cellspacing="0">
      <tbody>
        <tr>
          <td height="40" bgcolor="#F2EFDC" style="font-weight: bold">您现在所在位置： 首页 - 关于我们 - 企业文化 </td>
        </tr>
        <tr>
          <td><table width="95%" align="center">
            <tbody>
              <tr>
                <td> 企业的健康发展需要两种纽带：一种是物质、利益的纽带；另一种是文化、精神、道德的纽带。企业如果只有前一种纽带而没有后一种纽带，是不能得到健康发展的。优良的公司文化能够创造出一个良好的企业环境，提高员工的道德素质和技术文化素质，对内形成企业凝聚力，对外提高企业竞争力，形成企业发展不可缺少的精神纽带和道德纽带，并从各个环节调动并合理配置有助于企业发展的积极因素。所以，公司文化是企业持久竞争优势的来源，是企业发展的内在驱动力。 <br>
    <img src="images/cpzxt1.jpg" alt="" width="345" height="227" align="right"/><br>
            企业文化的建设是一个不断积累、提炼、升华的过程，包括制度文化和理念文化。在制度上形成一个规范、系统、可操作的准则，在理念上以服务、创新、超 <br> 越为核心价值。 <br>
          <br>
            塑造企业文化，促进企业发展，逐步塑造了 " 学习、创新、务实、诚信 " 的企业精神，增强了企业员工的向心力和凝聚力，公司的发展战略和员工的愿景有机结合在一起，促进了公司的发展，具体为表现以下几个方面： <br>
            1. 良好的企业文化氛围，吸引了优秀人才的加入，稳定了员工队伍，降低了员工流失率。广东是打工者的舞台，为打工者提供了众多的机会，也促发了务工者 <br>
    的强流动性，打工者背井离乡的心境让他们很难专心工作；针对打工人员的以上特点，公司在企业文化建设方面下工夫，营造大家庭的氛围，抹平了员工的思乡之情，创造机会让来自五湖四海的同仁交流和沟通，少了一份孤独，多了一份理解与尊重。 <br>
            2. 基础文化、岗位技能的培训，提高了员工的素质，促进了生产力的提高。<br>
            3. 寓教于乐的文体活动，陶冶了员工的情操，提高了员工的道德水准；休息日，员工在厂内有一个娱乐的场所，有组织地参加各种活动，有效控制了不良现象的发生，公司内基本杜绝了犯罪事件的发生，保证了社会治安的稳定。 <br>
            4. 积极参加社区公益文体活动，与社区建立了文明、和谐的关系，良好的企业形象得到了社会的认可、政府的表彰。</td>
              </tr>
            </tbody>
          </table></td>
        </tr>
      </tbody>
    </table>
```

图 7-21 输入内容

05 保存文档，在浏览器预览框架网页的效果，如图 7-22 所示。

图 7-22 框架网页效果

7.6 本章小结

本章主要讲述了窗口框架简介、设置框架集标记 frameset 属性、设置框架标记 frame 属性、浮动框架的基本知识，最后通过实例进一步讲述了框架的应用方法。框架一般由框架集和框架组成，框架集就像一个大容器，包括所有的框架，是框架的集合。框架是框架集中一个独立的区域，用于显示一个独立的网页文档。

第8章

移动开发基础 HTML 5

本章导读

HTML 5是一种网络标准，相比现有的 HTML4.01 和XHTML 1.0，可以得到更强的页面表现性能，同时充分调用本地的资源，实现不输于APP的功能效果。HTML 5带给了浏览者更强的视觉冲击力，同时让网站程序员更好地与HTML语言沟通。虽然现在HTML 5还没有完善，但是对于以后的网站建设拥有更好的发展前景。

在HTML 5的新特性中，新增的结构元素的主要功能就是解决之前在HTML 4中Div“漫天飞舞”的情况、增强网页内容的语义性，这对搜索引擎而言，将能更好地识别和组织索引内容。合理地使用这种结构元素，将极大地提高搜索结果的准确度和体验。新增的结构元素，从代码上看很容易看出主要是消除Div，即增强语义，强调HTML的语义化。

技术要点：

- 认识HTML 5
- HTML 5的新特性
- HTML 5 与HTML 4的区别
- 新增的主体结构元素
- 新增的非主体结构元素

8.1 认识 HTML 5

HTML 最早是作为显示文档的手段出现的，再加上 JavaScript，它其实已经演变成了一个系统，可以开发搜索引擎、在线地图、邮件阅读器等各种 Web 应用。虽然设计巧妙的 Web 应用可以实现很多令人赞叹的功能，但开发这样的应用绝非易事，多数都要手动编写大量 JavaScript 代码，还要用到 JavaScript 工具包，乃至在 Web 服务器上运行的服务器端 Web 应用，要让所有这些方面在不同的浏览器中都能紧密配合、不出差错是一个挑战。由于各大浏览器厂商的内核标准不同，使 Web 前端开发者经常要在兼容性问题而引起的 bug 上浪费很多的精力。

8.1.1　实用性和用户优先

HTML 5 是 2010 年正式推出的，一经推出就引起了世界上各大浏览器开发商的极大热情，其中包括 Firefox、Chrome、IE 9 等。那么，HTML 5 为什么会如此受欢迎呢？

在新的 HTML 5 语法规则当中，部分的 JavaScript 代码将被 HTML 5 的新属性所替代，部分的 DIV 布局代码也被 HTML 5 变为更加语义化的结构标签，这使网站前段的代码变得更加精炼、简洁和清晰，让代码的开发者也更加一目了然地了解代码所要表达的意思。

HTML 5 是一种由设计来组织 Web 内容的语言，其目的是通过创建一种标准的、直观的标记语言来把 Web 设计和开发变得容易起来。HTML 5 提供了各种切割和划分页面的手段，允许你创建的切割组件不仅能用来逻辑地组织站点，而且能够赋予网站聚合的能力。这是 HTML 5 富于表现力的语义和实用性美学的基础，HTML 5 赋予设计者和开发者各种层面的能力，从而向外发布各式各样的内容，从简单的文本内容到丰富的、交互式的多媒体内容无不包括在内。如图 8-1 所示为 HTML 5 技术用来的实现动画特效。

HTML 5 提供了高效的数据管理、绘制、视频和音频工具，其促进了 Web 上的和便携式设备的跨浏览器应用的开发。HTML 5 允许更大的灵活性，支持开发非常精彩的交互式网站。其还引入了新的标签和增强性的功能，其中包括了一个优雅的结构、表单的控制、API、多媒体、数据库支持和显著提升的处理速度等，如图 8-2 所示为 HTML 5 制作的抽奖游戏。

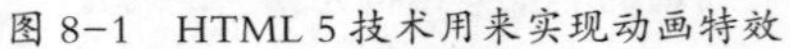
图 8-1　HTML 5 技术用来实现动画特效

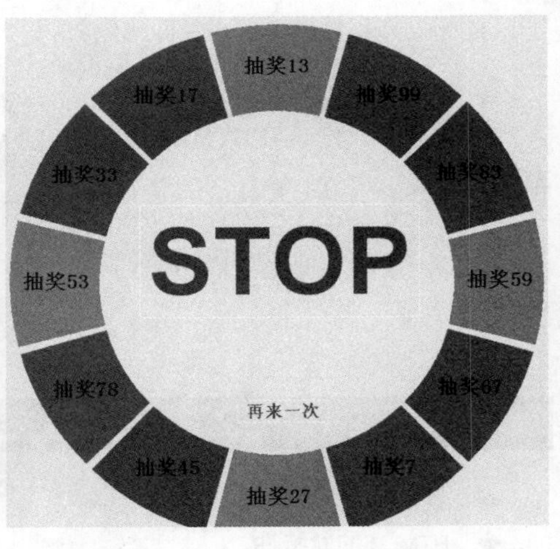

图 8-2　HTML 5 制作的抽奖游戏

8.1.2　化繁为简

HTML 5 中的新标签都是高度关联的，标签封装了它们的作用和用法。HTML 的过去版本更多的是使用非描述性的标签，然而，HTML 5 拥有高度描述性的、直观的标签，其提供了丰富的能够让人立刻识别出内容的内容标签。例如，被频繁使用的 <div> 标签已经有了两个增补进来的 <section> 和 <article> 标签。<video>、<audio>、<canvas> 和 <figure> 标签的增加也提供了对特定类型内容的更加精确的描述。如图 8-3 所示为由 HTML 5、CSS 3 和 JS 代码所编写的网页版 iPhone4 模拟界面。

图 8-3　由 HTML 5、CSS 3 和 JS 编写的 iPhone4 模拟界面

HTML 5 取消了 HTML 4.01 的一部分被 CSS 取代的标记，提供了新的元素和属性。部分元素对于搜索引擎能够更好地索引和整理，提供了对于小屏幕的设置和对视障人士更好地帮助。HTML 5 还采用了最新的表单输入对象，还引入了微数据。该使用机器可以识别的标签标注内容的方法，使语义 Web 的处理更为简单。

8.2 HTML 5 的新特性

HTML 5 是一种以设计来组织 Web 内容的语言，其目的是通过创建一种标准的和直观的 UI 标记语言来把 Web 设计和开发变得容易起来。HTML 5 提供了一些新的元素和属性，例如 <nav> 和 <footer>。除此之外，还有如下的特点。

1. 取消了一些过时的 HTML 4 标签

HTML 5 取消了一些纯粹显示效果的标签，如 <font> 和 <center>，它们已经被 CSS 取代。HTML 5 吸取了 XHTML2 的一些教训，包括一些用来改善文档结构的功能，如新的 HTML 标签 header、footer、dialog、aside、figure 等的使用，将使内容创作者更加容易地创建文档。

2. 将内容和展示分离

b 和 i 标签依然保留，但它们的意义已经与之前有所不同，这些标签的意义只是为了将一段文字标识出来，而不是为了让它们设置粗体或斜体式样。u、font、center、strike 这些标签则被完全取消。

3. 一些全新的表单输入对象

增加了包括日期、URL、Email地址，其他的对象则增加了对非拉丁字符的支持。HTML 5还引入了微数据，该使用机器可以识别的标签标注内容的方法，使语义 Web 的处理更为简单。总体来说，这些与结构有关的改进，使内容创建者可以创建更干净、更容易管理的网页。

4. 全新的、更合理的标签

多媒体对象将不再全部绑定在 object 或 embed 标签中，而是视频有视频的标签、音频有音频的标签。

5. 支持音频的播放 / 录音功能

目前在播放 / 录制音频的时候可能需要用到 Flash、Quicktime 或者 Java，而这也是 HTML 5 的功能之一。

6. 本地数据库

该功能将内嵌一个本地的 SQL 数据库，以加速交互式搜索、缓存以及索引功能。同时，那些离线 Web 程序也将因此获益匪浅，得到不需要插件的富动画。

7. Canvas 对象

将给浏览器带来直接在上面绘制矢量图的能力，这意味着用户可以脱离 Flash 和 Silverlight，直接在浏览器中显示图形或动画。

8. 支持丰富的 2D 图片

HTML 5 内嵌了所有复杂的二维图片类型。同目前网站加载图片的方式相比，它的运行速度要快得多。

9. 支持即时通信功能

在 HTML 5 中内置了基于 Web sockets 的即时通信功能，一旦两个用户之间启动了这个功能，就可以保持顺畅的交流。

截至目前而言，主流的网页浏览器 Firefox 5、Chrome 12 和 Safari 5 都已经支持了许多的 HTML 5 标准，

而且目前最新版的 IE 浏览器也支持许多 HTML 5 标准。

8.3 HTML 5 与 HTML4 的区别

HTML 5 是最新的 HTML 标准，HTML 5 语言更加精简，解析的规则也更加详细。在针对不同的浏览器时，即使语法错误也可以显示出同样的效果。下面列出的就是一些 HTML 4 和 HTML 5 主要的不同之处。

8.3.1 HTML 5 的语法变化

HTML 的语法是在 SGML 语言的基础上建立起来的。但是 SGML 语法非常复杂，要开发能够解析 SGML 语法的程序也很不容易，所以很多浏览器都不包含 SGML 的分析器。因此，虽然 HTML 基本遵从 SGML 的语法，但是对于 HTML 的执行在各浏览器之间并没有统一的标准。

在这种情况下，各浏览器之间的互兼容性和互操作性，在很大程度上取决于网站或网络应用程序的开发者们在开发上所做的共同努力，而浏览器本身始终是存在缺陷的。

在 HTML 5 中提高 Web 浏览器之间的兼容性是其一个很大的目标，为了确保兼容性，就要有一个统一的标准。因此，在 HTML 5 中就围绕着这个 Web 标准，重新定义了一套在现有的 HTML 基础上修改而来的语法，使它运行在各浏览器时，各浏览器都能够符合这个通用标准。

因为关于 HTML 5 语法解析的算法也都提供了详细的记载，所以各 Web 浏览器的供应商可以把 HTML 5 分析器集中封装在自己的浏览器中。最新的 Firefox（默认为 4.0 以后的版本）与 WebKit 浏览器引擎中都迅速地封装了供 HTML 5 使用的分析器。

8.3.2 HTML 5 中的标记方法

下面我们来看看在 HTML 5 中的标记方法。

1. 内容类型（ContentType）

HTML 5 的文件扩展符与内容类型保持不变。也就是说，扩展符仍然为 .html 或 .htm，内容类型（ContentType）仍然为 text/html。

2. DOCTYPE 声明

DOCTYPE 声明是 HTML 文件中必不可少的，它位于文件的第一行。在 HTML 4 中，它的声明方法如下：

```
<!DOCTYPE HTML PUBLIC "-//W3C//DTD XHTML 1.0 Transitional//EN"
"http://www.w3.org/TR/xHTML1/DTD/xHTML1-transitional.dtd">
```

DOCTYPE 声明是 HTML 5 中众多新特征之一。现在只需要写 <!DOCTYPE HTML> 即可。HTML 5 中的 DOCTYPE 声明方法（不区分大小写）如下：

```
<!DOCTYPE HTML>
```

3. 指定字符编码

在 HTML 4 中，使用 meta 元素的形式指定文件中的字符编码，如下所示：

```
<meta http-equiv="Content-Type" content="text/HTML;charset=UTF-8">
```

在 HTML 5 中，可以使用对元素直接追加 charset 属性的方式来指定字符编码，如下所示：

```
<meta charset="UTF-8">
```

在 HTML 5 中这两种方法都可以使用，但是不能同时混用这两种方式。

8.3.3 HTML 5 语法中的三个要点

HTML 5 中规定的语法，在设计上兼顾了与现有 HTML 之间最大限度的兼容性。下面就来看看具体的 HTML 5 语法。

1. 可以省略标签的元素

在 HTML 5 中，有些元素可以省略标签，具体来讲有 3 种情况：

① 必须写明结束标签

area、base、br、col、command、embed、hr、img、input、keygen、link、meta、param、source、track、wbr

② 可以省略结束标签

li、dt、dd、p、rt、rp、optgroup、option、colgroup、thead、tbody、tfoot、tr、td、th

③ 可以省略整个标签

html、head、body、colgroup、tbody

需要注意的是，虽然这些元素可以省略，但实际上却是隐形存在的。

例如：<body> 标签可以省略，但在 DOM 树上它是存在的，可以永恒访问到 document.body。

2. 取得 boolean 值的属性

取得布尔值（Boolean）的属性，例如 disabled 和 readonly 等，通过默认属性的值来表达“值为 true”。

此外，在写明属性值来表达“值为 true”时，可以将属性值设为属性名称本身，也可以将值设为空字符串。

```
<!-- 以下的 checked 属性值皆为 true-->
<input type="checkbox" checked>
<input type="checkbox" checked="checked">
<input type="checkbox" checked="">
```

3. 省略属性的引用符

在 HTML 4 中设置属性值时，可以使用双引号或单引号来引用。

在 HTML 5 中，只要属性值不包含空格、<、>、'、"、`、= 等字符，都可以省略属性的引用符。

实例如下：

```
<input type="text">
<input type='text'>
<input type=text>
```

8.3.4 标签实例

随着 HTML 5 的到来，传统的 <div id="header"> 和 <div id="footer"> 无处不在的代码方法现在即将变成自己的标签，如 <Header> 和 <footer>。

如图 8-4 所示为传统的 DIV+CSS 写法；如图 8-5 所示为 HTML 5 的写法。

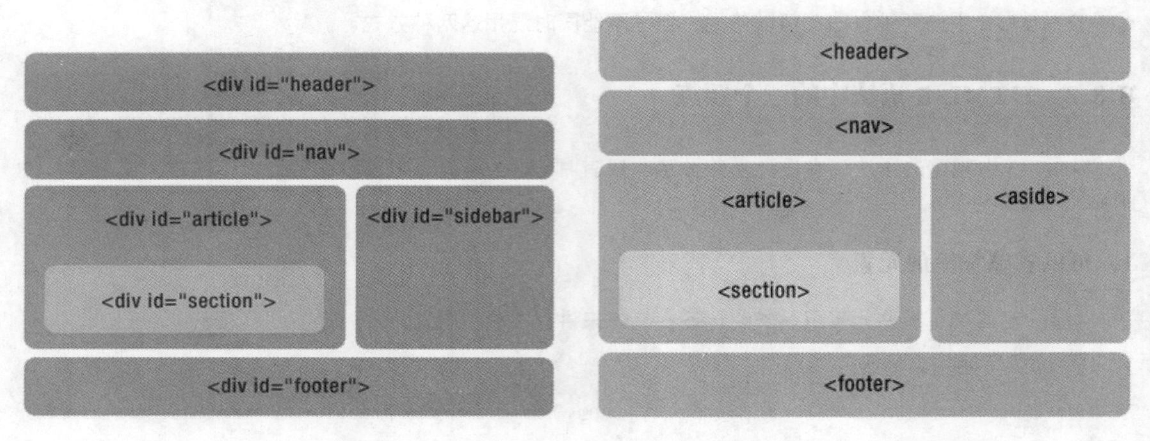

图 8-4　传统的 DIV+CSS 写法　　图 8-5　HTML 5 的写法

从图 8-4 和图 8-5 可以看出 HTML 5 的代码可读性更高了，也更简洁了，内容的组织相同，但每个元素有一个明确的、清晰的定义，搜索引擎也可以更容易地抓取网页上的内容。HTML 5 标准对于 SEO 有什么优势呢？

1. 使搜索引擎更容易抓取和索引

对于一些网站，特别是那些严重依赖于Flash的网站，HTML 5是一个大福音。如果整个网站都是Flash的，就一定会看到转换成 HTML 5 的好处。首先，搜索引擎的蜘蛛将能够抓取站点的内容、所有嵌入到动画中的内容将全部可以被搜索引擎读取。

2. 提供更多的功能

使用 HTML 5 的另一个好处就是它可以增加更多的功能。对于 HTML 5 的功能性问题，可以从全球几个主流站点对它的青睐就可以看出。社交网络大亨 Facebook 已经推出他们期待已久的基于 HTML 5 的 iPad 应用平台，同时每天都有不断的基于 HTML 5 的网站和 HTML 5 特性的网站被推出。保持站点处于新技术的前沿，也可以更好地提高用户的友好体验。

3. 可用性的提高，提高用户的友好体验

最后可以从可用性的角度上看，HTML 5 可以更好地促进用户与网站之间的互动交流。多媒体网站可以获得更多的改进，特别是在移动平台上的应用，使用 HTML 5 可以提供更多高质量的视频和音频流。

我们来考虑一个典型的博客主页，它的顶部有页眉，底部有页脚，还有几篇文章、一个导航区和一个边栏，下面是使用 HTML 4 时的代码。

```
<html>
     <head>
     <title> 莹莹博客 </title>
     </head>
     <body>
     <div id="header">
     <div class="hgroup">
     <h1> 网站标题 </h1>
     <h2> 网站副标题 </h2>
     </div>
     <div id="nav">
     <ul>
     <li>Dreamweaver</li>
     <li>Flash</li>
     <li>Photoshop</li>
```

```
      </ul>
      </div>
      </div>
     <div id="left">
     <div class="article">
     <p> 这是一篇讲述网页设计的文章。</p>
     </div>
     <div class="article">
     <p> 这还是一篇讲述网站开发的文章。</p>
     </div>
     </div>
    <div id="aside">
    <h1> 作者简介 </h1>
    <p> 莹莹，专业的网页设计开发工程师。</p>
    </div>
     <div id="footer">
     版权所有莹莹 </div>
    </body>
  </html>
```

上面是一个简单的博客页面的HTML文档，由头部、文章展示区、右侧栏、底部组成。编码整洁，也符合XHTML的语义化，即便是在HTML 5中也可以很好地表现。但是对浏览器来说，这就是一段没有区分开权重的代码。HTML 5新标签的出现，正好弥补了这个缺憾。那么，上面的代码换成HTML 5就可以这样写。

```
  <!doctype html>
      <head>
      <title> 莹莹博客 </title>
      </head>
      <body>
     <header>
      <hgroup>
      <h1> 网站标题 </h1>
      <h2> 网站副标题 </h2>
      </hgroup>
      <nav>
      <ul>
        <li>HTML</li>
        <li>CSS</li>
        <li>JavaScript</li>
      </ul>
      </nav>
      </header>
     <div id="left">
     <article>
     <p> 这是一篇讲述网页设计的文章。</p>
     </article>
     <article>
     <p> 这还是一篇讲述网站开发的文章。</p>
     </article>
     </div>
    <aside>
    <h1> 作者简介 </h1>
    <p> 莹莹，专业的网页设计开发工程师。</p>
    </aside>
    <footer> 版权所有莹莹 </footer>
    </body>
    </html>
```

看来HTML的页面结构可以如此之美，不用注释也能一目了然。对于浏览器，找到对应的区块也不再茫然无措。现在不再需要Div了。不再需要自己设置class属性，从标准的元素名就可以推断出各个部分的意义。这对于音频浏览器、手机浏览器和其他非标准浏览器尤其重要。在浏览器中浏览效果，如图 8-6 所示。

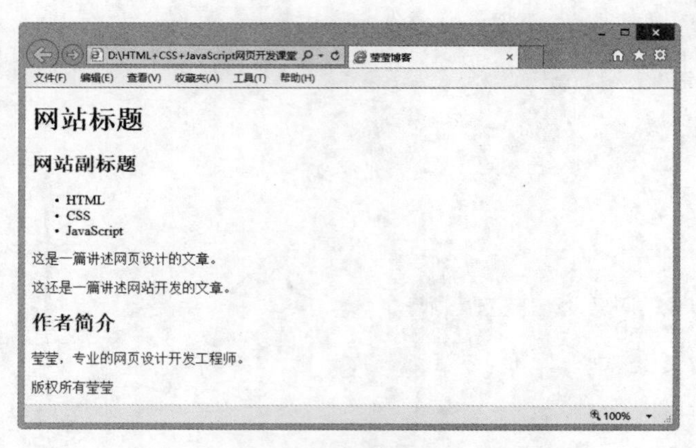

图 8-6 浏览器中浏览效果

8.4 新增的主体结构元素

HTML 4 由于缺少结构，即使是形式良好的 HTML 页面也比较难以处理。必须分析标题的级别，才能看出各个部分的划分方式。边栏、页脚、页眉、导航条、主内容区和各篇文章都由通用的 DIV 元素来表示。HTML 5 添加了一些新元素，专门用来标识这些常见的结构，不再需要为 DIV 的命名费尽心思，对于手机、阅读器等设备更有语义的好处。

8.4.1 article 元素

article 元素表示页面中的一块与上下文不相关的独立内容，如博客中的一篇文章或报纸中的一篇文章。

HTML 5 中代码示例：

```
<article>...</article>
```

下面是一个网站的页面，用 HTML 5 编写代码如下所示。

实例代码：

```
<!doctype html>
<HTML>
<head>
<title>article 元素 </title>
</head>
<body>
<header>
<h1> 新时代科技公司 </h1></header>
<section>
<article>
<h2><a href=" " > 标题 1</a></h2>
<p> 内容 1... （省略字） </p></article>
<article>
<h2><a href=" " > 标题 2</a></h2>
<p> 内容 2 在此 ... （省略字） </p>
</article>
</section>
<footer>
```

```
<nav>
<ul>
<li><a href=" " > 导航 1</a></li>
<li><a href=" " > 导航 2</a></li>
 ...</ul>
</nav>
<p>© 2016 新时代科技公司 </p>
</footer>
</body>
</HTML>
```

运行代码，在浏览器中浏览效果，如图 8-7 所示。这些新元素的引入，将不再使布局中都是 div，而是可以通过标签元素就可以识别出来每个部分的内容定位。这种改变对于搜索引擎而言，将带来内容准确度的极大飞跃。

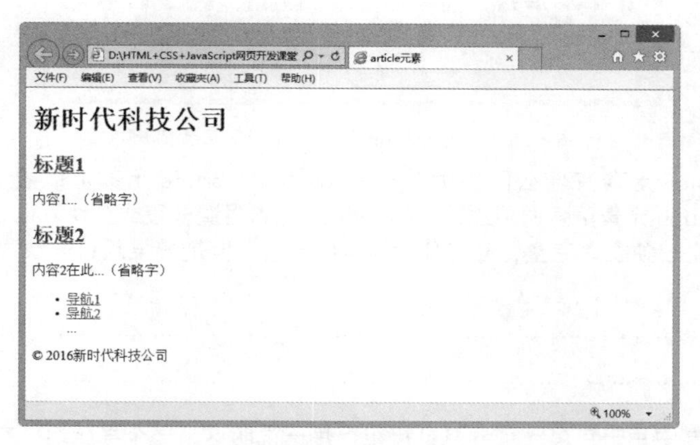

图 8-7　HTML 5 新增的结构元素实例

8.4.2　section 元素

section 元素用于对网站或应用程序中页面上的内容进行分块。一个 section 元素通常由内容及其标题组成。但 section 元素也并非一个普通的容器元素，当一个容器需要被重新定义样式或者定义脚本行为的时候，还是推荐使用 Div 控制。

```
<section>
    <h1> 水果 </h1>
     <p> 水果是指多汁且有甜味的植物果实，不但含有丰富的营养且能够帮助消化。水果有降血压、减缓衰老、减肥瘦身、皮肤保养、明目、抗癌、降低胆固醇等保健作用 ...  ... </p>
</section>
下面是一个带有 section 元素的 article 元素例子。
<article>
    <h1> 水果 </h1>
     <p> 水果是指多汁且有甜味的植物果实，不但含有丰富的营养且能够帮助消化。水果有降血压、减缓衰老、减肥瘦身、皮肤保养、明目、抗癌、降低胆固醇等保健作用 ...  ...</p>
    <section>
        <h2> 香蕉 </h2>
         <p> 香蕉是人们喜爱的水果之一，欧洲人因它能解除忧郁而称它为 " 快乐水果 "，而且香蕉还是女孩子们钟爱的减肥佳果 ...  ...</p>
    </section>
    <section>
        <h2> 苹果 </h2>
        <p> 苹果，落叶乔木，叶子椭圆形，花白色带有红晕。果实圆形，味甜或略酸，是常见水果，具有丰富的营养成分，有食疗、辅助治疗功能 ...  ...</p>
    </section>
</article>
```

从上面的代码可以看出，首页整体呈现的是一段完整独立的内容，所以要用 article 元素包起来，这其中又可分为三段，每一段都有一个独立的标题，使用了两个 section 元素为其分段。这样使文档的结构显得清晰。在浏览器中浏览效果，如图 8-8 所示。

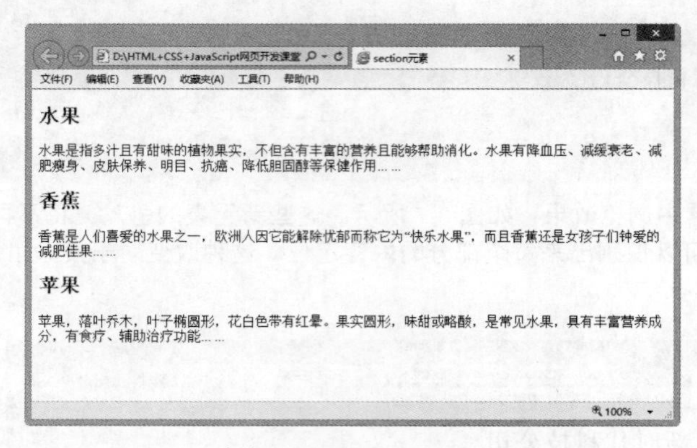

图 8-8　带有 section 元素的 article 元素实例

article 元素和 section 元素有什么区别呢？在 HTML 5 中，article 元素可以看成是一种特殊种类的 section 元素，它比 section 元素更强调独立性。即 section 元素强调分段或分块，而 article 强调独立性。如果一块内容相对来说比较独立、完整，应该使用 article 元素，但是如果想将一块内容分成几段，应该使用 section 元素。

8.4.3　nav 元素

nav 元素在 HTML 5 中用于包裹一个导航链接组，用于说明这是一个导航组，在同一个页面中可以同时存在多个 nav。

并不是所有的链接组都要被放进 nav 元素，只需要将主要的、基本的链接组放进 nav 元素即可。例如，在页脚中通常会有一组链接，包括服务条款、首页、版权声明等，这时使用 footer 元素是最恰当的。

一直以来，习惯于使用如 <div id="nav"> 或 <ul id="nav"> 这样的代码来编写页面的导航，在 HTML 5 中，可以直接将导航链接列表放到 <nav> 标签中。

```
<nav>
<ul>
<li><a href="index.html">Home</a></li>
<li><a href="#">About</a></li>
<li><a href="#">Blog</a></li>
</ul>
</nav>
```

“导航”，顾名思义，就是引导的路线，那么具有引导功能的都可以认为是导航。导航可以在页与页之间导航，也可以是页内的段与段之间的导航。

```
<!doctype html>
<html>
<head>
<meta charset="utf-8">
<title>nav 元素 </title>
</head>
<body>
<header>
  <h1> 网站页面之间导航 <h1>
      <nav>
        <ul>
          <li><a href="index.html"> 首页 </a></li>
```

```
            <li><a href="about.html">关于我们</a></li>
            <li><a href="bbs.html">在线论坛</a></li>
        </ul>
        </nav>
    </h1></h1>
    </header>
  </body>
  </html
```

这个实例是页面之间的导航，nav 元素中包含了三个用于导航的超链接，即“首页”“关于我们”和“在线论坛”。该导航可用于全局导航，也可以放在某个段落，作为区域导航。运行代码，在浏览器中浏览效果，如图 8-9 所示。

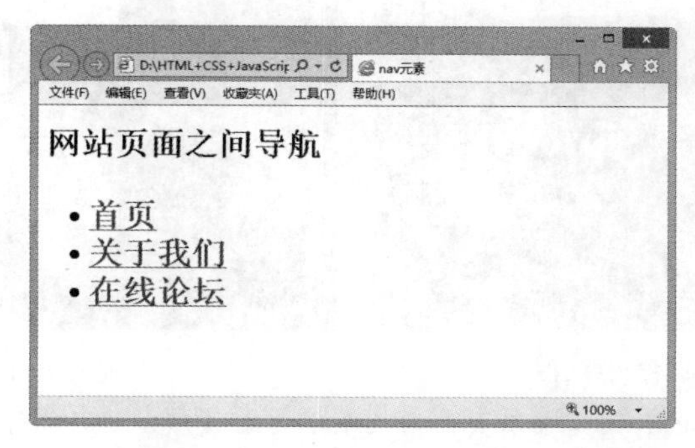

图 8-9　页面之间的导航

下面的实例是页内导航，运行代码，在浏览器中浏览效果，如图 8-10 所示。

```
  <!doctype html>
  <title>段内导航</title>
  <header>
  </header>
  <article>
         <h2>文章的标题</h2>
         <nav>
             <ul>
                <li><a href="#p1">段一</a></li>
                <li><a href="#p2">段二</a></li>
                 <li><a href="#p3">段三</a></li>
              </ul>
          </nav>
          <p id=p1>段一</p>
          <p id=p2>段二</p>
          <p id=p3>段三</p>
  </article>
```

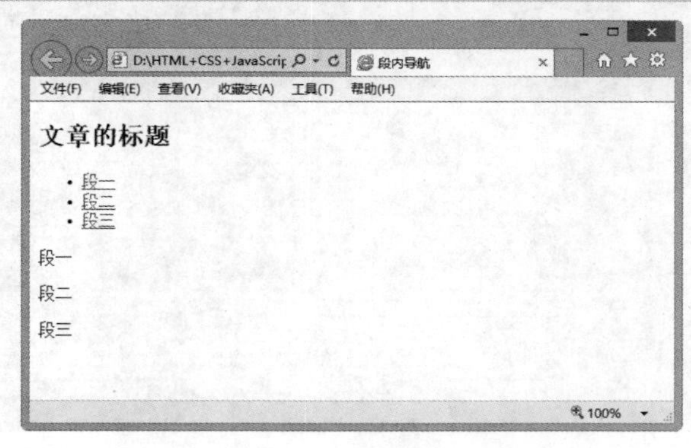

图 8-10　页内导航

nav 元素使用在哪些位置呢？

- 顶部传统导航条：现在主流网站上都有不同层级的导航条，其作用是将当前画面跳转到网站的其他主要页面。如图 8-11 所示为顶部传统网站导航条。
- 侧边导航：现在很多企业网站和购物类网站上都有侧边导航。如图 8-12 所示为左侧导航。

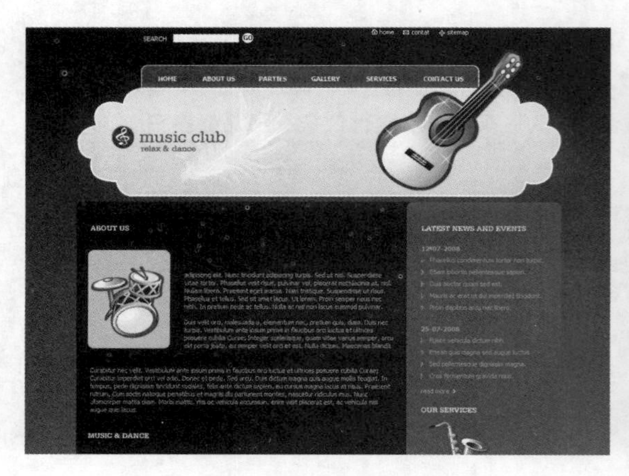

图 8-11　顶部传统网站导航条

图 8-12　左侧导航

- 页内导航：页内导航的作用是在本页面的几个主要组成部分之间进行跳转。如图 8-13 所示为页内导航。

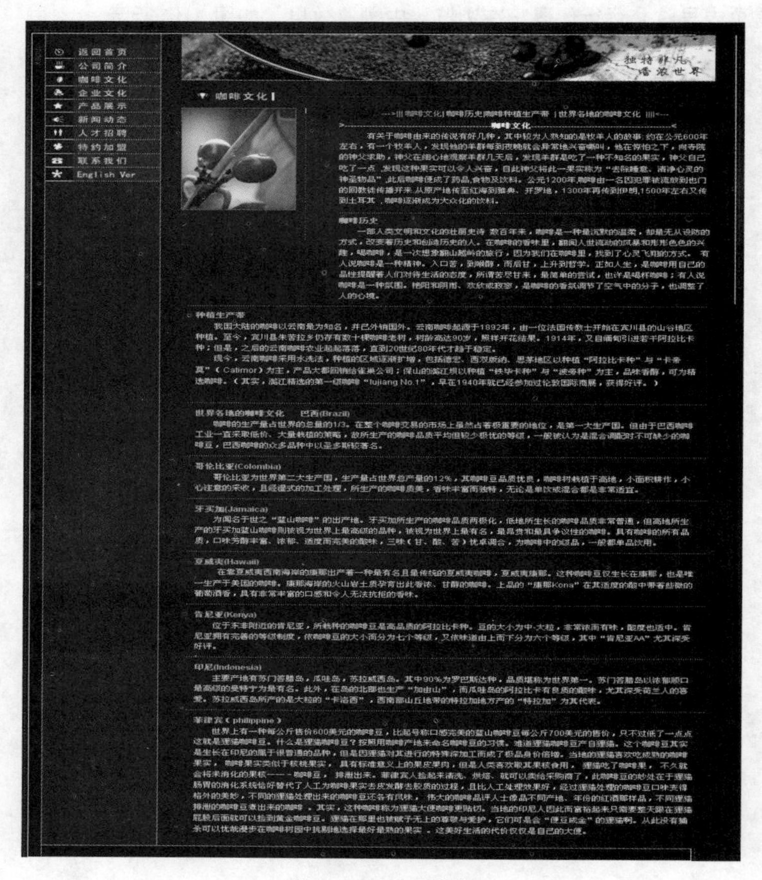

图 8-13　页内导航

在 HTML 5 中不要用 menu 元素代替 nav 元素。过去有很多 Web 应用程序的开发员喜欢用 menu 元素进行导航，menu 元素是用在 Web 应用程序中的。

8.4.4 aside 元素

aside 元素用来表示当前页面或文章的附属信息，它可以包含与当前页面或主要内容相关的引用、侧边栏、广告、导航条，以及其他类似的有别于主要内容的部分。

aside 元素主要有以下两种使用方法。

（1）包含在 article 元素中作为主要内容的附属信息部分，其中的内容可以是与当前文章有关的参考资料、名词解释等。

```
<article>
 <h1>…</h1>
<p>…</p>
<aside>…</aside>
</article>
```

（2）在 article 元素之外使用作为页面或站点全局的附属信息部分。最典型的是侧边栏，其内容可以是友情链接、文章列表、广告单元等。代码如下所示，运行代码，在浏览器中浏览效果，如图 8-14 所示。

```
<aside>
<h2> 新闻资讯 </h2>
<ul>
<li> 企业新闻 </li>
<li> 行业信息 </li>
</ul>
<h2> 经营产品 </h2>
<ul>
<li> 上衣外套 </li>
<li> 时尚裙子 </li>
<li> 裤子鞋帽 </li>
</ul>
</aside>
```

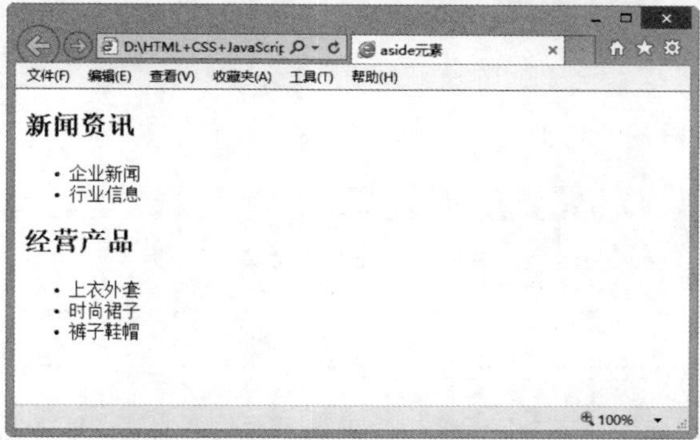

图 8-14　aside 元素实例

8.4.5 time 元素

time 元素用于定义时间或日期。该元素可以代表 24 小时中的某个时刻，在表示时刻时，允许有时间差。在设置时间或日期时，只需将该元素的属性 datetime 设为相应的时间或日期即可。

实例代码：

```
<!doctype html>
```

```
<html>
<head>
<meta charset="utf-8">
<title>time 元素 </title>
</head>
<body>
<p id="p1">
<time datetime="2016-4-10">今天是 2016 年 4 月 10 日 </time>
<p>
<p id="p2">
  <time datetime="2016-4-10T20:00">现在时间是 2016 年 4 月 10 日晚上 8 点 </time>
<p>
<p id="p3">
  <time datetime="2016-12-31">公司最新车型将于今年年底上市 </time>
</p>
<p id="p4">
  <time datetime="2016-4-10" pubdate="true">本消息发布于 2016 年 4 月 10 日 </time>
</p>
</body>
</html>
```

<p> 元素 ID 号为 "p1" 中的 <time> 元素表示的是日期。页面在解析时，获取的是属性 "datetime" 中的值，而标记之间的内容只是用于显示在页面中。

<p> 元素 ID 号为 "p2" 中的 <time> 元素表示的是日期和时间，它们之间使用字母 "T" 分隔。

<p> 元素 ID 号为 "p3" 中的 <time> 元素表示的是将来的时间。

<p> 元素 ID 号为 "p4" 中的 <time> 元素表示的是发布日期。为了在文档中将这两个日期进行区分，在最后一个 <time> 元素中增加了 "pubdate" 属性，表示此日期为发布日期。

运行代码，在浏览器中浏览效果，如图 8-15 所示。

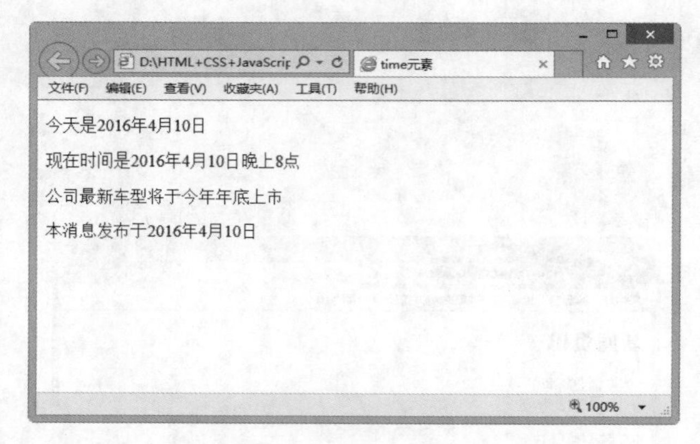

图 8-15　time 元素实例

8.4.6　progress 属性

progress 是 HTML 5 中新增的状态交互元素，用来表示页面中的某个任务完成的进度（进程）。例如下载文件时，文件下载到本地的进度值，可以通过该元素动态展示在页面中，展示的方式既可以使用整数（如 1 ～ 100），也可以使用百分比（如 10% ～ 100%）。

下面通过一个实例介绍 progress 元素在文件下载时的使用。

```
<!DOCTYPE HTML>
<HTML>
<head>
<meta charset="utf-8" />
<title>progress 元素在下载中的使用 </title>
<style type="text/css">
```

```
    body { font-size:13px}
    p {padding:0px; margin:0px }
    .inputbtn {
    border:solid 1px #ccc;
    background-color:#eee;
    line-height:18px;
    font-size:12px
    }
    </style>
    </head>
    <body>
    <p id="pTip">开始下载</p>
    <progress value="0" max="100" id="proDownFile"></progress>
    <input type="button" value="下 载"          class="inputbtn" onClick="Btn_
Click();">
    <script type="text/javascript">
    var intValue = 0;
    var intTimer;
    var objPro = document.getElementById('proDownFile');
    var objTip = document.getElementById('pTip');    //定时事件
    function Interval_handler() {
    intValue++;
    objPro.value = intValue;
    if (intValue >= objPro.max) {  clearInterval(intTimer);
    objTip.innerHTML = "下载完成!"; }
    else {
    objTip.innerHTML = "正在下载" + intValue + "%";
     }
     }   //下载按钮单击事件
    function Btn_Click(){
       intTimer = setInterval(Interval_handler, 100);
       }
       </script>
    </body>
    </HTML>
```

为了使 progress 元素能动态展示下载进度，需要通过 JavaScript 代码编写一个定时事件。在该事件中，累加变量值，并将该值设置为 progress 元素的 value 属性值；当这个属性值大于或等于 progress 元素的 max 属性值时，则停止累加，并显示“下载完成！”的字样；否则，动态显示正在累加的百分比数值，如图 8-16 所示。

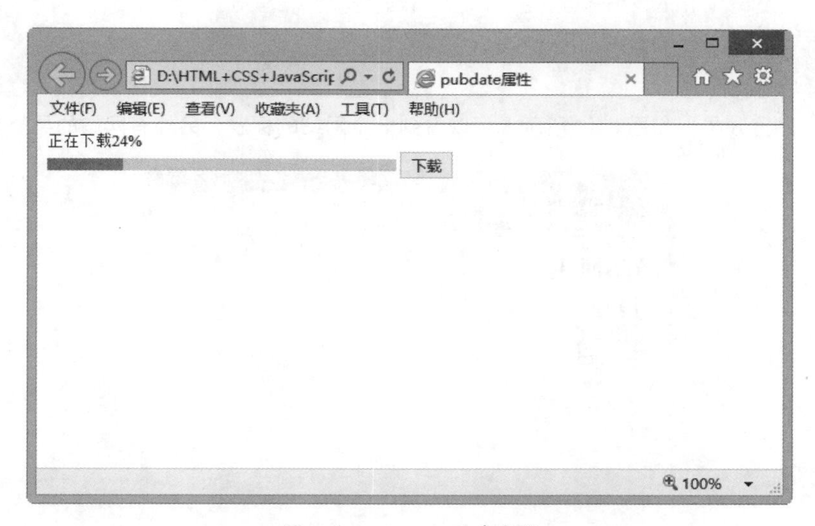

图 8-16　progress 元素实例

8.5 新增的非主体结构元素

除了以上几个主要的结构元素之外，HTML 5 内还增加了一些表示逻辑结构或附加信息的非主体结构元素。

8.5.1 header 元素

header 元素是一种具有引导和导航作用的结构元素，通常用来放置整个页面或页面内的一个内容区块的标题，header 内也可以包含其他内容，例见表格、表单或相关的 Logo 图片。在架构页面时，整个页面的标题常放在页面的开头，header 标签一般都放在页面的顶部。

我们在平常做网站定义网站头部时，如果用 Div 那么就会这样：

```
<div id="header">
  .......
</div>
```

现在来看看 HTML 5 提供的元素 <header>：

```
<header>
    <h1> 风一样的博客 </h1>
</header>
```

在 HTML 5 中，一个 header 元素通常包括至少一个 headering 元素（h1 ～ h6），也可以包括 hgroup、nav 等元素。页眉也可以包含导航，这对全站导航很有用，可以将 <nav> 放在 <header> 中，也可以将 <nav> 放在 <header> 之外。如下所示代码是一个 header 的使用实例，<nav> 就在 <header> 之中。

```
<title>header 元素 </title>
<header>
   <div class="logo">
     <h1>
<a href="index.html"><strong> 清韵博主 </strong></a>
</h1>
     </div>
      <nav>
       <ul>
         <li><a href="index.html"> 主页 </a></li>
         <li><a href="index-1.html" > 谈天说地 </a></li>
         <li><a href="index-2.html"> 色影之家 </a></li>
         <li><a href="index-3.html"> 谈股论金 </a></li>
       </ul>
      </nav>
</header>
```

在浏览器中浏览效果，如图 8-17 所示，可以看到一个网站的标题，另外有网站的导航部分。

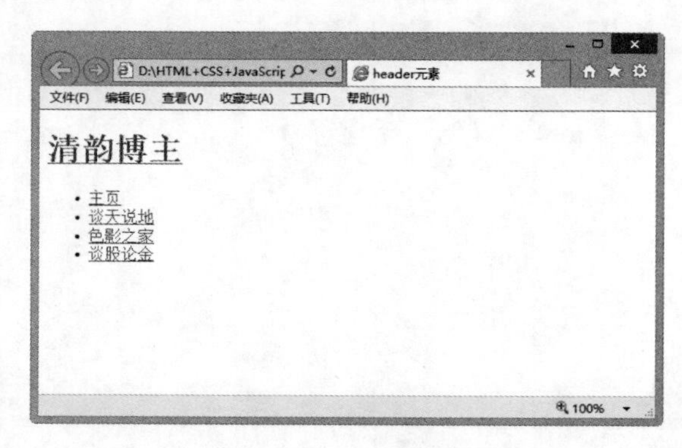

图 8-17　header 使用实例

8.5.2　hgroup 元素

header 元素位于正文开头，可以在这些元素中添加 <h1> 标签，用于显示标题。基本上，<h1> 标签已经足够用于创建文档各部分的标题行。但是，有时候还需要添加副标题或其他信息，以说明网页或各节的内容。

hgroup 元素是将标题及其子标题进行分组的元素。hgroup 元素通常会将 h1 ～ h6 元素进行分组，一个内容区块的标题及其子标题视为一组。

通常，如果文章只有一个主标题，是不需要 hgroup 元素的。但是，如果文章有主标题，主标题下有子标题，就需要使用 hgroup 元素了。如下所示为 hgroup 元素的实例代码，运行代码，在浏览器中浏览效果，如图 8-18 所示。

```
<article>
    <header>
        <hgroup>
            <h1> 十渡旅游景点介绍 </h1>
            <h2> 东湖港景区 </h2>
        </hgroup>
        <p><time datetime="2016-05-20">2016 年 05 月 20 日 </time></p>
    <p> 东湖港风景区位于北京房山世界地质公园十渡园区的十五渡。这里以瀑高、潭多而享有盛名，
素有幽谷叠瀑、檀林氧吧的美誉。景区依傍拒马河畔，设有江南竹筏、水上双轮车、沙滩娱乐、特色烧烤。领
略了东湖港自然天成的妙趣后，游客们可在秀丽的拒马河上荡筏滑艇、嬉水摸鱼，增添了游玩中的乐趣享受酷
暑中的凉意。设有沙滩浴场和沙滩排球，以及情侣小屋是聚会野餐的最佳场所。……</p>
    </header>
</article>
```

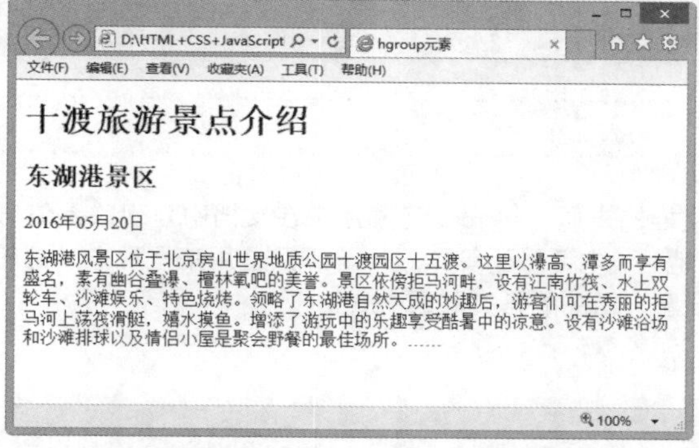

图 8-18　hgroup 元素实例

如果有标题和副标题，或在同一个 <header> 元素中加入多个 H 标题，那么就需要使用 <hgroup> 元素。

8.5.3　footer 元素

页脚 footer 一般包含版权数据、导航信息、备案信息、联系方式等内容。长久以来，我们习惯于使用 <div id="footer"> 这样的代码作为页面的页脚。在 HTML 5 中，可以使用用途更广、扩展性更强的 <footer> 元素了。

在 HTML 4 中我们在定义网站尾部，例如版权等信息时，通常是这样定义的：

```
<div id="footer">
    <ul>
     <li> 版权声明 </li>
    <li> 站点地图 </li>
    <li> 联系我们 </li>
    </ul>
```

```
</div>
```

在 HTML 5 中，可以不使用 div，而用更加语义化的 footer 来写：

```
<footer>
    <ul>
    <li> 版权声明 </li>
    <li> 站点地图 </li>
    <li> 联系我们 </li>
    </ul>
</footer>
```

footer 元素既可以用作页面整体的页脚，也可以作为一个内容区块的结尾，例如可以将 <footer> 直接写在 <section> 或 <article> 中：

```
在 article 元素中添加 footer 元素：
<article>
    文章内容
    <footer>
    文章的脚注
    </footer>
</article>
```

在 section 元素中添加 footer 元素：

```
<section>
    分段内容
    <footer>
        分段内容的脚注
    </footer>
</section>
```

8.5.4 address 元素

address 元素通常位于文档的末尾，address 元素用来在文档中呈现联系信息，包括文档创建者的名字、站点链接、电子邮箱、真实地址、电话号码等。address 不只是用来呈现电子邮箱或真实地址这样的“地址”概念，而应该包括与文档创建人相关的各类联系方式。

下面是 address 元素实例。

```
<!DOCTYPE html>
<html>
<head>
<meta http-equiv="Content-Type" content="text/html; charset=gb2312" />
<title>address 元素实例 </title>
</head>
<body>
<address>
<a href="mailto:example@example.com">webmaster</a><br />
重庆网站建设公司 <br />
xxx 区 xxx 号 <br />
</address>
</body>
</html>
```

浏览器中显示地址的方式与其周围的文档不同，IE、Firefox 和 Safari 浏览器以斜体显示地址，如图 8-19 所示。

还可以把 footer 元素、time 元素与 address 元素结合起来使用，具体代码如下。

```
<footer>
    <div>
```

```
            <address>
               <a title=" 文章作者：王军 ">
               王军 </a>
            </address>
            发表于 <time datetime="2016-05-04">2016 年 05 月 4 日 </time>
        </div>
    </footer>
```

在这个示例中，把文章的作者信息放在了 address 元素中，把文章发表日期放在了 time 元素中，把 address 元素与 time 元素中的总体内容作为脚注信息放在了 footer 元素中，如图 8-20 所示。

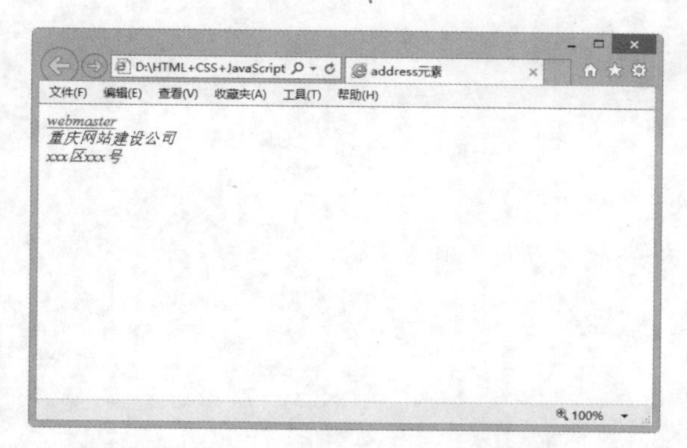

图 8-19　address 元素实例

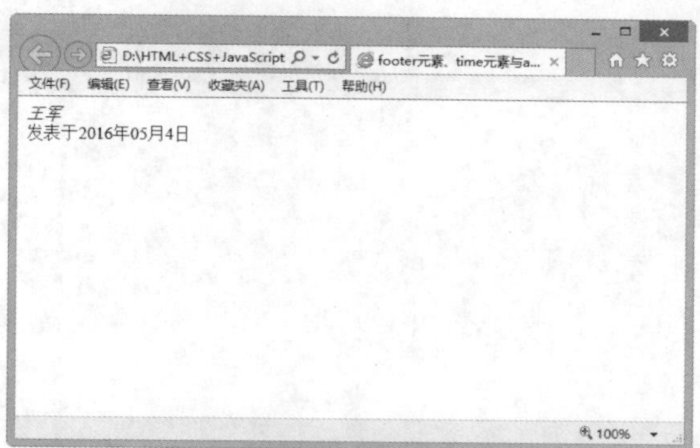

图 8-20　footer 元素、time 元素与 address 元素结合

8.6 本章小结

随着 HTML 5 的迅猛发展，各大浏览器开发公司如 Google、微软、苹果和 Opera 的浏览器开发业务都变得异常繁忙。在这种局势下，学习 HTML 5 无疑成为 Web 开发者的重要任务，谁先学会 HTML 5，谁就掌握了迈向未来 Web 平台的一把金钥匙。

第2篇　CSS篇

第9章

CSS 基础知识

本章导读

CSS是为了简化Web页面的更新工作而诞生的，它使网页变得更加美观，维护更加方便。CSS在网页制作中起着非常重要的作用，对于控制网页中对象的属性、增加页面中内容的样式、精确的布局定位等都发挥了非常重要的作用，是网页设计师必须熟练掌握的内容之一。

技术要点：

- CSS简介
- 在HTML 5中使用CSS的方法
- 使用Dreamweaver设置CSS样式
- 选择器类型
- 编辑和浏览CSS
- 综合实例——为网页添加CSS样式

实例展示

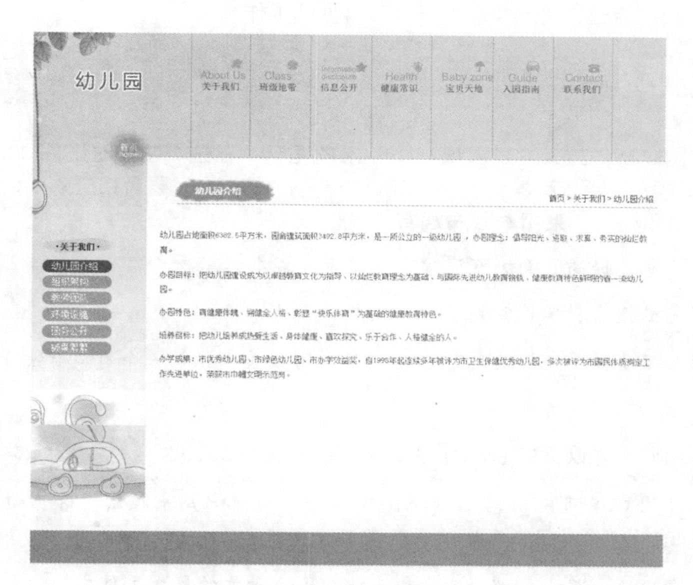

为网页添加 CSS 样式

9.1 CSS 简介

CSS 是 Cascading Style Sheet 的缩写，又称为“层叠样式表”，简称为“样式表”。它是一种制作网页的新技术，现在已经被大多数浏览器所支持，成为网页设计必不可少的工具之一。

9.1.1 CSS 基本概念

网页最初是用 HTML 标记来定义页面文档及格式的，如标题 <hl>、段落 <p>、表格 <table> 等。但这些标记不能满足更多的文档样式的需求。为了解决这个问题，在 1997 年 W3C 颁布 HTML 4 标准的同时也公布了有关样式表的第一个标准 CSS 1，自 CSS 1 的版本之后，又在 1998 年 5 月发布了 CSS 2 版本，样式表得到了更多的充实。使用 CSS 能够简化网页的格式代码，加快下载显示的速度，也减少了需要上传的代码数量，大大减少了重复劳动的工作量。

样式表的首要目的是为网页上的元素精确定位；其次，它把网页上的内容结构和格式控制分离。浏览者想要看的是网页上的内容结构，而为了让浏览者更好地看到这些信息，就要通过使用格式来控制。内容结构和格式控制分离，使网页可以仅由内容构成，而将网页的格式通过 CSS 样式表文件来控制。

CSS 2.1 发布至今已经有 7 年的历史，在这 7 年里，互联网的发展已经发生了翻天覆地的变化。CSS 2.1 有时候难以满足快速提高性能、提升用户体验的 Web 应用需求。CSS 3 标准的出现就是为了增强 CSS 2.1 的功能、减少图片的使用次数，以及提供 HTML 页面上所需的特殊效果。

在 HTML 5 逐渐成为 IT 界最热门话题的同时，CSS 3 也开始慢慢地普及起来。目前，很多浏览器都开始支持 CSS 3 部分特性，特别是基于 Webkit 内核的浏览器，其支持力度非常大。在 Android 和 iOS 等移动平台中，正是由于 Apple 和 Google 两家公司大力推广 HTML 5，以及各自的 Web 浏览器的迅速发展，CSS 3 在移动 Web 浏览器下都能到很好的支持和应用。

CSS 3 作为在 HTML 页面担任页面布局和页面装饰的技术，可以更加有效地对页面布局、字体、颜色、背景或其他动画效果实现精确控制。

目前，CSS 3 是移动 Web 开发的主要技术之一，它在界面修饰方面占有重要的地位。由于移动设备的 Web 浏览器都支持 CSS 3，对于不同浏览器之间的兼容性问题，它们之间的差异非常小。不过对于移动 Web 浏览器的某些 CSS 特性，仍然需要做一些兼容性的工作

9.1.2 CSS 的优点

掌握基于 CSS 的网页布局方式，是实现 Web 标准的基础。在主页制作时采用 CSS 技术，可以有效地对页面的布局、字体、颜色、背景和其他效果实现更加精确的控制。只要对相应的代码做一些简单的修改，就可以改变网页的外观和格式。采用 CSS 布局有以下优点。

- 大大缩减页面代码，提高页面浏览速度，缩减带宽成本。
- 结构清晰，容易被搜索引擎搜索到。
- 缩短改版时间，只要简单地修改几个 CSS 文件就可以重新设计一个有成百上千页面的站点。
- 强大的字体控制和排版能力。
- CSS 非常容易编写，可以像写 HTML 代码一样轻松地编写 CSS。
- 提高易用性。使用 CSS 可以结构化 HTML，如 <p> 标记只用来控制段落、<heading> 标记只用来控制标题、<table> 标记只用来表现格式化的数据等。
- 表现方式和内容分离，将设计部分分离出来放在一个独立的样式文件中。
- 更方便搜索引擎的搜索，用只包含结构化内容的 HTML 代替嵌套的标记，搜索引擎将更有效地搜索到内容。
- table 的布局中，垃圾代码会很多，一些修饰的样式及布局的代码混合一起，很不直观。而 div 更能体现样式和结构分离的效果，结构的重构性强。
- 可以将许多网页的风格格式同时更新，不用再一页一页地更新了。可以将站点上所有的网页风格都使用一个 CSS 文件进行控制，只要修改这个 CSS 文件中相应的行，那么整个站点的所有页面都会随之发生变动。

9.1.3 CSS 功能

CSS 即层叠样式表（Cascading Stylesheet）。在网页制作时采用 CSS 技术，可以有效地对页面的布局、字体、颜色、背景和其他效果实现更加精确的控制。只要对相应的代码做一些简单修改，就可以改变同一页面的不同部分，或者页数不同的网页的外观和格式。CSS 3 是 CSS 技术的升级版本，CSS 3 语言开发是朝着模块化发展的。以前的规范作为一个模块实在是太庞大而且比较复杂，所以，把它分解为一些小的模块，更多新的模块也被加入进来。这些模块包括：盒子模型、列表模块、超链接方式、语言模块、背景和边框、文字特效、多栏布局等。

例如，如图 9-1 和图 9-2 所示的网页分别为使用 CSS 前、后的效果。

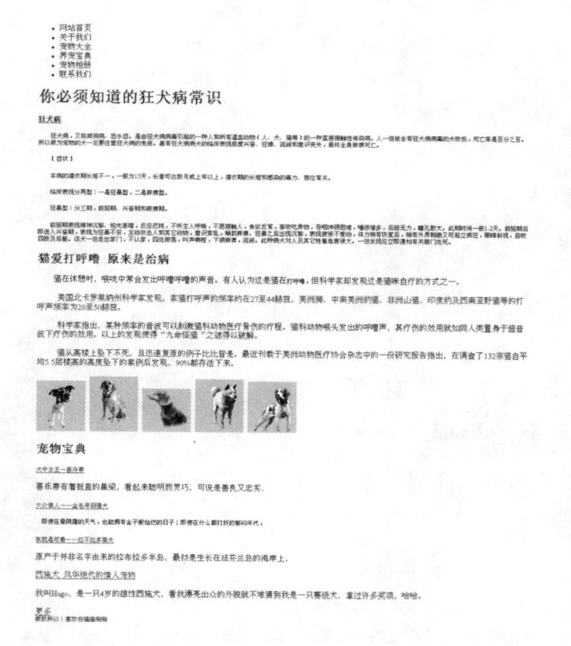

图 9-1　使用 CSS 前

图 9-2　使用 CSS 后

9.1.4　浏览器与 CSS

市场上的浏览器各式各样，绝大多数浏览器对 CSS 都有很好的支持，因此设计者往往不用担心其设计的 CSS 文件不被用户所支持。但目前主要的问题在于，各个浏览器之间对 CSS 很多细节的处理上存在差异，设计者在一种浏览器上设计的 CSS 效果，在其他浏览器上的显示效果很可能不同。就目前主流的两大浏览器 IE 与 Firefox 而言，在某些细节的处理上就不尽相同。IE 本身在不同的版本之间，对相同页面的浏览效果都存在一些差异。

使用 CSS 制作网页，一个基本的要求就是主流的浏览器之间的显示效果要基本一致。通常的做法是一边编写 HTML 和 CSS 代码，一边在两个不同的浏览器上进行预览，及时地调整各个细节，这对深入掌握 CSS 也是很有好处的。

另外 Dreamweaver 的“视图”模式只能作为设计时的参考来使用，绝对不能作为最终显示效果的依据，只有浏览器中的效果才是大家所看到的。

9.1.5　CSS 发展历史

从 1990 年 HTML 被发明开始，样式表就以各种形式出现了，不同的浏览器结合了它们各自的样式语言，读者可以使用这些样式语言来调节网页的显示方式。一开始样式表是给读者用的，最初的 HTML 版本只含有很少的显示属性，读者来决定网页应该怎样被显示。

但随着 HTML 的成长，为了满足设计师的要求，HTML 获得了很多显示功能。随着这些功能的增加，定义样式的语言越来越没有意义了。

CSS 1

1994 年，哈坤·利和伯特·波斯合作设计 CSS。他们在 1994 年首次在芝加哥的一次会议上展示了 CSS 的建议。

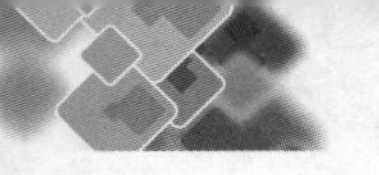

1996 年 12 月发表的 CSS 1 的要求有（W3C 管理 CSS1 要求）：

- 支持字体的大小、字形、强调。
- 支持字的颜色、背景的颜色和其他元素。
- 支持文章特征，如字母、词和行之间的距离。
- 支持文字的排列、图像、表格和其他元素。
- 支持边缘、围框和其他关于排版的元素。
- 支持 id 和 class。

CSS 2−2.1

1998 年 5 月 W3C 发表了 CSS 2（W3C 管理 CSS 2 要求），其中包括新的内容。

- 绝对的、相对的和固定的定比特素、媒体型的概念、双向文件和一个新的字体。
- CSS 2.1 修改了 CSS 2 中的一些错误，删除了其中基本不被支持的内容和增加了一些已有的浏览器的扩展内容。

CSS 3

CSS 3 分成了不同类型，称为 modules。而每个 modules 都有于 CSS2 中额外增加的功能，以及向后兼容性。CSS 3 早于 1999 年已开始制订，直到 2011 年 6 月 7 日。

CSS 4

W3C 于 2011 年 9 月 29 日开始设计 CSS 4。直至现今只有极少数的功能被部分网页浏览器支持。

9.2 在 HTML 5 中使用 CSS 的方法

添加 CSS 有 4 种方法：内嵌样式、行内样式、链接样式和导入样式表，下面分别介绍。

9.2.1 内嵌样式

这种 CSS 一般位于 HTML 文件的头部，即 <head> 与 </head> 标签内，并且以 <style> 开始，以 </style> 结束。内嵌样式允许在它们所应用的 HTML 文档的顶部设置样式，然后在整个 HTML 文件中直接调用该样式，这样定义的样式就应用到页面中了。

基本语法：

```
<style type="text/css">
<!--
选择符 1（样式属性：属性值；样式属性：属性值；…）
选择符 2（样式属性：属性值；样式属性：属性值；…）
选择符 3（样式属性：属性值；样式属性：属性值；…）
…
选择符 n（样式属性：属性值；样式属性：属性值；…）
-->
```

语法说明：

（1）<style> 是用来说明所要定义的样式的，type 属性是指以 CSS 的语法定义的。

（2）<!--… --> 隐藏标记：避免了因浏览器不支持 CSS 而导致错误，加上这些标记后，不支持 CSS 的浏览器会自动跳过此段内容，避免了一些错误。

（3）选择符 1…选择符 n：选择符可以使用 HTML 标记的名称，所有的 HTML 标记都可以作为选择符。

（4）样式属性主要是关于对选择符格式化显示风格的，也是属性名称。

（5）属性值设置是对应属性的值。

下面的实例就是使用 <style> 标记创建的内嵌样式。

```
<head>
<style type="text/css">
<!--
body {
  margin-left: 0px;
  margin-top: 0px;
  margin-right: 0px;
  margin-bottom: 0px;
}
.style1 {
  color: #ffee44;
  font-size: 14px;
}
-->
</style>
</head>
```

9.2.2 行内样式

行内样式是混合在 HTML 标记中使用的，采用这种方法，可以很简单地对某个元素单独定义样式。行内样式的使用是直接在 HTML 标记里添加 style 参数，而 style 参数的内容就是 CSS 的属性和值，在 style 参数后面的引号中的内容相当于在样式表大括号中的内容。

基本语法：

```
<标记 style=" 样式属性：属性值；样式属性：属性值…">
```

语法说明：

（1）标记：HTML 标记，如 body、table、p 等。

（2）标记的 style 定义只能影响标记本身。

（3）style 的多个属性之间用分号分隔。

（4）标记本身定义的 style 优先于其他所有样式定义。

虽然这种方法比较直接，在制作页面的时候需要为很多的标签设置 style 属性，所以会导致 HTML 页面不够纯净，文件体积过大，不利于搜索引擎搜索，从而导致后期维护成本高，因此不推荐使用。

下面是一个行内样式的定义代码。

```
<table style=color:red; margin-right: 120px>
这是个表格
</p>
```

9.2.3 链接外部样式表

链接外部样式表就是在网页中调用已经定义好的样式表，从而实现样式表的应用，它是一个单独的文件，然后在页面中用 <link> 标记链接到这个样式表文件，这个 <link> 标记必须放到页面的 <head> 区内。

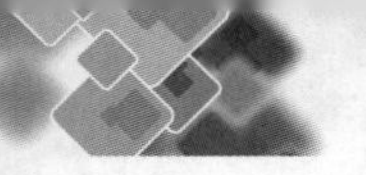

这种方法最适合大型网站的 CSS 样式定义。

基本语法：

```
<link type="text/css" rel="stylesheet"  href="外部样式表的文件名称">
```

语法说明：

（1）链接外部样式表时，不需要使用 style 元素，只需直接用 <link> 标记放在 <head> 标记中即可。

（2）同样，外部样式表的文件名称是要嵌入的样式表文件名称，后缀为 .css。

（3）CSS 文件一定是纯文本格式的。

（4）在修改外部样式表时，引用它的所有外部页面也会自动更新。

（5）外部样式表中的 URL 是相对于样式表文件在服务器上的位置。

（6）外部样式表优先级低于内部样式表。

（7）可以同时链接几个样式表，靠后的样式表优先于靠前的样式表。

提示

外部样式表可以在任何文本编辑器中进行编辑。文件不能包含任何 HTML 标签，样式表以 .css 扩展名保存。

链接方式是使用频率最高、最实用的方式，一个链接样式表文件可以应用于多个页面。当改变这个样式表文件时，所有应用该样式的页面都随之改变。在制作大量相同样式页面的网站时，链接样式表非常有用，不仅减少了重复的工作量，而且有利于以后的修改、编辑，浏览时也减少了下载重复代码。

下面是一个链接外部样式表的实例。

```
<head>
…
<link rel=stylesheet type=text/css href=slstyle.css>
…
</head>
```

上面这个例子表示浏览器从 slstyle.css 文件中以文档格式读出定义的样式表。rel=stylesheet 是指在页面中使用外部的样式表；type=text/css 是指文件的类型是样式表文件；href=slstyle.css 是文件的名称和位置。

这种方式将 HTML 文件和 CSS 文件彻底分成两个或者多个文件，实现了页面框架 HTML 代码与美工 CSS 代码的完全分离，使前期制作和后期维护都十分方便，并且如果要保持页面风格统一，只需要把这些公共的 CSS 文件单独保存为一个文件，其他的页面就可以分别调用自身的 CSS 文件，如果需要改变网站风格，只需要修改公共 CSS 文件就可以了，相当方便。

9.2.4 导入样式

导入外部样式表是指在内部样式表的 <style> 中导入一个外部样式表，导入时用 @import。

基本语法：

```
<style type=text/css>
@import url("外部样式表的文件名称");
</style>
```

语法说明：

（1）import 语句后的“;”一定要加上！

（2）外部样式表的文件名称是要嵌入的样式表文件名称，后缀为 .css。

（3）@import 应该放在 style 元素的任何其他样式规则前面。

下面是一个导入外部样式表的实例。

```
<head>
…
<style type=text/css>
<!—
@import style.css
其他样式表的声明
à
</style>
…
</head>
```

此例中 @import style.css 表示导入 style.css 样式表。注意，使用时外部样式表的路径、方法和链接样式表的方法类似，但导入外部样式表输入方式更有优势。实质上它是相当于存在内部样式表中的。

9.2.5　优先级问题

如果这上面的四种方式中的两种用于同一个页面后，就会出现优先级的问题。

四种样式的优先级别是（从高至低）：行内样式、内嵌样式、链接外部样式、导入样式。

例如，链接外部样式表拥有针对 h3 选择器的三个属性：

```
h3 {
  color:blue;
  text-align:right;
  font-size:10pt;
  }
```

而内嵌样式表拥有针对 h3 选择器的两个属性：

```
h3 {
  text-align:left;
  font-size:20pt;
  }
```

假如拥有内嵌样式表的这个页面同时链接外部样式，那么 h3 得到的样式是：

```
color:blue;
text-align:left;
font-size:20pt;
```

即颜色属性将被继承于外部样式表，而文字排列（text-align）和字体尺寸（font-size）会被内嵌样式表中的样式取代。

9.3　使用 Dreamweaver 设置 CSS 样式

控制网页元素外观的 CSS 样式用来定义字体、颜色、边距和字间距等属性，可以使用 Dreamweaver 来对所有的 CSS 属性进行设置。CSS 属性被分为 9 大类：类型、背景、区块、方框、边框、列表、定位、扩展和过滤，下面分别进行介绍。

9.3.1　设置文本样式

在 Dreamweaver 的 CSS 样式定义对话框左侧的“分类”列表框中选择“类型”选项，在右侧可以设置 CSS 样式的类型参数，如图 9-3 所示。可以改变文本的颜色、文本字号、对齐文本、装饰文本、行高等。

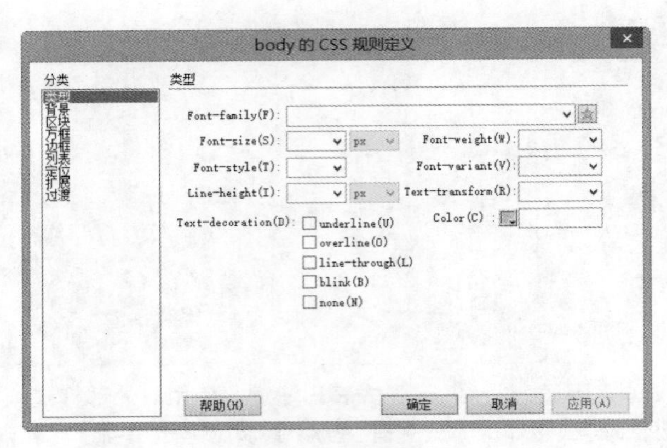

图 9-3　选择“类型”选项

知识要点

在“类型”中的各选项参数如下。

- Font-family：用于设置当前样式所使用的字体。
- Font-size：定义文本大小。可以通过选择数字和度量单位来选择特定的大小，也可以选择相对大小。
- Font-style：将“正常”“斜体”或“偏斜体”指定为字体样式。默认设置是“正常”。
- Line-height：设置文本所在行的高度。该设置传统上称为“前导”。选择“正常”自动计算字体大小的行高，或输入一个确切的值并选择一种度量单位。
- Text-decoration：向文本中添加下画线、上画线或删除线，或使文本闪烁。正常文本的默认设置是“无”。“链接”的默认设置是“下画线”。将“链接”设置为“无”时，可以通过定义一个特殊的类删除链接中的下画线。
- Font-weight：对字体应用特定或相对的粗体量。“正常”等于 400，“粗体”等于 700。
- Font-variant：设置文本的小型大写字母变量。Dreamweaver 不在文档窗口中显示该属性。
- Text-transform：将选定内容中的每个单词的首字母大写或将文本设置为全部大写或小写。
- color：设置文本颜色。

下面是一个简单的设置网页文本颜色的实例，代码如下所示。

```
<!doctype html>
<html>
<head>
<meta charset="utf-8">
<title>设置文本样式</title>
<style type="text/css">
body {
  color:red;
  font-size: 26px;
  font-family: «宋体»;
  font-style: normal;
  font-weight: bolder;
  text-decoration: underline;
}
h1 {color:#00ff00}
p.ex {color:rgb(0,0,255)}
</style>
</head>
<body>
<h1>这是标题 1</h1>
```

```
    <p> 这是一段普通的段落。请注意，该段落的文本是红色的。在 body 选择器中定义了本页面中的默认
文本颜色、字号、字体、样式、下画线。</p>
    <p class="ex"> 该段落定义了 class="ex"。该段落中的文本是蓝色的。</p>
    </body>
    </html>
```

这段代码定义了文本的样式，其 CSS“类型”设置如图 9-4 所示，在浏览器中网页效果如图 9-5 所示。

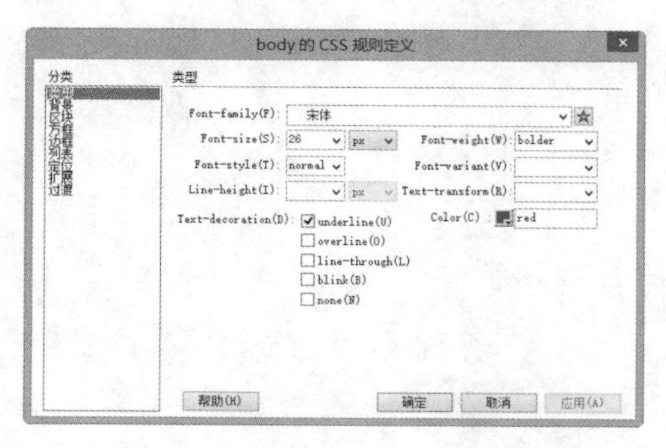

图 9-4 CSS“类型”设置

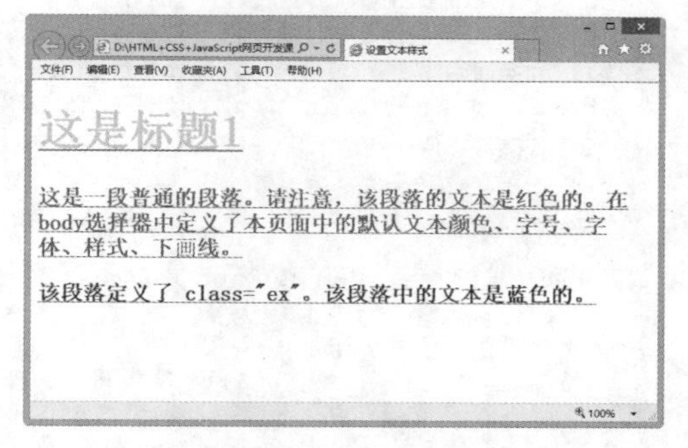

图 9-5 设置 CSS 文本样式实例

9.3.2 设置背景样式

使用“CSS 规则定义”对话框的“背景”类别可以定义 CSS 样式的背景设置。可以对网页中的任何元素应用背景属性，如图 9-6 所示。CSS 允许应用纯色作为背景，也允许使用背景图像创建相当复杂的效果。可以为所有元素设置背景色，这包括 body 一直到 em 和 a 等行内元素。

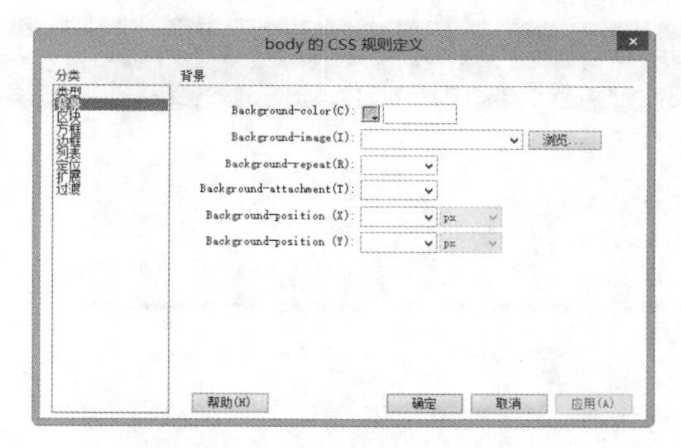

图 9-6 选择“背景”选项

知识要点

在 CSS 的“背景”选项中可以设置以下参数。

- Background-color：设置元素的背景颜色。
- Background-image：设置元素的背景图像。可以直接输入图像的路径和文件，也可以单击“浏览”按钮选择图像文件。
- Background-repeat：确定是否以及如何重复背景图像。包含 4 个选项：“不重复”指在元素开始处显示一次图像；“重复”指在元素的后面水平和垂直平铺图像；“横向重复”和“纵向重复”分别显示图像的水平带区和垂直带区。图像被剪辑以适合元素的边界。
- Background-attachment：确定背景图像是固定在它的原始位置，还是随内容一起滚动的。
- Background-position (X) 和 Background-position (Y)：指定背景图像相对于元素的初始位置，这可以用于将背景图像与页面中心垂直和水平对齐。如果附件属性为“固定”，则位置相对于文档窗口而不是元素。

下面是一个简单的设置网页元素背景颜色的实例，代码如下所示。

```
<html>
<head>
<meta charset="utf-8">
<title>设置背景样式</title>
<style type="text/css">
body {background-color: yellow}
h1 {background-color: #00ff00}
h2 {background-color: transparent}
p {background-color: rgb(250,0,255)}
p.no2 {background-color: gray; padding: 20px;}
</style>
</head>
<body>
<h1>这是标题 1，背景颜色为绿色</h1>
<h2>这是标题 2，背景颜色为整个网页的背景颜色</h2>
<p>这是段落，背景颜色为粉色</p>
<p class="no2">这个段落设置了内边距。背景颜色为灰色。</p>
</body>
</html>
```

这段代码为不同的元素设置了不同的背景颜色，在浏览器中浏览效果，如图 9-7 所示。

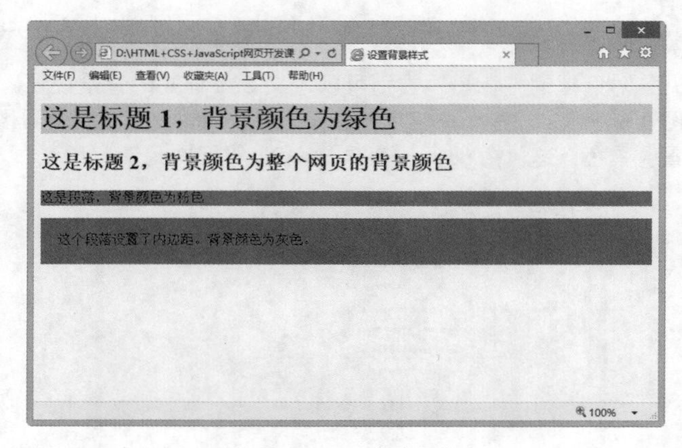

图 9-7 设置背景颜色

9.3.3 设置区块样式

使用“CSS 规则定义”对话框的“区块”类别可以定义标签和属性的间距和对齐设置，在对话框中左侧的“分类”列表中选择“区块”选项，在右侧可以设置相应的 CSS 样式，如图 9-8 所示。

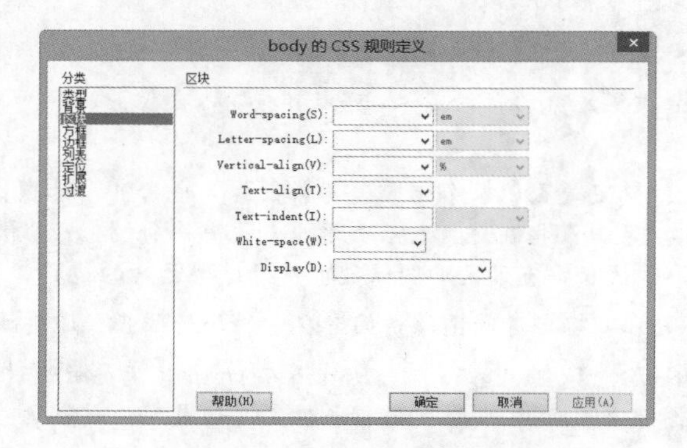

图 9-8 选择“区块”选项

知识要点

在 CSS 的“区块”选项中各参数含义如下。

- Word-spacing 设置单词的间距，若要设置特定的值，在下拉列表中选择“值”，然后输入一个数值，在第二个下拉列表中选择度量单位。
- Letter-spacing：增加或减小字母或字符的间距。若要减少字符间距，指定一个负值，字母间距设置覆盖对齐的文本设置。
- Vertical-align：指定应用它的元素的垂直对齐方式。仅当应用于 <img> 标签时，Dreamweaver 才在文档窗口中显示该属性。
- Text-align：设置元素中的文本对齐方式。
- Text-indent：指定第一行文本缩进的程度。可以使用负值创建凸出效果，但显示效果取决于浏览器。仅当标签应用于块级元素时，Dreamweaver 才在文档窗口中显示该属性。
- White-space：确定如何处理元素中的空白。从下面 3 个选项中选择：“正常”指收缩空白；“保留”的处理方式与文本被括在 <pre> 标签中一样（即保留所有空白，包括空格、制表符和回车）；“不换行”指定仅当遇到
 标签时文本才换行。Dreamweaver 不在文档窗口中显示该属性。
- Display：指定是否以及如何显示元素。

下面是一个增加段落中单词间的距离的实例，代码如下所示。

```
<!doctype html>
<html>
<head>
<meta charset="utf-8">
<title> 设置区块样式 </title>
<style type="text/css">
p.spd {word-spacing: 40px;}
p.tht {word-spacing: 0em;}
</style>
</head>
<body>
<p class="spd">We are too busy growing up yet we forget that they are already growing old.</p>
<p class="tht">We are too busy growing up yet we forget that they are already growing old.</p>
</body>
</html>
```

这段代码设置了不同的单词间的距离，在浏览器中浏览效果，如图 9-9 所示。

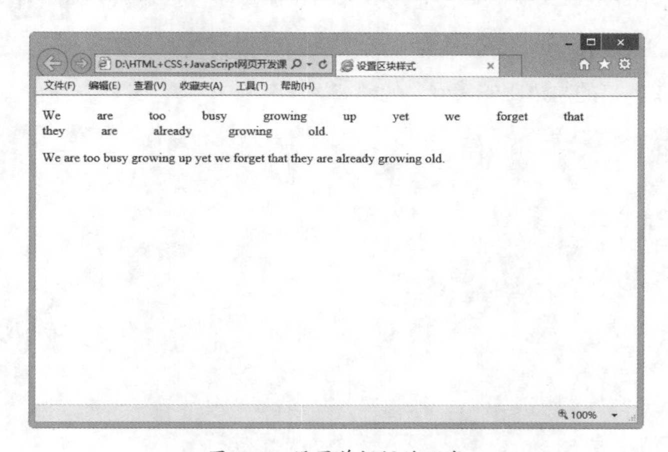

图 9-9　设置单词间的距离

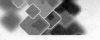

9.3.4 设置方框样式

使用“CSS 规则定义”对话框的“方框”类别可以为用于控制元素在页面上的放置方式的标签和属性定义设置。可以在应用填充和边距设置时将设置应用于元素的各个边，也可以使用“全部相同”设置将相同的设置应用于元素的所有边。

CSS 的“方框”类别可以为控制元素在页面上的放置方式的标签和属性定义设置，如图 9-10 所示。

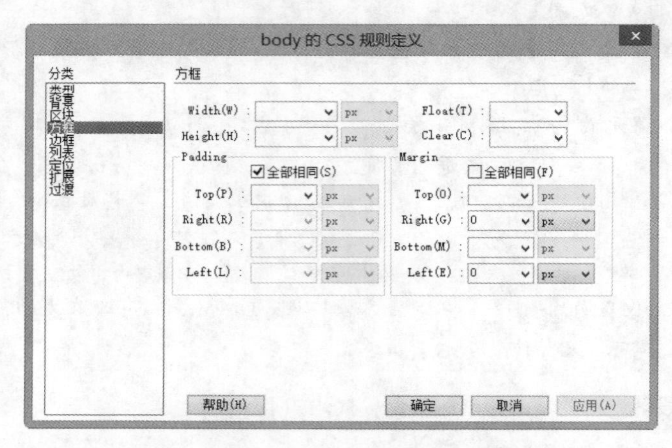

图 9-10 选择“方框”选项

知识要点

在 CSS 的“方框”中各选项参数的含义如下。

- Width 和 Height：设置元素的宽度和高度。
- Float：设置其他元素在哪个边围绕元素浮动。其他元素按通常的方式环绕在浮动元素的周围。
- Clear：定义不允许 AP Div 的边。如果清除边上出现 AP Div，则带清除设置的元素将移到该 AP Div 的下方。
- Padding：指定元素内容与元素边框（如果没有边框，则为边距）之间的间距，也叫“内边距”。取消选择“全部相同”选项可设置元素各个边的填充；“全部相同”将相同的填充属性应用于元素的 Top、Right、Bottom 和 Left 侧。
- Margin：指定一个元素的边框（如果没有边框，则为填充）与另一个元素之间的间距，也叫“外边距”。仅当应用于块级元素（段落、标题和列表等）时，Dreamweaver 才在文档窗口中显示该属性。取消选择“全部相同”可设置元素各个边的边距；“全部相同”将相同的边距属性应用于元素的 Top、Right、Bottom 和 Left 侧。

下面是一个设置单元格的内边距的实例，代码如下。

```
<!doctype html>
<html>
<head>
<title> 设置方框样式 </title>
<style type="text/css">
td.t1 {padding: 2cm}
td.t2 {padding: 0.5cm 2cm}
</style>
</head>
<body>
<table border="1">
<tr>
<td class="t1">
```

```
这个表格单元的每个边拥有相等的内边距。
</td>
</tr>
</table>
<br/>
<table border="1">
<tr>
<td class="t2">
这个表格单元的上和下内边距是 0.5cm，左和右内边距是 3cm。
</td>
</tr>
</table>
</body>
</html>
```

这段代码使用 padding 设置了不同表格单元的内边距，在浏览器中浏览效果，如图 9-11 所示。

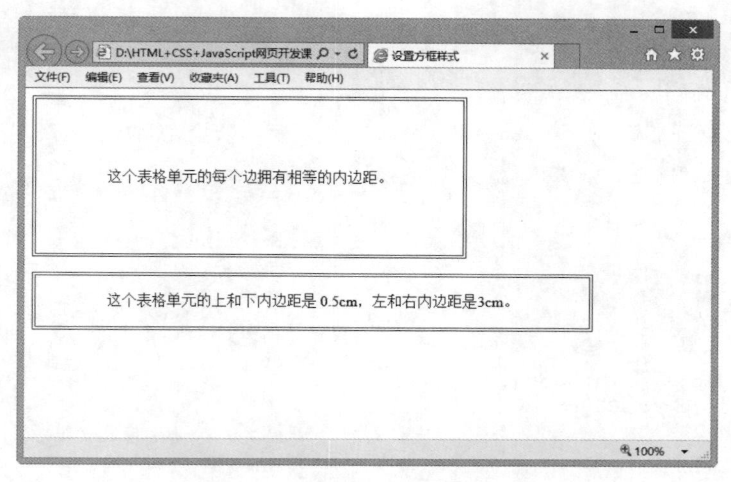

图 9-11　内边距

9.3.5　设置边框样式

在 HTML 中，使用表格来创建文本周围的边框，但是通过使用 CSS 边框属性，可以创建出效果出色的边框，并且可以应用于任何元素。CSS 的“边框”类别可以定义元素周围边框的设置，如图 9-12 所示。

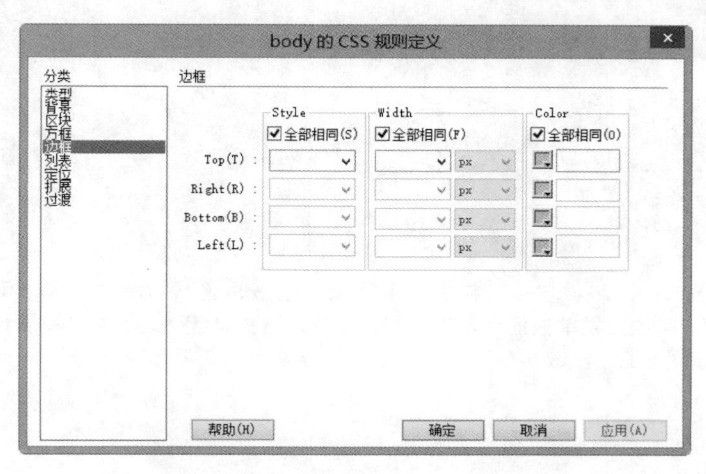

图 9-12　选择“边框”选项

知识要点

在 CSS 的“边框”中各选项参数的含义如下。

- Style：设置边框的样式外观。样式的显示方式取决于浏览器。Dreamweaver 在文档窗口中将所有样式呈现为实线。取消选择“全部相同”可设置元素各个边的边框样式；“全部相同”将相同的边框样式属性应用于元素的 Top、Right、Bottom 和 Left 侧。
- Width：设置元素边框的粗细。取消选择“全部相同”可设置元素各个边的边框宽度；“全部相同”将相同的边框宽度应用于元素的 Top、Right、Bottom 和 Left 侧。
- Color：设置边框的颜色。可以分别设置每个边的颜色。取消选择“全部相同”可设置元素各个边的边框颜色；“全部相同”将相同的边框颜色应用于元素的 Top、Right、Bottom 和 Left 侧。

下面是一个设置四个边框颜色的实例，代码如下。

```
<!doctype html>
<html>
<head>
<meta charset="utf-8">
<title> 设置边框样式 </title>
<head>
<style type="text/css">
p.one
{
border-style: solid; border-width: thin;
border-color: #0000ff
}
p.two
{
border-style: solid; border-width: thick;
border-color: #ff0000 #0000ff
}
p.three
{
border-style: solid; border-width: thin;
border-color: #ff0000 #00ff00 #0000ff
}
p.four
{
border-style: solid;
border-color: #ff0000 #00ff00 #0000ff rgb(250,0,255)
}
</style>
</head>
<body>
<p class="one"> 第一个边框颜色和粗细 !</p>
<p class="two"> 第二个边框颜色和粗细 !</p>
<p class="three"> 第三个边框颜色和粗细 !</p>
<p class="four"> 第四个边框颜色 !</p>
</body>
</html>
```

这段代码使用 border-style 设置边框样式，使用 border-width 设置边框粗细，使用 border-color 设置边框颜色。border-width 属性如果单独使用是不会起作用的。首先使用 "border-style" 属性来设置边框。在浏览器中浏览效果，如图 9-13 所示。

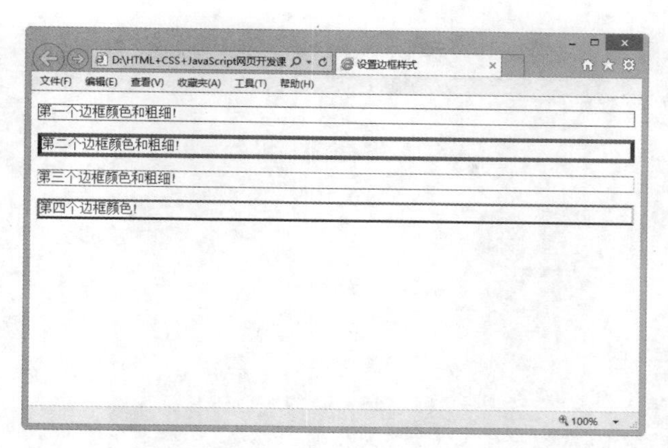

图 9-13 设置边框样式

9.3.6 设置列表样式

CSS 的“列表”类别为列表标签定义列表设置，如图 9-14 所示。

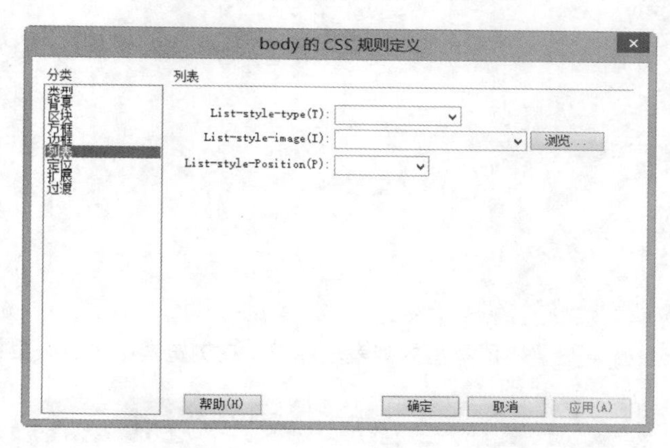

图 9-14 选择“列表”选项

知识要点

在 CSS 的“列表”中各选项参数的含义如下。

- List-style-type：设置项目符号或编号的外观。
- List-style-image：可以为项目符号指定自定义图像。单击“浏览”按钮选择图像，或输入图像的路径。
- List-style-position：设置列表项文本是否换行和缩进（外部），以及文本是否换行到左边距（内部）。

下面是一个在有序列表中不同类型的列表项标记的实例，代码如下。

```
<!doctype html>
<html>
<head>
<meta charset="utf-8">
<title> 设置列表样式 </title>
<head>
<style type="text/css">
ol.decimal {list-style-type: decimal}
ol.lroman {list-style-type: lower-roman}
```

```
ol.uroman {list-style-type: upper-roman}
ol.lalpha {list-style-type: lower-alpha}
ol.ualpha {list-style-type: upper-alpha}
</style>
</head>
<body>
<ol class="decimal">
<li>美国</li>
<li>中国</li>
<li>俄罗斯</li>
</ol>
<ol class="lroman">
<li>美国</li>
<li>中国</li>
<li>俄罗斯</li>
</ol>
<ol class="uroman">
<li>美国</li>
<li>中国</li>
<li>俄罗斯</li>
</ol>
<ol class="lalpha">
<li>美国</li>
<li>中国</li>
<li>俄罗斯</li>
</ol>
<ol class="ualpha">
<li>美国</li>
<li>中国</li>
<li>俄罗斯</li>
</ol>
</body>
</html>
```

这段代码使用 list-style-type 设置不同类型的列表项标记，在浏览器中浏览效果，如图 9-15 所示。

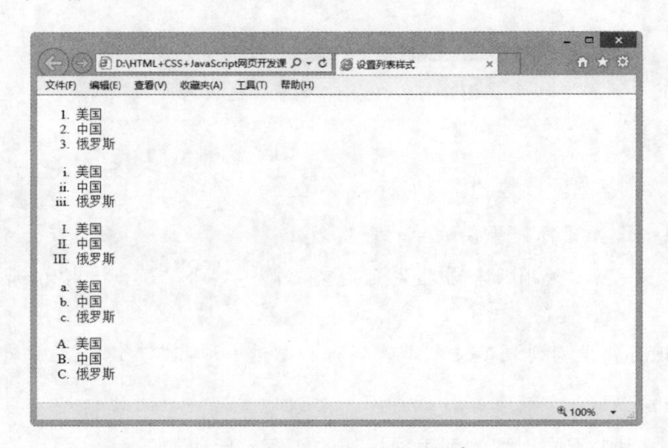

图 9-15　设置不同类型的列表项

9.3.7　设置定位样式

定位属性控制网页所显示的整个元素的位置。例如，如果一个 <Div> 元素既包含文本又包含图片，则可用 CSS 文本属性控制 <<Div> 元素中字母和段落间隔；同时，可用 CSS 定位属性控制整个 <<Div> 元素的位置，包括图片。可将元素放置在网页中的绝对位置处，也可相对于其他元素放置，还可控制元素的高度和宽度，并设置它的 Z 索引，使其显示在其他元素的前面或后面，如图 9-16 所示。

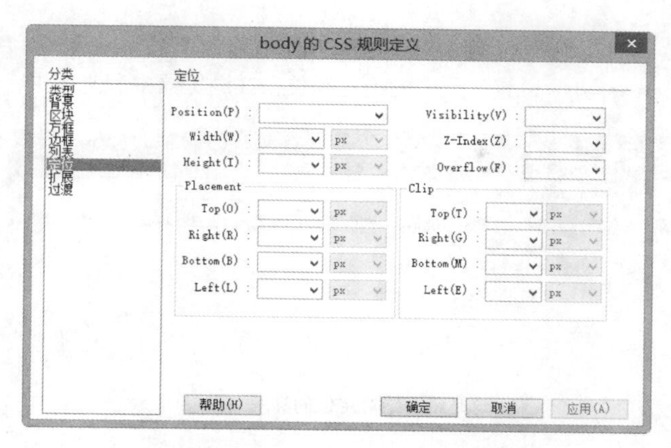

图 9-16　选择“定位”选项

知识要点

在 CSS 的“定位”选项中各参数含义如下。

- Position：在 CSS 布局中，Position 发挥着非常重要的作用，很多容器的定位都是用 Position 来完成的。Position 属性有 4 个可选值，它们分别是 Static、Absolute、Fixed 和 Relative。
  - Static：该属性值是所有元素定位的默认情况，在一般情况下，不需要特别去声明它，但有时候遇到继承的情况，我们不愿意见到元素所继承的属性影响本身，因而可以用 position:static 取消继承，即还原元素定位的默认值。
  - Absolute：能够很准确地将元素移动到想要的位置，绝对定位元素的位置。
  - Fixed：相对于窗口的固定定位。
  - Relative：相对定位是相对于元素默认的位置的定位。
- Visibility：如果不指定可见性属性，则默认情况下大多数浏览器都会继承父级的值。
- Placement：指定 AP Div 的位置和大小。
- Clip：定义 AP Div 的可见部分。如果指定了剪辑区域，可以通过脚本语言访问它，并操作属性以创建像擦除这样的特殊效果。通过使用“改变属性”行为可以设置这些擦除效果。

下面是一个使用绝对值来对元素进行定位的实例，代码如下。

```
<!doctype html>
<html>
<head>
<meta charset="utf-8">
<title> 设置绝对定位 </title>
<style type="text/css">
h2.abs
{
position:absolute;
left:200px;
top:200px
}
</style>
</head>
<body>
<h2 class="abs"> 这是带有绝对定位的标题 </h2>
<p> 通过绝对定位，元素可以放置到页面上的任何位置。下面的标题距离页面左侧 200px，距离页面顶
部 200px。</p>
</body>
```

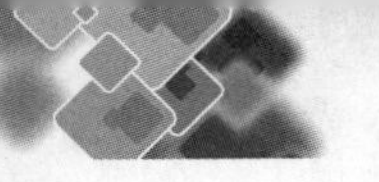

```
</html>
```

这段代码使用 position:absolute 设置了元素的绝对定位，在浏览器中浏览效果，如图 9-17 所示。

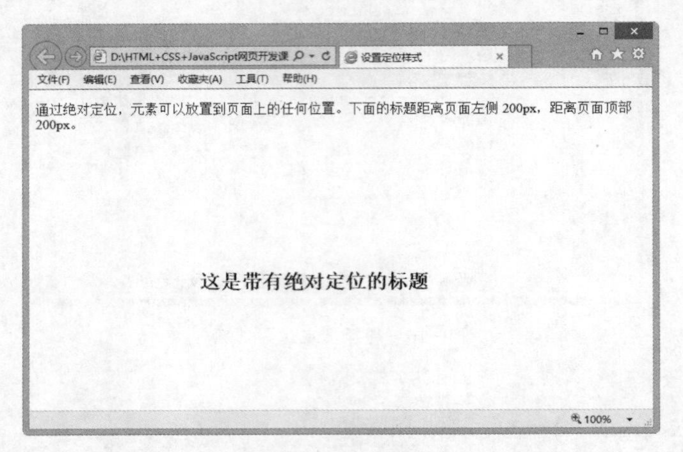

图 9-17 设置绝对定位

9.3.8 设置扩展样式

“扩展”样式属性包含分页和视觉效果两部分，如图 9-18 所示。

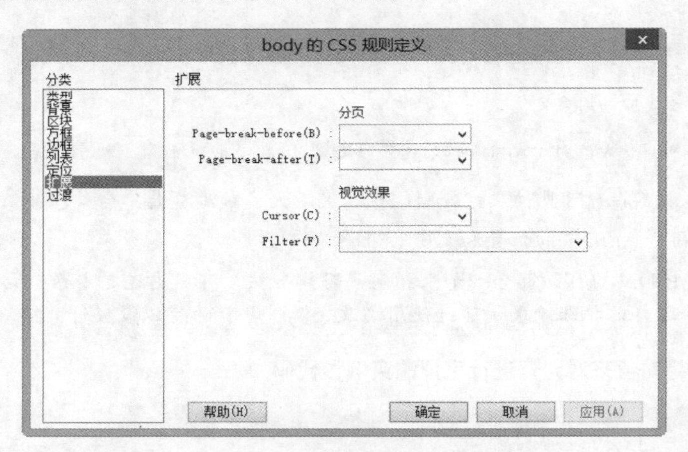

图 9-18 选择“扩展”选项

知识要点

- Page-break-before：这个属性的作用是为打印的页面设置分页符。
- Page-break-after：检索或设置对象后出现的页分割符。
- Cursor：指针位于样式所控制的对象上时，改变指针图像。
- Filter：对样式所控制的对象应用特殊滤镜效果。

9.3.9 过渡样式的定义

在过去的几年中，大多数都是使用 JavaScript 来实现过渡效果。使用 CSS 可以实现同样的过渡效果。“过渡”样式属性如图 9-19 所示。过渡效果最明显的表现就是当用户把光标悬停在某个元素上时高亮它们，如链接、表格、表单域、按钮等。过渡可以给页面增加一种非常平滑的外观。

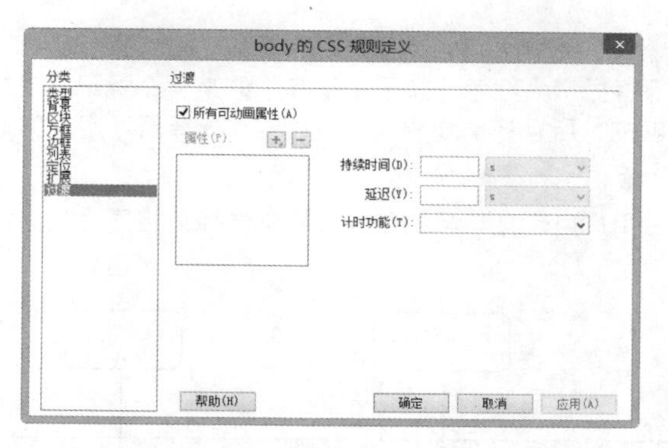

图 9-19 选择“过渡”选项

9.4 选择器类型

选择器（selector）是 CSS 中很重要的概念，所有 HTML 语言中的标签都是通过不同的 CSS 选择器进行控制的。用户只需要通过选择器对不同的HTML 标签进行控制，并赋予各种样式声明，即可实现各种效果。在CSS 中，有各种不同类型的选择器，基本选择器有标签选择器、类选择器和 ID 选择器 3 种，下面详细介绍。

9.4.1 标签选择器

一个完整的 HTML 页面是由很多不同的标签组成的。标签选择器是直接将 HTML 标签作为选择器，可以是 p、h1、dl、strong 等 HTML 标签。例如 p 选择器，下面就是用于声明页面中所有 <p> 标签的样式风格。

```
p{
font-size:14px;
color:093;
}
```

以上这段代码声明了页面中所有的p 标签，文字大小均是 14px，颜色为 #093（绿色），这在后期维护中，如果想改变整个网站中 p 标签文字的颜色，只需要修改 color 属性就可以了，就这么容易！

每个 CSS 选择器都包含了选择器本身、属性和值，其中属性和值可以设置多个，从而实现对同一个标签声明多种样式风格，如图 9-20 所示。

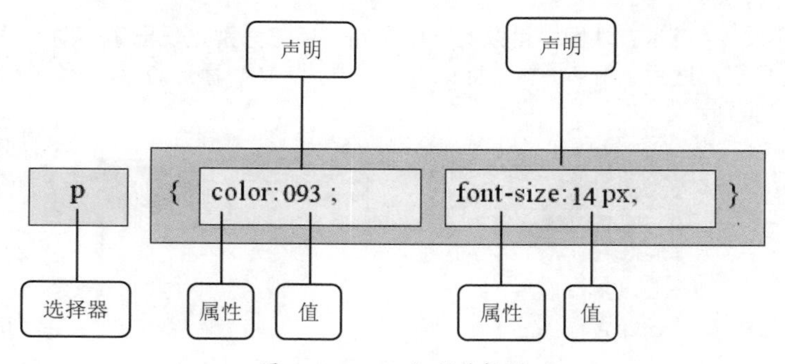

图 9-20 CSS 标签选择器

9.4.2 类选择器

类选择器能够把相同的元素分类定义成不同的样式，对 XHTML 标签均可以使用 class= 的形式对类进行名称指派。定义类型选择器时，在自定义类的名称前面要加一个“.”号。

标记选择器一旦声明，则页面中所有的该标记都会相应地发生变化，如声明了 <p> 标记为红色时，则页面中所有的 <p> 标记都将显示为红色，如果希望其中的某一个标记不是红色的，而是蓝色的，则仅依靠标记选择器是远远不够的，所以还需要引入类（class）选择器。定义类选择器时，在自定义类的名称前面要加一个 “.” 号。

类选择器的名称可以由用户自定义，属性和值与标记选择器相同，也必须符合 CSS 规范，如图 9-21 所示。

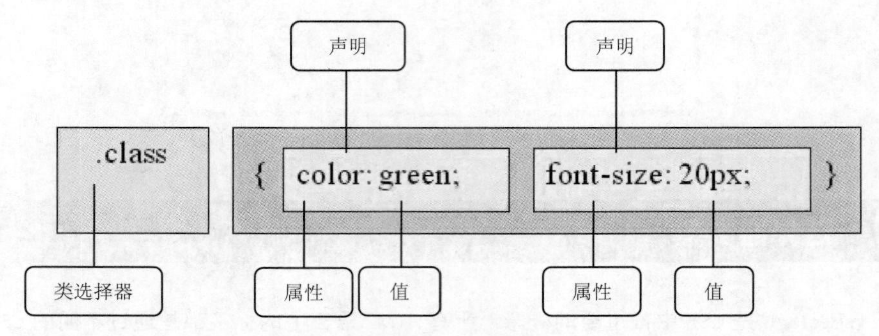

图 9-21　CSS 类选择器

例如，当页面同时出现 3 个 <p> 标签时，如果想让它们的颜色各不相同，就可以通过设置不同的 class 选择器来实现。一个完整的案例如下所示：

```
<!doctype html>
<html>
<head>
<meta charset="utf-8">
<title>类选择器</title>
<style type="text/css">
.red{ color:red; font-size:18px;}
.green{ color:green; font-size:20px;}
</style>
</head>
<body>
<p class="red">class 选择器 1</p>
<p class="green">class 选择器 2</p>
<h3 class="green">h3 同样适用</h3>
</body>
</html>
```

其显示效果如图 9-22 所示。从图中可以看到两个 <p> 标记分别呈现出了不同的颜色和字体大小，而且任何一个 class 选择器都适用于所有 HTML 标记，只需要用 HTML 标记的 class 属性声明即可，例如 <H3> 标记同样适用 .green 类别。

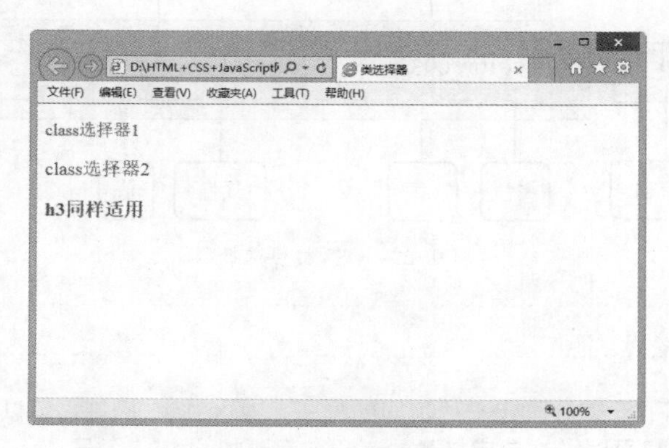

图 9-22　类选择器实例

在上面的例子中仔细观察还会发现，最后一行 <H3> 标记显示效果为粗字，这是因为在没有定义字体的粗细属性的情况下，浏览器采用默认的显示方式，<p> 默认为正常粗细，<H3> 默认为粗字体。

9.4.3　ID 选择器

在 HTML 页面中 ID 参数指定了某一个元素，ID 选择器用来对这个单一元素定义单独的样式。对于一个网页而言，其中的每个标签均可以使用"id=　　"的形式对 ID 属性进行名称的指派。ID 可以理解为一个标识，每个标识只能用一次。在定义 ID 选择器时，要在 ID 名称前加上“#”号。

ID 选择器的使用方法与 class 选择器基本相同，不同之处在于 ID 选择器只能在 HTML 页面中使用一次，因此其针对性更强。在 HTML 的标记中只需要利用 ID 属性，就可以直接调用 CSS 中的 ID 选择器，其格式如图 9-23 所示。

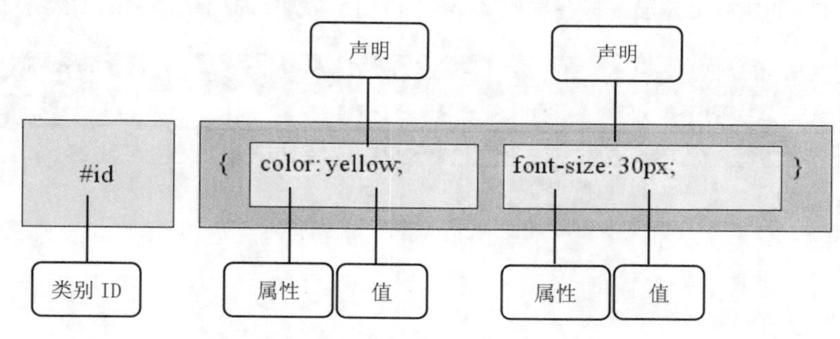

图 9-23　ID 选择器

类选择器和 ID 选择器一般情况下是区分大小写的，这取决于文档的语言。HTML 和 XHTML 将类和 ID 值定义为区分大小写，所以类和 ID 值的大小写必须与文档中的相应值匹配。

提示

类选择器与 ID 选择器区别？

区别 1：只能在文档中使用一次

与类不同，在一个 HTML 文档中，ID 选择器会使用一次，而且仅一次。

区别 2：不能使用 ID 词列表

不同于类选择器，ID 选择器不能结合使用，因为 ID 属性不允许有以空格分隔的词列表。

区别 3：ID 能包含更多含义

类似于类选择器，可以独立于元素来选择 ID。

下面举一个实际的案例，其代码如下。

```
<!doctype html>
<html>
<head>
<meta charset="utf-8">
<title> 选择器 </title>
<style type="text/css">
<!--
#one{
  font-weight:bold;              /* 粗体 */
}
#two{
  font-size:30px;                /* 字体大小 */
  color:#009900;                 /* 颜色 */
}
```

```
    -->
    </style>
       </head>
    <body>
      <p id=»one»>ID 选择器 1</p>
      <p id=»two»>ID 选择器 2</p>
      <p id=»two»>ID 选择器 3</p>
      <p id=»one two»>ID 选择器 3</p>
    </body>
    </html>
```

显示效果如图 9-24 所示，第 2 行与第 3 行都显示的是 CSS 方案。可以看出，在很多浏览器下，ID 选择器可以用于多个标记，即每个标记定义的 ID 不只是 CSS 可调用，JavaScript 等其他脚本语言同样也可以调用。因为这个特性，所以不要将 ID 选择器用于多个标记，否则会出现出乎意料的错误。如果一个 HTML 中有两个相同的 ID 标记，那么将会导致 JavaScript 在查找 ID 时出错，例如函数 getElementById()。

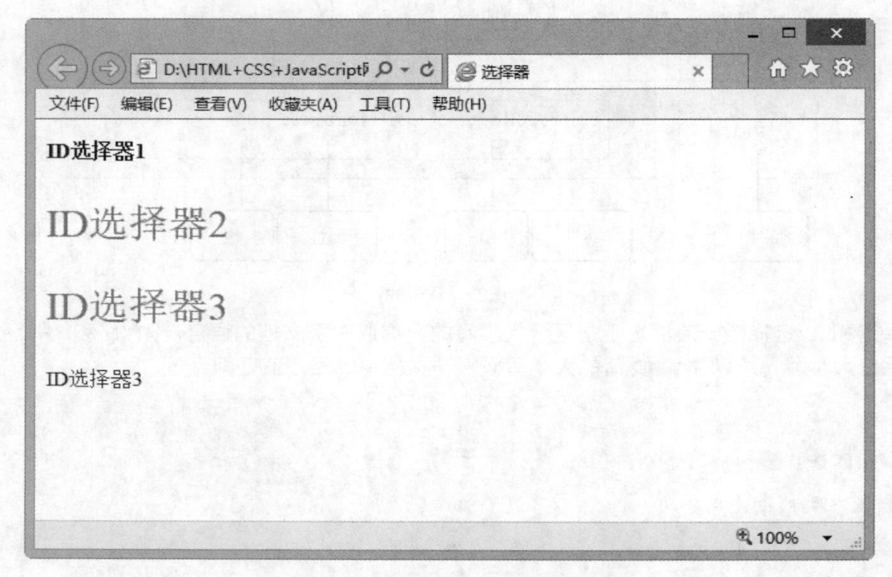

图 9-24　ID 选择器实例

正因为 JavaScript 等脚本语言也能调用 HTML 中设置的 ID，所以 ID 选择器一直被广泛使用。网站建设者在编写 CSS 代码时，应该养成良好的编写习惯，一个 ID 只能赋予一个 HTML 标记。

另外从图 9-24 中可以看出，最后一行没有任何 CSS 样式风格显示，这意味着 ID 选择器不支持像 class 选择器那样的多风格同时使用，类似 id="one two" 这样的写法是完全错误的。

9.5 编辑和浏览 CSS

CSS 的文件与 HTML 文件相同，都是纯文本文件，因此一般的文字处理软件都可以对 CSS 进行编辑。记事本和 Dreamweaver 等最常用的文本编辑工具对 CSS 的初学者都很有帮助。

9.5.1 手工编写 CSS

CSS 是内嵌在 HTML 文档内的。所以，编写 CSS 的方法和编写 HTML 文档的方法相同。可以用任何一种文本编辑工具来编写 CSS。如 Windows 下的记事本和写字板可以用来编辑 CSS 文档，如图 9-25 所示为在记事本中手工编写 CSS。

style - 记事本

文件(F)　编辑(E)　格式(O)　查看(V)　帮助(H)

```
html {
        -ms-overflow-x: hidden;
}
body {
        background: url("images/bg.jpg"); font: 12px/150%
Verdana, Arial, Tahoma; margin: 0px; padding: 0px; color:
rgb(204, 255, 204); font-size-adjust: none; font-stretch:
normal; -webkit-text-size-adjust: none;
}
div {
        margin: 0px auto; padding: 0px;
}
h1 {
        margin: 0px; padding: 0px; border: currentColor;
border-image: none; list-style-type: none;
}
h2 {
        margin: 0px; padding: 0px; border: currentColor;
border-image: none; list-style-type: none;
}
```

第 1 行，第 1 列

图 9-25　在记事本中手工编写 CSS

9.5.2　Dreamweaver 编写 CSS

Dreamweaver CC 提供了对 CSS 的全面支持，在 Dreamweaver 中可以方便地创建和应用 CSS 样式表、设置样式表属性。

要在 Dreamweaver 中添加 CSS 语法，先在 Dreamweaver 的主界面中，将编辑界面切换成“拆分”视图，使用“拆分”视图能同时查看代码和设计效果。编辑语法在“代码”视图中进行。

Dreamweaver 这款专业的网页设计软件在代码模式下对 HMTL、CSS 和 JavaScript 等代码有着非常好的语法着色以及语法提示功能，对 CSS 的学习很有帮助。

在 Dreamweaver 编辑器中，对于 CSS 代码，在默认情况下都采用粉红色进行语法着色，而 HTML 代码中的标记则是蓝色的，正文内容在默认情况下为黑色。而且对于每行代码，前面都有行号进行标记，方便对代码的整体规划。

无论是 CSS 代码还是 HTML 代码都有很好的语法提示。在编写具体 CSS 代码时，按 Enter 键或空格键都可以触发语法提示。例如，当光标移动到 width: 689px; 一句的末尾时，按空格键或者 Enter 键，都可以触发语法提示功能，如图 9-26 所示，Dreamweaver 会列出所有可以供选择的 CSS 样式属性，方便设计者快速进行选择，从而提高工作效率。

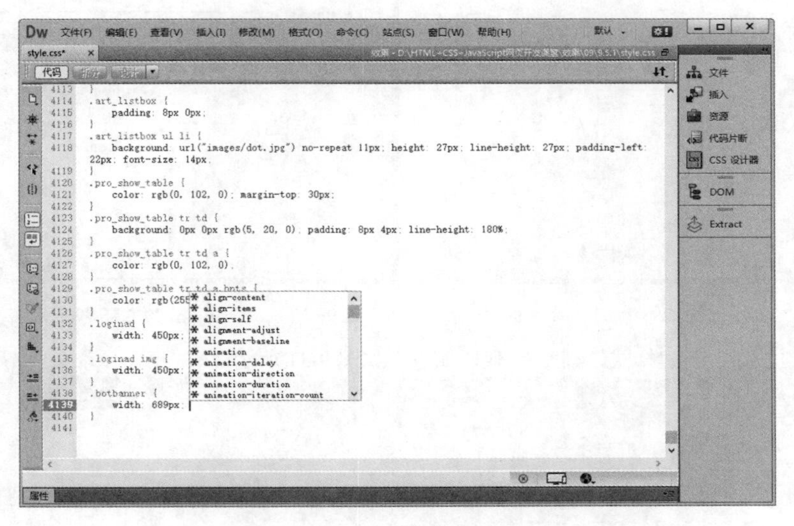

图 9-26　代码提示

9.6 综合实例——为网页添加 CSS 样式

下面通过具体实例来讲述对网页添加 CSS 样式的方法，具体操作步骤如下。

01 打开网页文档，如图 9-27 所示。

02 选中应用 CSS 样式的文本，单击鼠标右键，在弹出的菜单中选择“新建”选项，如图 9-28 所示。

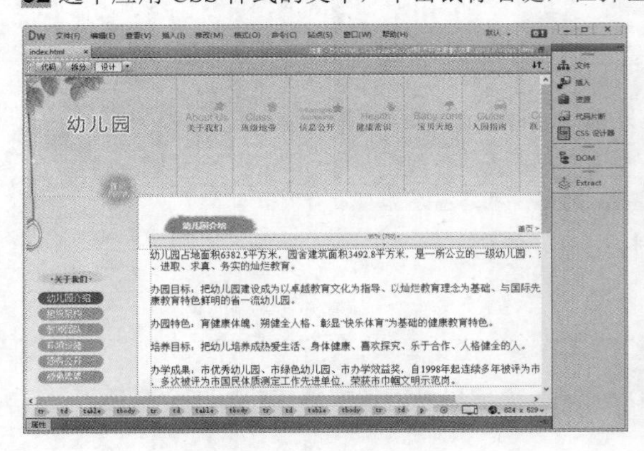

图 9-27 打开网页文档

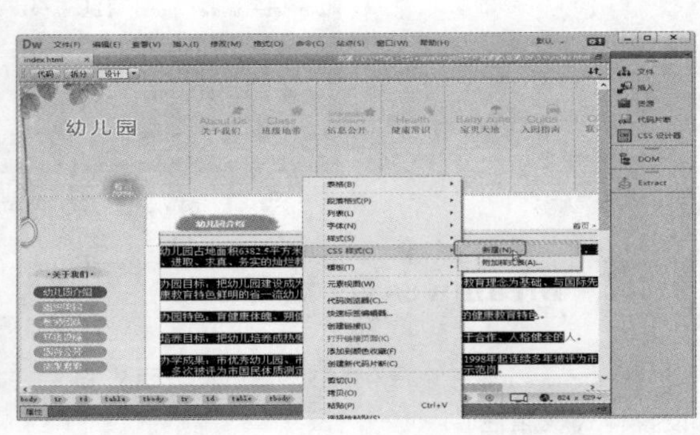

图 9-28 选择“新建”选项

03 弹出“新建 CSS 规则”对话框，将该对话框中的“选择器类型”设置为“类（可应用于任何 HTML 元素）”，在“选择器名称”文本框中输入 .yangshi，将“规则定义”设置为“仅限该文档”，如图 9-29 所示。

指点迷津

定义 CSS 样式时，“新建样式表文件”和“仅对该文档”单选按钮有何不同？

选中“新建样式表文件”单选按钮，则将新建样式表文件并保存为一个后缀名为 CSS 的文件，这样在其他网页中也可以应用该样式，如果选择“仅对该文档”单选按钮，则新建的样式只对该文档起作用。

04 单击“确定”按钮，弹出“. yangshi 的 CSS 规则定义”对话框，在该对话框中将 Font-family 设置为“宋体”， Font-size 设置为 12px，Line-height 设置为 200%，color 设置为 #A2770F，如图 9-30 所示。

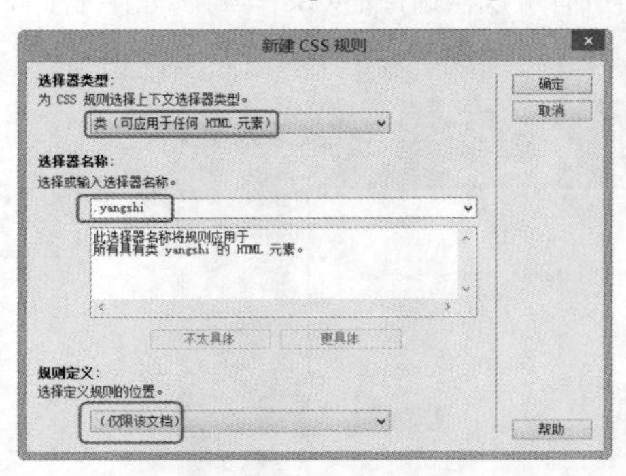

图 9-29 “新建 CSS 规则”对话框

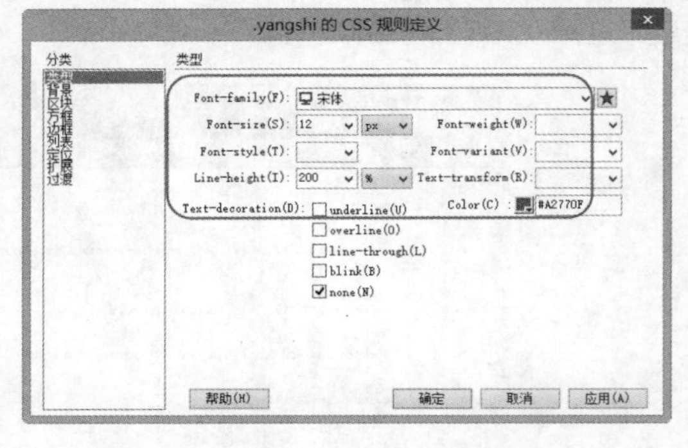

图 9-30 “. yangshi 的 CSS 规则定义”对话框

05 单击“确定”按钮，新建样式，其 CSS 代码如下，如图 9-31 所示。

```
.yangshi {
  font-family: «宋体»;
  font-size: 12px;
  line-height: 200%;
  color: #A2770F;
  text-decoration: none;
```

```
}
```

06 打开属性面板，在该面板中单击“目标规则”文本框，在弹出的列表中选择新建的样式，如图 9-32 所示。

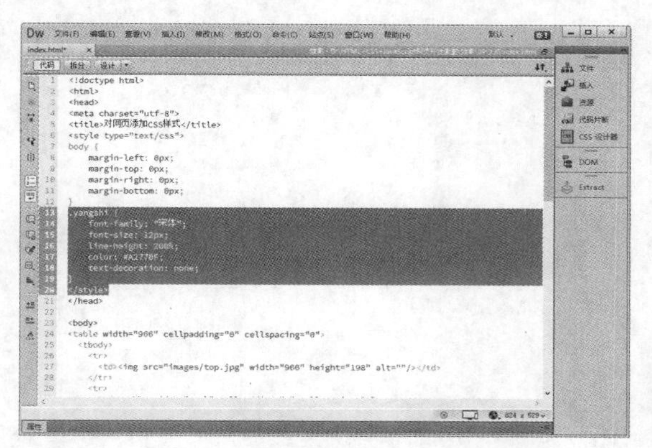

图 9-31　新建样式

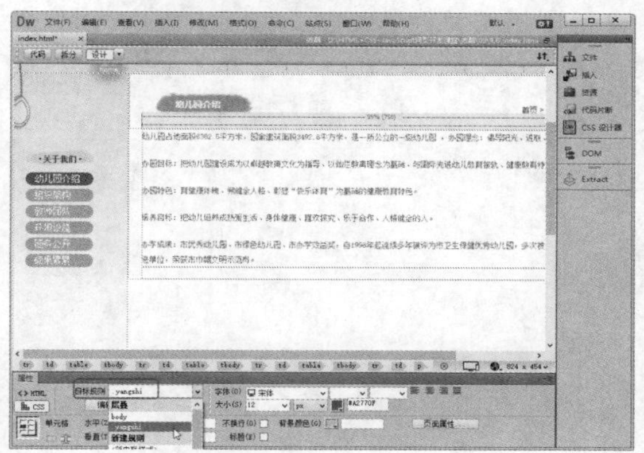

图 9-32　应用样式

07 保存文档，按 F12 键，在浏览器中浏览效果，如图 9-33 示。

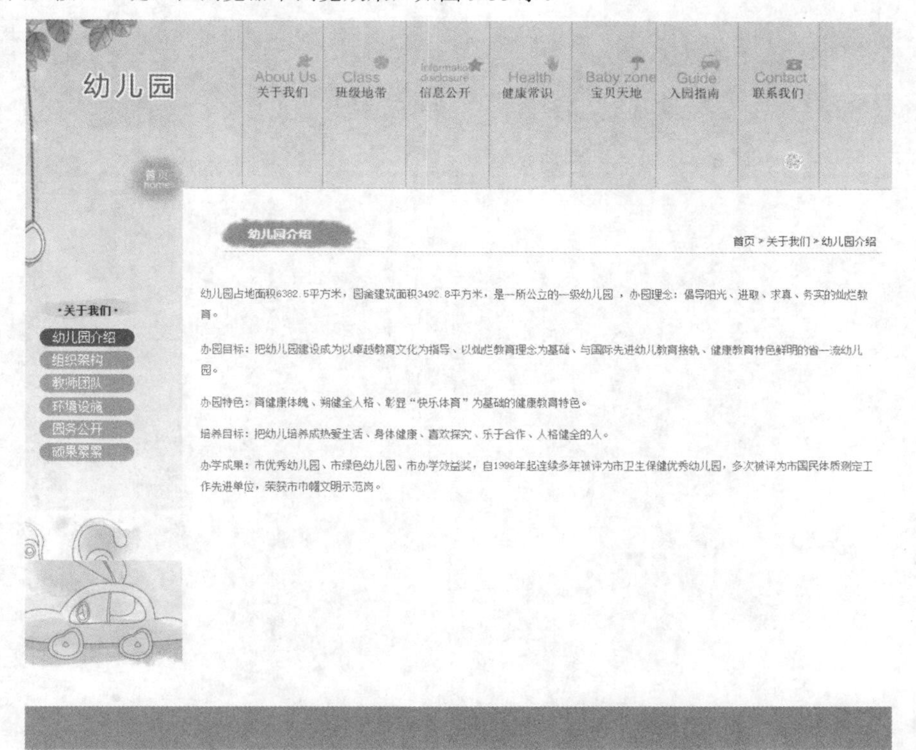

图 9-33　预览效果

9.7 本章小结

本章主要讲述了 CSS 的基础知识，包括 CSS 的基本概念、使用 CSS 的方法、CSS 基本语法、使用 Dreamweaver 编辑 CSS 等。有了 CSS 才能真正控制好页面中的各个元素。

第10章

用 CSS 设计丰富的文字效果

本章导读

浏览网页时，获取信息最直接、最直观的方式就是通过文本。文本是基本的信息载体，不管网页内容如何丰富，文本自始至终都是网页中最基本的元素，因此掌握好文本和段落的使用方法，对于网页制作来说都是最基本的。在网页中添加文字并不困难，可主要问题是如何编排这些文字，以及控制这些文字的显示方式，让文字看上去编排有序、整齐美观。

技术要点：

- 通过css控制文本样式
- 通过css控制段落格式
- 综合实例——css字体样式综合演练

10.1 通过 CSS 控制文本样式

使用 CSS 样式表可以定义丰富多彩的文字格式。文字的属性主要有字体、字号、加粗与斜体等，如图 10-1 所示的网页中应用了多种样式的文字，在颜色、大小以及形式上富于变化，但同时也保持了页面的整洁与美观，给人以美的享受。

图 10-1　采用 CSS 定义网页文字

10.1.1　字体——font-family

font-family 属性用来定义相关元素使用的字体。

基本语法：

```
font-family: "字体1", "字体2", …
```

语法说明：

font-family 属性中指定的字体会受到用户环境的影响。打开网页时，浏览器会先从用户计算机中寻找 font-family 中的第一个字体，如果计算机中没有这个字体，会向右继续寻找第二个字体，以此类推。如果浏览页面的用户在浏览环境中没有设置相关的字体，则定义的字体将失去作用。

在 Dreamweaver 的 CSS 样式规则定义中将 HTML CSS JavaScript 字体设置为楷体，如图 10-2 所示。

```
<style type="text/css">
body {
  font-family: "楷体";
}
</style>
```

在浏览器中浏览效果，如图 10-3 所示。

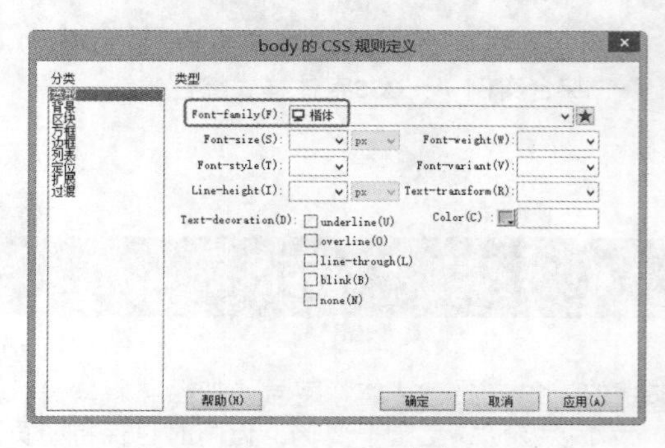

图 10-2　设置字体

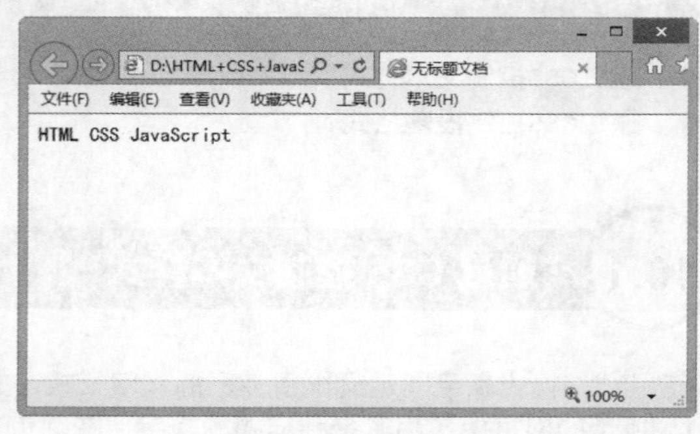

图 10-3　浏览网页效果

但是在实际应用中，由于大部分中文操作系统的计算机中并没有安装很多的字体，因此建议在设置中文字体属性时，不要选择特殊字体，应选择宋体或黑体。否则当浏览者的计算机中没有安装该字体时，显示会不正常，如果需要安装装饰性的字体，可以使用图片来代替纯文本的显示，如图 10-4 和图 10-5 所示。

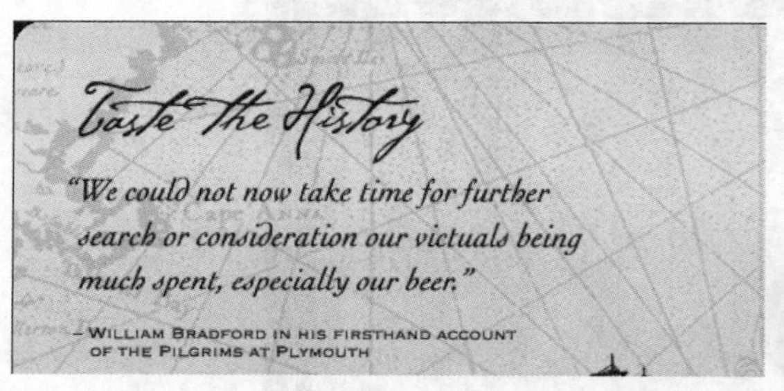

图 10-4　用图片来代替纯文本的显示

图 10-5　用图片来代替文本的显示

10.1.2　字号——font-size

字体的大小属性 font-size 用来定义字体的大小。

基本语法：

```
font-size: 大小的取值
```

语法说明：

font-size 属性的取值既可以使用长度值，也可以使用百分比值。其中百分比值是相对于父元素的字体大小来计算的。

在 CSS 中，有两种单位。一种是绝对长度单位，包括英寸 (in)、厘米 (cm)、毫米 (mm)、点 (pt) 和派卡 (pc)；另一种是相对长度单位，包括 em、ex 和像素 (pixel)。ex 由于在实际应用中需要获取 x 大小，因浏览器对此处理方式非常粗糙而被抛弃，所以现在的网页设计中对大小距离的控制使用的单位是 em 和 px（当然还有百分比数值，但它必须是相对于另外一个值的）。

Points 是确定文字尺寸非常直接的单位，因为它在所有的浏览器和操作平台上都适用。从网页设计的角度来说，pixel（像素）是一个非常熟悉的单位，它最大的优点就在于所有的操作平台都支持 pixel 单位，而对于其他的单位来说，PC 机的文字总是显得比 MAC 机中大一些。而其不利之处在于，当你使用 pixels 单位时，网页的屏幕显示不稳定，字体时大时小，甚至有时根本不显示，而 points 单位则没有这种问题。

字体的大小属性 font-size，也可以在 Dreamweaver 中进行可视化操作。在 Font-size 后面的第 1 个下拉列表中选择表示字体大小的值，第 2 个下拉列表中选择单位，如图 10-6 和图 10-7 所示。

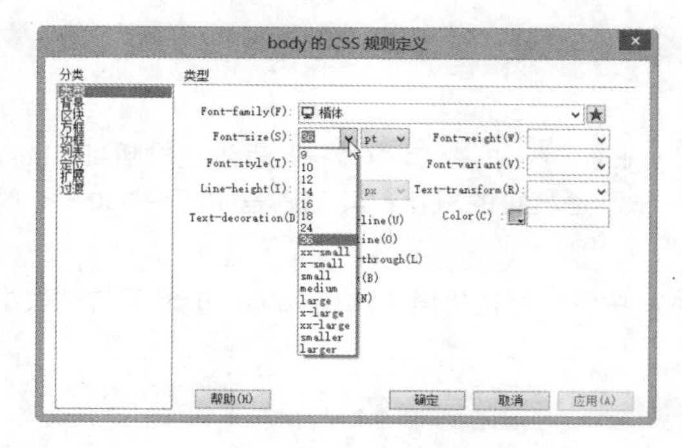

图 10-6　设置字体大小

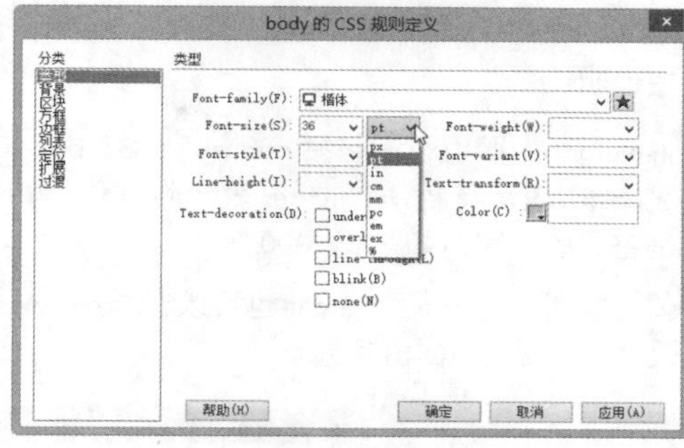

图 10-7　选择单位

此时 CSS 代码如下所示，使用 font-size: 36pt 设置字号为 36pt，在浏览器中浏览文字效果，如图 10-8 所示。通过像素设置文本大小，可以对文本大小进行完全控制。

```
<style type="text/css">
body {
  font-family: "楷体";
  font-size: 36pt;
}
</style>
```

一般网页常用的字号大小为 12 磅左右。较大的字体可用于标题或其他需要强调的地方，小一些的字体可以用于页脚和辅助信息。需要注意的是，小字号容易产生整体感和精致感，但可读性较差。在网页应用中经常使用不同的字号来排版网页，如图 10-9 所示。

图 10-8　设置字号后的效果

图 10-9　使用不同的字号来排版网页

10.1.3 加粗字体——font-weight

在 CSS 中利用 font-weight 属性来设置字体的粗细。

基本语法：

```
font-weight：字体粗度值
```

语法说明：

font-weight 的取值范围包括 normal、bold、bolder、lighter、number。其中 normal 表示正常粗细；bold 表示粗体；bolder 表示特粗体；lighter 表示特细体；number 不是真正的取值，其范围是 100 ～ 900，一般情况下都是整百的数字，如 200、300 等。

字体的加粗属性 font- weight 也可以在 Dreamweaver 中进行可视化操作。在 Font-weight 下拉列表中可以选择具体值，如图 10-10 所示。

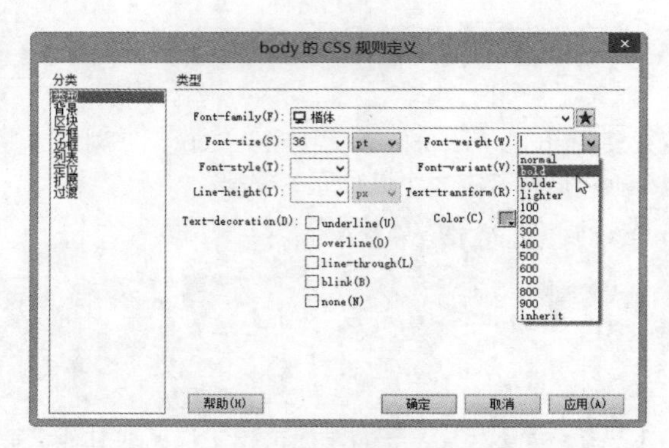

图 10-10　设置字体粗细

网页中的标题、比较醒目的文字或需要重点突出的内容一般都会用粗体字，如图 10-11 所示。

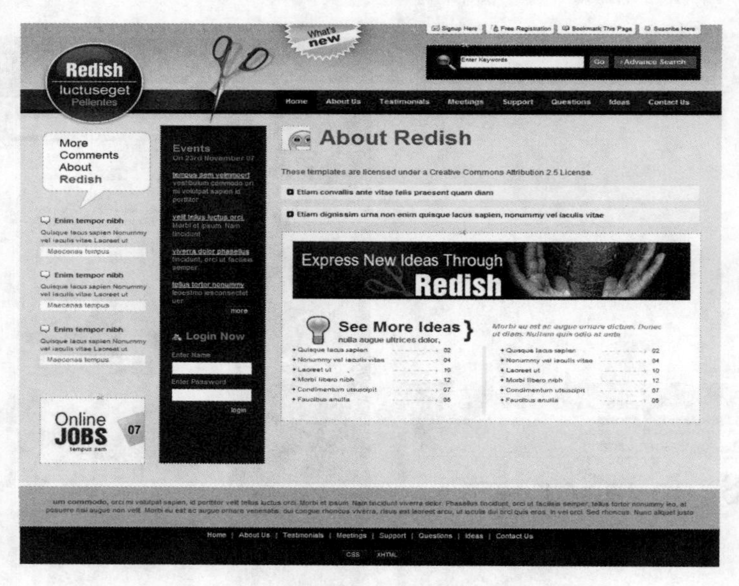

图 10-11　标题或醒目的文字使用粗体字

10.1.4 字体风格——font-style

font-style 属性用来设置字体是否为斜体。

基本语法：

```
font-style: 样式的取值
```

语法说明：

样式的取值有 3 种：normal 是默认正常的字体；italic 以斜体显示文字；oblique 属于中间状态，以偏斜体显示。

font-style 属性也可以在 Dreamweaver 中进行可视化操作。在 style 下拉列表中可以选择具体值，如图 10-12 所示。

其 CSS 代码如下，使用 font-style: italic 设置字体为斜体，在浏览器中浏览效果，如图 10-13 所示。

```
<style type="text/css">
body {
  font-family: " 楷体 ";
  font-size: 36pt;
  font-style: italic;
  font-weight: bold;
}
</style>
```

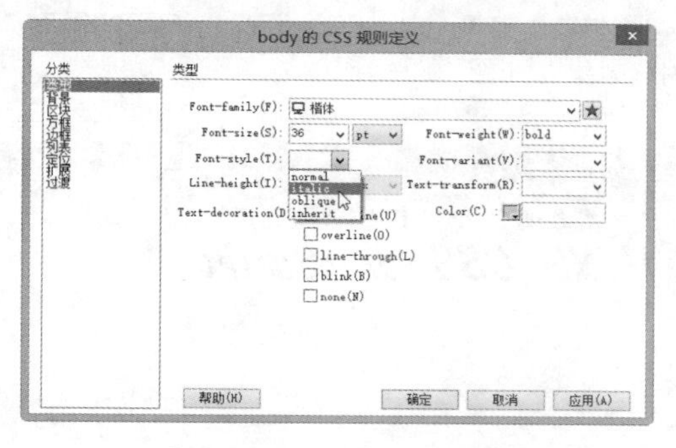

图 10-12　设置字体样式为斜体

图 10-13　设置为斜体效果

斜体文字在网页中应用也比较多，多用于注释、说明、日期或其他信息，如图 10-14 所示的网页右侧的文字使用了斜体字。

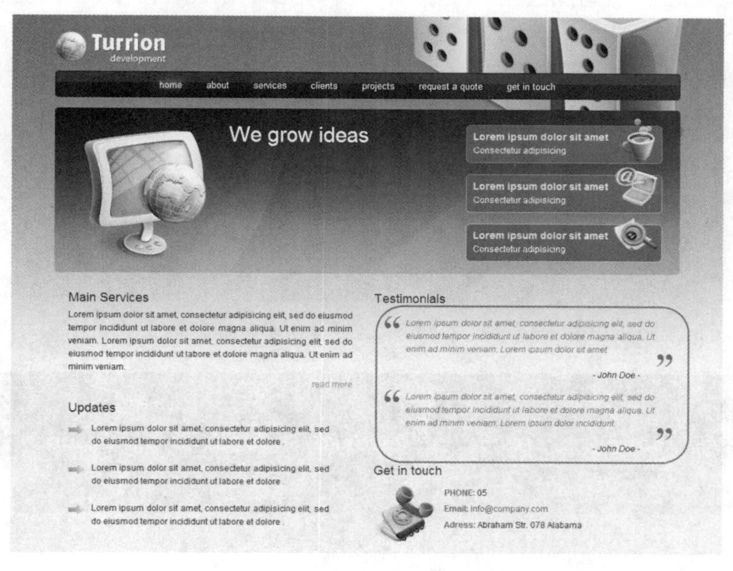

图 10-14　使用斜体字的网页

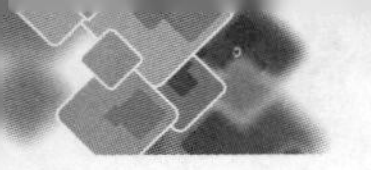

10.1.5 小写字母转为大写字母——font-variant

使用 font-variant 属性可以将小写的英文字母转变为大写，而且在大写的同时，能够让字母大小保持与小写时一样的尺寸。

基本语法：

```
font-variant: 变体属性值
```

语法说明：

font-variant 属性值见表 10-1 所示。

表 10-1 font-variant 属性

属 性 值	描 述	属 性 值	描 述
normal	正常值	small-caps	将小写英文字体转换为大写英文字体

font-variant 属性也可以在 Dreamweaver 中进行可视化操作。在 font-variant 下拉列表中可以选择具体值，如图 10-15 所示。

其 CSS 代码如下所示，使用 font-variant: small-caps 设置英文字母全部大写，而且在大写的同时，能够让字母大小保持与小写时一样的尺寸。在浏览器中浏览效果，如图 10-16 所示。

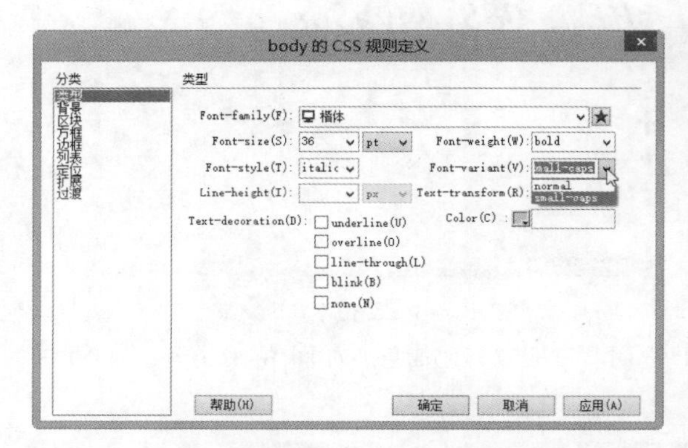

图 10-15 设置 font-variant 属性

图 10-16 将小写英文字体转换为大写英文字体

```
<style type="text/css">
body {
  font-family: " 楷体 ";
  font-size: 36pt;
  font-style: italic;
  font-weight: bold;
  font-variant: small-caps;
}
</style>
```

大写英文字母在英文网站中的应用很广，如导航栏、LOGO、标题等，如图 10-17 和图 10-18 所示。

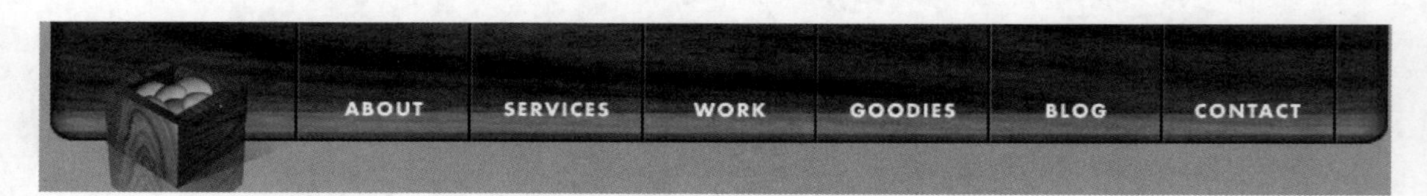

图 10-17 导航栏为大写的英文字母

图 10-18　LOGO 为大写的英文字母

10.2 通过 CSS 控制段落格式

文本的段落样式定义整段的文本特性。在 CSS 中，主要包括单词间距、字母间距、垂直对齐、文本对齐、文字缩进和行高等。

10.2.1 单词间隔——word-spacing

word-spacing 可以设置英文单词之间的距离。

基本语法：

```
word-spacing: 取值
```

语法说明：

可以使用 normal，也可以使用长度值。normal 指正常的间隔，是默认选项；长度是设置单词间隔的数值及单位，可以使用负值。

在如图 10-19 所示的“区块”分类中的 Word-spacing 下拉列表中可以设置间距的值，设置间距后的效果如图 10-20 所示。

```
<style type="text/css">
body {
  font-family: "楷体";
  font-size: 36pt;
  font-style: normal;
```

```
    font-weight: bold;
    font-variant: normal;
    word-spacing: 3em;
  }
  </style>
```

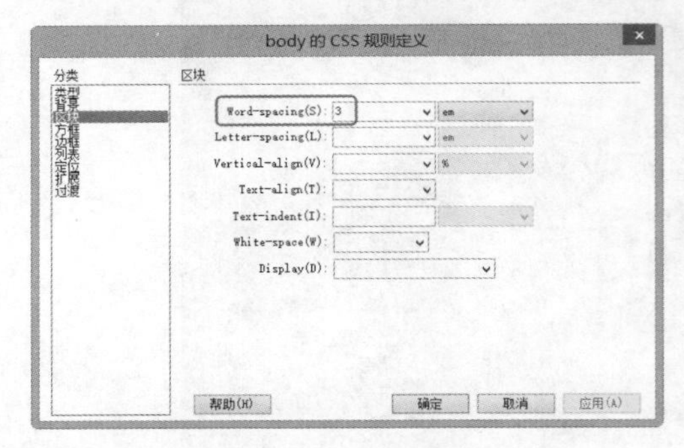

图 10-19 设置“单词间距”

图 10-20 设置间距后

单词间隔在实际网页中的应用也比较常见，如图 10-21 所示的网页下半部分的各个区块中就使用了 word-spacing: 10px; 来设置单词间隔。

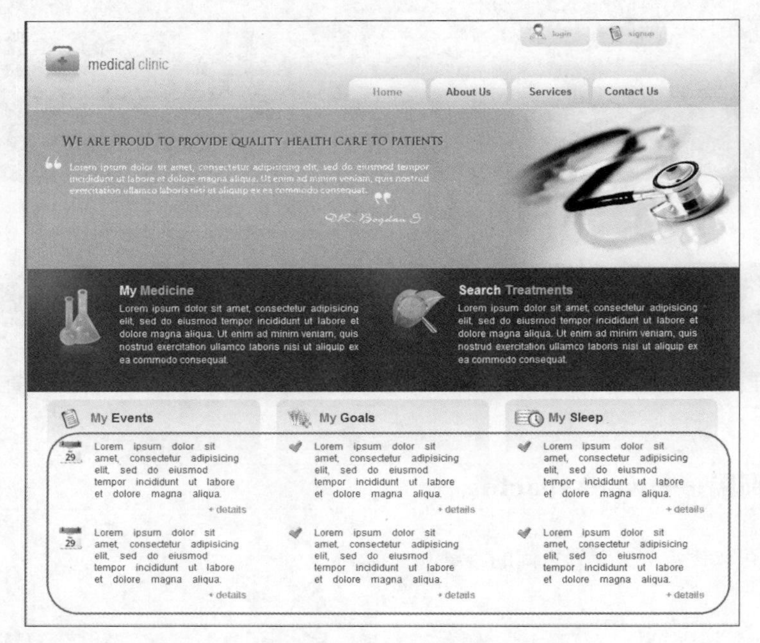

图 10-21 设置单词间隔

10.2.2 字符间隔 letter-spacing

使用字符间隔可以控制字符之间的间隔距离。

基本语法：

```
letter-spacing: 取值
```

语法说明：

可以使用 normal，也可以使用长度值。normal 指正常的间隔，是默认选项；长度是设置字符间隔的数值及单位，可以使用负值。

在如图 10-22 所示的"区块"分类的 Letter-spacing 下拉列表中可以设置字符间隔的值，设置字符间隔的效果如图 10-23。

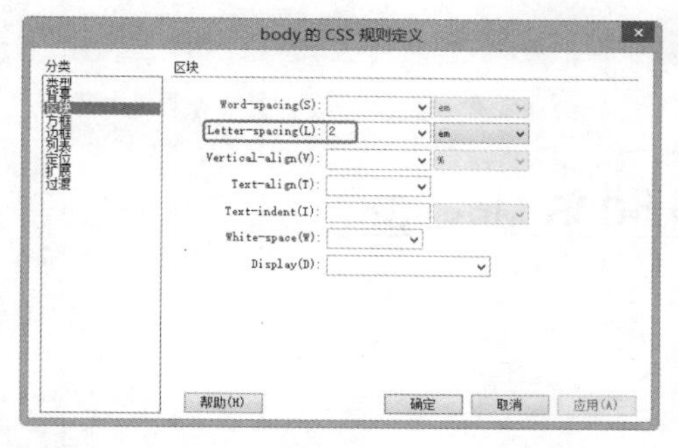

图 10-22　设置"字符间隔"

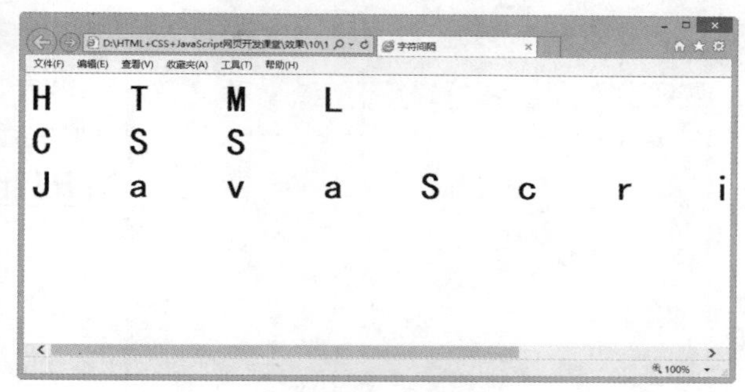

图 10-23　字符间隔效果

其 CSS 代码如下所示。

```
<style type="text/css">
body {
  font-family: « 楷体 ";
  font-size: 36pt;
  font-style: normal;
  font-weight: bold;
  font-variant: normal;
  letter-spacing: 2em;
}
</style>
```

10.2.3　文字修饰——text-decoration

使用文字修饰 text-decoration 属性可以对文本进行修饰，如设置下画线、删除线等。

基本语法：

```
text-decoration: 取值
```

语法说明：

text-decoration 属性值见表 10-2 所示。

表 10-2　text-decoration 属性

属 性 值	描 述	属 性 值	描 述
none	默认值	line-through	对文字添加删除线
underline	对文字添加下画线	blink	闪烁文字效果
overline	对文字添加上画线		

text-decoration 属性也可以在 Dreamweaver 中进行可视化操作。在 Text-decoration 复选框中可以选择具体选项，如图 10-24 所示。

其 CSS 代码如下所示，使用 text-decoration: underline 设置文字带有下画线。在浏览器中浏览效果，如图 10-25 所示。

```
<style type="text/css">
body {
  font-family: « 楷体 »;
  font-size: 36pt;
  font-style: normal;
```

```
    font-weight: bold;
    font-variant: normal;
    text-decoration: underline;
  }
</style>
```

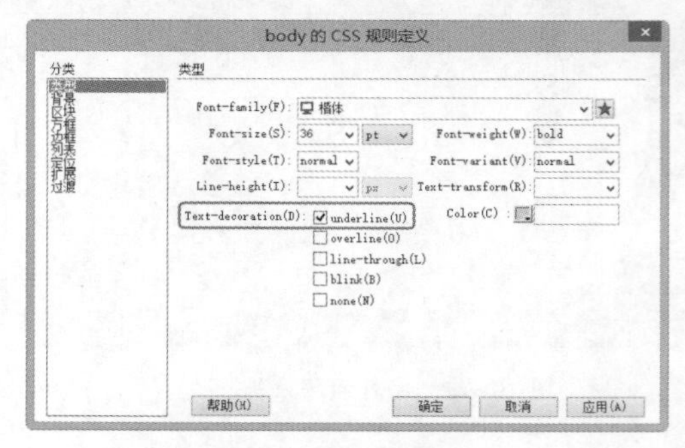

图 10-24　设置修饰属性

图 10-25　设置下画线

带有下画线的文字在网页中应用得也比较多，如图 10-26 所示右侧下半部分的网页导航文字带有下画线。

图 10-26　带有下画线的文字导航

10.2.4　垂直对齐方式——vertial-align

使用垂直对齐方式可以设置文字的垂直对齐方式。

基本语法：

```
vertical-align: 排列取值
```

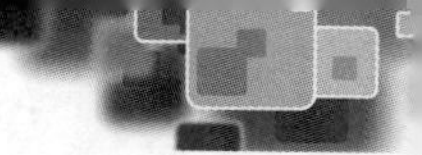

语法说明：

vertical-align 包括以下取值：

- baseline：浏览器默认的垂直对齐方式；
- sub：文字的下标；
- super：文字的上标；
- top：垂直靠上对齐；
- text-top：使元素和上级元素的字体向上对齐；
- middle：垂直居中对齐；
- text-bottom：使元素和上级元素的字体向下对齐。

在如图 10-27 所示的“区块”分类中的 Vertial-align 下拉列表中可以设置垂直对齐方式，在浏览器中浏览效果，如图 10-28 所示。

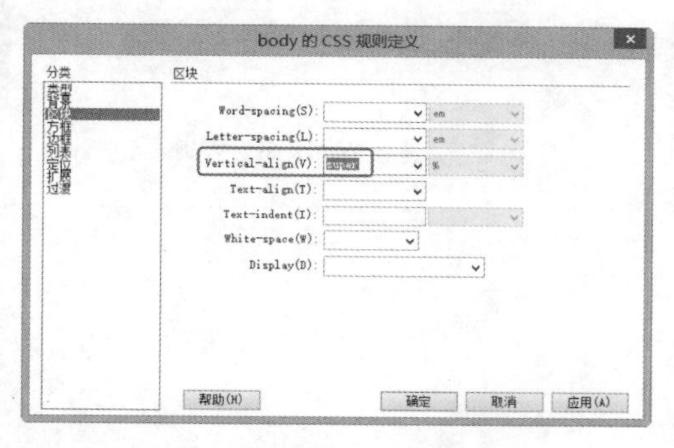

图 10-27　设置“垂直对齐方式”

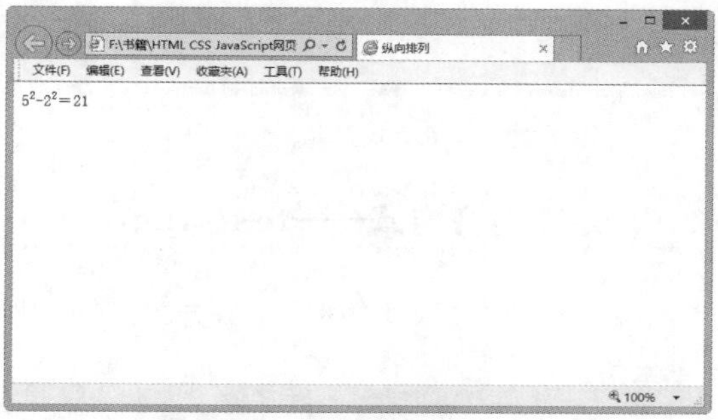

图 10-28　纵向排列效果

其 CSS 代码如下所示。

```
<style type="text/css">
.ch {     vertical-align: super;
  font-family: « 宋体 »;
  font-size: 12px;
}
</style>
```

10.2.5　文本转换——text-transform

text-transform 用来转换英文字母的大小写。

基本语法：

```
text-transform:转换值
```

语法说明：

text-transform 包括以下取值范围：

- none：表示使用原始值；
- lowercase：表示使每个单词的第一个字母大写；
- uppercase：表示使每个单词的所有字母大写；
- capitalize：表示使每个字母小写。

在 Text-transform 下拉列表中可以选择 uppercase 选项，如图 10-29 所示。

对网页应用"大写"后可以看到网页中上半部分段落的英文字母都为大写了，如图 10-30 所示。

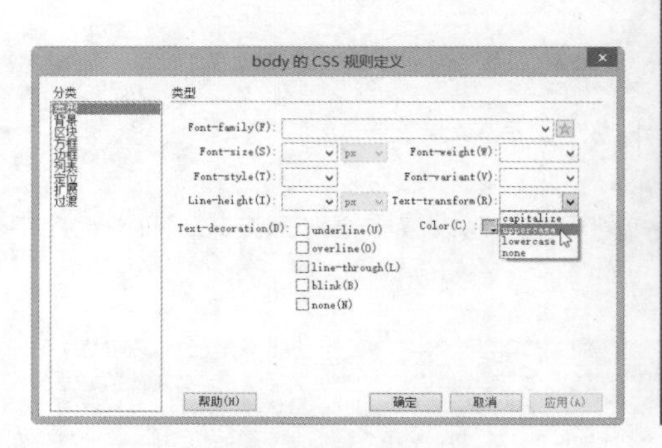

图 10-29　设置大小写转换

图 10-30　转换为"大写"字母

10.2.6　水平对齐方式——text-align

text-align 用于设置文本的水平对齐方式。

基本语法：

```
text-align:排列值
```

语法说明：

水平对齐方式的取值范围包括：left、right、center 和 justify 四种对齐方式。

- left：左对齐；
- right：右对齐；
- center：居中对齐；
- justify：两端对齐。

在如图 10-31 所示的"区块"分类的 Text-align 下拉列表中可以设置文本对齐方式，这里设置为 right，设置完成后的效果如图 10-32 所示。

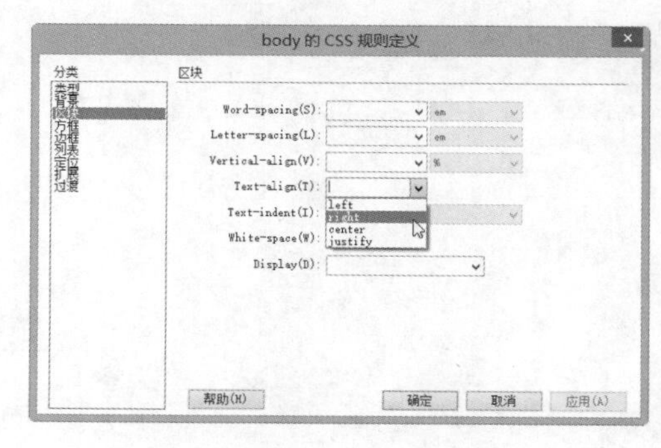

图 10-31　设置文本对齐

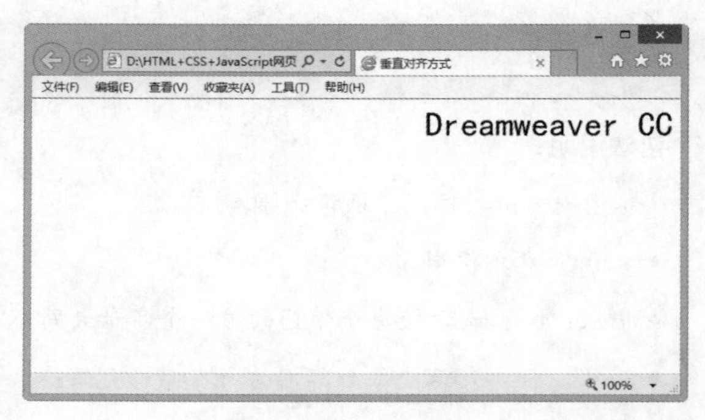

图 10-32　设置文本右对齐后的效果

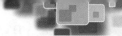

其 CSS 代码如下所示。

```
<style type="text/css">
body {
  font-family: «黑体»;
  font-size: 36px;
  text-align: right;
}
</style>
```

在网页中，文本的对齐方式一般采用左对齐，标题或导航有时也用居中对齐的方式，如图 10-33 所示网页，右侧的导航采用左对齐的方式。

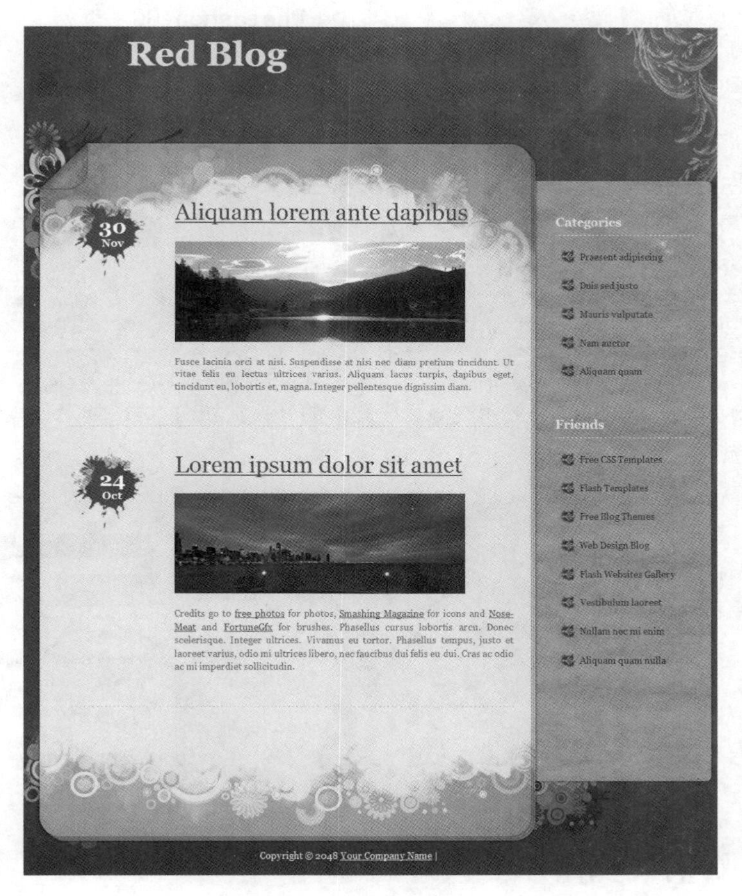

图 10-33　右侧的导航采用左对齐

10.2.7　文本缩进——text-indent

在 HTML 中只能控制段落的整体向右缩进，如果不进行设置，浏览器则默认为不缩进，而在 CSS 中可以控制段落的首行缩进以及缩进的距离。

基本语法：

```
text-indent:缩进值
```

语法说明：

文本的缩进值可以是长度值或百分比。

在如图 10-34 所示的“区块”分类的“text-indent”下拉列表中可以设置缩进的值，设置完成后的效果如图 10-35 所示。

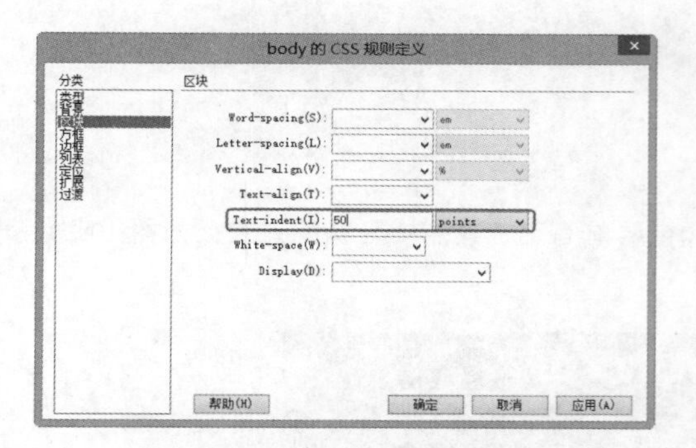

图 10-34　设置缩进值

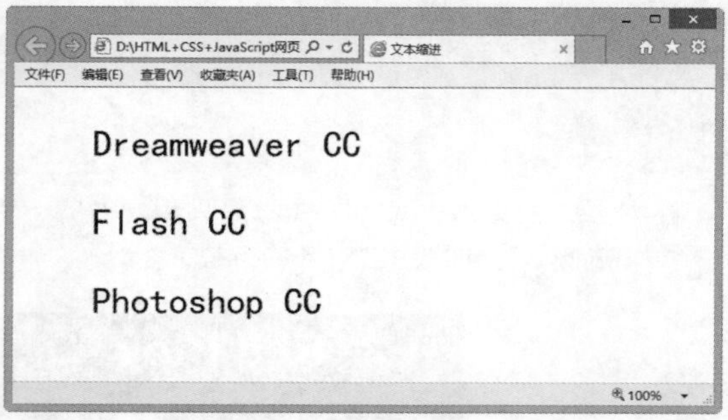

图 10-35　文字缩进后的效果

其 CSS 代码如下所示。

```
<style type="text/css">
body {
  font-family: «黑体»;
  font-size: 36px;
  text-indent: 50pt;
}
</style>
```

文本缩进在网页中比较常见，一般用在网页中段落的开头，如图 10-36 所示的段落使用 text-indent: 30px; 设置了文本缩进。

图 10-36　设置了文本缩进

10.2.8　文本行高——line-height

line-height 属性可以设置对象的行高，行高值可以为长度、倍数或百分比。

基本语法：

```
line-height: 行高值
```

语法说明：

Line-height 可以取的值如下所示。

- normal：默认。设置合理的行间距。
- number: 设置数字，此数字会与当前的字体尺寸相乘来设置行间距。
- length: 设置固定的行间距。
- %: 基于当前字体尺寸的百分比设定行间距。
- inherit: 规定应该从父元素继承 line-height 属性的值。

Line-height 属性也可以在 Dreamweaver 中进行可视化操作。在 Line-height 后面的第 1 个下拉列表中可以输入具体数值，在第 2 个下拉列表中可以选择单位，如图 10-37 所示。

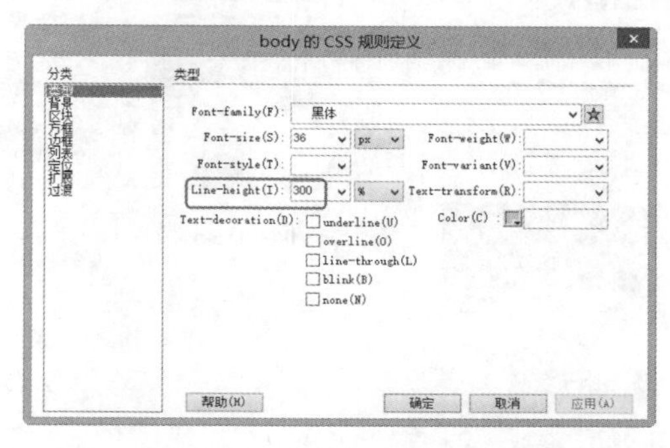

图 10-37　设置行高属性

其 CSS 代码如下所示，使用 line-height: 设置行高为 300%，设置行高前、后在浏览器中的浏览效果分别如图 10-38 和图 10-39 所示。

```
<style type="text/css">
body {
  font-family: "黑体";
  font-size: 36px;
  line-height: 300%;
}
</style>
```

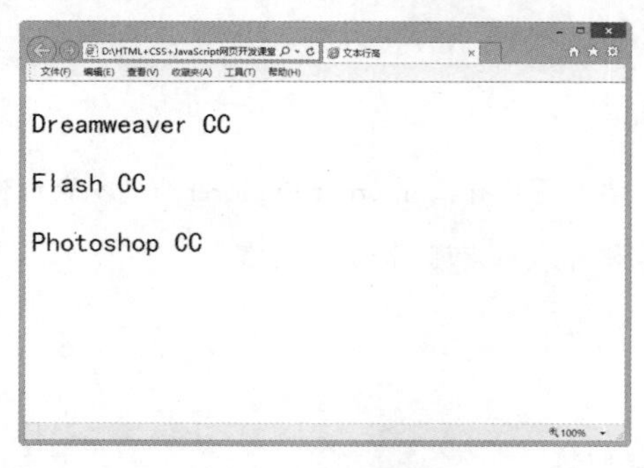

图 10-38　设置行高前

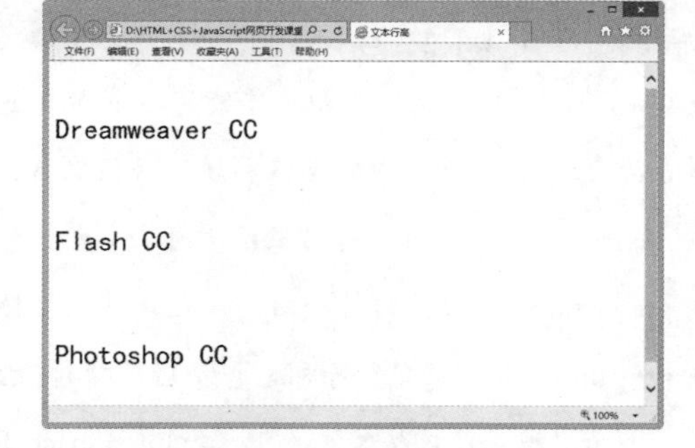

图 10-39　设置行高后

行距的变化会对文本的可读性产生很大影响，一般情况下，接近字体尺寸的行距设置比较适合正文。行距的常规比例为 10:12，即字 10 点，则行距 12 点。如（line-height：20pt）、（line-height：150%）。

在网页中，行高属性是必不可少的，如图 10-40 所示的网页中的段落文本采用了行距。

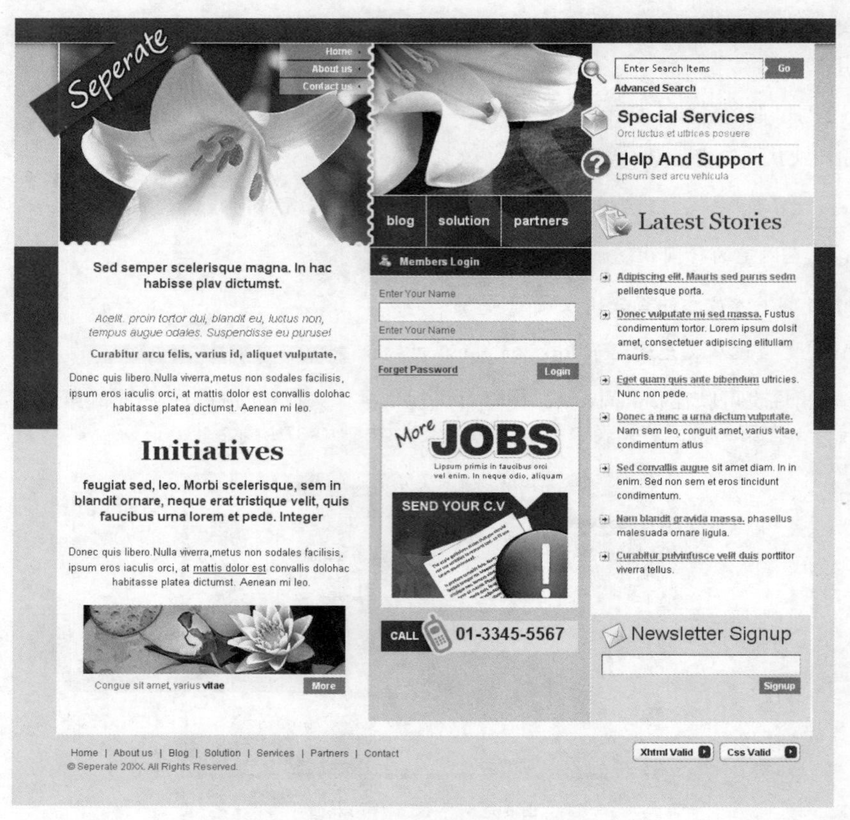

图 10-40　段落采用了行距

10.2.9　处理空白——white-space

white-space 属性用于设置页面内空白的处理方式。

基本语法：

```
white-space: 值
```

语法说明：

white-space 可以取的值如下。

- normal：是默认属性，即将连续的多个空格合并。
- pre：会导致源代码中的空格和换行符被保留，但该选项只有在 Internet Explorer 6 中才能正确显示。
- nowrap：强制在同一行内显示所有文本，直到文本结束或者遇到
 标签。
- pre-wrap：保留空白符序列，但是正常进行换行。
- pre-line：合并空白符序列，但是保留换行符。
- inherit：规定应该从父元素继承 white-space 属性的值。

如图 10-41 所示的“区块”分类中的 White-space 下拉列表中可以设置属性为 pre，white-space 用来处理空白。

其 CSS 代码如下所示，浏览效果如图 10-42 所示。

```
<style type="text/css">
body {
  font-family: «黑体»;
  font-size: 36px;
  white-space: pre;
}
</style>
```

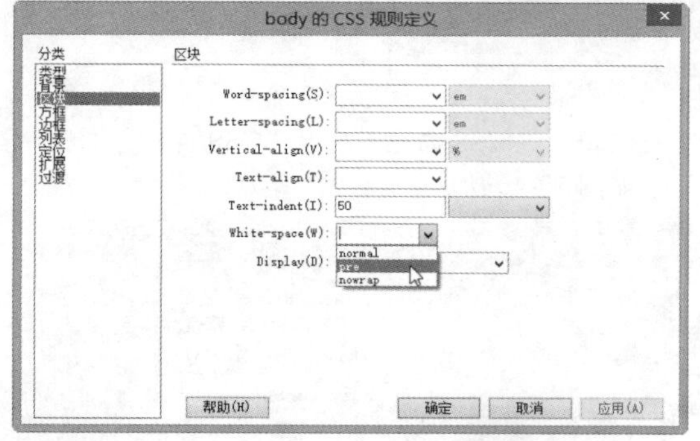

图 10-41　设置处理空白

图 10-42　设置处理空白

10.3 综合实例——CSS 字体样式综合演练

前面对 CSS 设置文字的各种效果进行了详细的介绍，下面通过实例讲述文字效果的综合使用方法，如图 10-43 所示。

文字是人类语言最基本的表达方式，文本的控制与布局在网页设计中占有很大比例，文本与段落也可以说是最重要的组成部分。

01 打开网页文档，如图 10-43 所示。

02 执行“窗口”|“CSS 样式”命令，打开“CSS 样式”面板，在该面板中单击鼠标右键，在弹出的菜单中选择“新建”选项，弹出“新建 CSS 规则”对话框，“选择器类型”选择“类（可应用于任何 HTML 元素）”，“选择器名称”设置为 .h，“规则定义”选择“仅限该文档”，如图 10-44 所示。

图 10-43　打开网页文档

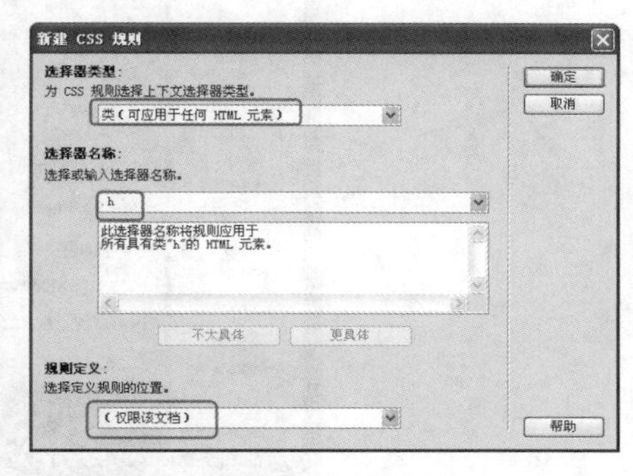

图 10-44　设置“新建 CSS 规则”对话框

03 单击“确定”按钮。弹出“.h 的 CSS 规则定义”对话框，在“分类”列表中选择“类型”选项，将

Font-family 设置为“宋体”，Font-size 设置为 12 像素，Color 设置为 #8F000C，Line-height 设置为 350%，Text-decoration 设置为 underline（下画线），Font-weight 设置为 Bold（粗体），如图 10-45 所示。

04 设置完毕，单击“确定”按钮。其 CSS 代码如下：

```
.h {
  font-family: "宋体";
  font-size: 12px;
  line-height: 350%;
  color: #8F000C;
  font-weight: bold;
  text-decoration: underline;
}
```

05 设置完毕，单击“确定”按钮。选择文档中的文字，执行“窗口”|CSS 命令，打开“CSS 样式”面板，单击新建的 CSS 样式，在弹出的下拉列表中选择“应用”，如图 10-46 所示。

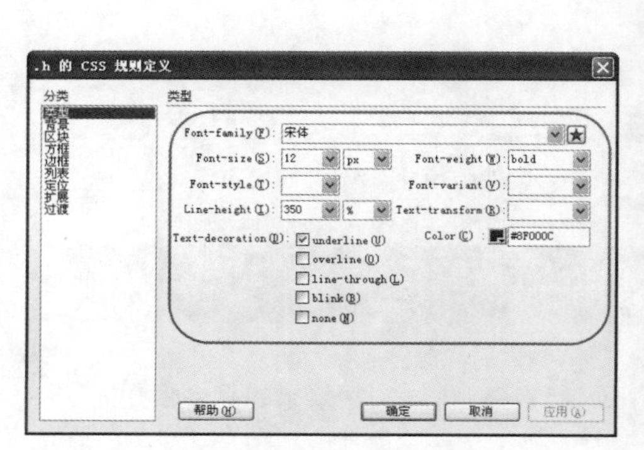

图 10-45 “.h 的 CSS 规则定义”对话框

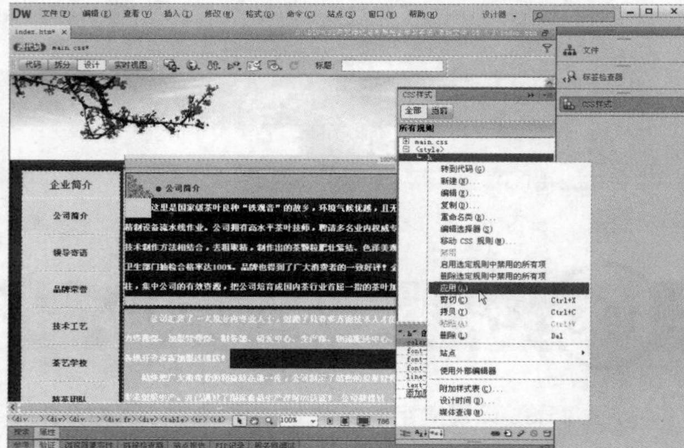

图 10-46 对文本应用样式

06 保存文档，在浏览器中的预览效果，如图 10-47 所示。

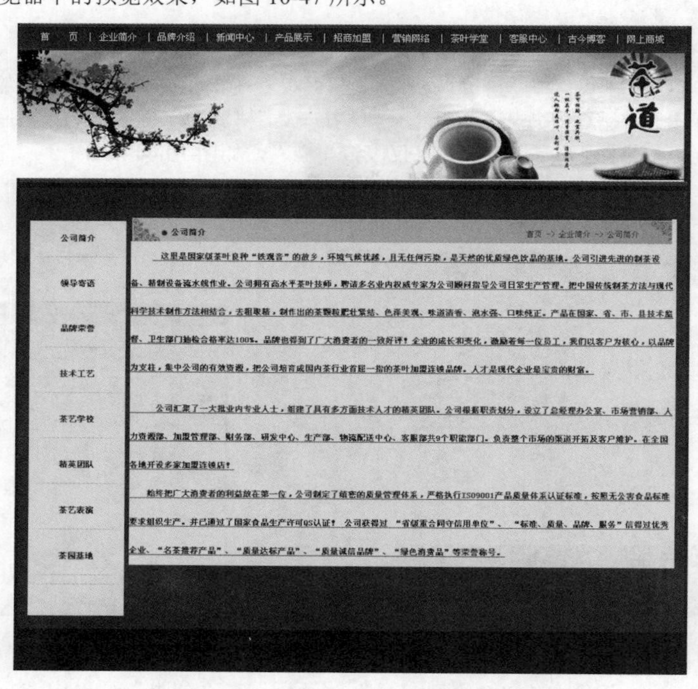

图 10-47 用 CSS 设置网页文字样式

10.4 本章小结

本章主要讲述了使用 CSS 设计丰富的文字特效，以及使用 CSS 排版文本的方法。采用 CSS 技术，可以有效地对页面的布局、字体、颜色、背景和其他效果实现更加精确地控制。

第11章

用 CSS 设计图像和背景

本章导读

图像是网页中最重要的元素之一，图像不但能美化网页，而且与文本相比能够更直观地说明问题。美观的网页是图文并茂的，一幅幅图像和一个个漂亮的按钮，不但使网页更加美观、生动，而且使网页中的内容更加丰富多彩。可见，图像在网页中的作用是非常重要的。

技术要点：

- 设置网页的背景
- 设置背景图像的属性
- 设置网页图像的样式
- 应用CSS滤镜制作图像特效
- 综合实例——给图片添加边框
- 综合实例——鼠标移到图片上时产生渐变效果

实例展示

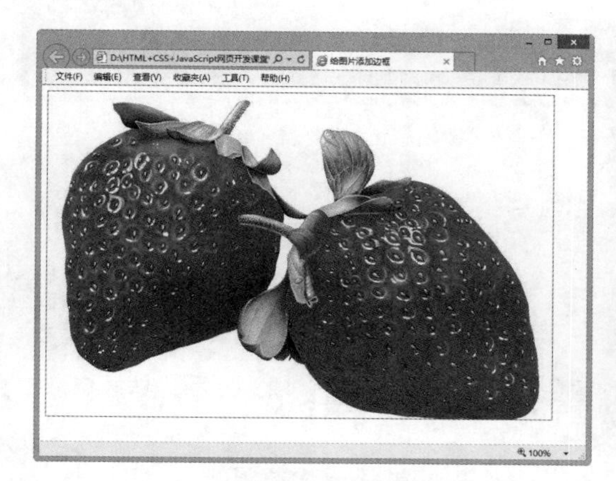

给图片添加边框

鼠标移到图片上时产生渐变效果

11.1 设置网页的背景

背景属性是网页设计中应用非常广泛的一种技术。通过背景颜色或背景图像，能给网页带来丰富的视觉效果。HTML 的各种元素基本上都支持 background 属性。

11.1.1 背景颜色

在 HTML 中，利用 <body> 标记中的 bgcolor 属性可以设置网页的背景颜色，而在 CSS 中使用 background-color 属性不但可以设置网页的背景颜色，还可以设置文字的背景颜色。

基本语法：

```
background-color: 颜色取值
```

语法说明：

background-color 用于设置对象的背景颜色。背景颜色的默认值是透明色，大多数情况下可以不用此方法进行设置。

可取的值如下：

- 颜色名称：规定颜色值为颜色名称的背景颜色，如 red。
- 颜色值：规定颜色值为十六进制值的背景颜色，如 #ff00ff。

- RGB 名称：规定颜色值为 RGB 代码的背景颜色，如 rgb(255,0,0)。
- Transparent：默认，背景颜色为透明。

使用“CSS 规则定义”对话框的“背景”可以对网页的任何元素应用背景属性。例如，定义一个表格对象的背景颜色，如图 11-1 所示，背景颜色的效果如图 11-2 所示。

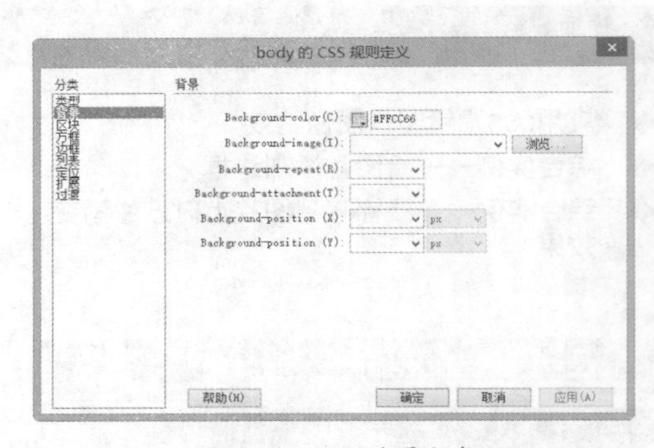

图 11-1　设置背景颜色

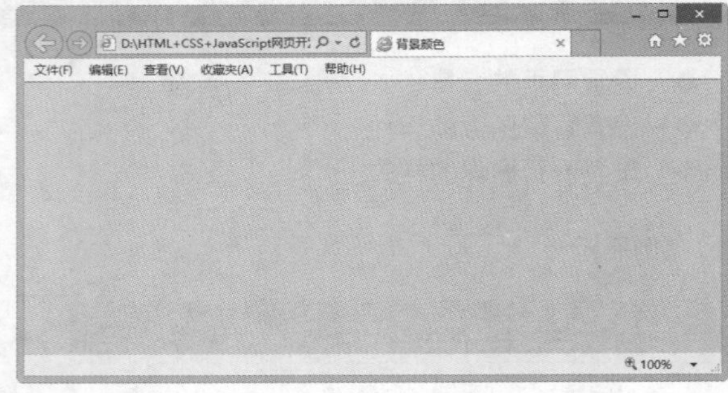

图 11-2　背景颜色效果

其 CSS 代码如下：

```
<style type="text/css">
body {
background-color: #FFCC66;
}
</style> }
```

background-color 属性为元素设置一种纯色。这种颜色会填充元素的内容、内边距和边框区域，扩展到元素边框的外边界，如图 11-3 所示的网页中经常使用 background-color 设置背景颜色。

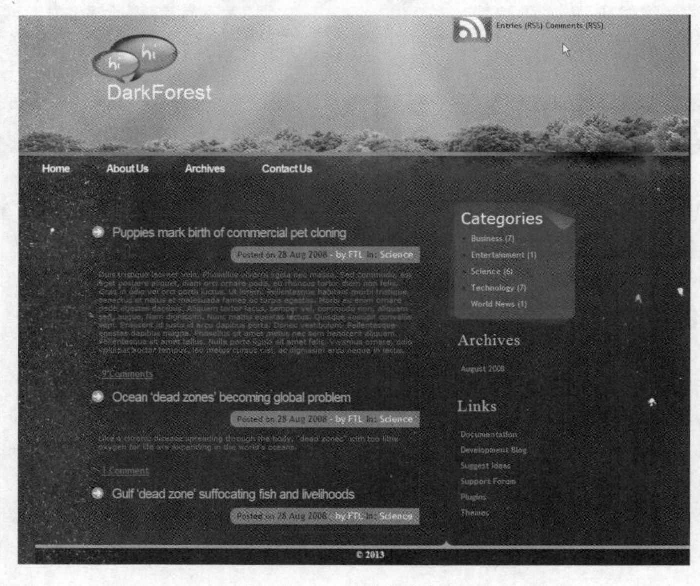

图 11-3　网页背景颜色

11.1.2　背景图像

CSS 的背景属性 background 提供了众多属性值，如颜色、图像、定位等，为网页背景图像的定义提供了极大的便利。背景图片和背景颜色的设置基本相同，使用background-image 属性可以设置元素的背景图片。

基本语法：

```
background-image:url（图片地址）
```

语法说明：

图片地址可以是绝对地址，也可以是相对地址。使用“CSS 规则定义”对话框的“背景”类别中的 Background-image 可以定义 CSS 样式的背景图片，也可以对页面中的任何元素应用背景属性。

例如定义一个 Div 对象的背景图片，如图 11-4 所示，背景图片效果如图 11-5 所示。

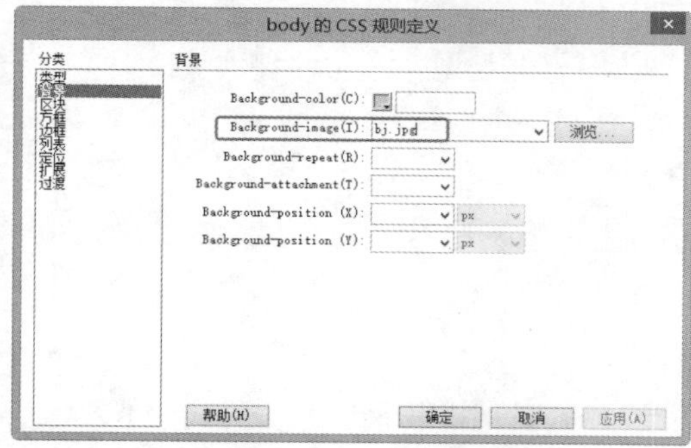

图 11-4　设置背景图片

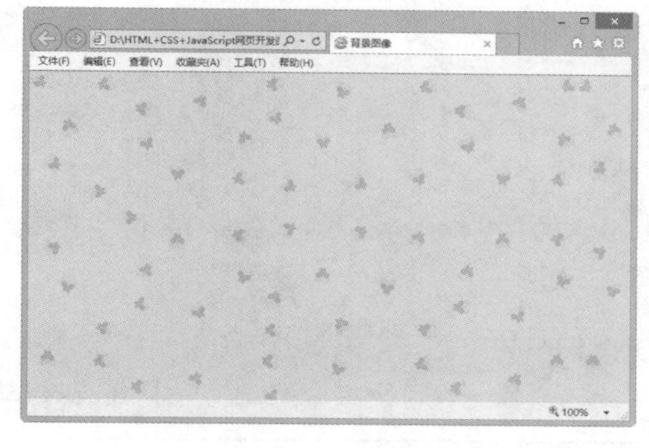

图 11-5　背景图片效果

其 CSS 代码如下：

```
<style type="text/css">
body {
  background-image: url(bj.jpg);
}
</style>}
```

了解并熟悉了以上 background 属性及属性值之后，很容易就可以对网页的背景图片做出合适的处理。但是在这里有一个小技巧，那就是在定义了 background-image 属性之后，应该定义一个与背景图片颜色相近的 background-color 值，这样在网速缓慢背景图片未加载完成或是背景图片丢失之后，仍然可以提供很好的文字可识别性。如图 11-6 所示的网页背景图片是一张黄色的底图，那么文字的颜色自然而然会选择浅色调的绿色，如果此时背景图片未加载完成或者图片丢失，那么就需要定义一个浅黄色的背景颜色，才可以保持文字的可识别性。

图 11-6　网页背景图片与背景颜色类似

11.2 设置背景图像的属性

利用 CSS 可以精确地控制背景图片的各项设置。可以决定是否平铺及如何平铺，背景图片应该滚动还是保持固定，以及将其放在什么位置。

11.2.1 设置背景重复

使用CSS设置背景图片同传统的做法一样简单，但相对于传统控制方式，CSS提供了更多的可控选项，图片的重复方式共有 4 种，分别是 no-repeat、repeat、repeat-x、repeat-y。

基本语法：

```
background-repeat: no-repeat | repeat| repeat-x| repeat-y;
```

语法说明：

background-repeat 的属性值见表 11-1 所示。

表 11-1 background-repeat 的属性值

属性值	描述	属性值	描述
no-repeat	背景图像不重复	repeat-x	背景图像只在水平方向上重复
repeat	背景图像重复排满整个网页	repeat-y	背景图像只在垂直方向上重复

背景重复用于设置对象的背景图片是否平铺及如何平铺。必须先指定对象的背景图片，在“背景”类别中的 Background-repeat 下拉列表中选择属性值，如图 11-7 所示，效果如图 11-8 所示。

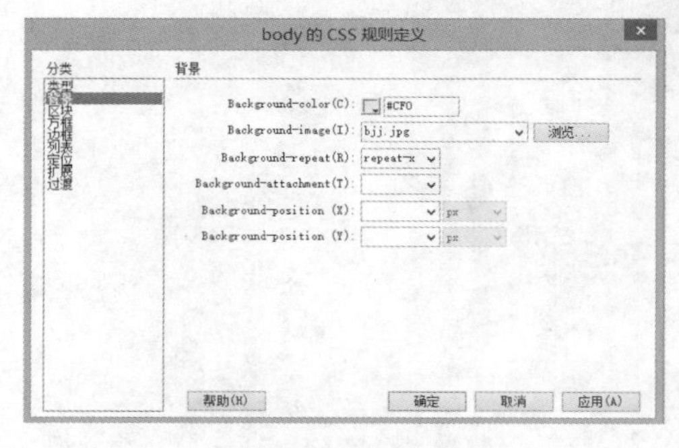

图 11-7 设置重复属性

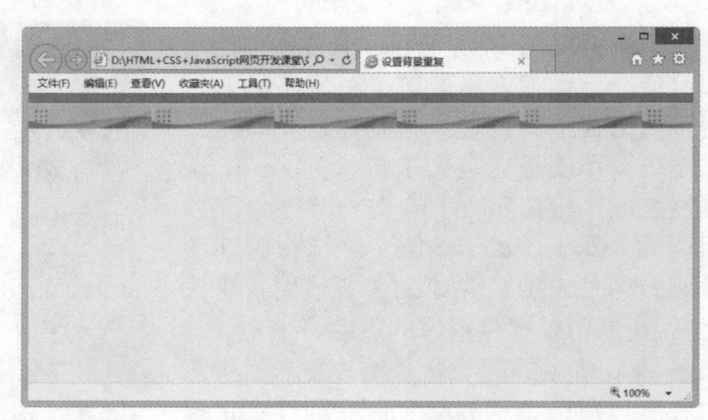

图 11-8 横向重复效果

其 CSS 代码如下：

```
<style type="text/css">
body {
  background-image: url(bjj.jpg);
  background-color: #CF0;
  background-repeat: repeat-x;
}
</style>
```

提示

在设置背景图像时，最好同时指定一种背景色。这样在下载背景图像时，背景色会首先出现在屏幕上，而且它会透过背景图像上的透明区域显示出来。

平铺选项是在网页设计中能够经常使用到的一个选项，例如网页中常用的渐变式背景。采用传统方式制作渐变式背景，往往需要宽度为 1px 的背景进行平铺，但为了使纵向不再进行平铺，往往高度设为高于 1000px。如果采用 repeat-x 方式，只需要将渐变背景按需要高度设计即可，不再需要使用超高的图片来平铺了，如图 11-9 所示。

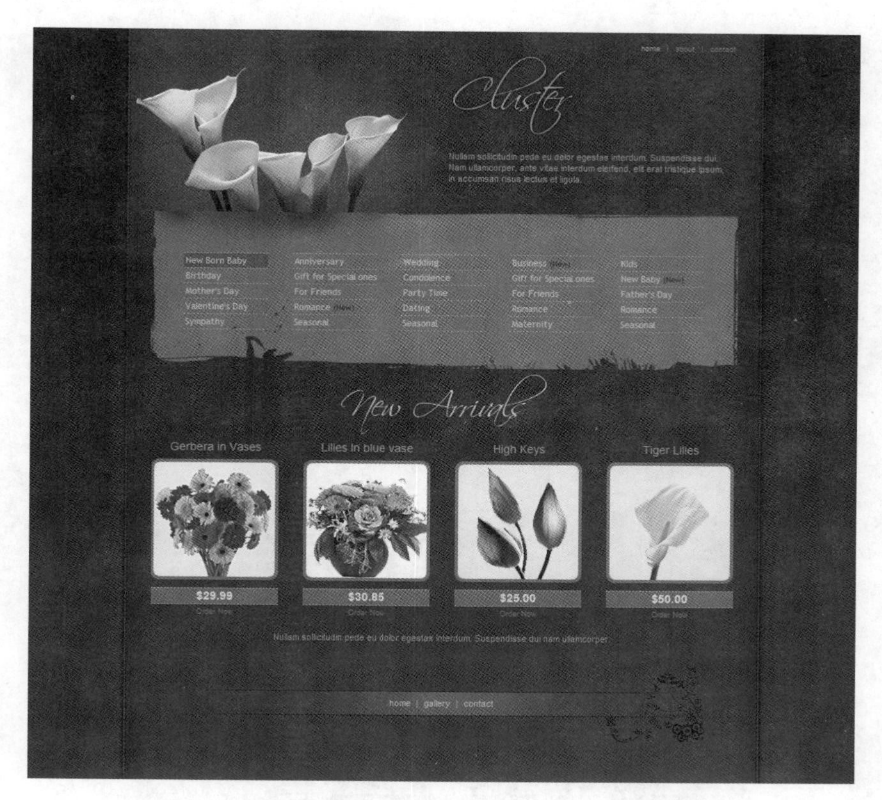

图 11-9　平铺背景图片

11.2.2　设置固定背景

在网页中，背景图片通常会随网页的滚动而一起滚动。background-attachment 属性设置背景图片是否固定或者随着页面的其余部分滚动。

基本语法：

```
background-attachment: scroll|fixed;
```

语法说明：

background-attachment 的属性值见表 11-2 所示。

表 11-2　background-attachment 的属性值

属　性　值	描　述
scroll	背景图片随对象内容滚动
fixed	当页面的其余部分滚动时，背景图片不会移动

固定背景属性一般都用于整个网页的背景图片，即 <body> 标签内容设定的背景图片。在“body 的 CSS 规则定义”对话框的“背景”类别的 Background-attachment 下拉列表中选择 fixed，即可实现页面滚动时背景图片保持固定，如图 11-10 所示。

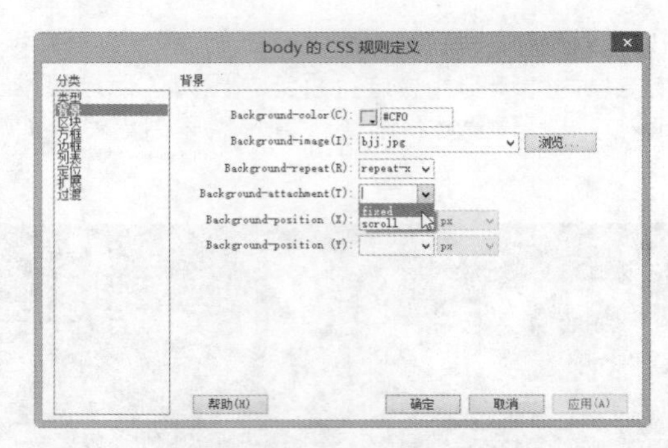

图 11-10 选择 fixed

其 CSS 代码如下：

```
.body {
  background-attachment: fixed;
}
```

固定背景属性在网站中经常用到，一般都是将一幅大的背景图片固定，在页面滚动时，网页中的内容可以浮动在背景图片的不同位置，如图 11-11 所示的网页，在浏览器中可以看到页面滚动时，背景图片仍保持固定。

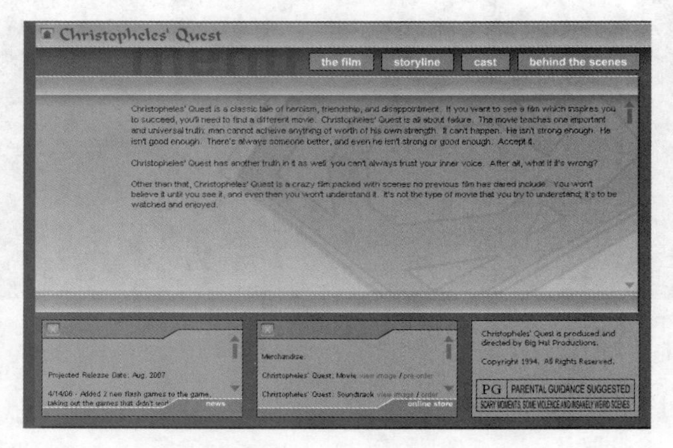

图 11-11 固定背景网页

11.2.3 设置背景定位

除了图片重复方式的设置，CSS 还提供了背景图片的定位功能。在传统的表格式布局中，即使使用图片，也没有办法提供精确到像素级的定位方式，一般是通过透明 GIF 图片来强迫图片到目标位置上的。background-position 属性设置背景图像的起始位置。

基本语法：

```
background-position: 取值；
```

语法说明：

background-position 的属性值见表 11-3 所示。

表 11-3 background-position 的属性值

属 性 值	描 述	属 性 值	描 述
background-position(X)	设置图片水平位置	background- position(Y)	设置图片垂直位置

这个属性设置背景原图片（由 background-image 定义）的位置，背景图像如果要重复，将从这一点开始。在“背景”类别中的 Background- position(X) 和 Background- position(Y) 处设置其属性，如图 11-12 所示，效果如图 11-13 所示。

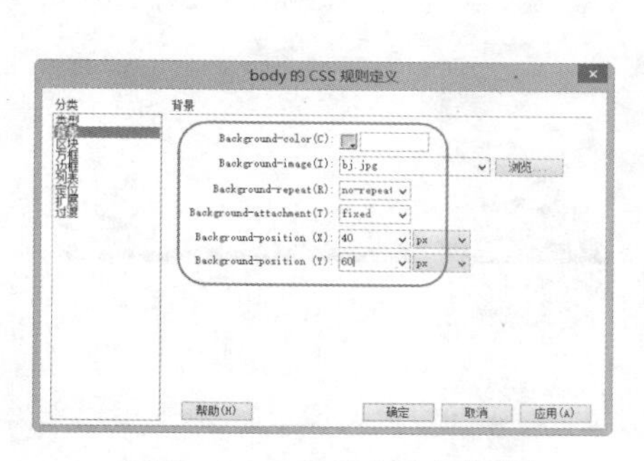

图 11-12　设置水平垂直属性

图 11-13　背景定位

其 CSS 代码如下：

```
body {
  background-attachment: fixed;
  background-image: url(bj.gif);
  background-repeat: no-repeat;
  background-position: 40px 60px;
}
```

背景图片定位功能可以用于图像和文字的混合排版中，将背景图片定位在适合的位置上，以获得最佳的效果，如图 11-14 所示的网页就是采用背景图片的定位功能对图片和文字进行混排。

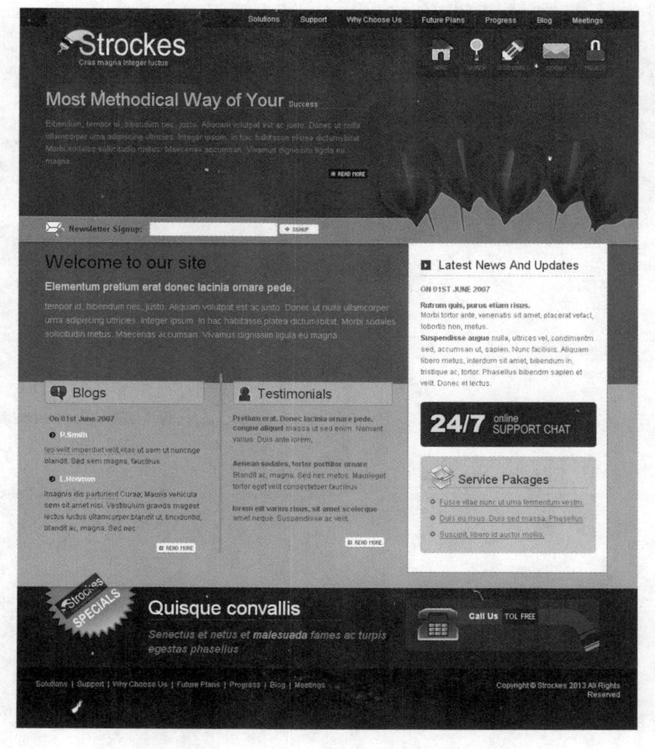

图 11-14　图片和文字混排

Background-position(X) 和 Background- position(Y) 属性的单位可以为 pixels、points、inches、em 等，也可以使用比例值来设定背景图片的位置，如图 11-15 所示。这里设置为 background-position: 50% 5%，实例效果如图 11-16 所示。

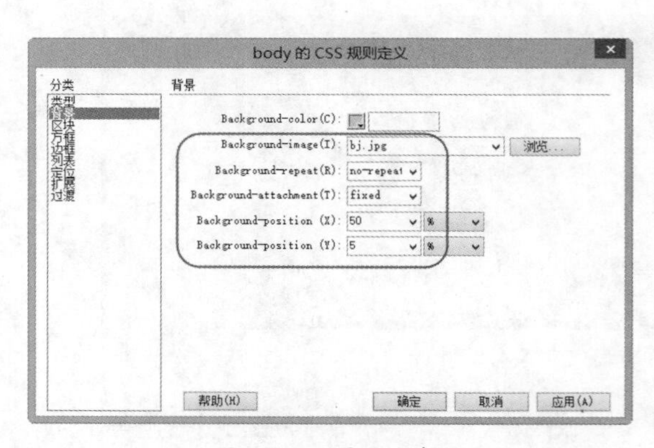

图 11-15 属性的单位

图 11-16 50% 5%

其 CSS 代码如下：

```
body {
  background-attachment: fixed;
  background-image: url(bj.gif);
  background-repeat: no-repeat;
  background-position: 50% 5%;
}
```

代码 background-position: 50% 5%; 表明背景图像在水平方向距离左侧 50%，垂直距离距离顶部 5% 的位置显示。

在背景定位属性的下拉列表中也提供了 top、center、bottom 参数值。在“背景”类别中的 Background- position(X) 和 background- position(Y) 下拉列表处可以设置这些参数，如图 11-17 所示。这里设置为 background-position: 50% center，实例效果如图 11-18 所示。

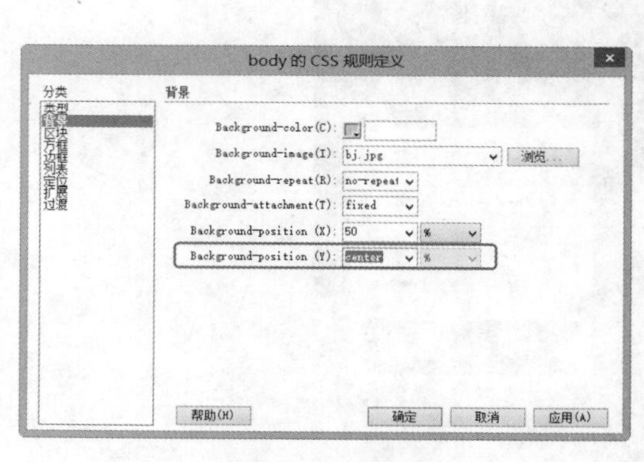

图 11-17 背景定位属性

图 11-18 50% center

其 CSS 代码如下：

```
body {
  background-attachment: fixed;
  background-image: url(bj.gif);
  background-repeat: no-repeat;
  background-position: 50% center;
}
```

11.3 设置网页图像的样式

在网页中恰当地使用图像能够充分展现网页的主题和增强网页的美感，同时能够极大地吸引浏览者的目光。网页中的图像包括 Logo、Banner、广告、按钮及各种装饰性的图标等。CSS 提供了强大的图像样式控制能力，以帮助用户设计专业、美观的网页。

11.3.1 设置图像边框

默认情况下，图像是没有边框的，通过“边框”属性可以为图像添加边框线。新建样式 #apDiv1，在“边框”分类中进行设置，如图 11-19 所示。定义图像的边框属性后，在图像四周出现了宽 4px 的实线边框，效果如图 11-20 所示。

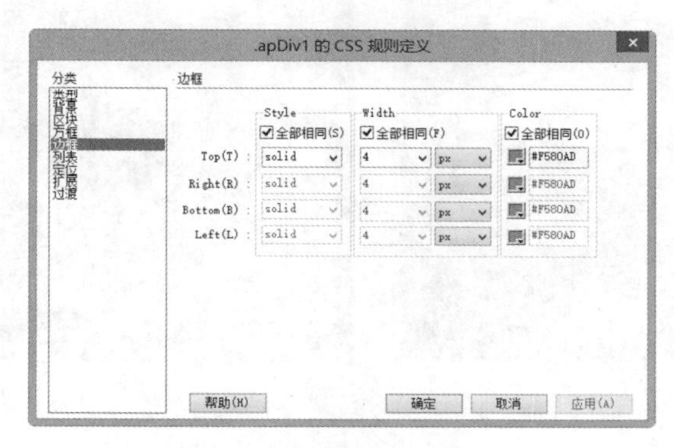

图 11-19　设置边框属性

图 11-20　图像边框效果

其 CSS 代码如下：

```
.apDiv1 {
  border: 4px solid #F580AD;
}
```

在边框分类的“样式”下拉列表中可以选择边框的样式外观。Dreamweaver 在文档窗口中将所有样式呈现为实线。取消选择“全部相同”可设置元素各个边的边框 style。Width 设置元素边框的粗细；Color 设置边框的颜色，可以分别设置每条边框的颜色。

例如设置 4px 的虚线边框，如图 11-21 所示，实际效果如图 11-22 所示。

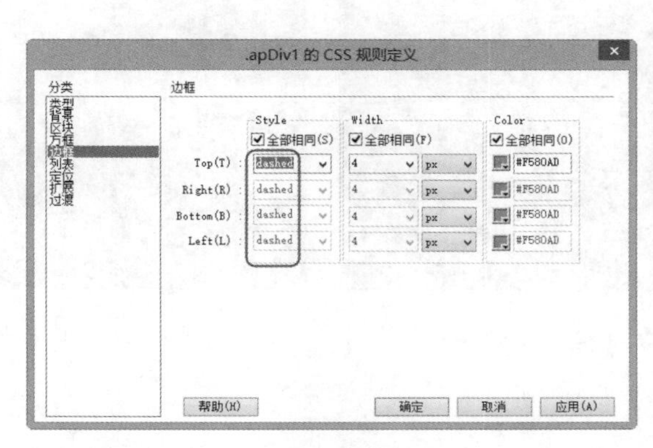

图 11-21　设置边框属性

图 11-22　虚线效果图

其CSS代码如下:

```
.apDiv1 {
  border: 4px dashed #F580AD;
}
```

通过改变边框style、width和color，可以得到下列不同效果。

01 设置border: 4px dotted #F580AD;，效果如图11-23所示。

02 设置border: 8px double #F580AD;，效果如图11-24所示。

03 设置border: 30px groove #F580AD;，效果如图11-25所示。

图11-23　点划线效果

图11-24　双线效果

图11-25　槽状效果

04 设置border:30px ridge #F580AD;，效果如图11-26所示。

05 设置border: 30px inset #F580AD;，效果如图11-27所示。

06 设置border: 30px outset #F580AD;，效果如图11-28所示。

图11-26　脊状效果

图11-27　3D凹陷效果

图11-28　3D凸出效果

如图11-29所示的网页中图片就使用了边框样式。

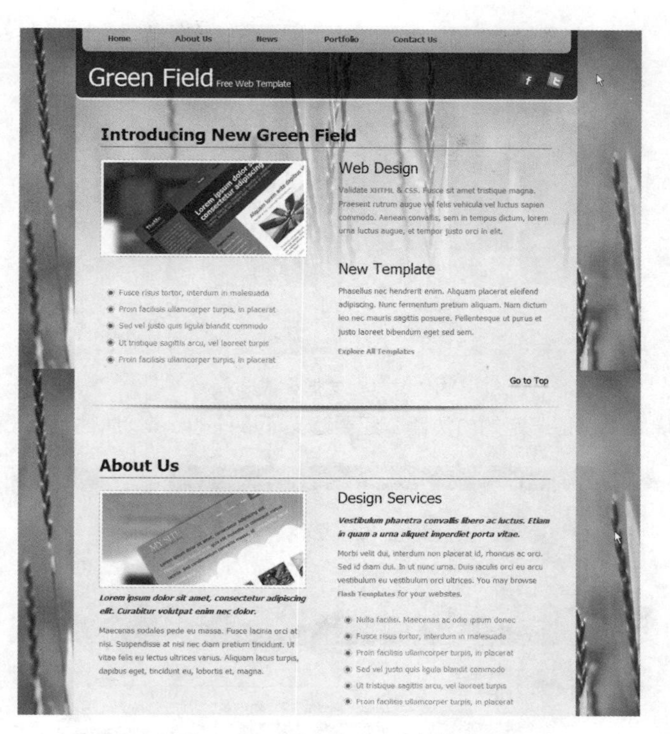

图 11-29　图片使用了边框样式

11.3.2　图文混合排版

在网页中只有文字是非常单调的，因此在段落中经常会插入图像。在网页构成的诸多要素中，图像是形成设计风格和吸引视觉的重要因素之一，如图 11-30 所示的网页就是图文混排的网页。

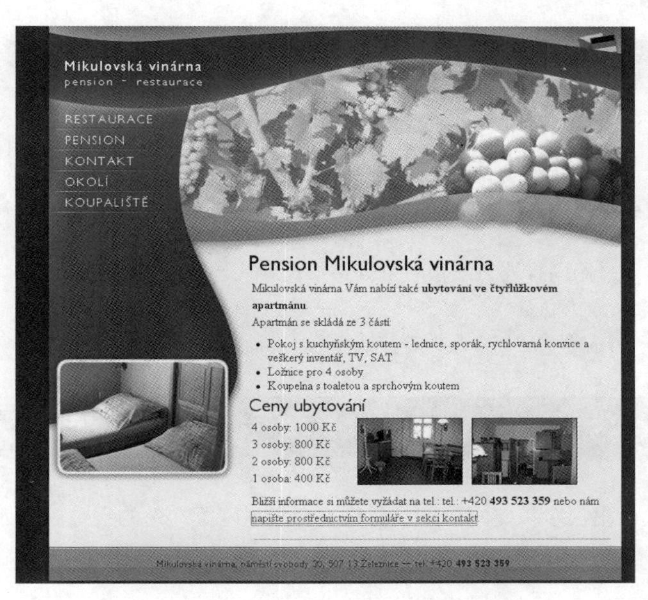

图 11-30　图文混排网页

可以先插入一个 Div 标签，然后再将图像插入 Div 对象中。新建样式 .pic，设置 Float 属性为 right，使文字内容显示在 img 对象旁边，从而实现文字环绕图像的排版效果，如图 11-31 所示。

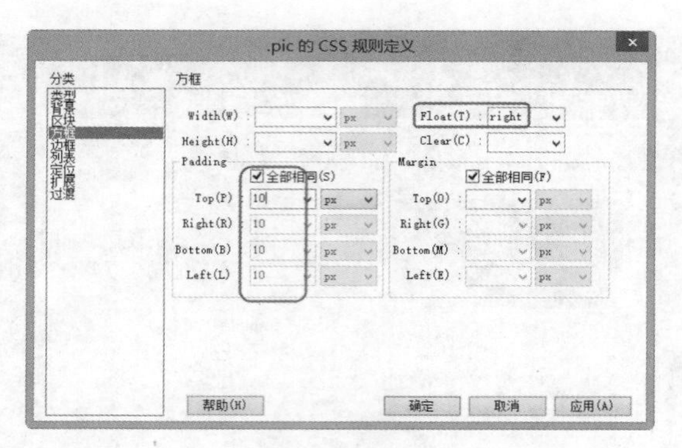

图 11-31　方框属性设置

为了使文字和图像之间保留一定的内边距，还要定义 .pic 的 Padding 属性，预览效果如图 11-32 所示。

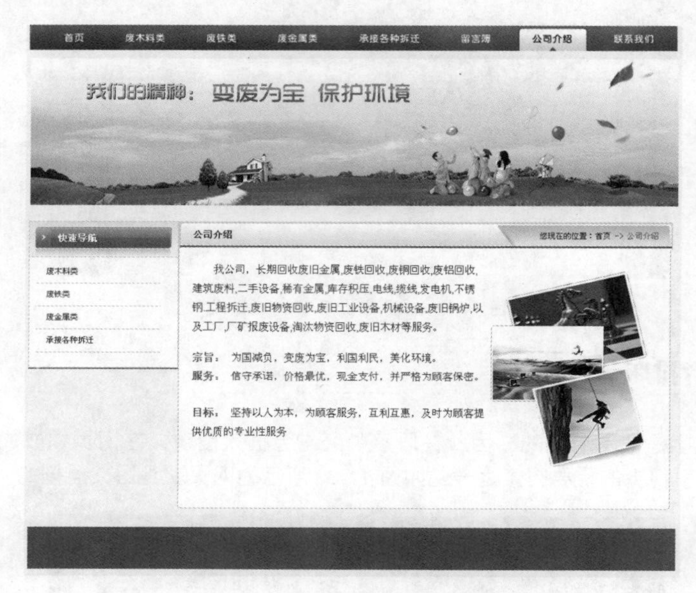

图 11-32　图像居右效果

其 CSS 代码如下：

```
.pic {float: right;
  padding: 10px;}
```

如果要使图像居左，采用同样的方法设置 float: left，其代码如下：

```
.pic {float: left;
  padding: 10px;}
```

11.4 应用 CSS 滤镜制作图像特效

应用 CSS 滤镜可以做出很多精美的效果，而且不会增加网页文件的尺寸。下面就使用这些样式设计网页图像特效。

11.4.1 控制图像和背景的透明度 (alpha)

alpha 滤镜可以设置图像或文字的不透明度。

基本语法：

```
filter:alpha（参数 1 =参数值，参数 2 =参数值，…）
```

语法说明：

alpha 滤镜的参数见表 11-4 所示。

表 11-4　alpha 属性的参数

参　数	描　述
opacity	设置对象的不透明度，取值范围为 0~100，默认值为 0，即完全透明，100 为完全不透明
finishopacity	可选项，设置对象透明渐变的结束透明度。取值范围为 0~100
style	用于指定渐进的形状，其中 0 表示无渐进，1 为直线渐进，2 为圆形渐进，3 为矩形渐进
startx	设置透明渐变开始点的水平坐标。其数值作为对象宽度的百分比值处理，默认值为 0
starty	设置透明渐变开始点的垂直坐标
finishx	设置透明渐变结束点的水平坐标
finishy	设置透明渐变结束点的垂直坐标

下面通过实例说明 alpha 滤镜的使用。

其 CSS 代码如下：

```
<style type="text/css">
<!--
.g {      filter: Alpha(Opacity=100);}
.g1 {     filter: Alpha(Opacity=70);}
.g2 {     filter: Alpha(Opacity=60);}
.g3 {     filter: Alpha(Opacity=35);}
-->
</style>
```

在网页中新建样式.g2，在“扩展”分类上的Filter下拉列表中选择Alpha，并输入参数值，如图 11-33 所示。

在代码中加粗部分的标记用来设置不透明度，图片 1 将不透明度设置为 100，图片 2 将不透明度设置为 70，图片 3 将不透明度设置为 60，图片 4 将不透明度设置为 35，在浏览器中浏览效果，如图 11-34 所示。

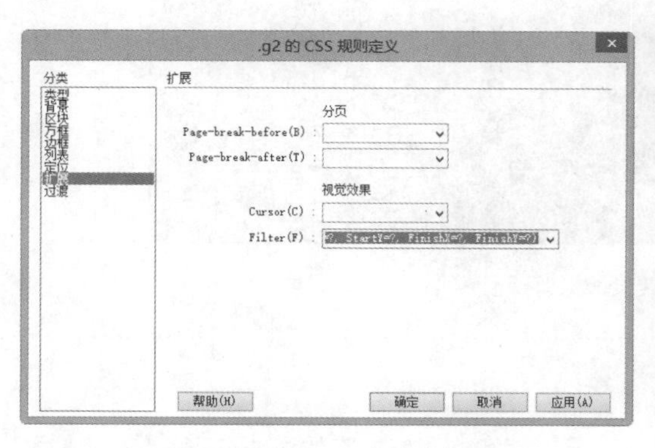

图 11-33　alpha 滤镜属性

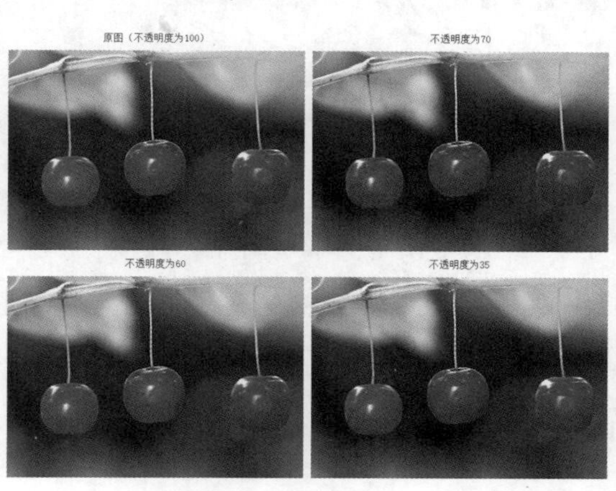

图 11-34　不透明度效果

11.4.2 灰度(Gray)

Gray 滤镜可以把一幅图片变成灰度图，它的语法如下。

```
filter: Gray;
```

新建一个样式 #apDiv1, 在“CSS 规则定义”对话框中选择“扩展”分类。在扩展面板上的 Filter 下拉列表中选择 Gray，如图 11-35 所示。

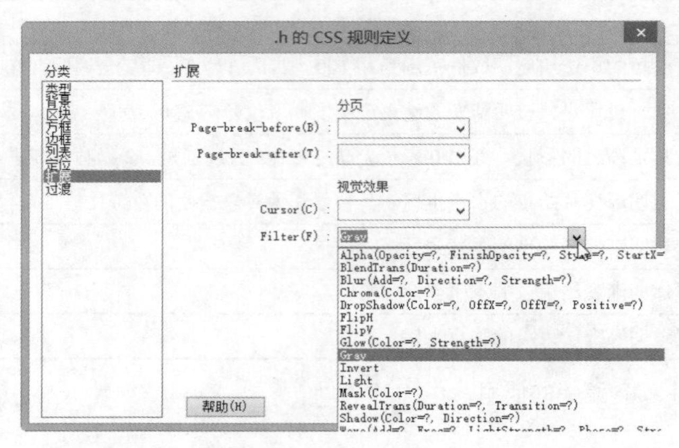

图 11-35　定义过滤器属性

其 CSS 代码如下。

```
<style type="text/css">
.h {
  filter: Gray;
}
</style>
```

样式创建成功后，即可应用样式，在浏览器中浏览效果，如图 11-36 所示。

图 11-36　灰度处理效果

11.4.3 反色(Invert)

Invert 可以把对象的可视化属性全部翻转，包括色彩、亮度值和饱和度。它的语法如下：

```
filter: Invert;
```

在扩展面板上的 Filter 下拉列表中选择 Invert 后，在浏览器中浏览效果，如图 11-37 所示。

图 11-37　反色处理效果

11.5 综合实例

前面几节学习了图像及背景的设置，下面通过一些实例来具体讲述操作步骤，以达到学以致用的目的。

综合实例 1——给图片添加边框

图像是网页中最重要的元素之一，美观的图像会为网站增添生命力，同时也加深用户对网站的印象。下面讲述图像边框的添加方法，具体操作步骤如下。

01 打开网页文档，选中图像，如图 11-38 所示。

02 新建 CSS 样式，在“.biankuang 的 CSS 规则定义”对话框中选择“边框”分类选项，在该对话框中将 Style 样式设置为 solid，Width 设置为 thin，Color 设置为 #169129，如图 11-39 所示。

图 11-38　插入图像

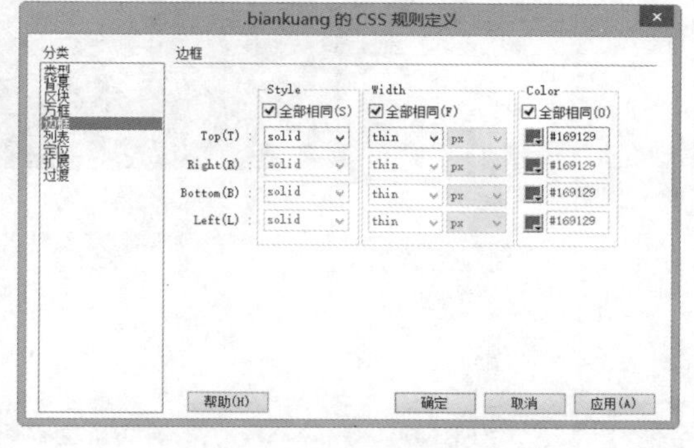

图 11-39　设置边框属性

```
<style type="text/css">
.biankuang {border: thin solid #169129;}
</style>
```

03 打开属性面板，单击面板中的“目标规则”文本框，在弹出的下拉列表中选择新建的样式，如图 11-40 所示。

04 应用样式后，可以清晰地看到图像的线框，预览效果如图 11-41 所示。

图 11-40　应用样式

图 11-41　效果图

综合实例 2——鼠标移到图片上时产生渐变效果

下面利用alpha滤镜设置图像的透明度，从而制作鼠标指针移上时图片渐变的效果，具体操作步骤如下:

01 打开 HTML 文档，在 <head> 与 </head> 之间相应的位置输入以下代码，如图 11-42 所示。

```
<style type="text/css">
.highlightit img{
filter:progid:DXImageTransform.Microsoft.Alpha(opacity=60);
-moz-opacity: 0.5;
}
.highlightit:hover img{
filter:progid:DXImageTransform.Microsoft.Alpha(opacity=100);
-moz-opacity: 1;
}
</style>
```

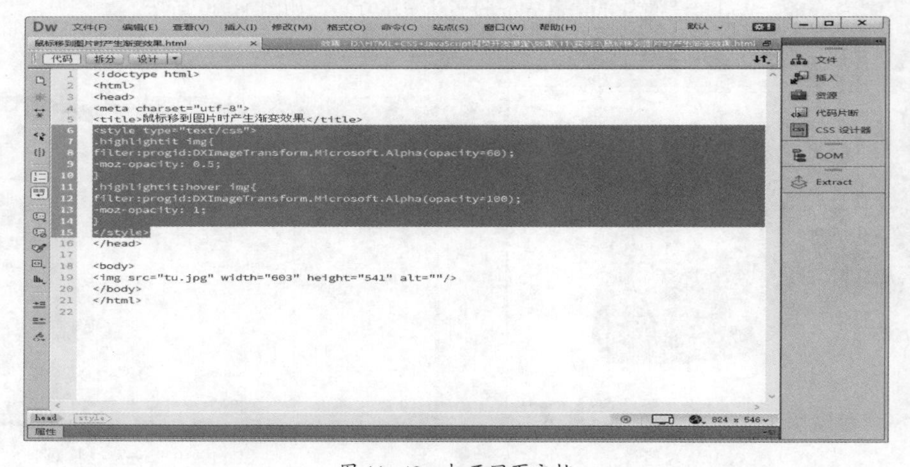

图 11-42　打开网页文档

提示

首先利用 Alpha(opacity=60) 定义原始图片的不透明度为 60，然后利用 Alpha(opacity=100) 定义激活图片时的不透明度为 100。

02 在图片标记的前面输入代码 <a href="http://www.one.com/" class="highlightit">，在图片标记的后面输入代码 </a>，如图 11-43 所示。

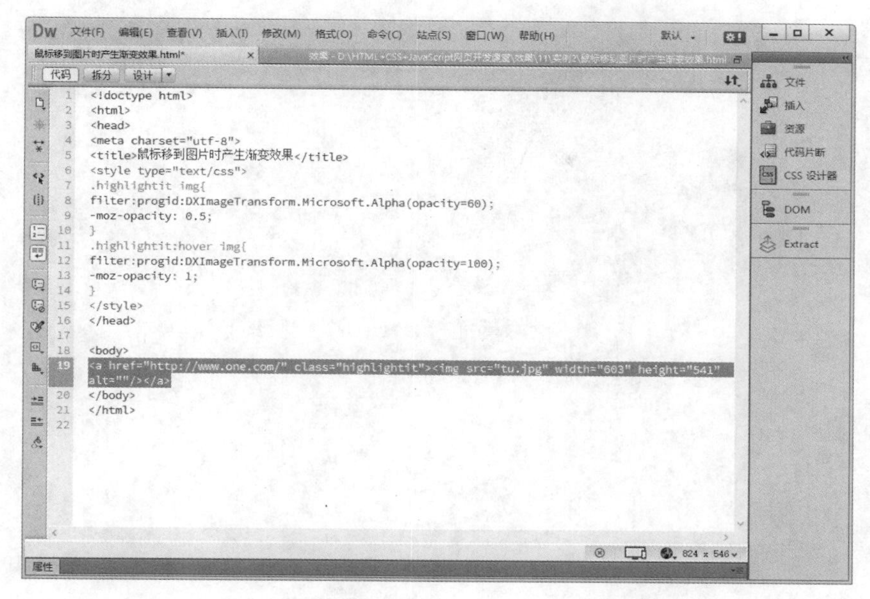

图 11-43　输入代码

提示

对图片应用样式 highlightit。

03 保存文档，在浏览器中浏览效果，如图 11-44 所示。

图 11-44　鼠标指针移上时图片渐变的效果

11.6　本章小结

Web 浏览器端的特效越来越让人兴奋，通过 CSS 各种意想不到的绚丽效果都能用简单的几句代码完成。本章主要介绍 CSS 设置图像和背景图片的方法。通过对本章的学习，可以利用 CSS 制作出各种特效图像，使网页更加美观、生动，内容更丰富。

第12章

设计更富灵活性的表格和表单

本章导读

表格是网页设计制作时不可缺少的重要元素，它以简洁明了、高效快捷的方式将数据、文本、图像、表单等元素有序地显示在页面上，从而设计出版式漂亮的页面。它归根到底是一种显示数据的方式，表单是浏览者与网站之间实现交互的工具，几乎所有的网站都离不开表单。表单可以把用户信息提交给服务器，服务器根据表单处理程序再将这些数据进行处理并反馈给用户，从而实现用户与网站之间的交互。

技术要点：

- 网页中的表格
- 网页中的表单
- 综合实例——制作变换背景色的表格
- 综合实例——设计文本框的样式

实例展示

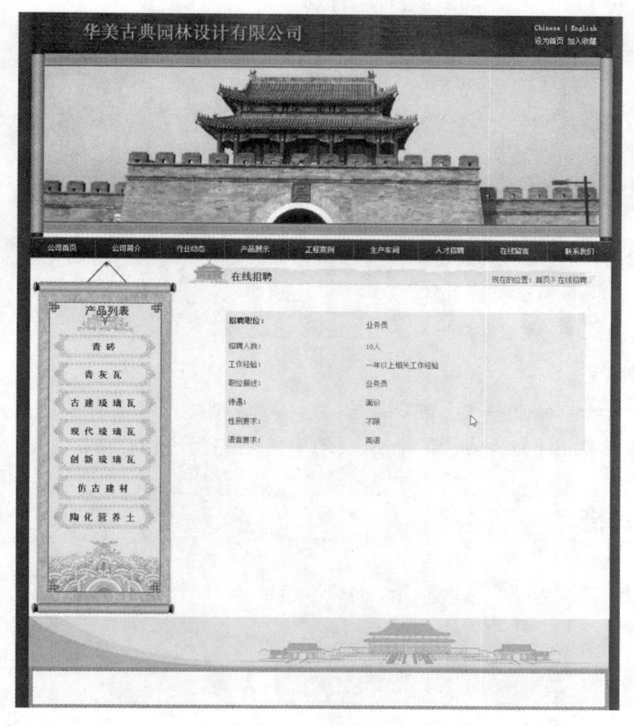

制作变换背景色的表格

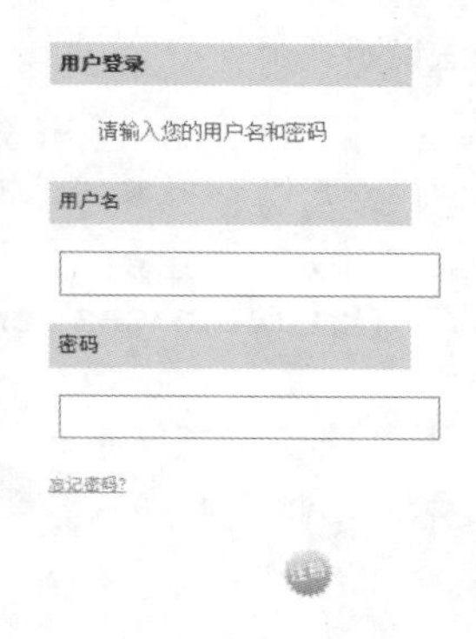

设计文本框的样式

12.1 网页中的表格

表格是网页中对文本和图像布局的强有力工具。一个表格通常由行、列和单元格组成，每行由一个或多个单元格组成。表格中的横向称为“行”，表格中的纵向称为“列”，表格中一行与一列相交所产生的区域称为“单元格”。

12.1.1　表格对象标记

表格由行、列和单元格 3 部分组成，如图 12-1 所示。表格的行、列和单元格都可以进行复制、粘贴，在表格中还可以插入表格，表格嵌套使设计更加方便。

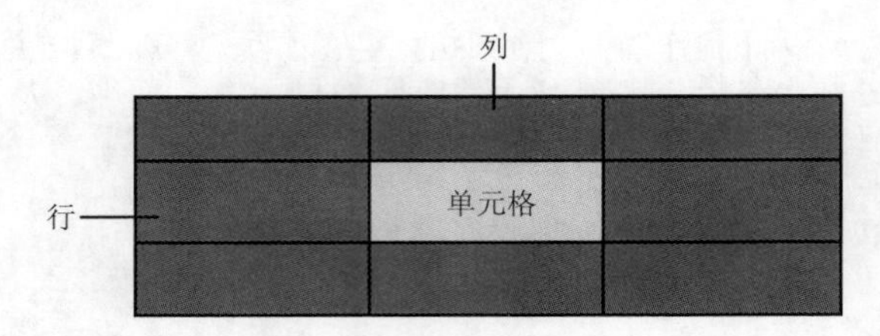

图 12-1　表格的基本组成

- 行：表格中的水平间隔。
- 列：表格中的垂直间隔。
- 单元格：表格中一行与一列相交所产生的区域。

表格一般通过 3 个标记来创建，分别是表格标记 table、行标记 tr 和单元格标记 td。表格的其他各种属性都要在表格的开始标记 <table> 和表格的结束标记 </table> 之间才有效。

基本语法：

```
<table>
<tr>
<td> 单元格中的文字 </td>
<td> 单元格中的文字 </td>
</tr>
<tr>
<td> 单元格中的文字 </td>
<td> 单元格中的文字 </td>
</tr>
</table>
```

语法说明：

<table> 标记和 </table> 标记分别表示表格的开始和结束，而 <tr> 和 </tr> 则分别表示行的开始和结束，在表格中包含几组 <tr>…</tr>，就表示该表格为几行，<td> 和 </td> 表示单元格的起始和结束。

12.1.2　在 Dreamweaver 中插入表格

在网页中插入表格很简单，如图 12-2 所示为 5 行 4 列的表格，HTML 代码如下所示。

```
<table width="80%">
  <tbody>
    <tr>
      <td> </td>
      <td> </td>
      <td> </td>
      <td> </td>
    </tr>
    <tr>
      <td> </td>
      <td> </td>
      <td> </td>
      <td> </td>
    </tr>
    <tr>
      <td> </td>
      <td> </td>
      <td> </td>
      <td> </td>
    </tr>
```

```
      <tr>
        <td> </td>
        <td> </td>
        <td> </td>
        <td> </td>
      </tr>
      <tr>
        <td> </td>
        <td> </td>
        <td> </td>
        <td> </td>
      </tr>
    </tbody>
  </table>
```

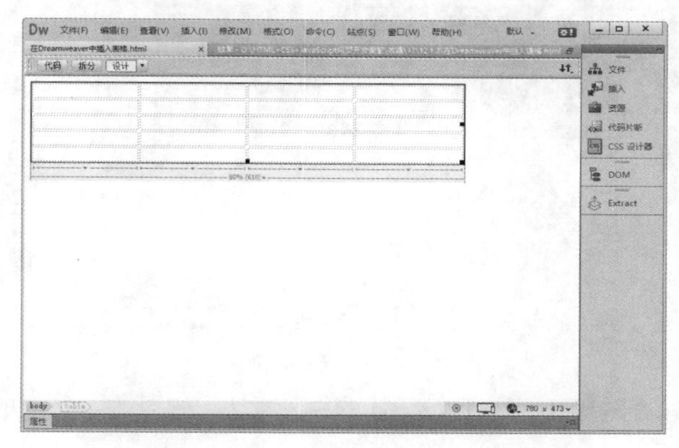

图 12-2　插入表格

此外表格还有 caption、tbody、thead 和 th 标记。

- caption：可以通过 <caption> 来设置标题单元格，一个 <table> 表格只能含有一个 <caption> 标记定义表格标题。
- tbody：用于定义表格的内容区，如果一个表格由多个内容区构成，可以使用多个 tbody 组合。
- thead 和 th：thead 用于定义表格的页眉，th 定义页眉的单元格，通过适当地标出表格的页眉可以使表格更加有意义。

12.1.3　设置表格的颜色

表格的颜色设置比较简单，通过 color 属性设置表格中文字的颜色，通过 background 属性设置表格的背景颜色等。如下所示的 CSS 代码定义了表格的颜色。

```
<style>
<!--
body{
  background-color: #FDF5FE;          /* 页面背景色 */
  margin:0px; padding:5px;
  text-align:center;                  /* 居中对齐（IE 有效） */
}
.datalist{
  color: #FFFF00;                     /* 表格文字颜色 */
  background-color: #CC6600;          /* 表格背景色 */
  font-family: Arial;                 /* 表格字体 */
}
.datalist caption{
  font-size:19px;                     /* 标题文字大小 */
```

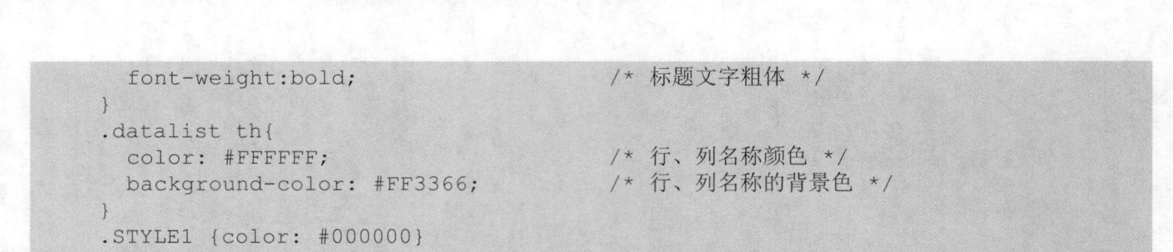

```
    font-weight:bold;                       /* 标题文字粗体 */
  }
  .datalist th{
    color: #FFFFFF;                         /* 行、列名称颜色 */
    background-color: #FF3366;              /* 行、列名称的背景色 */
  }
  .STYLE1 {color: #000000}
  -->
  </style>
```

在浏览器中浏览效果，如图 12-3 所示。

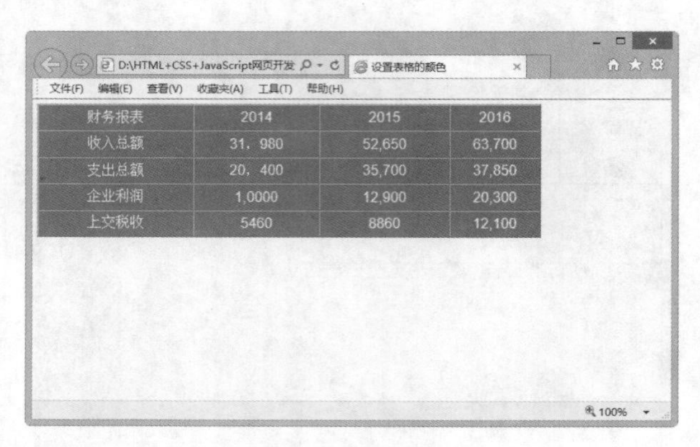

财务报表	2014	2015	2016
收入总额	31，980	52,650	63,700
支出总额	20，400	35,700	37,850
企业利润	1,0000	12,900	20,300
上交税收	5460	8860	12,100

图 12-3　表格颜色

在网页中，利用表格的背景颜色可以区分不同的栏目板块，如图 12-4 所示的网页中利用设置表格的背景颜色来区分不同的栏目。

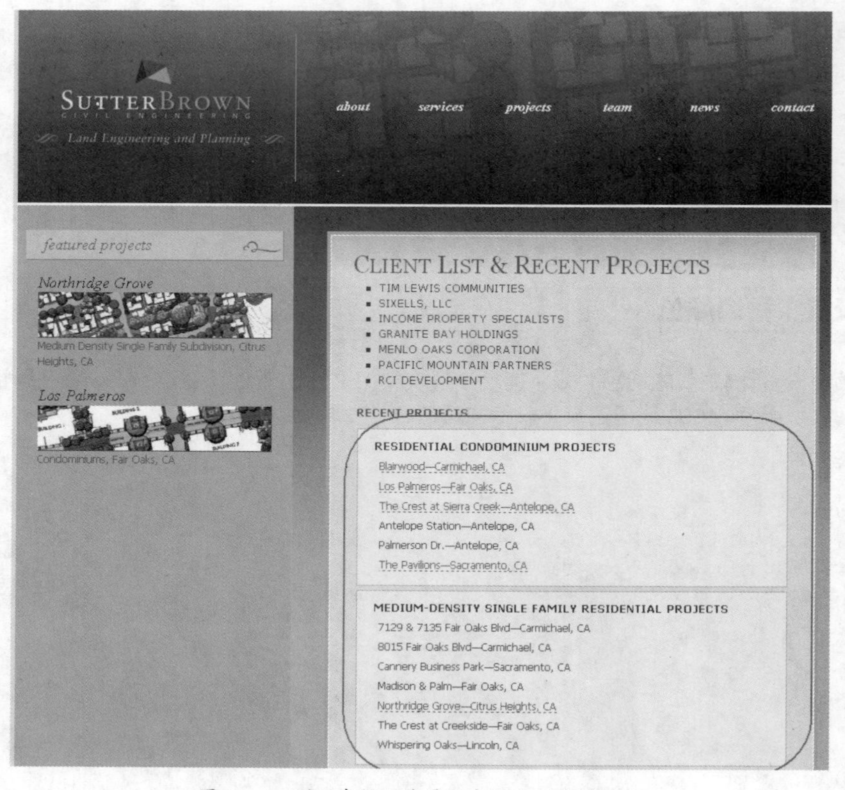

图 12-4　利用表格的背景颜色区分不同的栏目

12.1.4　设置表格的边框样式

边框作为表格的分界，在显示时往往必不可少。根据不同的需求，可以对表格和单元格应用不同的边框。可以定义整个表格的边框，也可以对单独的单元格分别进行定义。CSS 的边框属性是美化表格的一个关键元素，利用 CSS 可以定义各种边框样式。

对于需要重复使用的样式都是使用类（class）选择符来定义样式的。类选择符可以在同一页面中重复使用，大大提高了设计效率，简化了 CSS 代码的复杂性，在实际的网页设计中类样式的应用非常普遍。

在“CSS 规则定义”对话框的“边框”分类中进行设置，如图 12-5 所示，把 Style 设置为 solid，Width 设置为 1，olor”设置为 #0000FF，在浏览器中浏览效果，如图 12-6 所示。

```
<style type="text/css">
.bottomborder {
  border: 1px solid #0000FF;
}
</style>
```

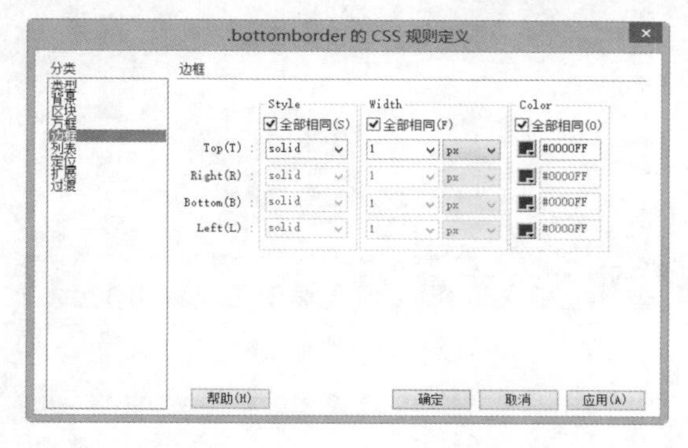

图 12-5　把“样式”设置为 solid

图 12-6　实线表格

此外还可以制作虚线表格，只要在“CSS 规则定义”对话框中的“边框”分类中设置即可，如图 12-7 所示，把 Style 设置为 dashed，在浏览器中浏览效果，如图 12-8 所示。

```
<style type="text/css">
.bottomborder {
  border: 1px dashed #0000FF;
}
</style>
```

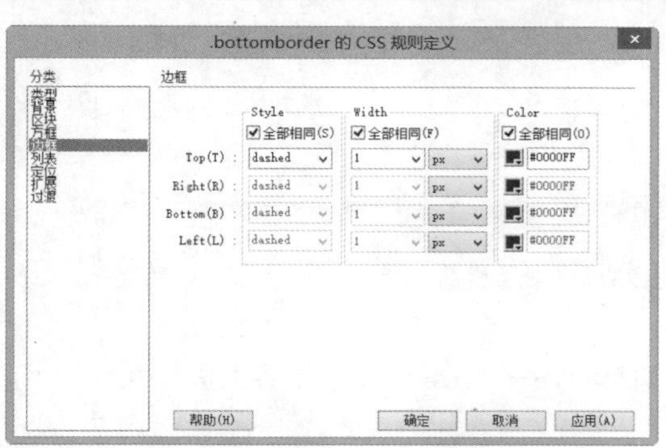

图 12-7　把“样式”设置为 dashed

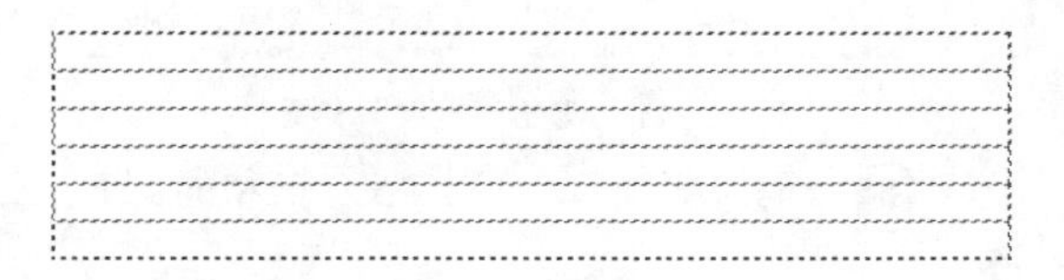

图 12-8　虚线表格

在网页中有许多虚线和圆角表格，可以起到很好的修饰作用，如图 12-9 和图 12-10 所示。

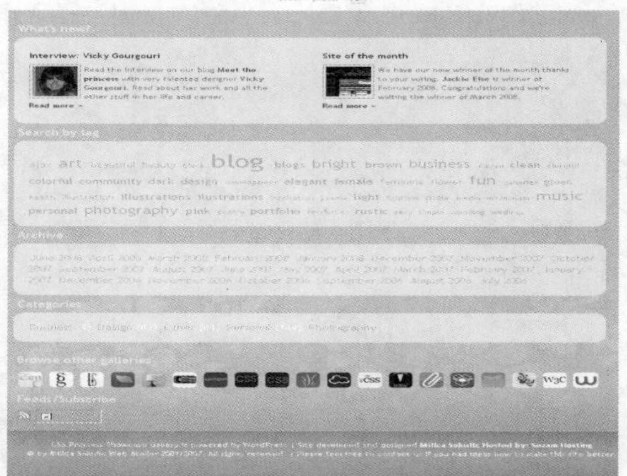

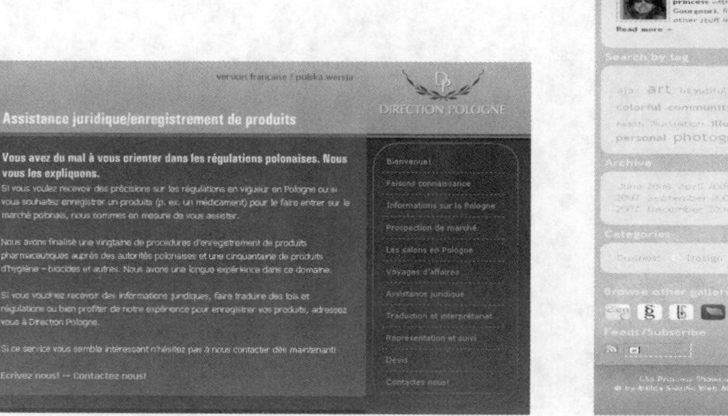

图 12-9　虚线表格

图 12-10　圆角表格

12.1.5　设置表格的阴影

利用 CSS 可以给表格制作阴影效果，新建一个样式 .boldtable，在“CSS 规则定义”对话框中选择“边框”分类，设置如图 12-11 所示。将样式应用于表格，如图 12-12 所示。

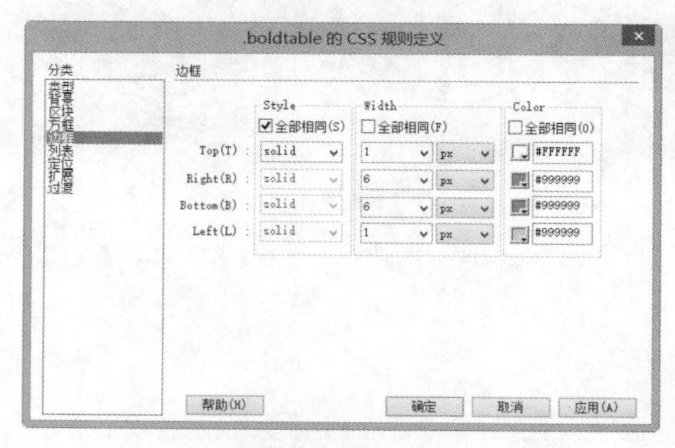

图 12-11　设置“边框”样式

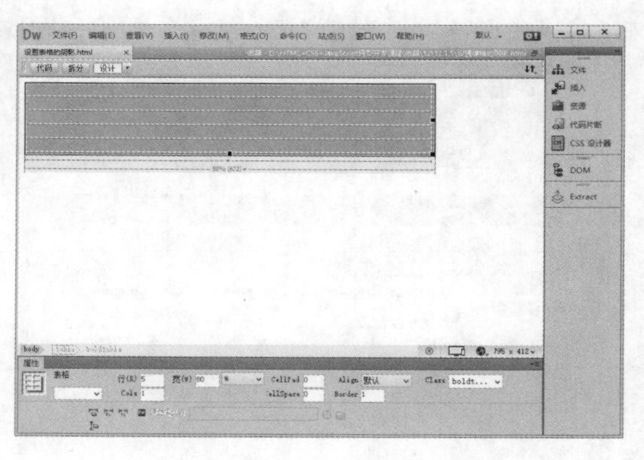

图 12-12　将样式应用于表格

其 CSS 代码如下所示，分别定义了表格的上下左右边框的 color、style 和 width，在浏览器中浏览效果，如图 12-13 所示。

```
<style type="text/css">
.boldtable {border-top: 1px solid #FFFFFF;
  border-right: 6px solid #999999;
  border-bottom: 6px solid #999999;
  border-left: 1px solid #999999;}
</style>
```

上面表格的阴影没有渐变，要制作比较生动的阴影效果还要依赖 CSS 滤镜。其 CSS 代码如下所示。

```
    .bj {
    filter:progid:DXImageTransform.microsoft.Shadow(Color=#cccccc,
irection=120,strength=8);
    }
```

将上述样式应用到表格后，效果如图 12-14 所示。

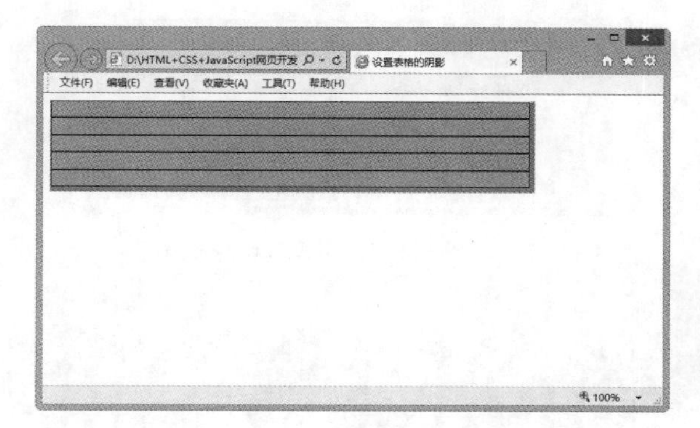

图 12−13　阴影表格

图 12−14　阴影表格

在网页中阴影表格比较常见，如图 12-15 所示的网页整个外部使用一个大的阴影表格。

图 12−15　阴影表格

12.1.6　设置表格的渐变背景

表格的渐变背景具体制作步骤如下。

01 新建一个名称为 .bj 的样式表文件，在“CSS 规则定义”对话框中选择“背景”选项，设置 Background-colo 为 #FF0066，如图 12-16 所示。

02 选择“扩展”分类选项，在 Filter 中选择 Alpha(Opacity=25, FinishOpacity=100, Style=1, StartX=80, StartY=80, FinishX=0, FinishY=0)，如图 12-17 所示。

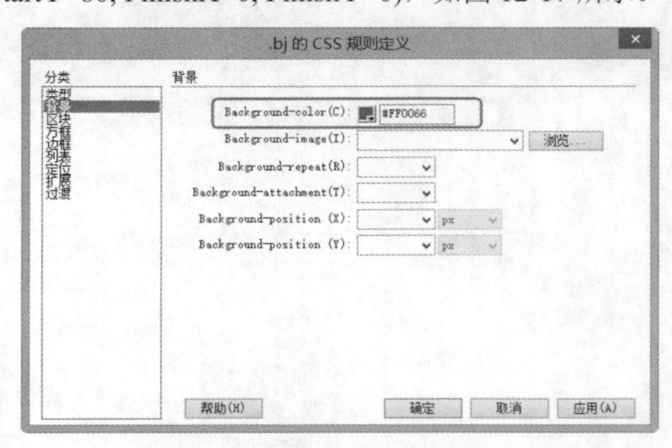

图 12-16　设置 background-colo

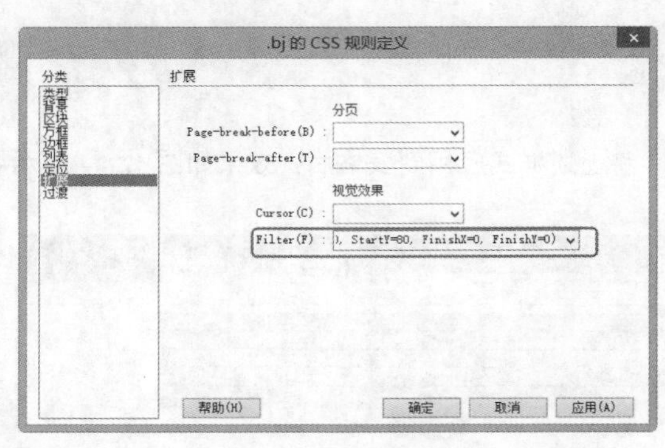

图 12-17　设置 Filter

其 CSS 代码如下所示。

```
.bj {
  background-color: #FF0066;
  filter: Alpha(Opacity=25, FinishOpacity=100, Style=1, StartX=80,
 StartY=80, FinishX=, FinishY=);
}
```

03 将所建的样式应用于表格中的单元格，效果如图 12-18 所示。

04 当将 style=1 修改为 2 时，效果如图 12-19 所示。

图 12-18　渐变背景

图 12-19　渐变背景

在网页中渐变背景经常用到，如图 12-20 所示的网页中就采用了表格的渐变背景。

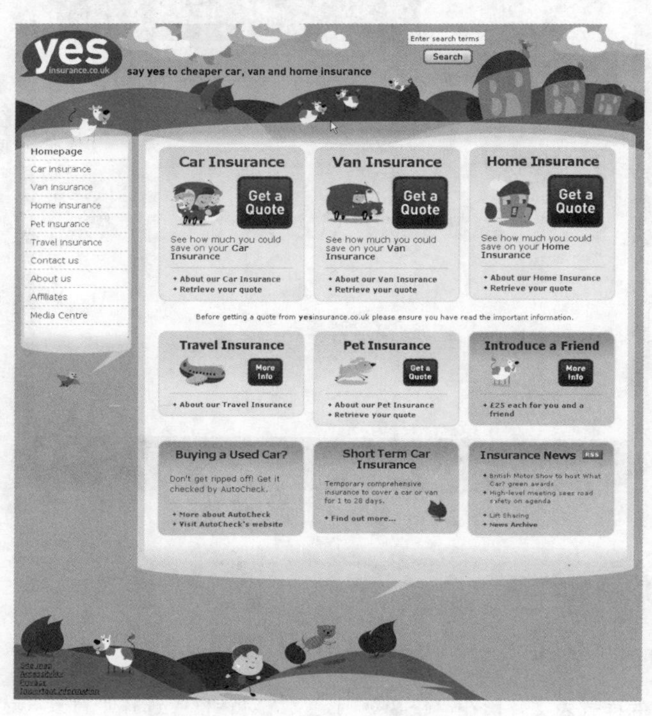

图 12-20　表格的渐变背景

12.2 网页中的表单

表单可以与站点的访问者进行交互，或收集信息，然后提交至服务器进行处理，表单中可以包含各种表单对象。

12.2.1 表单对象

在网页中插入的表单对象包括文本字段、复选框、单选按钮、提交按钮、重置按钮和图像域等。在 HTML 表单中，input 标记是最常用的表单标记，包括常见的文本字段和按钮都采用这个标记。

基本语法：

```
<form>
<input type=" 表单对象 " name=" 表单对象的名称 ">
</form>
```

在该语法中，name 是为了便于程序对不同表单对象的区分，type 则确定了这一个表单对象的类型。type 所包含的属性值见表 12-1 所示。

表 12-1　type 所包含的属性值

属　性　值	说　明	属　性　值	说　明
text	文本字段	submit	提交按钮
password	密码域	reset	重置按钮
radio	单选按钮	image	图像域
checkbox	复选框	hidden	隐藏域
button	普通按钮	file	文件域

12.2.2 表单标记

表单由两个重要部分组成，一是在页面中看到的表单界面，二是处理表单数据的程序，它可以是客户端应用程序，也可以是服务器端的程序。

在网页中 <form></form> 标记对用来创建一个表单，即定义表单的开始和结束位置，在标记对之间的一切都属于表单的内容。在表单的 <form> 标记中，可以设置表单的基本属性，包括表单的名称、处理程序和传送方法等。一般情况下，表单的处理程序 action 和传送方法 method 是必不可少的参数。

基本语法：

```
<form action=" 表单的处理程序 "  method=" 传送方法 " name=" 表单名称 " target=" 目标窗口的打开方式 ">
……
</form>
```

语法说明：

表单的处理程序是表单要提交的地址，也就是表单中收集到的资料将要传递的程序地址。该地址可以是绝对地址，也可以是相对地址，还可以是一些其他形式的地址。

传送方法的值只有两种即 get 和 post。

目标窗口的打开方式有 4 个选项：_blank、_parent、_self 和 _top。其中 _blank 为将链接的文件载入一个未命名的新浏览器窗口中；_parent 为将链接的文件载入含有该链接框架的父框架集或父窗口中；_self

为将链接的文件载入该链接所在的同一框架或窗口中；_top 为在整个浏览器窗口中载入所链接的文件，因而会删除所有框架。

如图 12-21 所示为网页中的表单。

图 12-21　网页中的表单

12.2.3　设置边框样式

表单对象支持边框属性，边框属性提供了 10 多种样式，通过设置边框的样式、宽度和颜色，可以获得各种不同的效果。下面通过实例讲述边框样式的设置，具体操作步骤如下。

01 新建一个 .formstyle 样式，在“边框”分类列表中设置边框的 style、width 和 color，如图 12-22 所示。

02 单击“确定”按钮，其 CSS 代码如下所示。

```
    .formstyle {
      border: 1px solid #EF0F13;
    }
```

03 选中要应用样式的表单元素，这里选择“联系人”文本框，打开属性面板，在面板中的“类”下拉列表中选择样式 .formstyle，即可应用该样式，如图 12-23 所示。

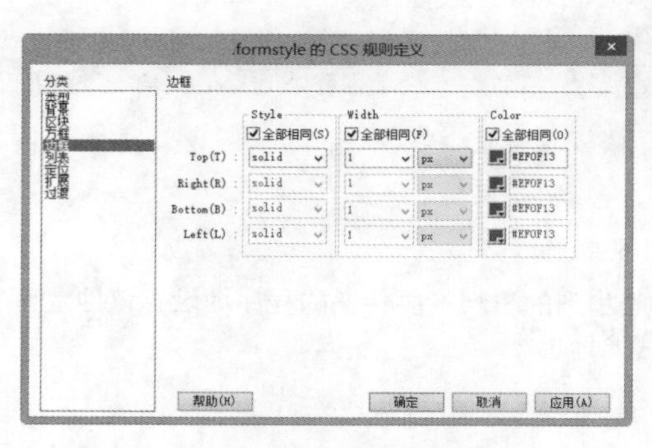

图 12-22　设置边框样式

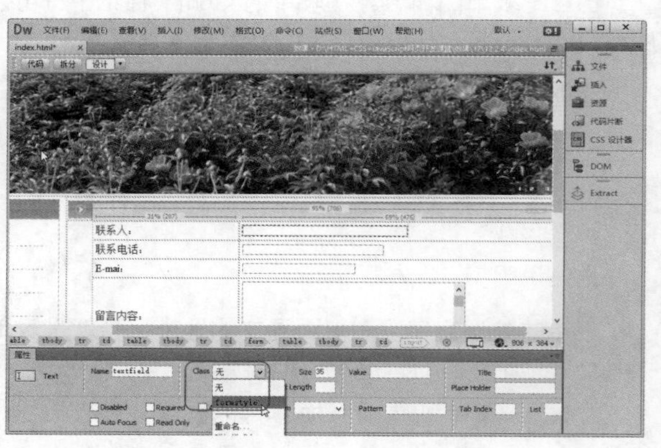

图 12-23　对文本框应用样式

04 同理，继续定义其他的表单对象的样式，在浏览器中浏览效果，如图 12-24 所示。

05 前面定义了表单元素边框的样式为实线，下面在“CSS 规则定义”对话框的“边框”分类选项中，定义表单对象的边框样式为虚线，如图 12-25 所示。

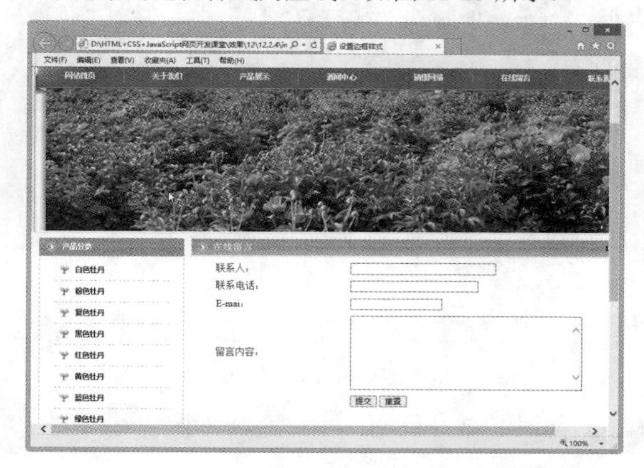

图 12-24　定义其他表单对象的样式

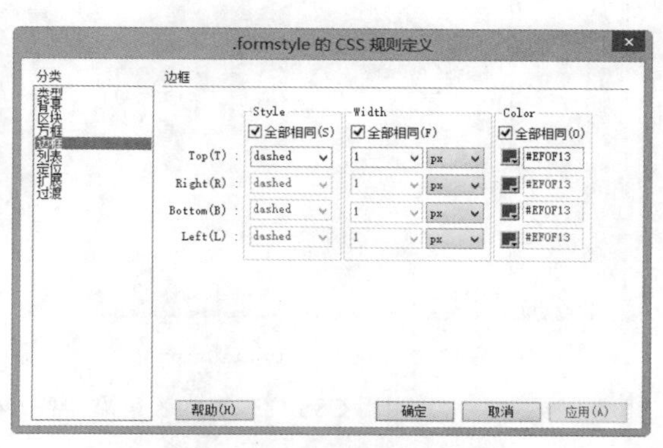

图 12-25　定义边框样式为虚线

06 单击“确定”按钮，其 CSS 代码如下所示。

```
.formstyle {
  border: 1px dashed#EF0F13;
}
```

07 重新对表单对象应用样式后，在浏览器中浏览效果，如图 12-26 所示。

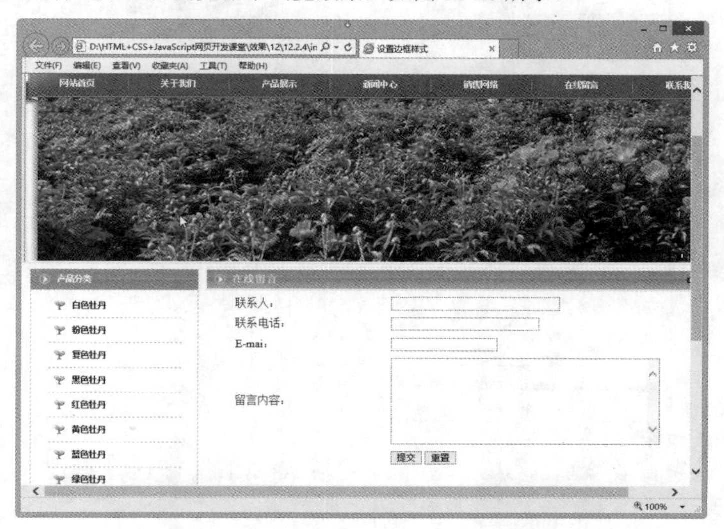

图 12-26　边框样式为虚线

08 在边框属性应用中，还可以定义 bottom 为 1px，其他边框为 0px，具体设置如图 12-27 所示。

09 单击“确定”按钮，其 CSS 代码如下所示。

```
.formstyle {
  border-top: 0px dashed #EF0F13;
  border-right: 0px dashed #EF0F13;
  border-bottom: 1px dashed #EF0F13;
  border-left: 0px dashed #EF0F13;
}
```

将此样式应用于表单对象，在浏览器中浏览效果，如图 12-28 所示。

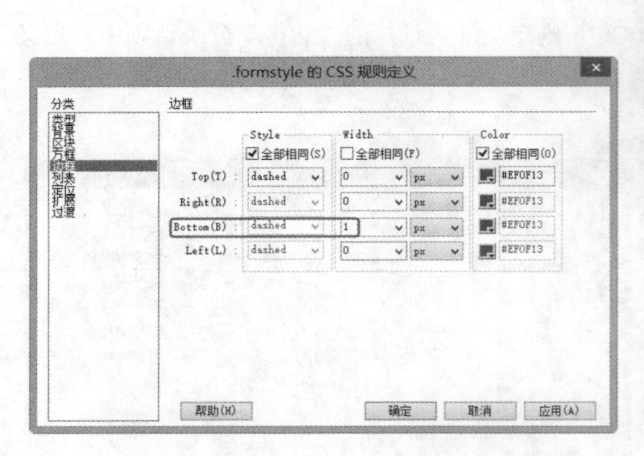

图 12-27　定义 bottom 为 1px

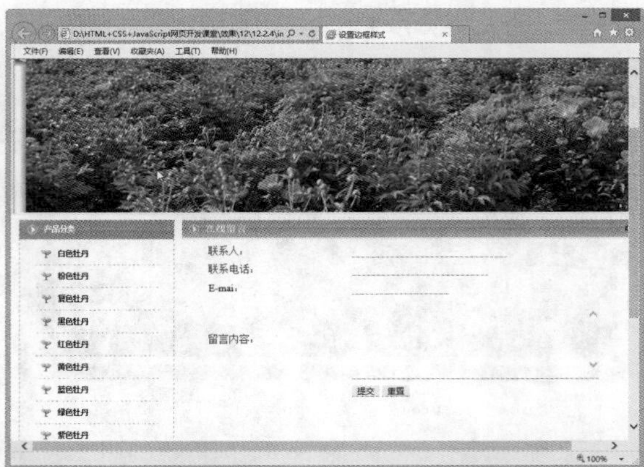

图 12-28　定义 bottom 为 1px 的效果

10 在网页中，常常利用 CSS 样式表为表单添加各种样式，如图 12-29 所示。

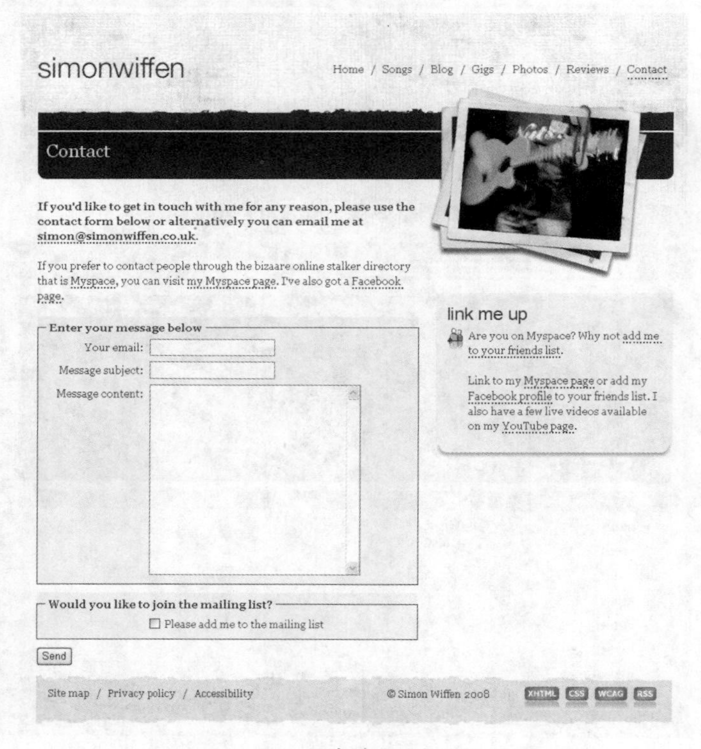

图 12-29　为表单添加各种样式

12.2.4　设置背景样式

可以设置表单对象的背景颜色和背景图像，如图 12-30 所示，在“背景”分类中可以设置 Background-color 为 #F9F。在浏览器中浏览效果，如图 12-31 所示。

其 CSS 代码如下所示。

```
.formstyle {
  border: 1px solid #F03;
  background-color: #F9F;
}
```

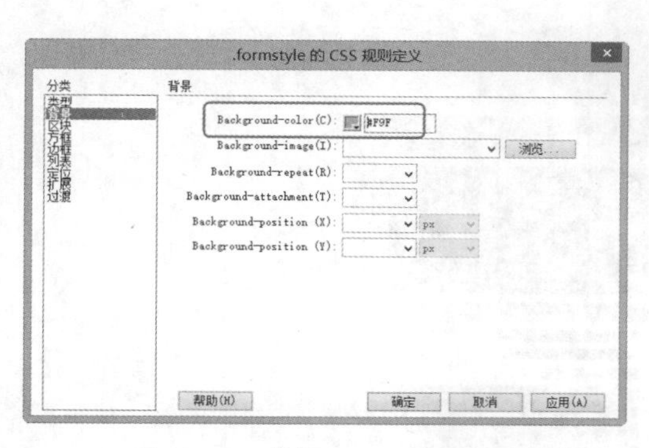

图 12-30　设置 Background-color

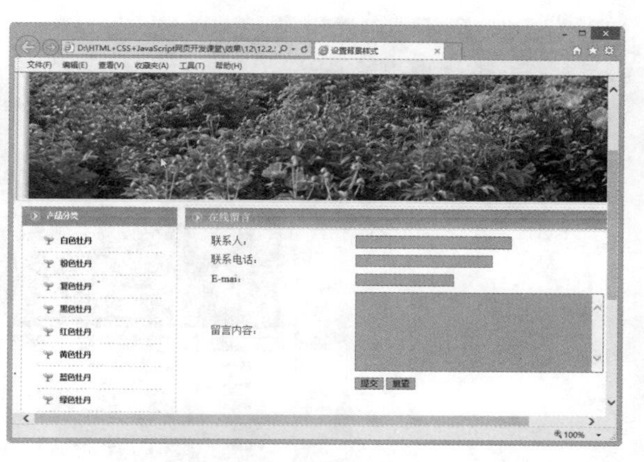

图 12-31　设置 Background-color 的效果

由于背景颜色比较单一，还可以设置为更生动的背景图像效果，具体操作步骤如下。

01 首先制作或从网上找到一个背景图像文件，命名为 bj.jpg，如图 12-32 所示。

图 12-32　背景图像

02 打开上一节创建的网页，打开“属性”面板，在面板中的“目标规则”文本框中选择新建的 .formstyle 样式，单击“编辑规则”按钮，如图 12-33 所示，打开“CSS 规则定义”对话框，在该对话框中选择“背景”分类，设置 Background-image 为 beijing1.jpg，如图 12-34 所示。

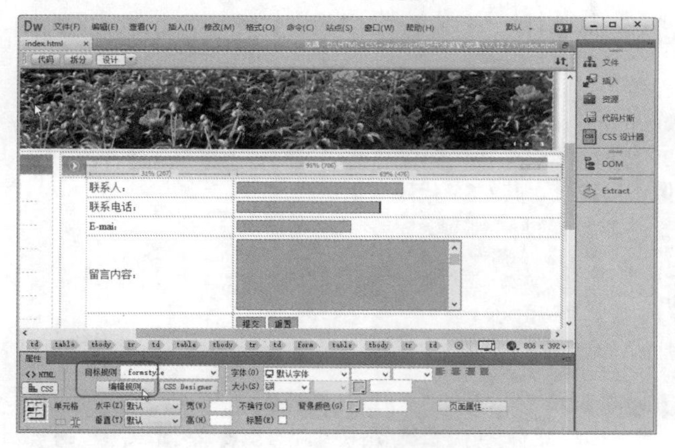

图 12-33　单击“编辑规则”按钮

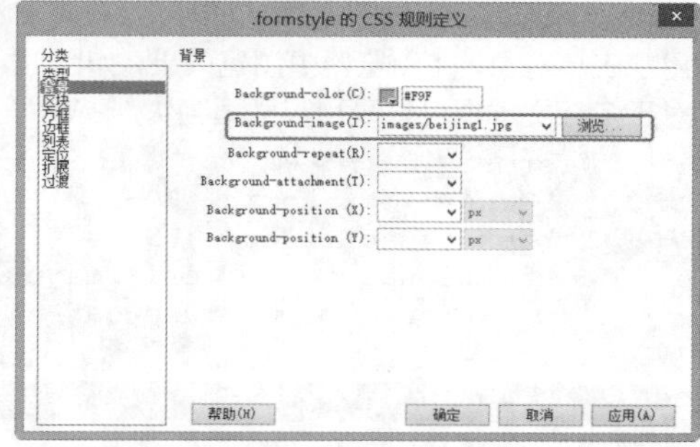

图 12-34　设置背景图像

03 单击“确定”按钮，其 CSS 代码如下所示，在浏览器中浏览网页效果，如图 12-35 所示。

```
.formstyle {
  border: 1px solid #F03;
  background-color: #F9F;
  background-image: url(images/beijing1.jpg);
}
```

04 在“CSS 规则定义”对话框中可以设置 Background-repeat 为 no-repeat，如图 12-36 所示，将此样式表应用于表单对象，在浏览器中浏览效果，如图 12-37 所示。其 CSS 代码如下。

```
.formstyle {
```

```
  border: 1px solid #F03;
  background-color: #F9F;
  background-image: url(images/beijing1.jpg);
  background-repeat: no-repeat;
}
```

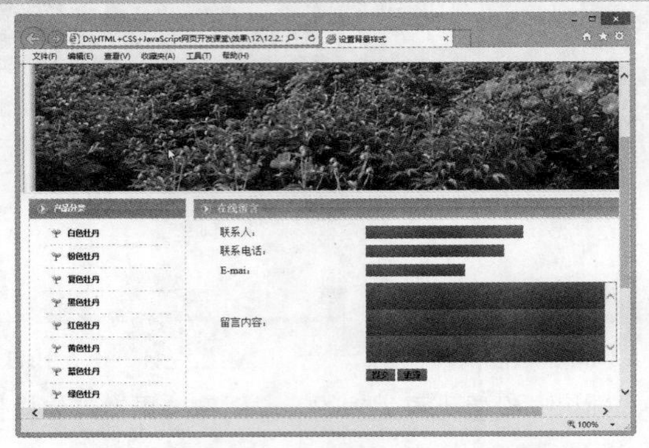

图 12-35　设置表单对象背景图像后的效果

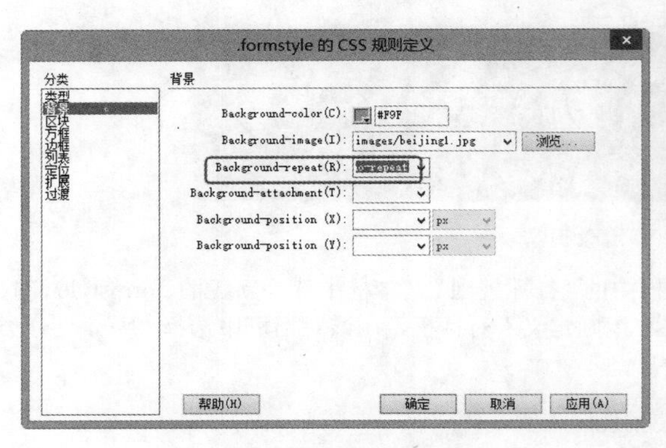

图 12-36　设置背景不重复

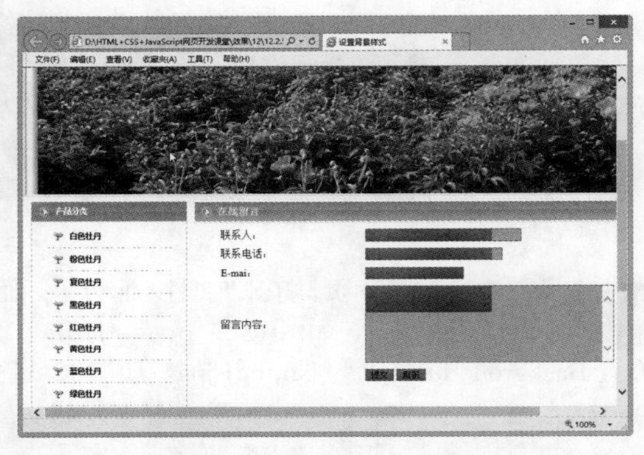

图 12-37　设置背景不重复的效果

05 在“CSS 规则定义”对话框中可以设置 Background-repeat 为 repeat-x，如图 12-38 所示，将此样式表应用于表单对象，在浏览器中浏览效果，如图 12-39 所示。本例中背景图像高度比较适合于单行文本框和按钮，对于多行文本框可以采用尺寸适当大一些的图像作为背景。其 CSS 代码如下。

```
.formstyle {
  border: 1px solid #F03;
  background-color: #F9F;
  background-image: url(images/beijing1.jpg);
  background-repeat: repeat-x;
}
```

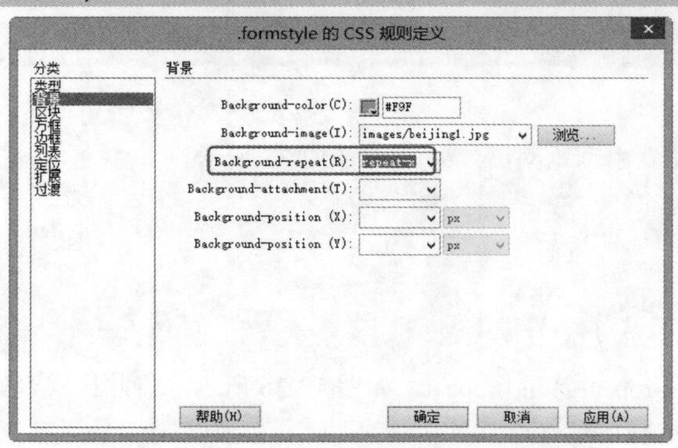

图 12-38　设置背景横向重复

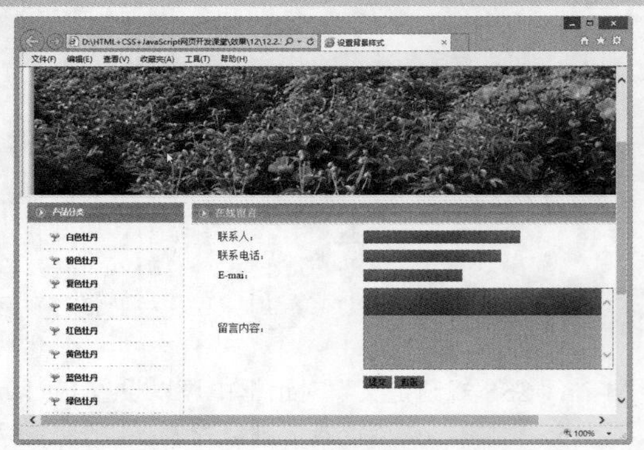

图 12-39　设置背景横向重复的效果

12.2.5 设置输入文本的样式

利用 CSS 样式可以控制浏览者输入文本的样式，起到美化表单的作用。

在“类型”分类中可以设置输入文本的属性，如图 12-40 所示。还可以设置输入文本的颜色，如图 13-41 所示。

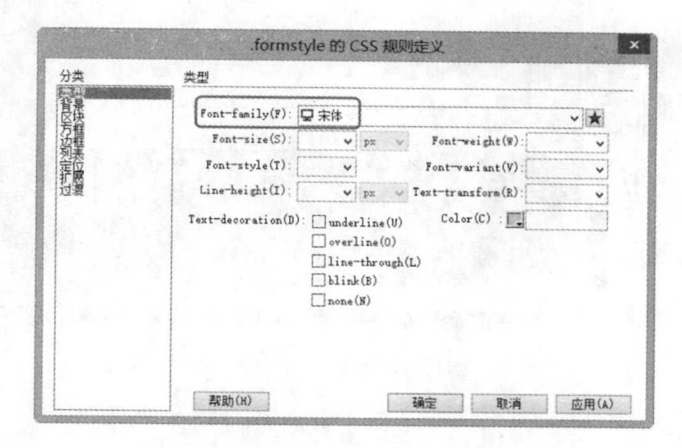

图 12-40 设置文本属性

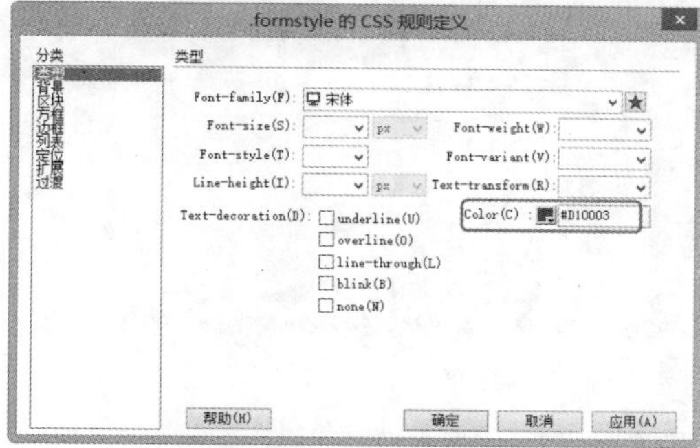

图 12-41 设置输入文本的颜色

将样式表应用到表单对象中，其 CSS 代码如下，在浏览器中浏览效果，如图 12-42 所示。

```
.formstyle {
  border: 1px solid #F03;
  background-color: #F9F;
  font-family: "宋体";
  color: #D10003;
}
```

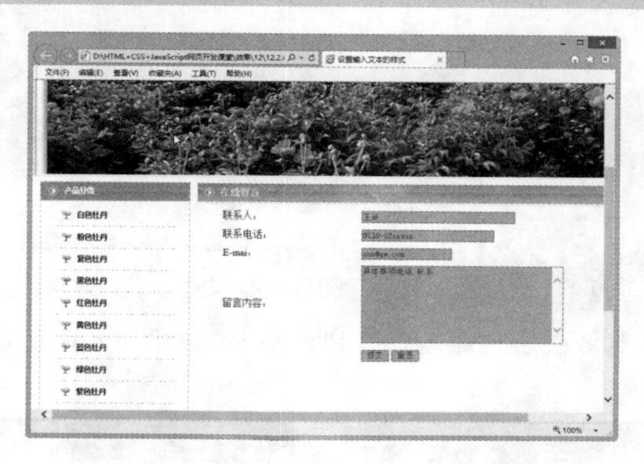

图 12-42 设置输入文本的样式

12.3 综合实例

表格最基本的作用就是让复杂的数据变得更有条理，让人更容易看懂。在设计页面时，往往要利用表格来排列网页元素。下面通过实例掌握表格的使用技巧。

综合实例 1——制作变换背景色的表格

如果希望浏览者特别留意某个表格属性，可以在设计表格时添加简单的 CSS 语法，当浏览者将鼠标指针移到表格上时，就会自动变换表格的背景色；当鼠标指针离开表格，即会恢复原来的背景色（或是换成另一种颜色）。

01 打开网页文档，如图 13-43 所示。

02 选择要变换颜色的表格，切换到“拆分”视图，如图 12-44 所示。

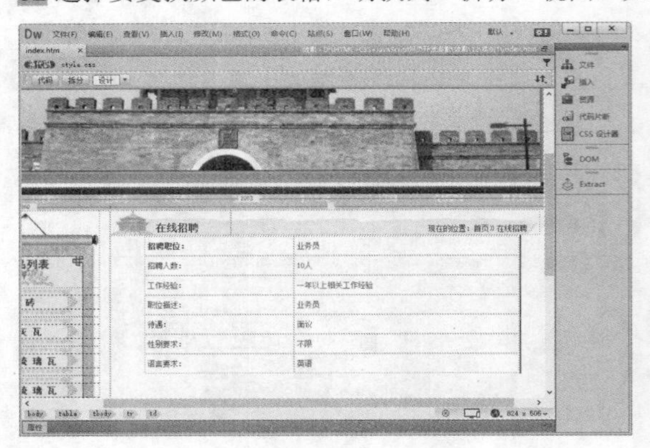

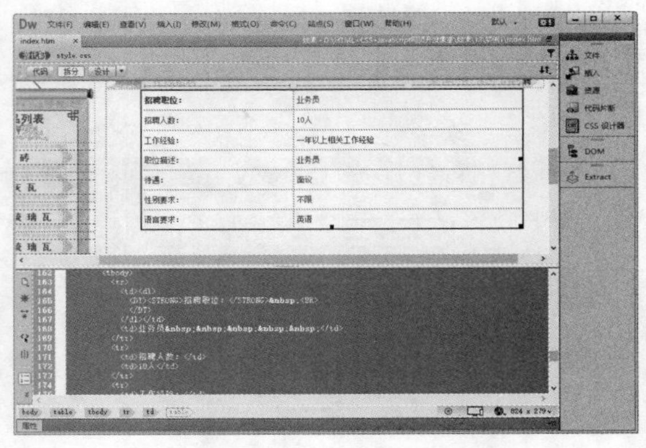

图 12-43　打开网页文　　　　档图 12-44　“拆分”视图

03 在 <table> 标记中输入以下代码，如图 12-45 所示。

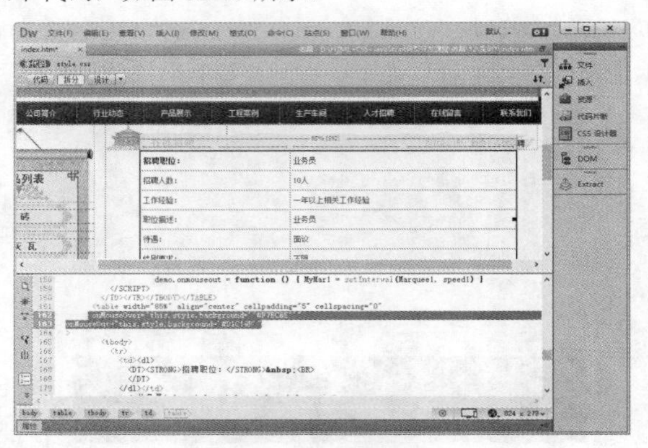

图 12-45　输入代码

```
onMouseOver="this.style.background='#F7ECBE'"
onMouseOut="this.style.background='#D1C19F'"
```

04 保存文档，在浏览器中浏览效果，光标没有移到表格上时如图 12-46 所示，光标移到表格上时如图 12-47 所示。

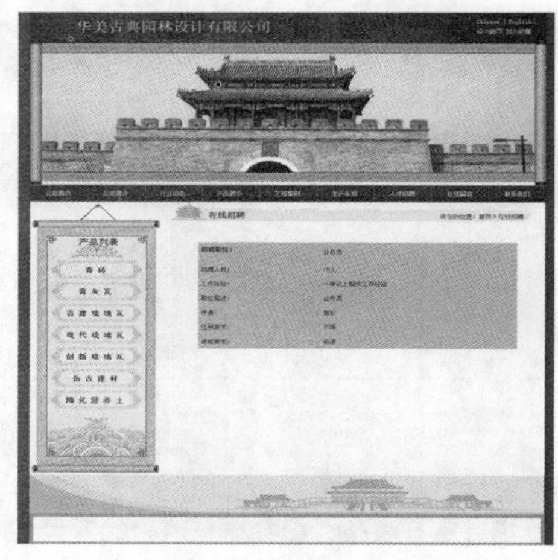

图 12-46　光标没有移到表格上时

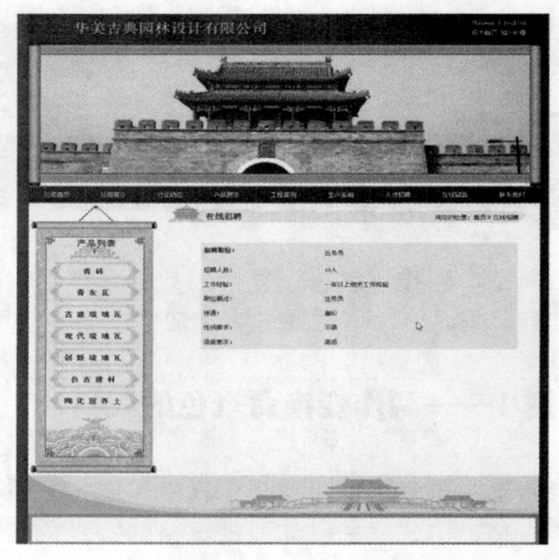

图 12-47　变换背景色的表格

综合实例 2——设计文本框的样式

对于一些布局比较简单的表单，如登录表单，完全可以采用 Div+CSS 的方式布局，下面学习一个 CSS 表单实例，如图 12-48 所示。

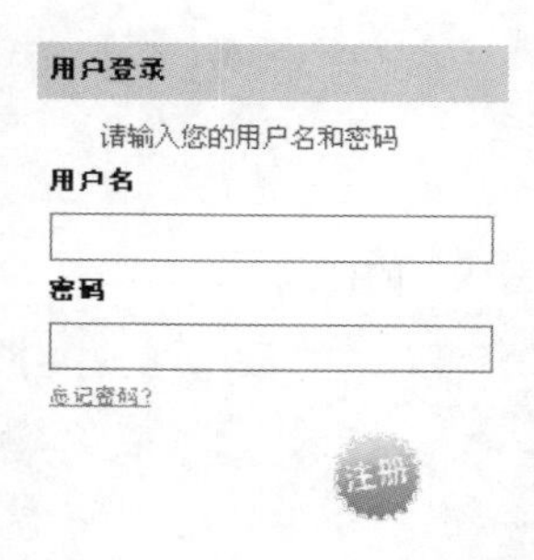

图 12-48　“Div+CSS”设计表单

首先进行整体的规划：

- 建立一个容器 main，将表单元素及其他相关元素一起放在这个容器中。
- 设置标签 h1，放置“用户登录”。
- 设置标签 h2，放置“请输入您的用户名和密码”。
- 设置 Username 与 Password 表单，提示文字的容器。
- 设置表单输入框。
- 设置密码找回的文字链接。
- 最终设置提交表单的按钮图片。

具体操作步骤如下。

01 首先形成如下的 XHTML 代码。

```
    <div id="main">
      <h1 id="title">用户登录</h1>
      <h2 id="login">请输入您的用户名和密码</h2>
      <p class="formt">用户名</p>
      <p><input name="Username" type="text" class="username"></p>
      <p class="formt">密码</p>
      <p><input name="Password" type="password" class="password"></p>
      <p id="forget"><a href="#">忘记密码？</a> </p>
      <p id="button"><input type="image" src="images/reg.gif" class="imgbutton"
/>
      </p>
    </div>
```

02 h2 元素 title 与表单提示文字的类 formt 除了背景色不同，其他的属性是相同的，将它们合并起来编写，在后面单独定义类 formt 与 title 的不同之处，进一步简化代码。

```
    #title,.formt {
      width:208px;
      height:26px;
      line-height:26px;
      text-indent:5px;
      font-family:»黑体»;
      font-size:12px;
      background-color: #33FF00;
    }
```

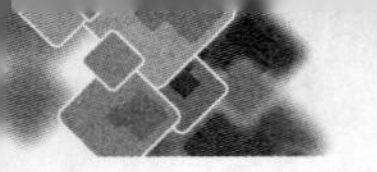

提示

title 与的 formt 共同属性：

- 高度与宽度为 208px、26px。
- 行高 26px，文字缩进 5px。
- 定义了字体及字号。
- 设置背景色为 #33FF00。

03 接下来设置 h2“请输入您的用户名和密码”的样式。

```
#login {
  width:208px;
  height:24px;
  padding-top:11px;
  text-indent:28px;
  font-size: 12px;
  color:#CC0000;
  font-weight:100;
}
```

提示

高度与宽度为 208px、24px。设置上填充为 11px、文字颜色、文字缩进，以及字体加粗为 100 等。

04 同上面的情况类似，表单输入框类 .username 和类 .password 除了小图标的不同，其他的属性是相同的，进一步简化代码也将它们合并编写。

```
.username,.password {
  background:#fff;
  border:1px solid #339900;
  color:#000;
  font-family:" 黑体 ";
  font-size:12px;
  width:196px;
  height:22px;
  margin-left:6px;
  padding-left:20px;
  line-height:20px;
}
```

提示

- 背景色为 #fff 白色，边框 1px、实线、#339900 绿色。
- 设置文字颜色，字体及大小。
- 设置输入框的高度与宽度 196px、22px。
- 由于想要与提示文字左对齐，设置左边距为 6px。
- 为了给小图标留下足够的空间，内容左填充为 20px。
- 输入框 input 内的文字可能与小图标不能水平对齐，设置行高为 20px。

05 下面定义“忘记密码”的链接与表单的按钮图片。

```
#forget a {
  width:208px;
  height:20px;
  line-height:20px;
  text-indent:3px;
  font-family:» 黑体 »;
```

```
    font-size:10px;
    color:#f60
  }
  #button { width:208px; height:28px; }
  .imgbutton {margin-top:7px; margin-left:132px; }
```

提示

关于忘记密码的链接，进行简单的定义就可以了。

设置按钮图片的容器 button 宽度和高度 208px、28px。

表单提交按钮在 XHTML 中是这样编写的：input type="image" src="loginin.gif"。这样编写的好处在于，输入完用户名和密码后，除了可以用鼠标单击“提交”按钮，直接按 Enter 键也可以提交表单。

类 imgbutton 对表单按钮进行了设置。

到这里完成了这个表单的设计。从这个小实例中应该能够掌握背景图片的灵活运用方法，这种应用的方式在 CSS 网页布局中是非常重要的，有很多效果是通过这种方式实现的。

在网页中，有些表单就是完全通过 CSS+Div 实现的，如图 12-49 所示为淘宝网的登录表单。

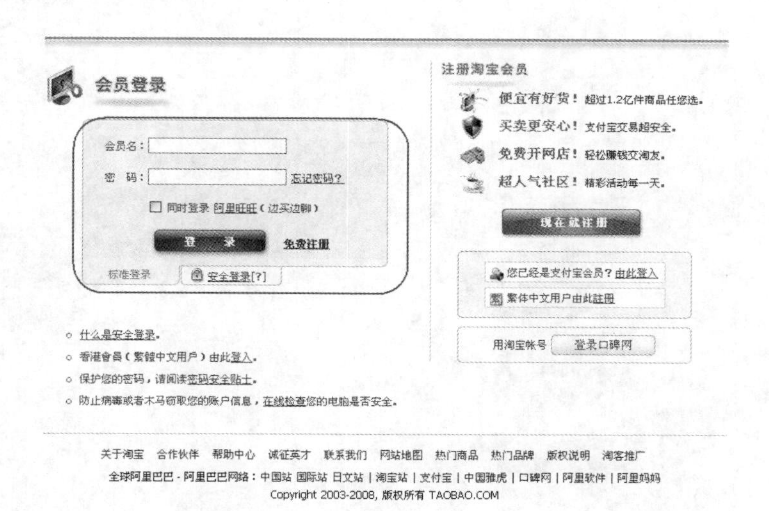

图 12-49　淘宝网的登录表单

12.4 本章小结

本章主要介绍了表格和表单的使用方法，结合 CSS 实现各种特效技巧，以及用 CSS 控制表单的样式和外观，从而实现与客户的交互，它是 HTML 页面与浏览器端实现交互的重要手段。

第13章

用 CSS 制作链接与网站导航

本章导读

为了把Internet上众多的网站和网页联系起来构成一个整体，就要在网页中加入链接，通过单击网页上的链接才能找到自己所需的信息。一个优秀的网站，菜单和导航是必不可少的，导航菜单的风格往往也决定了整个网站的风格，因此很多设计者都会投入很多的时间和精力制作各式各样的导航组件。

技术要点：

- 超链接基础
- 链接标记
- 各种形式的超链接
- 项目列表
- 横排导航
- 竖排导航
- 综合实例——实现背景变换的导航菜单

实例展示

网页设计教程
Dreamweaver
Flash
Fireworks
Photoshop
电脑维修
程序设计
办公用品

竖排导航

背景变换的导航菜单

13.1 超链接基础

链接是从一个网页或文件到另一个网页或文件的链接，包括图像或多媒体文件，还可以指向电子邮件地址或程序。

13.1.1 超链接的基本概念

要正确地创建链接，就必须了解链接与被链接文档之间的路径。下面介绍网页超链接中常见的两种路径。

1. 绝对路径

绝对路径是包括服务器规范在内的完全路径。不管源文件在什么位置，通过绝对路径都可以非常精确地将目标文档找到，除非它的位置发生了变化，否则链接不会失败。

采用绝对路径的好处是，它同链接的源端点无关，只要网站的地址不变，则无论文档在站点中如何移动，都可以正常实现跳转而不会发生错误。另外，如果希望链接到其他站点上的文件，就必须使用绝对路径。

采用绝对路径的缺点在于，这种方式的链接不利于测试。如果在站点中使用绝对路径，要想测试链接是否有效，就必须在 Internet 服务器端对链接进行测试。

2. 相对路径

相对路径也称“文档相对路径”，对于大多数的本地链接来说，是最适用的路径方式。在当前文档与所链接的文档处于同一个文件夹内时，文档相对路径特别有用。文档相对路径还可以用来链接到其他文件夹中的文档，方法是利用文件夹的层次结构，指定从当前文档到所链接文档的路径。

13.1.2 使用页面属性设置超链接

在“页面属性”对话框中可以快速设置网页超链接的样式。启动Dreamweaver，执行“修改”|“页面属性”命令，弹出“页面属性”对话框，在该对话框中的“分类”列表中选择“链接（CSS）”选项，在其中可以定义默认的链接字体、字体大小，以及链接、访问过的链接和活动链接的颜色，如图13-1所示。

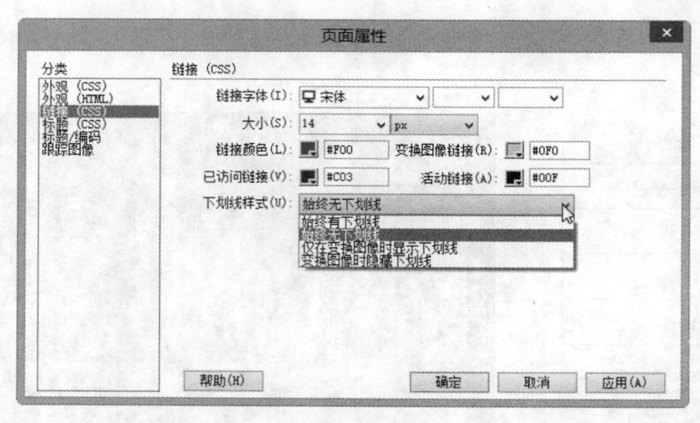

图13-1 使用页面属性设置超链接

知识要点

在“链接（CSS）”页面属性中可以进行如下设置。

- 在“链接字体”右侧的文本框中可以设置页面中超链接文本的字体。
- 在“大小”右侧的文本框中可以设置页面中超链接文本的字体大小。
- 在“链接颜色”右侧的文本框中可以设置页面中超链接的颜色。
- 在“变换图像链接”右侧的文本框中可以设置页面中变换图像后的超链接文本颜色。
- 在“已访问链接”右侧的文本框中可以设置网页中访问过的超链接的颜色。
- 在“活动链接”右侧的文本框中可以设置网页中激活的超链接的颜色。
- 在“下画线样式”右侧的文本框中可以自定义网页中鼠标上滚时采用的下画线样式。

设置完相关参数后，单击“确定”按钮，可以看到其CSS代码如下所示，主要定义了网页中超链接的颜色。

```
<style type="text/css">
a {      font-family: «宋体»;
  font-size: 14px;
  color: #F00;}
a:link { text-decoration: none;}
a:visited {text-decoration: none;
  color: #C03;}
a:hover {text-decoration: none;
  color: #0F0;}
a:active {       text-decoration: none;
  color: #00F;}
</style>
```

13.2 链接标记

CSS 提供了 4 种 a 对象的伪类，它表示链接的 4 种不同状态，即 link（未访问的链接）、visited（已访问的链接）、active（激活链接）、hover（鼠标停留在链接上），分别对这 4 种状态进行定义，就完成了对超链接样式的控制。

13.2.1 a:link

a:link 表示未访问过的链接状态，其使用方法如下。

01 选中要创建链接的对象，单击鼠标右键，在弹出的菜单中选择“新建”命令，弹出“新建 CSS 规则”对话框，在弹出对话框的“选择器类型”中选择“复合内容（基于选择的内容）”选项，在“选择器名称”下拉列表中有 a:link、a: visited、a: active 和 a: hover 4 个选项，如图 13-2 所示。

02 在“选择器名称”下拉列表中选择 a:link，则会打开“a:link 的 CSS 规则定义”对话框，在该对话框上设置 Font-family、Font-size、Line-height 和 Color，如图 13-3 所示。

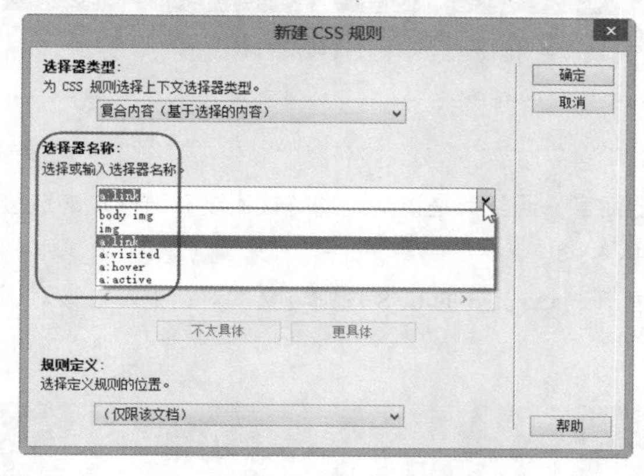

图 13-2 选择 a:link

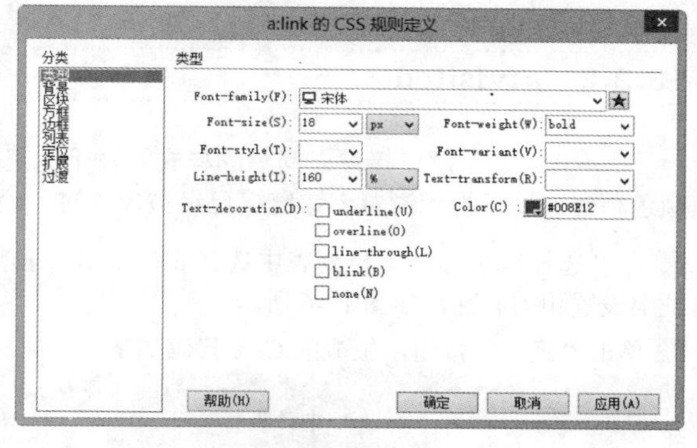

图 13-3 设置 a:link 属性

03 单击“确定”按钮，生成的 CSS 代码如下。

```
a:link {font-family: "宋体";
  font-size: 18px;
  line-height: 160%;
  font-weight: bold;
  color: #008E12;}
```

04 在浏览器中浏览，可以看到未访问的超链接文字效果，如图 13-4 所示。

在网页中经常把超链接的各个不同状态设置成不同样式，如图 13-5 所示为顶部的网页导航文字未访问过的链接状态，其 CSS 代码如下。

```
a{
  display:block;
  padding:0 16px;                                        /* 设置内边距 */
  font:bold 11px/30px Arial, Helvetica, sans-serif;      /* 设置文本样式 */
  color:#fff;                                            /* 设置文本颜色 */
  background-color:inherit;                              /* 设置背景颜色 */
  text-decoration:none; }                                /* 设置无下画线 */
```

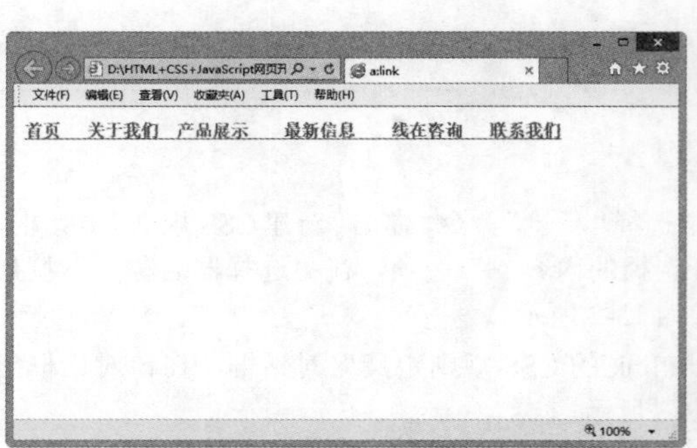

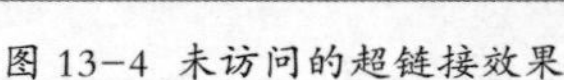
图 13-4 未访问的超链接效果

图 13-5 未访问过的超链接导航

13.2.2 a:visited

a:visited 表示超链接被访问后的样式，对于浏览器而言，通常都是访问过的链接比没有访问过的链接颜色稍浅，以便提示浏览者该链接已经被单击过。设置 a:visited 操作步骤如下。

01 在“选择器名称”下拉列表中选择 a:visited，则会打开“a:visited 的 CSS 规则定义”对话框，在该对话框上设置相关属性，如图 13-6 所示。

02 单击“确定”按钮，生成的 CSS 代码如下。

```
a:visited {      /* 设置访问后的链接样式 */
  font-family: " 宋体 ";
  font-size: 18px;
  line-height: 160%;
  font-weight: bold;
  color: #0411F7;}
```

03 在浏览器中浏览，可以看到访问过的链接颜色，如图 13-7 所示。

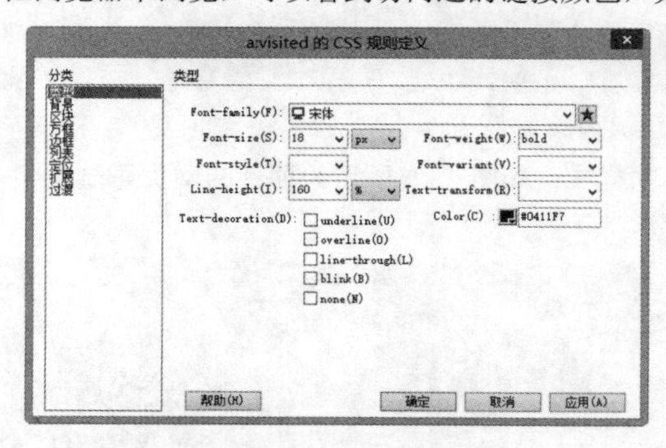

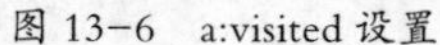
图 13-6 a:visited 设置

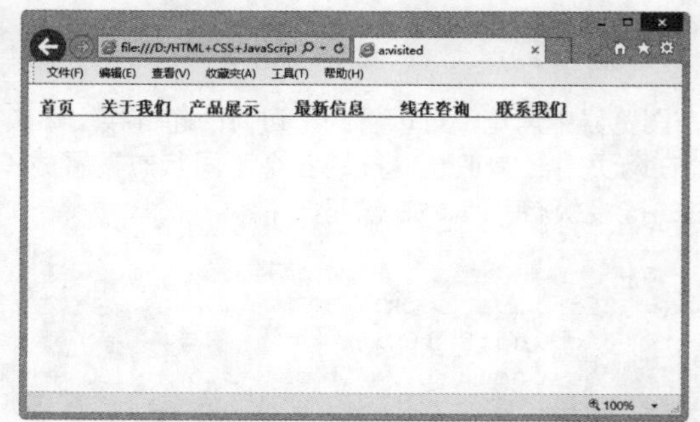

图 13-7 超链接文字访问后的样式

在网页中超链接访问后的文字样式与访问前往往不一致，这样便于浏览者阅读，在如图 13-8 所示的网页中，访问过的链接颜色就改变了。

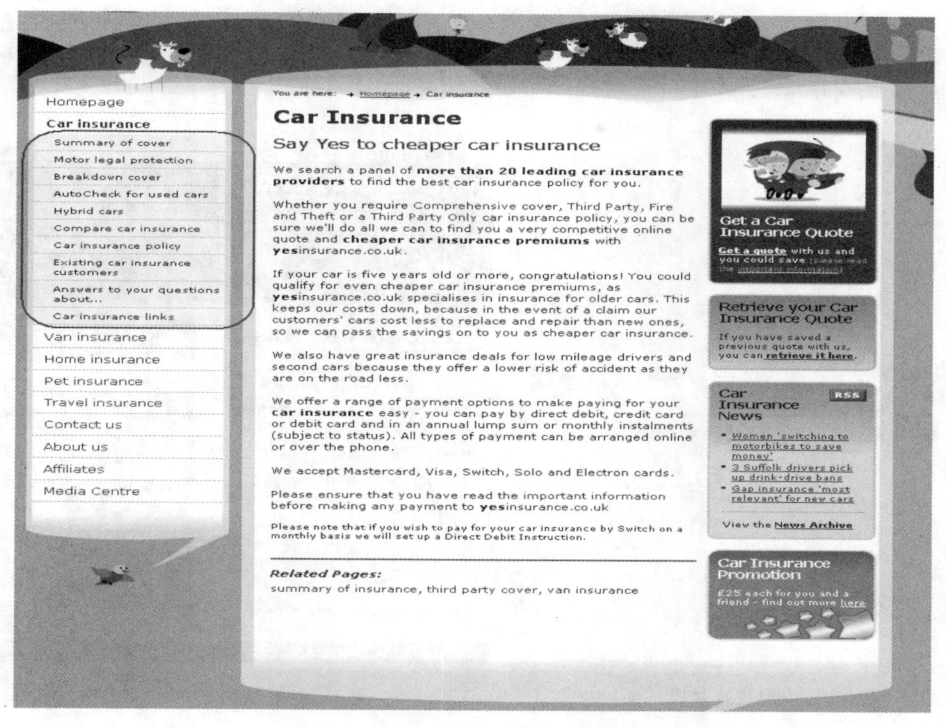

图 13-8　超链接文字访问后的样式

13.2.3　a:active

a:active 表示超链接的激活状态，用来定义单击链接但还没有释放之前的样式。设置 a:active 操作步骤如下。

01 在“选择器”下拉列表中选择 a:active，则会打开“a:active 的 CSS 规则定义”对话框，在该对话框上设置相关属性，如图 13-9 和图 13-10 所示。

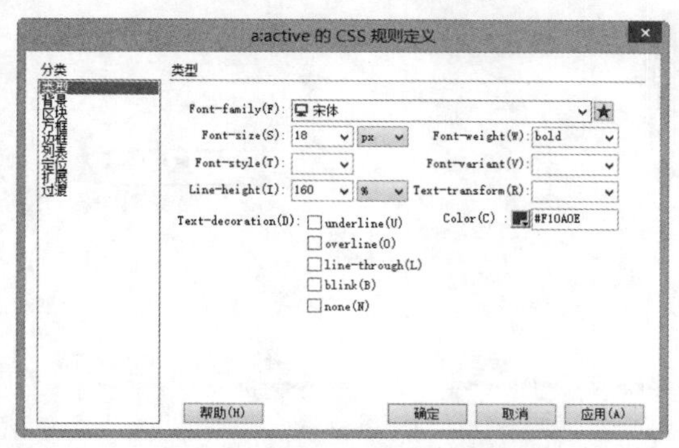

图 13-9　设置文本颜色

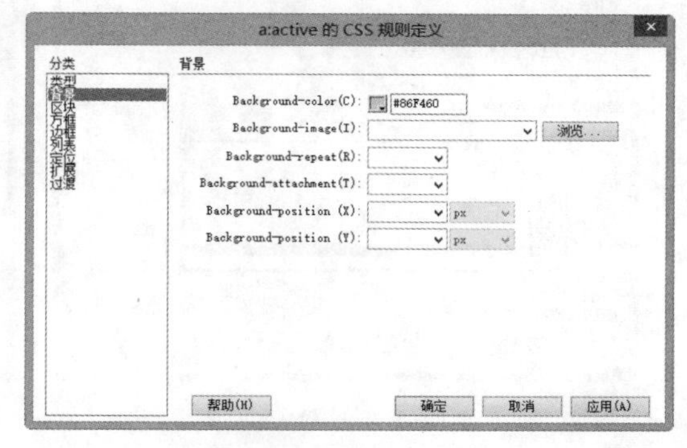

图 13-10　设置背景颜色

02 单击“确定”按钮，生成如下所示的 CSS 代码。

```
a:active {        font-family: «宋体";
  font-size: 18px;
  line-height: 160%;
  font-weight: bold;
  color: #F10A0E;
  background-color: #86F460;}
```

03 在浏览器中单击链接文字且不释放鼠标，可以看到如图 13-11 所示的效果，有绿色的背景和红色的文字。

在网页上，超链接的激活状态一般使用较少，因为鼠标单击与释放的间隔时间非常短，但也有网页设计超链接的激活状态，如图 13-12 所示。

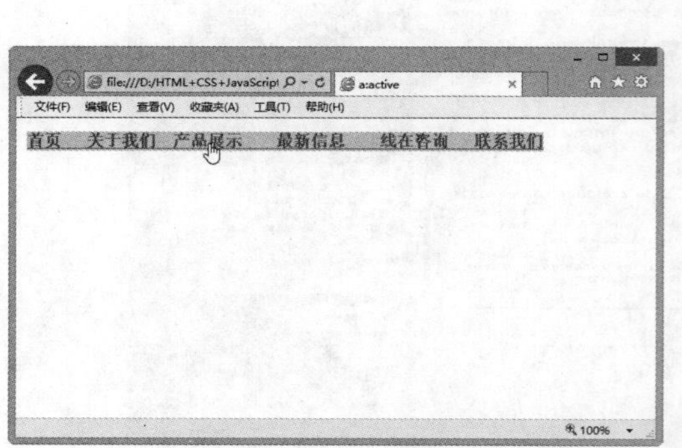

图 13-11 超链接效果

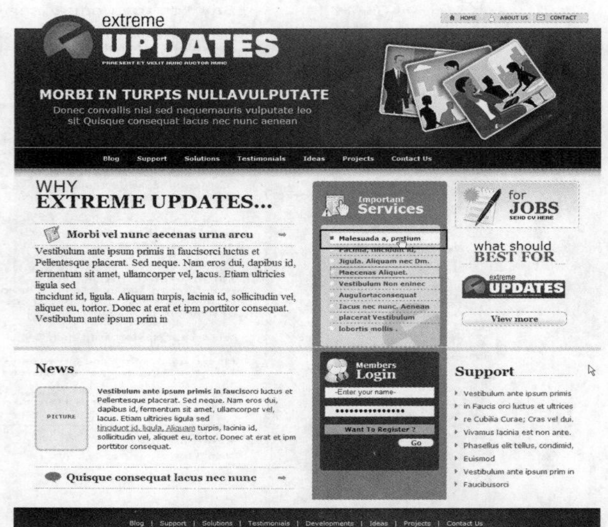

图 13-12 超链接的激活状态样式

13.2.4 a:hover

有时需要对一个网页中的链接文字做不同的效果，并且让鼠标移上时也有不同的效果。a:hover 指的是当鼠标移动到链接上时的样式，设置 a:hover 的具体操作步骤如下。

01 在“选择器”下拉列表中选择 a:hover，如图 13-13 所示，则会打开“a:hover 的 CSS 规则定义”对话框，在该对话框上设置相关属性，如图 13-14 所示。

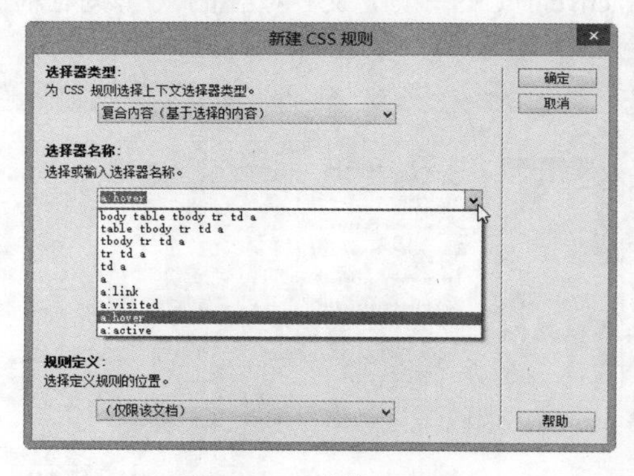

图 13-13 选择 a:hover

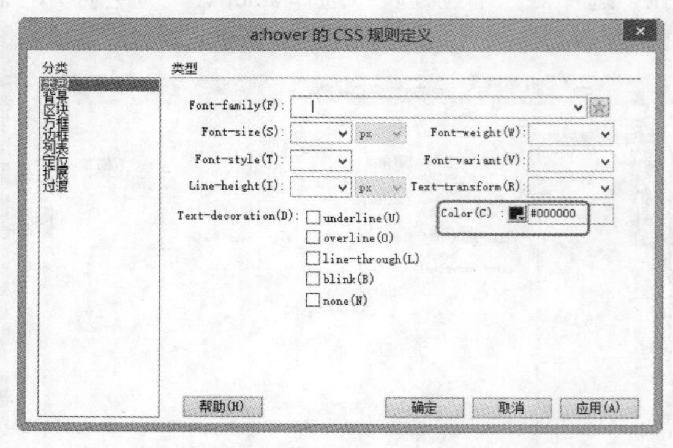

图 13-14 a:hover 的设置

02 单击“确定”按钮，生成如下所示的 CSS 代码。

```
a:hover {
color: #000;
}
```

03 在浏览器中浏览效果，如图 13-15 所示，由于设置了 a:hover 的“颜色”为 #000000，则鼠标指针经过链接的时候会改变文本的颜色。

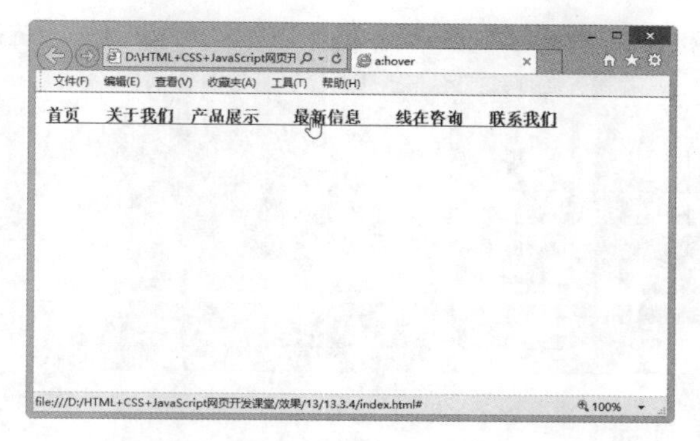

图 13-15 鼠标指针经过超链接时的效果

网页中经常会看到的是鼠标指针移动到超链接上时改变颜色或改变下画线状态的效果，这些都是通过 a:hover 状态的样式设置的，如图 13-16 所示。

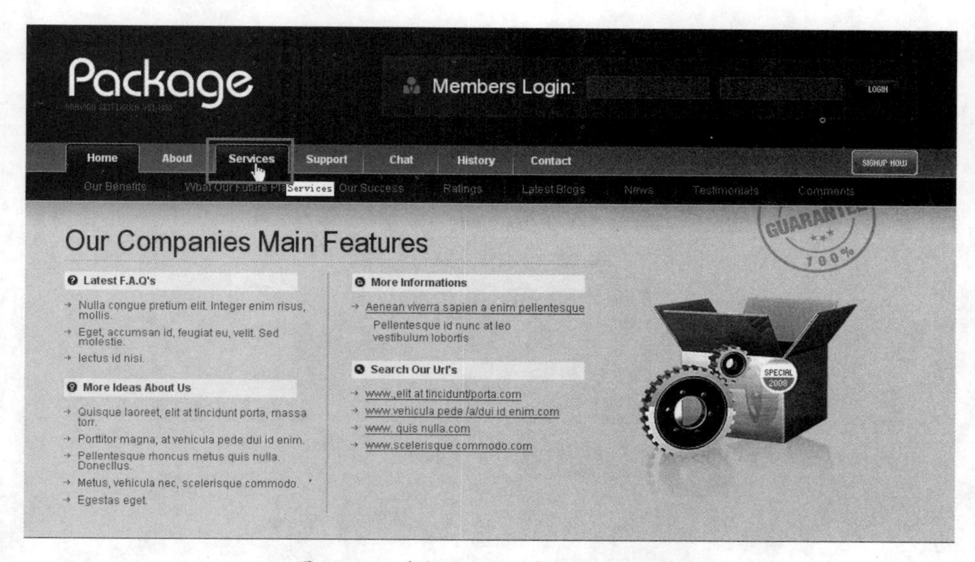

图 13-16 鼠标指针经过超链接改变颜色

13.3 各种形式的超链接

超链接在本质上属于网页的一部分，它是一种允许同其他网页或站点之间进行链接的元素，各个网页链接在一起后，才能真正构成一个网站。链接样式的美观与否直接关系到网站的整体品质。

13.3.1 背景色变换链接

下面使用 CSS 制作一个背景色变换的超链接，如图 13-17 所示，具体操作步骤如下。

图 13-17 背景色变换的超链接

01 下面就使用 ul 列表建立超链接文字的导航框架，代码如下所示，这里给每个链接文字设置了空链接，此时的效果如图 13-18 所示。

```
<ul class="leftmenu">
<li><a target="_blank" href="#"> 公司简介 </a>
<li><a target="_blank" href="#"> 产品展示 </a>
<li><a target="_blank" href="#"> 人才招聘 </a>
<li><a target="_blank" href="#"> 联系我们 </a>
</ul>
```

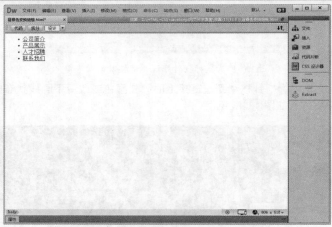

图 13-18　创建 ul 列表

02 下面使用 body 样式定义网页中文字的字体和字号，其 CSS 代码如下所示。

```
body  {
  font-family: " 宋体 ";
  font-size: 12pt
}
```

03 下面定义 ul 列表的宽度为 130px，文本居中对齐，文字显示在 ul 内，不换行。

```
.leftmenu {
  width:130px;
  text-align: center;
}
.leftmenu li {
        display: inline;
        white-space: nowrap;
}
```

04 下面定义 ul 列表的边界、填充和列表内链接文字的样式。

```
.leftmenu span,.leftmenu a:active,.leftmenu a:visited,.leftmenu a:link {
  display: block;
  text-decoration: none;
  margin: 6px 10px 6px 0px;
  padding: 2px 6px 2px 6px;
  color: #000000;
  background-color: #FFCC33;
  border: 1px solid #FF0000;
}
.leftmenu a:hover {
  color: #FFFF00;
  background-color: #CC3300;
}
.leftmenu span {
 color: #a13100;
 }
```

定义 CSS 后在浏览器中浏览，当鼠标单击链接文字时其效果如图 13-19 所示。

改变背景色的超链接在网页中非常常见，在如图 13-20 所示的网页中，当单击链接文字时背景颜色就改变了。

公司简介

新闻动态

招贤纳士

联系我们

图 13-19　定义完 CSS 后效果

图 13-20　背景色改变的超链接

13.3.2　多姿多彩的下画线链接

CSS 本身没有直接提供变换 HTML 链接下画线的功能，但只要运用一些技巧，可以让单调的网页链接下画线变得丰富多彩，如图 13-21 所示为通过技巧制作的多姿多彩的链接下画线效果。

多姿多彩的下划线

花朵静态下划线，　　鼠标停留时出现的花朵下划线。

图 13-21　多姿多彩的链接下画线效果

01 自定义 HTML 链接下画线的第一步是创建一个图形，在水平方向重复放置相同的图形即可形成下画线效果。如果要显示出下画线背后的网页背景，可以使用透明的 huaduo.gif 图形。

02 定义鼠标没有单击时，带有花朵下画线的 CSS 代码如下。

```
a#examplea {
     text-decoration: none;
     background: url(huaduo.gif) repeat-x 100% 100%;
     white-space: nowrap;
     padding-bottom: 10px;
     }
```

在上面的 CSS 代码中，为显示出自定义的下画线，首先必须隐藏默认的下画线，即 a {text-decoration: none; }。使用 background: url(huaduo.gif) 定义自定义的图像下画线。使用 repeat-x 让下画线图形在水平方向反复出现，但不能在垂直方向重复出现。使用 padding-bottom: 10px 在链接文本的下方为自定义图形留出空间，加入适当的空白。

03 如果要让自定义下画线只在鼠标停留时出现，只要把原来直接设置在链接元素上的 CSS background 属性改到 :hover 即可。

```
a#exampleb {
    text-decoration: none;
    white-space: nowrap;
    padding-bottom: 10px;
    }
```

```
    a#exampleb:hover {
        background: url(huaduo.gif) repeat-x 100% 100%;
        }
```

04 在正文中输入如下代码，保存网页，在浏览器中浏览，可以看到带有花朵的下画线效果，如图 13-22 所示。

```
<p><a href="#" id="examplea">花朵静态下画线</a>,
<a href="#" id="exampleb">鼠标停留时出现的花朵下画线</a>。</p>
```

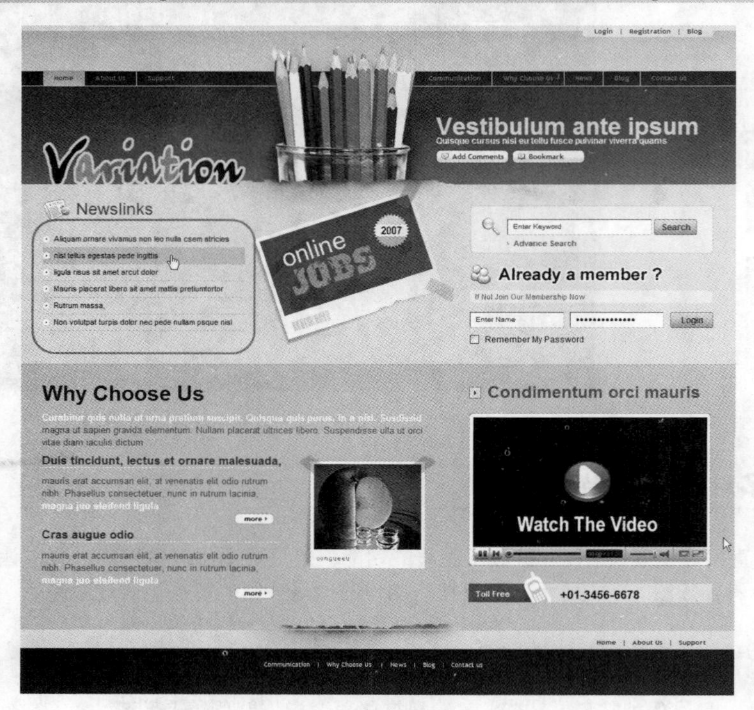

图 13-22　导航链接文字下画线为虚线

在网页中超链接文字下画线有各种各样的样式，如图 13-22 所示，其左侧的导航链接文字下画线为虚线。

13.3.3　图像翻转链接

采用 CSS 可以制作图像翻转链接，其制作原理就是 a:link 和 a:hover 在不同状态下，利用 background-images 显示不同的图像制作而成的，具体制作方法如下。

01 首先准备两幅图片，一幅表示链接背景图像，另一幅表示鼠标指针经过链接时的背景图像，如图 13-23 所示。

图 13-23　两幅背景图像

02 使用如下代码声明整体布局，Font-size 为 12px，Font-family 为宋体，Color 为深黑色（#333333），并居中对齐。

```
* {
  font-size:12px;
  text-align:center;
  font-family: «宋体»;
```

```
    color: #333333;
}
```

03 使用如下代码将 a 元素设置为块元素，宽度与高度分别定义为 100px、30px，设置文字颜色，设置 Line-height 为 30px，指定背景图片为 beijing2.png，设置背景图片不重复，定位在 0 0 的位置。

```
a {
  display:block;
  width:100px;
  height:30px;
  color:#353535;
  line-height:30px;
  background:url(2.jpg) no-repeat 0 0;
}
```

04 使用如下代码定义当鼠标指针移到链接文字时的背景图像为 beijing1.png，设置背景图片为不重复，定位在 0 0 的位置。

```
a:hover {
  color:#000;
  background:url(1.jpg) no-repeat 0 0;
}
```

05 在正文中输入链接文字，代码如下所示，在浏览器中浏览效果，如图 13-24 所示。

```
<a href="#"> 文本特效 </a>
<a href="#"> 导航菜单 </a>
<a href="#"> 背景特效 </a>
<a href="#"> 页面特效 </a>
<a href="#"> 鼠标特效 </a>
<a href="#"> 按钮特效 </a>
```

在前面的实例中使用了两幅翻转图像，通过 CSS 的背景定位完全可以使用一幅图像来实现上述效果，具体方法如下。

首先要将上面制作的两幅图像合二为一，做成一幅图像，这个图像宽为 100，高为 60，如图 13-25 所示。

图 13-24　图像翻转链接效果

图 13-25　将两幅图像合二为一

可以通过改变背景图像的垂直位移实现图像的翻转效果。使用如下的 CSS 代码定义鼠标指针经过前显示的背景图像部分，其实就是显示背景图像的上半部分。链接的背景图片为 100px×60px，在链接状态，显示上半部分，即坐标为 0 0。

```
a {
  display:block;
  width:100px;
  height:30px;
  color:#353535;
  line-height:30px;
  background:url(beijing.jpg) no-repeat 0 0;
}
```

在 a:hover 中将背景图像向上移动 30px 即可显示图像的下半部分，所以坐标为 0 -30px。其 CSS 代码如下所示。

```
a:hover {
  color:#000;
  background:url(beijing.jpg) no-repeat 0 -30px;
}
```

在正文中输入链接文字后，浏览效果如图 13-26 所示，可以看到与图 13-24 实现的效果相同。

图像翻转链接是指当鼠标指针经过链接时，链接对象的背景图像发生变化，这种链接在网站中的应用非常普遍，如图 13-27 所示的网页就采用了图像翻转链接。

文本特效
导航菜单
背景特效
页面特效
鼠标特效
按钮特效

图 13-26 图像翻转链接效果

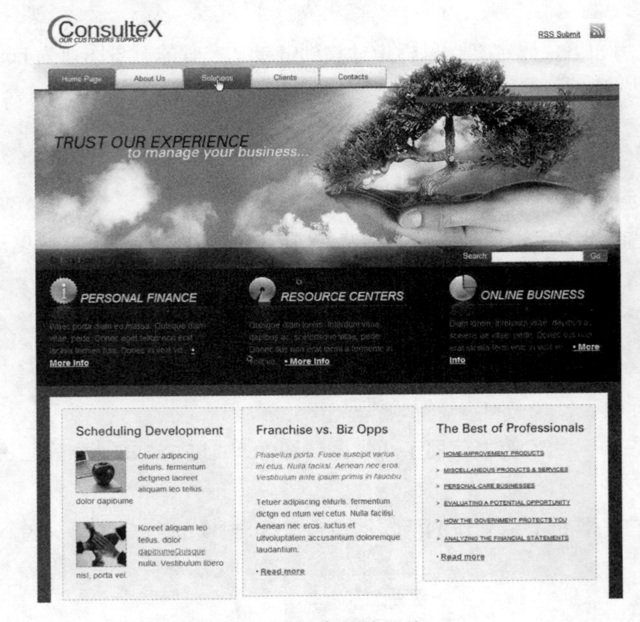

图 13-27 图像翻转链接

13.3.4 边框变换链接

边框变换链接是指当鼠标指针经过链接时改变链接对象边框的样式，包括边框颜色、样式和边框宽度。

在网页中可能会经常用边框变换链接的效果，在传统的做法中，该效果的实现是比较困难或烦琐的，现在通过 CSS 实现鼠标移至链接图片其边框发生变换的效果，操作非常容易，具体实现方法如下。

01 首先在 body 正文中插入一个名称为 outer 的 div，在这个 div 中再插入一个链接图像，其 XHTML 源代码如下。

```
<h1>将鼠标移至图片，将看到效果。</h1>
<div id="outer">
<a href="#">< img src="hua.jpg" width="448" height="355"/></a>
</div>
```

02 建立一个样式为 div#outer，在“方框”属性中设置 width 为 448，height 为 361，其他设置如图 13-28 所示，其 CSS 代码如下所示。

```
div#outer {
  margin:0 auto;
  width:448px;
  height:361px;
 }
```

03 新建一个样式 #outer a，在“边框”属性中设置边框的 Style、Width 和 Color，如图 13-29 所示。

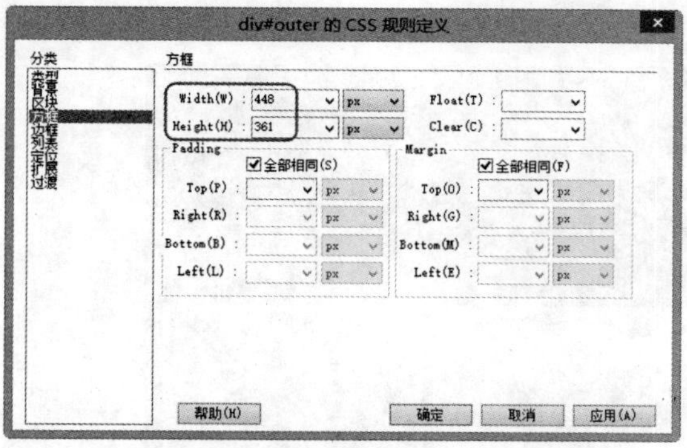

图 13-28　设置 Div 的方框属性

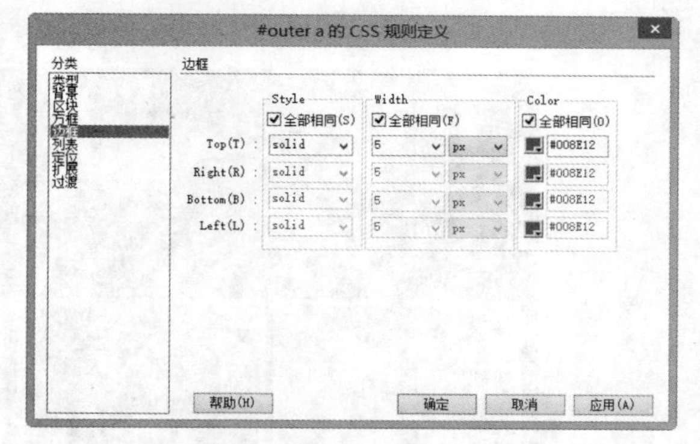

图 13-29　设置 #outer a 边框属性

其 CSS 代码如下所示。

```
#outer a {
  margin:0px;
  display:block;
  position: relative;
  border:5px solid #008E12;
}
```

04 新建样式 #outer a:hover，在“边框”属性中设置当鼠标指针移到链接图像时的 Color、Width 和 Style，如图 13-30 所示。

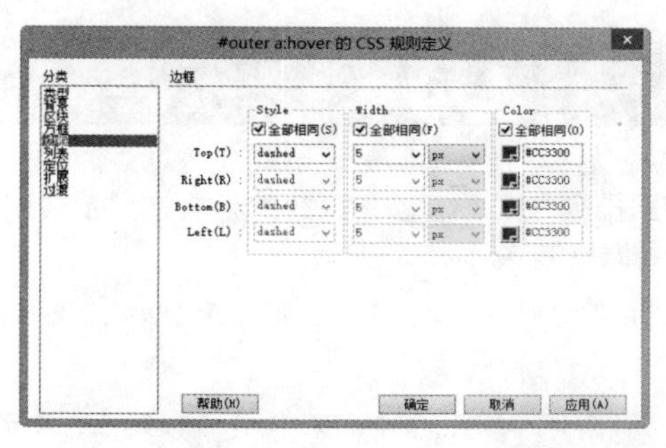

图 13-30　设置 #outer a:hover 边框的属性

其 CSS 代码如下所示。

```
#outer a:hover {
  border:5px dashed #CC3300;
}
```

在浏览器中浏览效果，如图 13-31 所示，当鼠标指针移到图片时，效果如图 13-32 所示。

将鼠标移至图片，将看到效果。

图 13-31　边框变换链接

将鼠标移至图片，将看到效果。

图 13-32　边框变换后效果

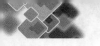

在网页中边框变换的链接也是比较常见的，包括图像边框变换、文字边框变换等，如图 13-33 所示的网页就采用了图像边框变换的效果。

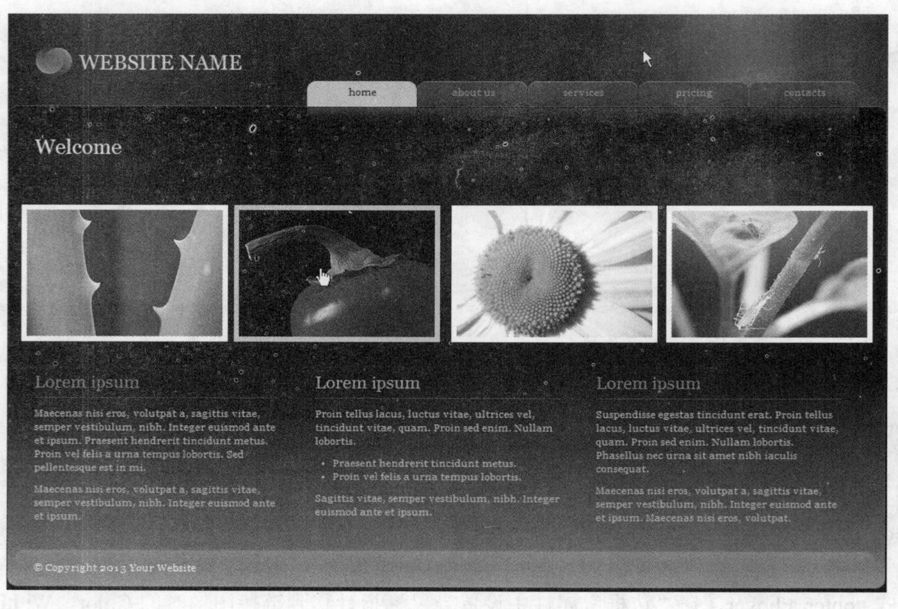

图 13-33　图像边框变换链接

13.4 项目列表

列表是一种非常实用的数据排列方式，它以条列式的模式来显示数据，可以帮助访问者方便地找到所需信息，并引起访问者对重要信息的注意。

HTML 有三种列表形式：排序列表（Ordered List）、不排序列表（Unordered List）、定义列表（Definition List）。

- 排序列表（Ordered List）：排序列表中，每个列表项前标有数字，表示顺序。排序列表由 <ol> 开始，每个列表项由 <li> 开始。
- 不排序列表（Unordered List）：不排序列表不用数字标记每个列表项，而采用一个符号标志每个列表项，例如圆黑点。不排序列表由 <ul> 开始，每个列表项由 <li> 开始。
- 定义列表：定义列表通常用于术语的定义。定义列表由 <dl> 开始，术语由 <dt> 开始，英文意为 Definition Term。术语的解释说明，由 <dd> 开始，<dd></dd> 内的文字缩进显示。

13.4.1 有序列表

有序列表使用编号，而不是以项目符号进行排列，列表中的项目采用数字或英文字母开头，通常各项目之间有顺序性。ol 标记的属性及其介绍见表 13-1 所示。

表 13-1　ol 标记的属性定义

	属　性　名	说　明
标记固有属性	type =项目符合	有序列表中列表项的项目符号格式
	start	有序列表中列表项的起始数字

续表

	属 性 名	说 明
可在其他位置定义的属性	id	在文档范围内的识别标志
	lang	语言信息
	dir	文本方向
	title	标记标题
	style	行内样式信息

基本语法：

```
<ol>
<li> 列表 1</li>
<li> 列表 2</li>
<li> 列表 3</li>
……
</ol>
```

语法说明：

在该语法中，<ol> 和 </ol> 标记标志着有序列表的开始和结束，而 <li> 和 </li> 标记表示一个列表项的开始。

在“代码”视图中输入如下代码，如图 13-34 所示。

```
<ol>
<p> 房型名称            价格（单位：元）             早餐 </p>
<li> 标准房             1580                         无 </li>
<li> 豪华房             1800                         有 </li>
<li> 普通套房           2300                         有 </li>
<li> 豪华套房           2500                         有 </li>
<li> 行政套房           4500                         有 </li>
</ol>
```

运行代码，在浏览器中浏览网页，如图 13-35 所示。

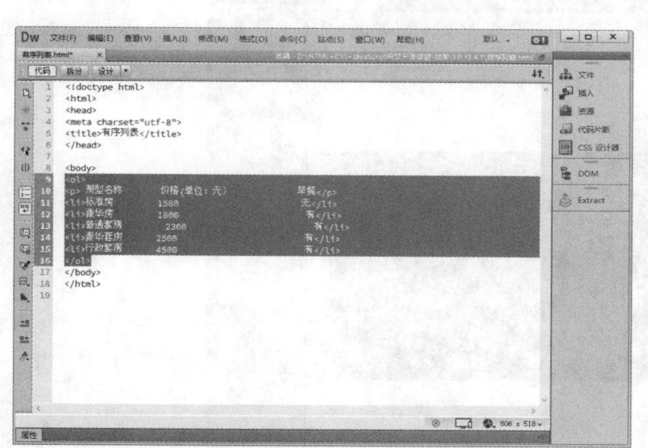

图 13-34 输入代码

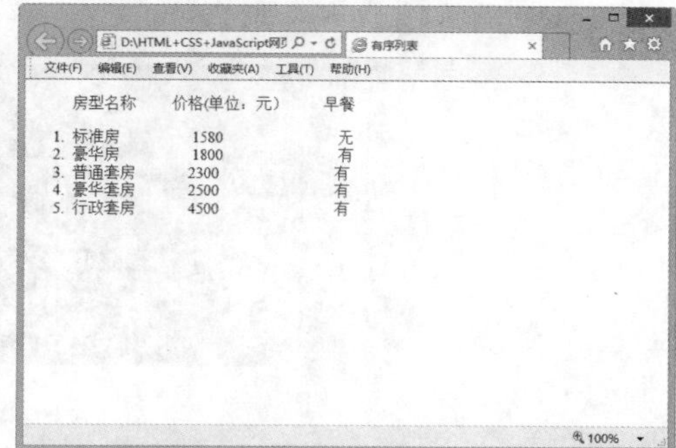

图 13-35 设置有序列表

高手支招

在有序列表中，使用 <ol> 作为有序的声明，使用 <li> 作为每个项目的起始。

13.4.2 无序列表

无序列表是 Web 标准布局中最常用的样式，ul 用于设置无序列表，在每个项目文字之前以项目符号作为每条列表项的前缀，各个列表之间没有顺序级别之分。见表 13-2 所示为 ul 标记的属性定义。

表 13-2 ul 标记的属性定义

	属 性 名	说 明
标记固有属性	type =项目符合	定义无序列表中列表项的项目符号图形样式
可在其他位置定义的属性	id	在文档范围内的识别标志
	class	
	lang	语言信息
	dir	文本方向
	title	标记标题
	style	行内样式信息

基本语法：

```
<ul>
<li> 列表 </li>
<li> 列表 </li>
<li> 列表 </li>
……
</ul>
```

语法说明：

在该语法中，<ul> 和 </ul> 标记表示无序列表的开始和结束，<li> 则表示一个列表项的开始。

在“代码”视图中输入如下代码，如图 13-36 所示。

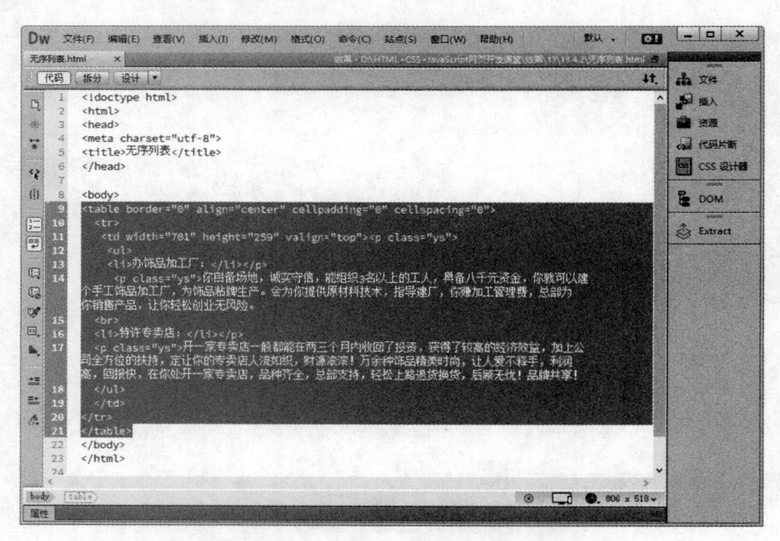

图 13-36 “代码”视图

```
<table border="0" align="center" cellpadding="0" cellspacing="0">
  <tr>
    <td width="701" height="259" valign="top"><p class="ys">
     <ul>
     <li> 办饰品加工厂：</li></p>
```

```
        <p class="ys">你自备场地，诚实守信，能组织 3 名以上的工人，具备八千元资金，你就可以自建一个手工饰品加工厂，为饰品粘牌生产。我会为你提供原材料和技术，指导建厂，你赚加工管理费，总部为你销售产品，让你轻松创业，无风险。
    <br>
    <li>特许专卖店：</li></p>
     <p class="ys">开一家专卖店一般都能在两三个月内收回投资，获得较高的经济效益，加上公司全方位的扶持，一定让你的专卖店人流如织、财源滚滚！万余种饰品精美时尚，让人爱不释手，利润高，回报快，在你处开一家专卖店，品种齐全，总部支持，轻松上路。退货换货，后顾无忧！品牌共享！
    </ul>
    </td>
  </tr>
  </table>
```

代码中加粗的部分用来设置无序列表，运行代码在浏览器中预览网页，如图 13-37 所示，每个列表项用圆黑点表示。

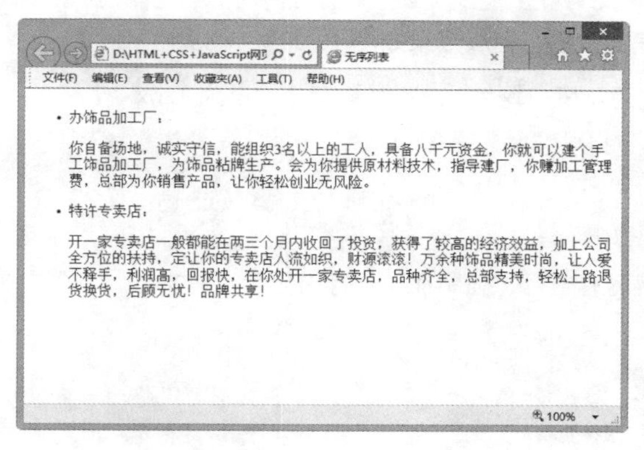

图 13-37　设置无序列表

13.5　横排导航

网站导航都含有超链接，因此，一个完整的网站导航需要创建超链接样式。导航栏就好像一本书的目录，对整个网站有着很重要的作用。

13.5.1　文本导航

横排导航一般位于网站的顶部，是一种比较重要的导航形式，如图 13-38 所示是一个用表格式布局制作的横排导航。

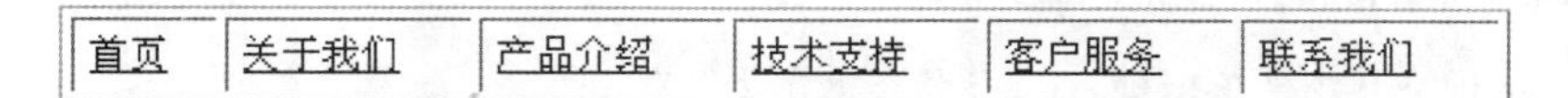

图 13-38　横排导航

根据表格式布局的制作方法，如图 10-38 所示的导航一共由 6 个栏目组成，所以需要在网页文档中插入一个 1 行 6 列的表格，在每行单元格 td 标签内添加导航文本，其代码如下。

```
  <table width="480" border="1" cellpadding="5" cellspacing="3"
  bgcolor="#FFFFCC">
    <tr>
      <td><a href="index.htm">首页</a></td>
      <td><a href="about.htm">关于我们</a></td>
      <td><a href="product.htm">产品介绍</a></td>
      <td><a href="technical.htm">技术支持</a></td>
```

```
    <td><a href="bbs.htm">客户服务</a></td>
    <td><a href="we.htm">联系我们</a></td>
  </tr>
</table>
```

可以使用 ul 列表来制作导航。实际上导航也是一种列表，可以理解为导航列表，导航中的每个栏目就是一个列表项。用列表实现导航的 XHTML 源代码如下。

```
 <ul id="nav">
  <li><a href="index.htm">首页</a></li>
  <li><a href="about.htm">关于我们</a></li>
  <li><a href="product.htm">产品介绍</a></li>
  <li><a href="technical.htm">技术支持</a></li>
  <li><a href="bbs.htm">客户服务</a></li>
    <li><a href="we.htm">联系我们</a></li>
</ul>
```

其中，#nav 对象是列表的容器，列表效果如图 10-39 所示。

定义无序列表 nav 的边距及填充均为 0，并设置字体大小为 12px。

```
#nav { font-size:12px;
    margin:0;
    padding:0;
    white-space:nowrap; }
```

不希望菜单还未结束就另起一行，强制在同一行内显示所有文本，直到文本结束或者遇到 br 对象。

```
#nav li {display:inline;
    list-style-type: none;}
#nav li a { padding:5px 8px;
    line-height:22px;}
```

- display:inline; 内联（行内），将 li 限制在一行来显示；
- list-style-type: none; 列表项预设标记为无；
- padding:5px 8px; 设置链接的填充，上下为 5px 左右，为 8px；
- line-height:22px; 设置链接的行高为 22px。

```
#nav li a:link,#nav li a:visited {color:#fff;
    text-decoration:none;
    background:#06f;}
#nav li a:hover { background-color: #090;}
```

定义链接的 link、visited。

- color:#fff; 字体颜色为白色；
- text-decoration:none; 去除了链接文字的下画线；
- background:#06f; 链接在 link、visited 状态下背景色为蓝色。
- a:hover 状态下 background-color: #090; 鼠标激活状态链接的背景色为绿色。

至此就完成了这个实例，CSS 横向文本导航的最终效果如图 13-40 所示。

图 10-39　列表效果

首页　关于我们　产品介绍　技术支持　客户服务　联系我们

图 13-40　文本导航

利用 CSS 制作的横向文本导航在网页上比较常见，如图 13-41 所示为网页顶部的横排文本导航。

图 13-41　网页顶部的横排文本导航

13.5.2　标签式导航

在横排导航设计中经常会遇见一种类似文件夹标签的样式。这种样式的导航不仅美观，而且能够让浏览者清楚地知道目前处在哪一个栏目，因为当前栏目标签会呈现与其他栏目标签不同的颜色或背景，如图 13-42 所示的网页顶部的导航就是标签式导航。

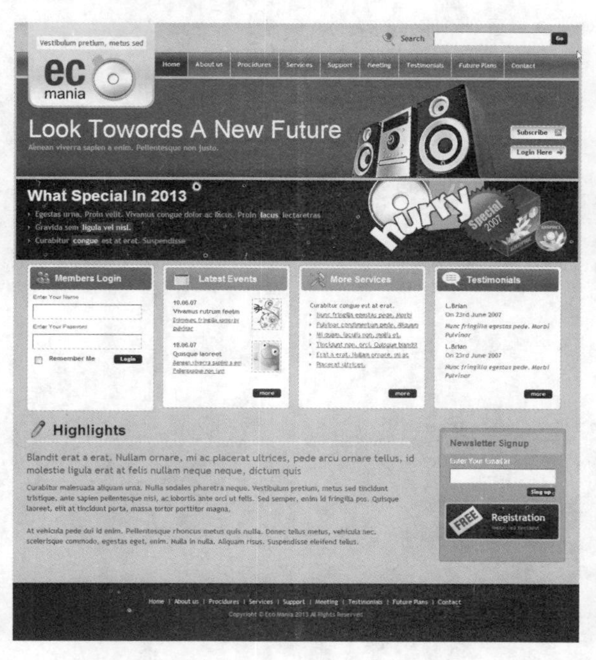

图 13-42　标签式导航

要使某一个栏目成为当前栏目，必须对这个栏目的样式进行单独设计。对于标签式导航，首先从比较简单的文本标签式导航入手。

```
<div id="tabs">
  <ul>
    <li><a href="#"><span> 手机通信 </span></a></li>
    <li><a href="#"><span> 手机配件 </span></a></li>
    <li><a href="#"><span> 数码影像 </span></a></li>
    <li><a href="#"><span> 时尚影音 </span></a></li>
    <li><a href="#"><span> 数码配件 </span></a></li>
    <li><a href="#"><span> 电脑整机 </span></a></li>
  <li><a href="#"><span> 电脑软件 </span></a></li>
  </ul>
</div>
```

CSS 代码如下，效果如图 13-43 所示。

手机通讯 手机配件 数码影像 时尚影音 数码配件 电脑整机 电脑软件

图 13-43　标签式导航

```
h2 {
  font: bold 14px   " 黑体 ";
  color: #000;
  margin: 0px;
  padding: 0px 0px 0px 15px;
}
  /* 定义 #tabs 对象的浮动方式、宽度、背景颜色、字体大小、行高和边框 */
#tabs {
      float:left;
      width:100%;
      background:#EFF4FA;
      font-size:93%;
      line-height:normal;
    border-bottom:1px solid #DD740B;
      }
  /* 定义 #tabs 对象里无序列表的样式  */
    #tabs ul {
  margin:0;
  padding:10px 10px 0 50px;
  list-style:none;
      }
  /* 定义 #tabs 对象里列表项的样式  */
    #tabs li {
      display:inline;
      margin:0;
      padding:0;
      }
  /* 定义 #tabs 对象里链接文字的样式  */
    #tabs a {
      float:left;
      background:url("tableftI.gif") no-repeat left top;
      margin:0;
      padding:0 0 0 5px;
      text-decoration:none;
      }
    #tabs a span {
      float:left;
      display:block;
      background:url("tabrightI.gif") no-repeat right top;
      padding:5px 15px 4px 6px;
      color:#FFF;
```

```
    }
  #tabs a span {float:none;}
/* 定义 #tabs 对象里链接文字激活时的样式  */
  #tabs a:hover span {
    color:#FFF;
    }
  #tabs a:hover {
    background-position:0% -42px;
    }
  #tabs a:hover span {
    background-position:100% -42px;
    }
```

13.6 竖排导航

竖排导航是比较常见的导航，下面制作如图 13-44 所示的 CSS 竖排导航，其具有立体美感，鼠标事件引发边框和背景属性变化。

图 13-44　竖排导航

01 在 <body> 与 </body> 之间输入以下代码。

```
<div id="nave">
<ul id="navlist">
<li id="active"><a href="#" id="current">网页设计教程</a>
<ul id="subnavlist">
<li id="subactive"><a href="#" id="subcurrent">Dreamweaver</a></li>
<li><a href="#">Flash</a></li>
<li><a href="#">Fireworks</a></li>
<li><a href="#">Photoshop</a></li>
</ul>
</li>
<li><a href="#"> 电脑维修</a></li>
<li><a href="#">程序设计</a></li>
<li><a href="#">办公用品</a></li>
</ul>
</div>
```

02 #nave 对象是竖排导航的容器，其 CSS 代码如下。

```
#nave { margin-left: 30px; }
#nave ul
{
margin: 0;
padding: 0;
list-style-type: none;
font-family: verdana, arial, Helvetica, sans-serif;
}
```

```
#nave li { margin: 0; }
#nave a
{
display: block;
padding: 5px 10px;
width: 140px;
color: #000;
background-color: #FFCCCC;
text-decoration: none;
border-top: 1px solid #fff;
border-left: 1px solid #fff;
border-bottom: 1px solid #333;
border-right: 1px solid #333;
font-weight: bold;
font-size: .8em;
background-color: #FFCCCC;
background-repeat: no-repeat;
background-position: 0 0;
}
#nave a:hover
{
color: #000;
background-color: #FFCCCC;
text-decoration: none;
border-top: 1px solid #333;
border-left: 1px solid #333;
border-bottom: 1px solid #fff;
border-right: 1px solid #fff;
background-color: #FFCCCC;
background-repeat: no-repeat;
background-position: 0 0;
}
#nave ul ul li { margin: 0; }
#nave ul ul a
{
display: block;
padding: 5px 5px 5px 30px;
width: 125px;
color: #000;
background-color: #CCFF66;
text-decoration: none;
font-weight: normal;
}
#nave ul ul a:hover
{
color: #000;
background-color: #FFCCCC;
text-decoration: none;
}
```

13.7 综合实例——实现背景变换的导航菜单

网站需要导航菜单来组织和完成网页之间的跳转和互访，浏览网页时，设计新颖的导航菜单能给访问者带来极大的浏览兴趣，下面将通过实例详细介绍导航菜单的设计方法和具体 CSS 代码。

导航也是一种列表，每个列表数据就是导航中的一个导航频道，使用 ul 元素以及 li 元素和 CSS 样式可以实现背景变换的导航菜单，具体操作步骤如下。

01 启动 Dreamweaver，打开网页文档，切换到代码视图中，在 <head> 与 </head> 之间相应的位置输入以下代码。

```
<style>
#n li{
float:left;
}
#n li a{
color:#ffffff;
text-decoration:none;
padding-top:4px;
display:block;
width:65px;
height:20px;
text-align:center;
background-color:#6600cc;
margin-left:2px;
}
#n li a:hover{
background-color:#9999ff;
color:#ffffff;
}
</style>
```

知识要点

首先定义了 ul 下的 li 对象，给 #n li 指定了 float:left 属性，所有的 li 对象都向左浮动，从而形成横向的排列形式。

导航的关键在于 a 链接对象的样式控制，在这里使用 #n li a{} 给 li 下的每个 a 链接对象编写了样式。

display:block 使 a 链接对象的显示方式由一段文本变为一个块状对象，这样就可以使用 CSS 的外边距、内边距、边框等属性，给 a 链接标签加上一系列的样式。通过 display:block 的应用，对 a 标签元素设置宽度 width:65px、高度 height:20px，并在每个 a 标签对象之间使用 margin-left:2px，形成左侧的外边距为 2 像素。

利用 #n li a:hover 定义链接文字激活后的状态，利用 background-color:#9999ff 设置激活后的背景颜色，利用 color:#ffffff 设置文字的颜色。

02 在网页中 <body> 与 </body> 之间相应的位置输入如下代码。

```
<div id="n">
<ul>
<li><a href="#"> 酒店概况 </a></li>
<li><a href="#"> 客房 </a></li>
<li><a href="#"> 餐饮 </a></li>
<li><a href="#"> 商务会议 </a></li>
<li><a href="#"> 酒店服务 </a></li>
<li><a href="#"> 订房表 </a></li>
<li><a href="#"> 友情链接 </a></li>
</ul>
</div>。
```

03 保存文档，按 F12 键在浏览器中浏览效果，如图 13-45 所示。

图 13-45 背景变换的导航菜单

13.8 本章小结

本章的重点是掌握超链接标记，围绕导航菜单的制作，介绍有序列表和无序列表，以及各种导航的制作方法。正是因为有了网页之间的链接才形成了这样纷繁复杂的网络世界。

第14章

CSS 中的滤镜

本章导读 灵活应用CSS滤镜的特点并加以组合，能够得到许多意想不到的效果。下面将进入CSS最精彩的部分——滤镜，它将把我们带入绚丽多姿的多媒体世界。正是有了这样的滤镜属性，页面才变得更加漂亮。

技术要点：

- 滤镜概述
- 动感模糊blur
- 对颜色进行透明处理chroma
- 设置阴影DropShadow
- 对象的翻转FlipH、FlipV
- 发光效果Glow
- X光片效果Xray
- 波形滤镜Wave
- 遮罩效果Mask

实例展示

动感模糊效果

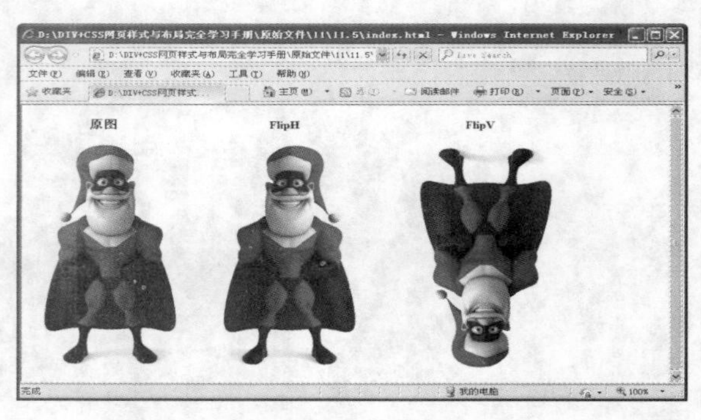

对象的翻转效果

光晕效果

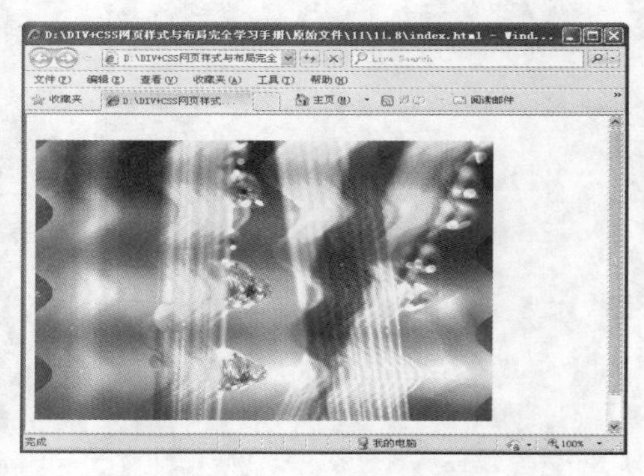

波形滤镜效果

14.1 滤镜概述

滤镜是对 CSS 的扩展，与 Photoshop 中的滤镜相似，它可以用很简单的方法对页面中的文字进行特效处理。使用 CSS 滤镜属性可以把可视化的滤镜和转换效果添加到一个标准的 HTML 元素上，例如图片、文本容器，以及其他对象。正是由于这些滤镜特效，在制作网页的时候，即使不用图像处理软件对图像进行加工，也可以使文字、图像、按钮鲜艳无比、充满生机。

在“分类”列表中选择“扩展”选项，在Filter右侧的下拉列表中选择要应用的滤镜样式，如图14-1所示。

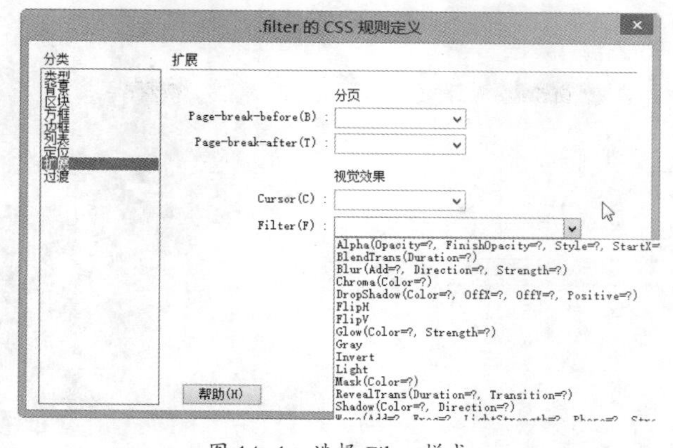

图 14-1　选择 Filter 样式

IE 4.0 以上浏览器支持的滤镜属性见表 14-1 所示。

表 14-1　常见的滤镜属性

滤　镜	描　述	滤　镜	描　述
Alpha	设置透明度	Gray	降低图片的彩色度
Blur	建立模糊效果	Invert	将色彩、饱和度，以及亮度值完全反转，建立底片效果
Chroma	把指定的颜色设置为透明	Light	在一个对象上进行灯光投影
DropShadow	建立一种偏移的影像轮廓，即投射阴影	Mask	为一个对象建立透明膜
FlipH	水平反转	Shadow	建立一个对象的固体轮廓，即阴影效果
FlipV	垂直反转	Wave	在 X 轴和 Y 轴方向利用正弦波纹打乱图片
Glow	为对象的外边界增加光效	Xray	只显示对象的轮廓

14.2 动感模糊 blur

假如用手在一幅还没干透的油画上迅速划过，画面就会变得模糊。CSS 下的 blur 属性就会达到这种模糊的效果。

基本语法：

```
filter:blur (add =参数值, direction =参数值, strength =参数值)
```

语法说明：

blur 属性中包括的参数见表 14-2 所示。

表 14-2　blur 属性的参数

参　数	描　述
add	布尔值，设置滤镜是否激活，它可以取的值包括 true 和 false
direction	用来设置模糊方向，按顺时针的方向以 45° 为单位进行累积
strength	只能使用整数来指定，代表有多少像素的宽度将受到影响，默认是 5 像素

在“分类”列表中选择“扩展”选项，在 Filter 右侧的下拉列表中选择要应用的滤镜样式 Blur，并输

入参数值，如图 14-2 所示。创建完样式后并应用该样式，应用 Blur 后的效果如图 14-3 所示。

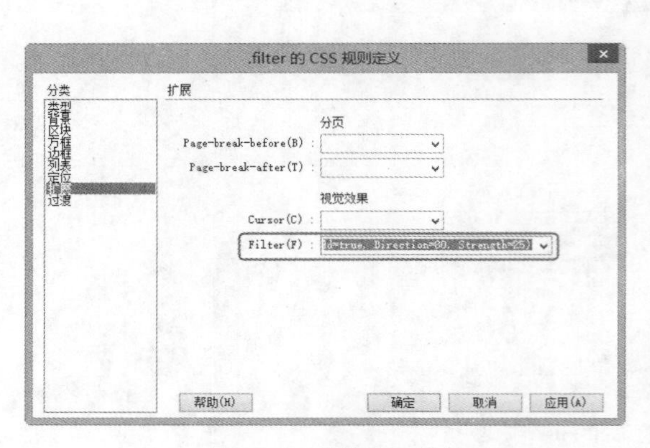

图 14-2　设置 Blur 滤镜

图 14-3　设置 Blur 滤镜后的效果

其 CSS 代码如下所示。

```
.filter {
  filter: Blur(Add=true, Direction=80, Strength=25);
}
```

14.3 对颜色进行透明处理 chroma

chroma 滤镜用于将对象中指定的颜色显示为透明。

基本语法：

```
filter:chroma(color= 颜色代码或颜色关键字 )
```

语法说明：

参数 color 即为要透明的颜色。

在“分类”列表中选择“扩展”选项，在 Filter 右侧的下拉列表中选择要应用的滤镜 Chroma，并输入参数值，如图 14-4 所示。创建样式后并应用该样式，应用 Chroma 后的效果如图 14-5 所示。

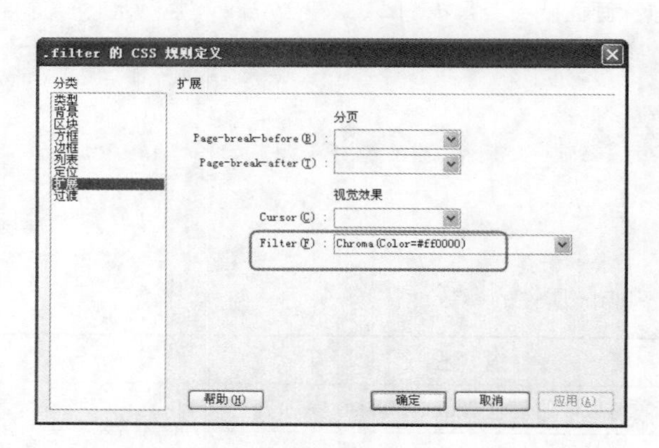

图 14-4　设置 Chroma 滤镜

图 14-5　设置 Chroma 滤镜后的效果

其 CSS 代码如下所示。

```
<style type="text/css">
```

```
.filter {
  filter: Chroma(Color=#ff0000);
}
</style>
```

14.4 设置阴影 DropShadow

DropShadow 属性是为了添加对象阴影效果的。它实现的效果看上去就像使原来的对象离开页面，然后在页面上显示出该对象的投影。

基本语法：

```
DropShadow(color= 阴影颜色 , offX= 参数值 , offY= 参数值 , positive= 参数值 )
```

语法说明：

DropShadow 滤镜的参数见表 14-3 所示。

表 14-3　DropShadow 滤镜的参数

参　数	描　述
color	设置阴影的颜色
offX	用于设置阴影相对图像移动的水平距离
offY	用于设置阴影相对图像移动的垂直距离
positive	是一个布尔值（0 或 1），其中 0 指为透明像素生成阴影，1 指为不透明像素生成阴影

在“分类”列表中选择“扩展”选项，在 Filter 右侧的下拉列表中选择要应用的滤镜 DropShadow，并输入参数值，如图 14-6 所示。创建完样式后并应用该样式，应用 DropShadow 后的效果如图 14-7 所示。

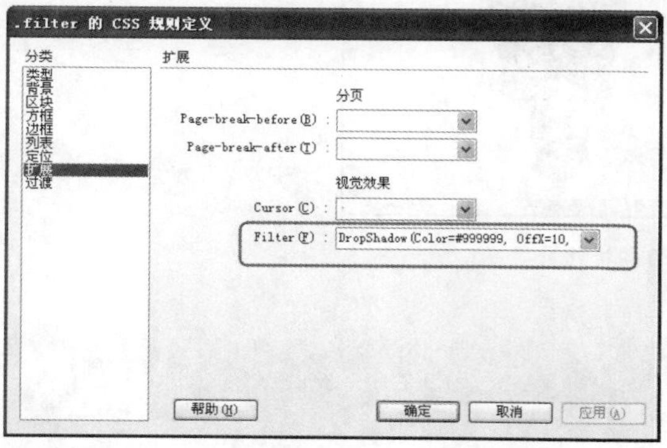

图 14-6　设置 DropShadow 滤镜

图 14-7　设置 DropShadow 滤镜后的效果

其 CSS 代码如下所示。

```
<style type="text/css">
.filter {
  filter: DropShadow(Color=#999999, OffX=10, OffY=20, Positive=5);
}
</style>
```

14.5 对象的翻转 FlipH、FlipV

FlipH 滤镜用于设置沿水平方向翻转对象；FlipV 滤镜用于设置沿垂直方向翻转对象。

基本语法：

```
filter:FlipH
filter:FlipV
```

语法说明：

在“分类”列表中选择“扩展”选项，在 Filter 右侧的下拉列表中选择要应用的滤镜 FlipH，用于设置沿水平方向翻转对象，如图 14-8 所示；在 Filter 右侧的下拉列表中选择要应用的滤镜 FlipV，用于设置沿垂直方向翻转对象，如图 14-9 所示。应用 FlipH、FlipV 后的效果如图 14-10 所示。

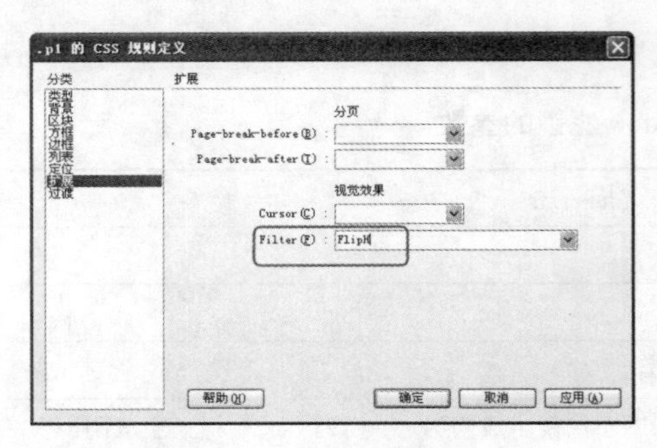

图 14-8　设置滤镜 FlipH

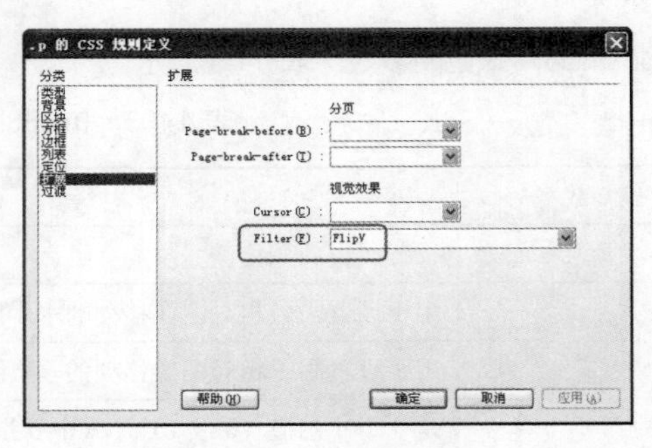

图 14-9　设置滤镜 FlipV

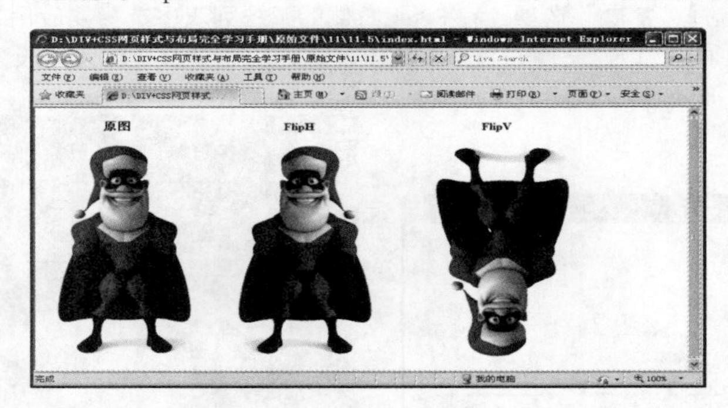

图 14-10　对象的翻转效果

其 CSS 代码如下所示。

```
<style type="text/css">
.p1 {
  filter: FlipH;
}
.p {
  filter: FlipV;
}
</style>
```

14.6 发光效果 Glow

当对一个对象使用 Glow 滤镜后，这个对象的边缘就会产生类似发光的效果。

基本语法：

```
filter:Glow(color= 颜色代码 , strength= 强度值 )
```

语法说明：

Glow 滤镜的参数见表 14-4 所示。

表 14-4　Glow 滤镜的参数

参　数	描　述
color	设置发光的颜色
strength	设置发光的强度，取值范围为 1~255，默认值为 5

在“分类”列表中选择“扩展”选项，在 Filter 右侧的下拉列表中选择要应用的滤镜样式 Glow，并输入参数值，如图 14-11 所示。创建完样式后并应用该样式，应用 Glow 后的效果如图 14-12 所示。

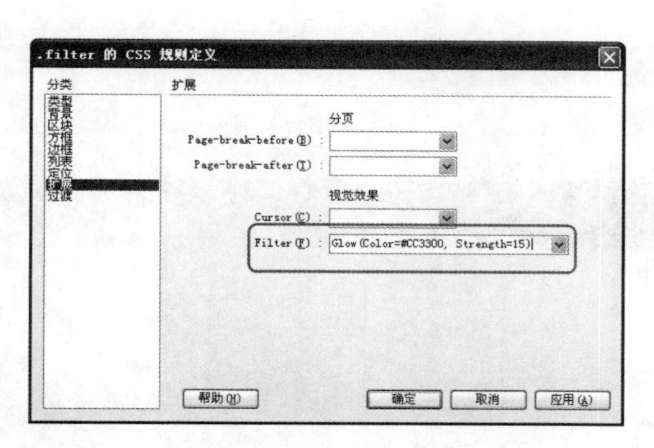

图 14-11　应用 Glow 滤镜

图 14-12　应用 Glow 滤镜后

其 CSS 代码如下所示。

```
<style type="text/css">
.filter {
  filter: Glow(Color=#CC3300, Strength=15);
}
</style>
```

14.7 X 光片效果 Xray

X 射线效果属性 Xray 用于加亮对象的轮廓，呈现所谓的 X 光片效果。

基本语法：

```
filter:Xray
```

语法说明：

X 光效果滤镜不需要设置参数，是一种很少见的滤镜，它可以像灰色滤镜一样去除对象的所有颜色信息，然后将其反转。

在“分类”列表中选择“扩展”选项，在 Filter 右侧的下拉列表中选择要应用的滤镜 Xray，并输入参数值，如图 14-13 所示。创建完样式后并应用该样式，应用 Xray 后的效果如图 14-14 所示。

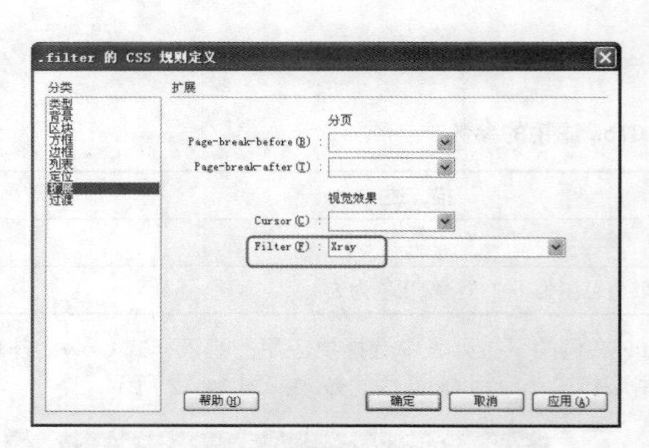

图 14-13 设置 Xray 滤镜

图 14-14 设置 Xray 滤镜后的效果

其 CSS 代码如下所示。

```
.filter {
  filter: Xray;
}
```

14.8 波形滤镜 Wave

Wave 滤镜属性用于为对象内容建立波浪效果。

基本语法：

```
filter:wave(add=参数值, freq=参数值, lightstrength=参数值, phase=参数值, strength=参数值);
```

语法说明：

Wave 滤镜的参数见表 14-5 所示。

表 14-5 Wave 滤镜的参数

参 数	描 述
add	是否要把对象按照波形样式打乱，其默认值是 true
freq	设置滤镜建立的波浪数目
lightstrength	设置波纹增强光影的效果，取值范围为 0~100
phase	设置正弦波开始处的相位偏移
strength	设置以对象为基准的在运动方向上的向外扩散距离

在“分类”列表中选择“扩展”选项，在 Filter 右侧的下拉列表中选择要应用的滤镜 Wave，并输入参数值，如图 14-15 所示。创建完样式后并应用该样式，应用 Wave 后的效果如图 14-16 所示。

其 CSS 代码如下所示。

```
<style type="text/css">
.filter {
  filter: Wave(Add=true, Freq=4, LightStrength=80, Phase=20, Strength=20);
}
</style>
```

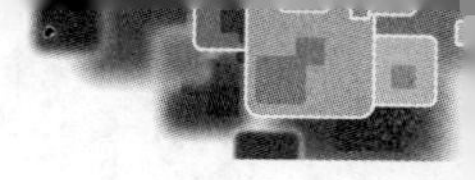

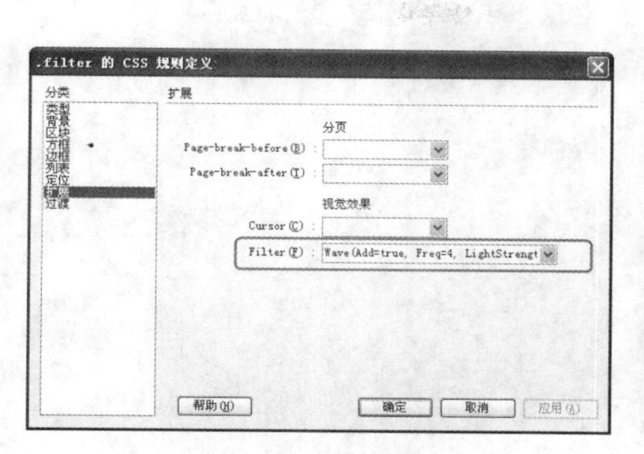

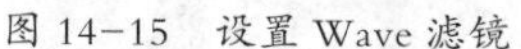

图 14-15 设置 Wave 滤镜

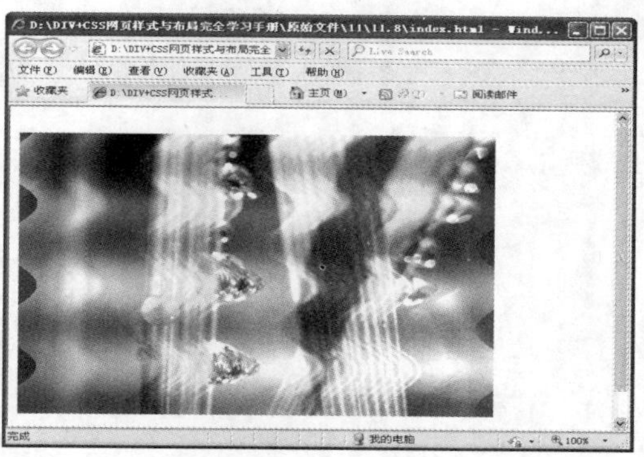

图 14-16 设置 Wave 滤镜后的效果

14.9 遮罩效果 Mask

Mask 滤镜用于为对象建立一个覆盖于表面的膜，实现一种颜色框架的效果。

基本语法：

```
filter: Mask(Color= 颜色代码 )
```

语法说明：

颜色是最后遮罩显示的颜色。

在“分类”列表中选择“扩展”选项，在 Filter 右侧的下拉列表中选择要应用的滤镜样式 Mask，并输入参数值，如图 14-17 所示。创建完样式后并应用该样式，应用 Mask 后的效果如图 14-18 所示。

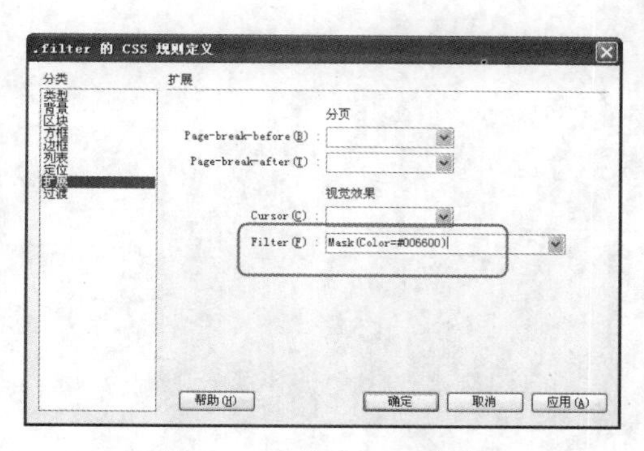

图 14-17 设置 Mask 滤镜

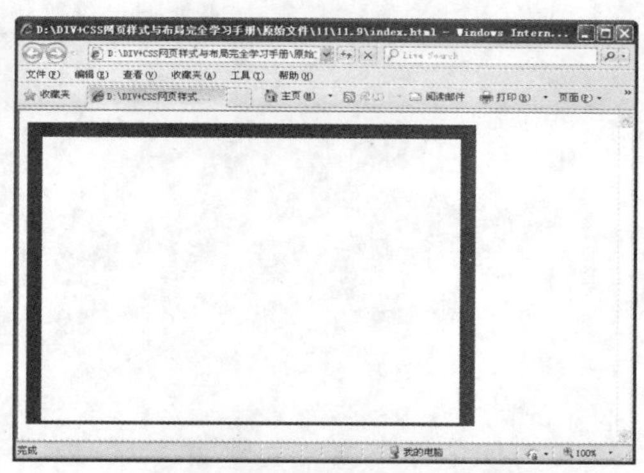

图 14-18 设置 Mask 滤镜后效果

其 CSS 代码如下所示。

```
.filter {
  filter: Mask(Color=#006600);
}
```

14.10 本章小结

本章主要讲述了 CSS 中的各种滤镜特效，采用 CSS 技术可以将网页制作得更加绚丽多彩，不仅可以做出令浏览者赏心悦目的网页，还能给网页添加许多特效。

第15章

CSS+DIV 布局定位基础

本章导读

设计网页的第一步是设计布局，好的网页布局会令访问者耳目一新，同样也可以使访问者更容易在站点上找到他们所需要的信息。无论使用表格还是CSS，网页布局都是把大块的内容放进网页的不同区域内。有了CSS，最常用来布局内容的元素就是<div>标签。盒子模型是CSS控制页面时一个很重要的概念，只有很好地掌握了盒子模型以及其中每个元素的用法，才能真正控制好页面中的各个元素。

技术要点：

- 网站与Web标准
- Div标记与Span标记
- 盒子模型
- 盒子的浮动与定位

15.1 网站与 Web 标准

Web 标准，即网站标准。目前通常所说的 Web 标准一般指网站建设采用基于 XHTML 语言的网站设计语言，Web 标准中典型的应用模式是 CSS+Div。实际上，Web 标准并不是某一个标准，而是一系列标准的集合。

15.1.1 什么是 Web 标准

Web 标准是由 W3C 和其他标准化组织制定的一套规范集合，Web 标准的目的在于创建一个统一的用于 Web 表现层的技术标准，以便于通过不同浏览器或终端设备向最终用户展示信息内容。

网页主要由三部分组成：结构（Structure）、表现（Presentation）和行为（Behavior）。对应的网站标准也分三方面：结构化标准语言，主要包括 XHTML 和 XML；表现标准语言主要包括 CSS；行为标准主要包括对象模型（如 W3C DOM）、ECMAScript 等。

1. 结构（Structure）

结构对网页中用到的信息进行分类与整理。在结构中用到的技术主要包括 HTML、XML 和 XHTML。

2. 表现（Presentation）

表现用于对信息进行版式、颜色、大小等形式的控制。在表现中用到的技术主要是 CSS 层叠样式表。

3. 行为（Behavior）

行为是指文档内部的模型定义及交互行为的编写，用于编写交互式的文档。在行为中用到的技术主要包括 DOM 和 ECMAScript。

- DOM(Document Object Model) 文档对象模型

DOM 是浏览器与内容结构之间的沟通接口，使你可以访问页面上的标准组件。

- ECMAScript 脚本语言

ECMAScript 是标准脚本语言，用于实现具体界面上对象的交互操作。

15.1.2 为什么要建立 Web 标准

我们大部分人都有深刻体验，每当主流浏览器版本升级时，我们刚建立的网站就可能变得过时，就需要升级或者重新设计网站。在网页制作时采用 Web 标准技术，可以有效地对页面的布局、字体、颜色、背景和其他效果实现更加精确地控制。只要对相应的代码做一些简单修改，就可以改变网页的外观和格式。

简单说，网站标准的目的就是：

- 提供最多利益给最多的网站用户；
- 确保任何网站文档都能够长期有效；
- 简化代码、降低建设成本；
- 让网站更容易使用，能适应更多不同用户和更多网络设备；
- 当浏览器版本更新，或者出现新的网络交互设备时，确保所有应用能够继续正确执行。

对于网站设计和开发人员来说，遵循网站标准就是使用标准；对于网站用户来说，网站标准就是最佳体验。

对网站浏览者的好处是：

- 文件下载与页面显示速度更快；
- 内容能被更多的用户访问（包括失明、视弱、色盲等残障人士）；
- 内容能被更广泛的设备所访问（包括屏幕阅读机、手持设备、搜索机器人、打印机、电冰箱等）；
- 用户能够通过样式选择定制自己的表现界面；
- 所有页面都能提供适于打印的版本。

对网站设计者的好处是：

- 更少的代码和组件，容易维护；
- 带宽要求降低，代码更简洁，成本降低；
- 更容易被搜寻引擎搜索到；
- 改版方便，不需要变动页面内容；
- 提供打印版本而不需要复制内容；
- 提高网站易用性。在美国就有严格的法律条款来约束政府网站必须达到一定的易用性，其他国家也有类似的要求。

15.2 Div 标记与 Span 标记

在 CSS 布局的网页中，<Div> 与 <Span> 都是常用的标记，利用这两个标记，加上 CSS 对其样式的控制，可以很方便地实现网页的布局。

15.2.1 Div 概述

过去最常用的网页布局工具是 <table> 标签，它本是用来创建电子数据表的，由于 <table> 标签本来不是用于布局的，因此设计师们不得不经常以各种不寻常的方式来使用这个标签，如把一个表格放在另一个表格的单元中。这种方法的工作量很大，增加了大量额外的 HTML 代码，并使后面要修改设计变得很难。

而CSS的出现使网页布局有了新的曙光。利用CSS属性，可以精确地设定元素的位置，还能将定位的元素叠放在彼此之上。当使用CSS布局时，主要把它用在Div标签上，<div>与</div>之间相当于一个容器，可以放置段落、表格、图片等各种HTML元素。

Div是用来为HTML文档内大块的内容提供结构和背景的元素。Div的起始标签和结束标签之间的所有内容都是用来构成这个块的，其中所包含元素的特性由Div标签的属性，或通过使用CSS来控制。

下面列出一个简单的实例讲述Div的使用方法。

实例代码：

```
<!doctype html>
<html>
<head>
<meta http-equiv="Content-Type" content="text/html; charset=gb2312" />
<title>Div的简单使用 </title>
<style type="text/css">
<!--
div{
  font-size:26px;                                        /* 字号大小 */
  font-weight:bold;                                      /* 字体粗细 */
  font-family:Arial;                                     /* 字体 */
  color:#330000;                                         /* 颜色 */
  background-color:#66CC00;                              /* 背景颜色 */
  text-align:center;                                     /* 对齐方式 */
  width:400px;                                           /* 块宽度 */
  height:80px;                                           /* 块高度 */
}
-->
</style>
  </head>
<body>
  <div>这是一个div的简单使用 </div>
</body>
</html>
```

在上面的实例中，通过CSS对Div的控制，制作了一个宽400像素和高80像素的绿色块，并设置了文字的颜色、字号和文字的对齐方式，在浏览器中浏览效果，如图15-1所示。

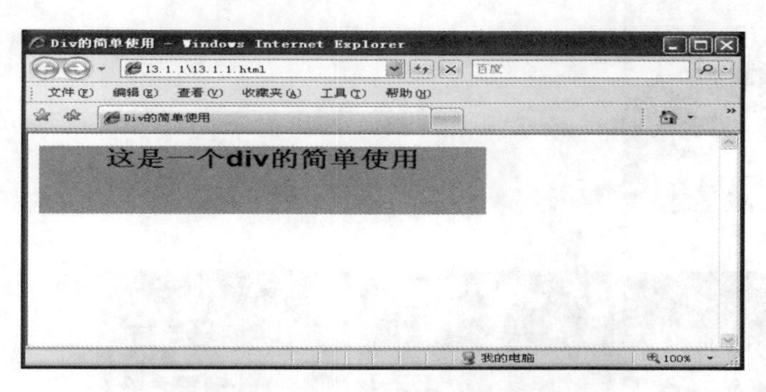

图15-1 Div的简单使用实例

15.2.2 Div与Span的区别

很多开发人员都把Div元素与Span元素混淆。尽管它们在特性上相同，但是Span是用来定义内嵌内容的，而不是大块内容。

Div是一个块级元素，可以包含段落、标题、表格，甚至如章节、摘要和备注等。而Span是行内元素，Span的前后是不会换行的，它没有结构的意义，纯粹是应用样式，当其他行内元素都不合适时，可以使

用 Span。

下面通过一个实例说明 Div 与 Span 的区别，代码如下。

实例代码：

```
<!doctype html>
<html>
<head>
<meta http-equiv="Content-Type" content="text/html; charset=gb2312" />
<title>div与span 的区别 </title>
  </head>
<body>
  <p>div 标记不同行：</p>
  <div><img src="pic1.jpg" vspace="1" border="0"></div>
<div><img src="pic2.jpg" vspace="1" border="0"></div>
<div><img src="pic3.jpg" vspace="1" border="0"></div>
<p>span 标记同一行：</p>
  <span><img src="pic1.jpg" border="0"></span>
  <span><img src="pic2.jpg" width="230" height="145" border="0"></span>
  <span><img src="pic3.jpg" border="0"></span>
</body>
</html>
```

在浏览器中浏览效果，如图 15-2 所示。

图 15-2　Div 与 Span 的区别

正是由于两个对象不同的显示模式，因此在实际使用过程中决定了两个对象的不同用途。Div 对象是一个大的块状内容，如一大段文本、一个导航区域、一个页脚区域等显示为块状的内容。

而作为内联对象的 Span，用途是对行内元素进行结构编码以方便样式设计，例如在一大段文本中，需要改变其中一段文本的颜色，可以对这一小部分文本使用 Span 对象，并进行样式设计，这将不会改变这一整段文本的显示方式。

15.3 盒子模型

如果想熟练掌握 Div 和 CSS 的布局方法，首先要对盒模型有足够的了解。盒子模型是 CSS 布局网页时非常重要的概念，只有很好地掌握了盒子模型以及其中每个元素的使用方法，才能真正地布局网页中各个元素的位置。

15.3.1 盒子模型的概念

所有页面中的元素都可以看作一个装了东西的盒子，盒子中的内容到盒子的边框之间的距离即填充（padding），盒子本身有边框（border），而盒子边框外和其他盒子之间，还有边界（margin）。

一个盒子由四个独立的部分组成，如图 15-3 所示。

最外面的是边界（margin）；

第二部分是边框（border），边框可以有不同的样式；

第三部分是填充（padding），填充用来定义内容区域与边框（border）之间的空白；

第四部分是内容区域。

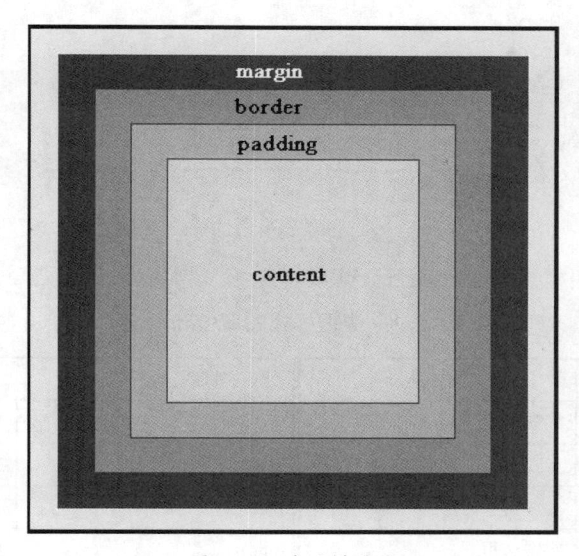

图 15-3 盒子模型图

填充、边框和边界都分为“上、右、下、左”四个方向，既可以分别定义，也可以统一定义。当使用 CSS 定义盒子的 width 和 height 时，定义的并不是内容区域、填充、边框和边界所占的总区域。而是内容区域 content 的 width 和 height。为了计算盒子所占的实际区域必须加上 padding、border 和 margin。

实际宽度 = 左边界 + 左边框 + 左填充 + 内容宽度（width）+ 右填充 + 右边框 + 右边界

实际高度 = 上边界 + 上边框 + 上填充 + 内容高度（height）+ 下填充 + 下边框 + 下边界

15.3.2 border

border 是 CSS 的一个属性，用它可以给 HTML 标记（如 td、Div 等）添加边框，它可以定义边框的样式（style）、宽度（width）和颜色（color），利用这 3 个属性相互配合能设计出很好的效果。

在 Dreamweaver 中可以使用可视化操作设置边框效果，在“CSS 规则定义”对话框中的“分类”列表中选择“边框”选项，如图 15-4 所示。

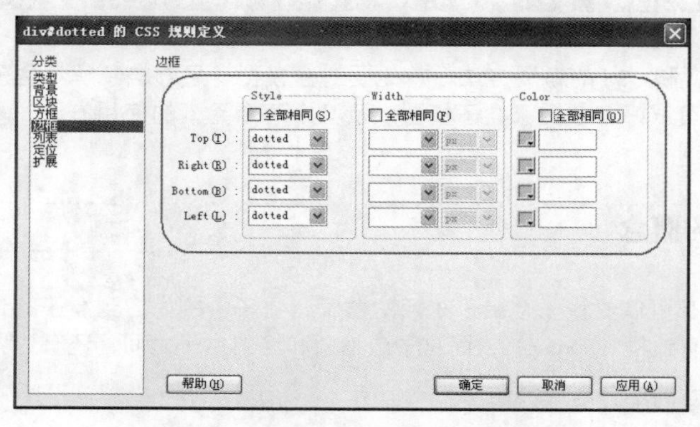

图 15-4　在 Dreamweaver 中设置边框

1. 边框样式：border-style

border-style 定义元素的 4 个边框样式。如果 border-style 设置全部 4 个参数值，将按上、右、下、左的顺序作用于 4 个边框。如果只设置一个，将用于全部 4 条边。

基本语法：

```
border-style: 样式值
border-top-style: 样式值
border-right-style: 样式值
border-bottom-style: 样式值
border-left-style: 样式值
```

语法说明：

border-style 可以设置边框的样式，包括无、虚线、实线、双实线等。border-style 的取值见表 15-1 所示。

表 15-1　边框样式的取值和含义

属性值	描述	属性值	描述
none	默认值，无边框	groove	3D 凹槽
dotted	点线边框	ridge	3D 凸槽
dashed	虚线边框	inset	使整个边框凹陷
solid	实线边框	outset	使整个边框凸起
double	双实线边框		

下面通过实例讲述 border-style 的使用方法，其代码如下所示。

实例代码：

```
<!doctype html>
<html>
  <head>
        <meta http-equiv="Content-Type" content="text/html; charset=gb2312"
/>
        <title>CSS border-style 属性示例 </title>
        <style type="text/css" media="all">
              div#dotted { border-style: dotted;}
              div#dashed{   border-style: dashed;}
              div#solid{ border-style: solid;}
```

```
            div#double{    border-style: double;}
            div#groove{ border-style: groove;}
            div#ridge{ border-style: ridge;      }
            div#inset{ border-style: inset;}
            div#outset{ border-style: outset;}
            div#none{ border-style: none;}
            div{
                border-width: thick;
                border-color: red;
                margin: 2em;
            }
        </style>
    </head>
  <body>
            <div id="dotted">border-style属性 dotted(点线边框)</div>
            <div id="dashed">border-style属性 dashed(虚线边框)</div>
            <div id="solid">border-style属性 solid(实线边框)</div>
            <div id="double">border-style属性 double(双实线边框)</div>
            <div id="groove">border-style属性 groove(3D凹槽) </div>
            <div id="ridge">border-style属性 ridge(3D凸槽) </div>
            <div id="inset">border-style属性 inset(边框凹陷) </div>
            <div id="outset">border-style属性 outset(边框凸出) </div>
        <div id="none">border-style属性 none(无样式)</div>
    </body>
  </html>
```

在浏览器中浏览，不同的边框样式效果如图 15-5 所示。

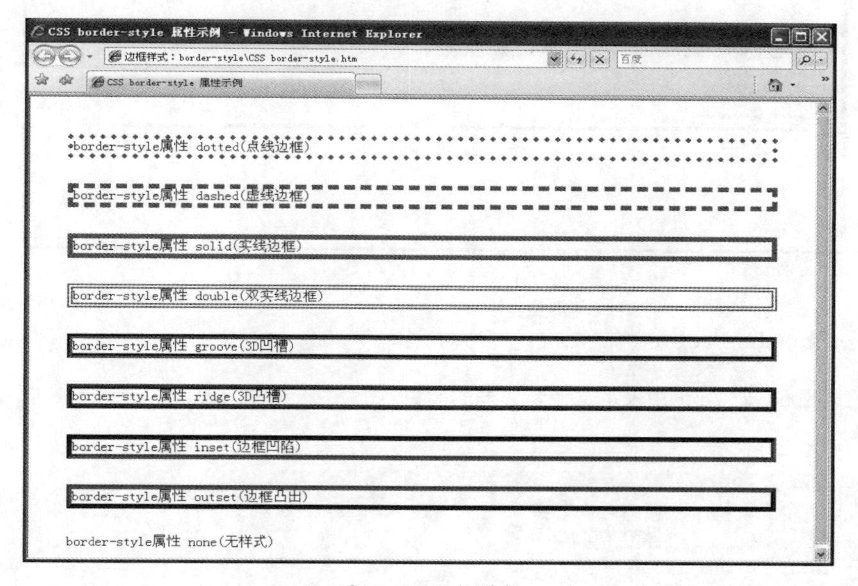

图 15-5　边框样式

还可以使用 border-top-style、border-right-style、border-bottom-style 和 border-left-style 分别设置上边框、右边框、下边框和左边框的不同样式，其 CSS 代码如下。

实例代码：

```
<!doctype html>
<html>
<head>
<meta http-equiv="Content-Type" content="text/html; charset=gb2312" />
        <title>CSS border-style 属性示例 </title>
        <style type="text/css" media="all">
```

```
                div#top{ border-top-style:dotted; }
                div#right{ border-right-style:double;}
                div#bottom{    border-bottom-style:solid;}
                div#left{ border-left-style:ridge;}
                div
                {
                        border-style:none;
                        margin:25px;
                        border-color:green;
                        border-width:thick
                }
        </style>
  </head>
<body>
<p> </p>
  <div id="top">定义上边框样式border-top-style:dotted; 点线上边框</div>
  <div id="right">定义右边框样式,border-right-style:double; 双实线右边框</div>
  <div id="bottom">定义下边框样式,border-bottom-style:solid; 实线下边框</div>
  <div id="left">定义左边框样式,border-left-style:ridge; 3D凸槽左边框</div>
</body>
</html>
```

在浏览器中浏览，可以看出分别设置了上、下、左、右边框为不同的样式，效果如图 15-6 所示。

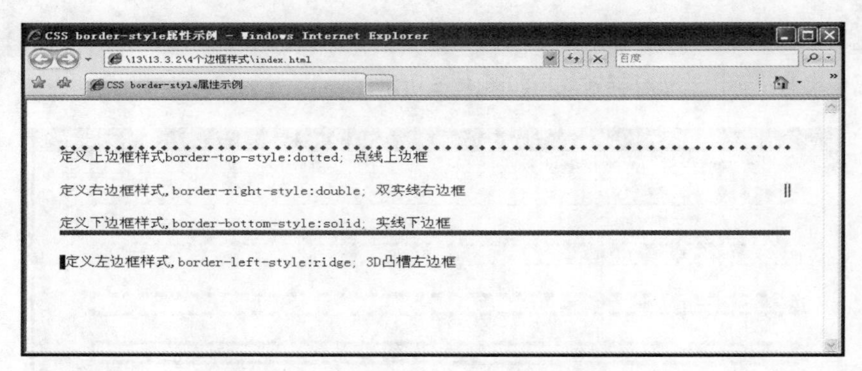

图 15-6　设置上、下、左、右边框为不同的样式

2．边框颜色：border-color

边框颜色属性 border-color 用来定义元素边框的颜色。

基本语法：

```
border-color:颜色值
border-top-color:颜色值
border-right-color:颜色值
border-bottom-color:颜色值
border-left-color:颜色值
```

语法说明：

border-top-color、border-right-color、border-bottom-color 和 border-left-color 属性分别用来设置上、右、下、左边框的颜色，也可以使用 border-color 属性来统一设置 4 个边框的颜色。

如果 border-color 设置全部 4 个参数值，将按上、右、下、左的顺序作用于 4 个边框。如果只设置一个，将用于全部的 4 条边；如果设置两个值，第一个用于上、下，第二个用于左、右；如果提供 3 个值，第一个用于上，第二个用于左、右，第三个用于下。

下面通过实例讲述 border-color 属性的使用方法，其 CSS 代码如下。

实例代码：

```
<!doctype html>
<html>
<head>
<meta http-equiv="Content-Type" content="text/html; charset=gb2312" />
<head>
<title>border-color 实例 </title>
<style type="text/css">
p.one
{
border-style: solid;
border-color: #0000ff
}
p.two
{
border-style: solid;
border-color: #ff0000 #0000ff
}
p.three
{
border-style: solid;
border-color: #ff0000 #00ff00 #0000ff
}
p.four
{
border-style: solid;
border-color: #ff0000 #00ff00 #0000ff rgb(250,0,255)
}
</style>
</head>
<body>
<p class="one">1 个颜色边框 !</p>
<p class="two">2 个颜色边框 !</p>
<p class="three">3 个颜色边框 !</p>
<p class="four">4 个颜色边框 !</p>
<p><b> 注意 :</b> 只设置 "border-color" 属性将看不到效果，须要先设置 "border-style" 属性。</p>
</body>
</html>
```

在浏览器中浏览，可以看到使用 border-color 设置了不同颜色的边框，如图 15-7 所示。

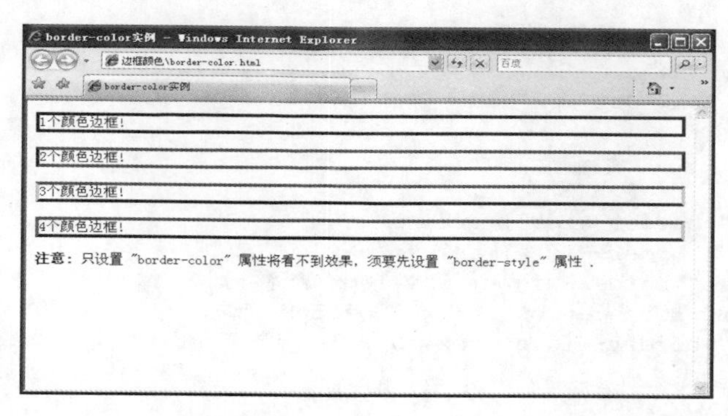

图 15-7　border-color 实例效果

3．边框宽度：border-width

边框宽度属性 border-width 用来定义元素边框的宽度。

基本语法：

```
border-width: 宽度值
border-top-width: 宽度值
border-right-width: 宽度值
border-bottom-width: 宽度值
border-left-width: 宽度值
```

语法说明：

如果 border-width 设置全部 4 个参数值，将按上、右、下、左的顺序作用于 4 个边框；如果只设置一个，将用于全部的 4 条边；如果设置两个值，第一个用于上、下，第二个用于左、右；如果提供 3 个值，第一个用于上，第二个用于左、右，第三个用于下。border-width 的取值范围见表 15-2 所示。

表 15-2　border-width 的属性值

属 性 值	描 述	属 性 值	描 述
medium	默认值	dashed	粗
thin	细		

下面通过实例讲述 border-width 属性的使用方法，其代码如下。

实例代码：

```
<!doctype html>
<html>
<head>
<meta http-equiv="Content-Type" content="text/html; charset=gb2312" />
<title>border-width 实例 </title>
<style type="text/css">
p.one
{border-style: solid;
border-width: 5px}
p.two
{border-style: solid;
border-width: thick}
p.three
{border-style: solid;
border-width: 5px 10px}
p.four
{border-style: solid;
border-width: 5px 10px 1px}
p.five
{border-style: solid;
border-width: 5px 10px 1px medium}
</style>
</head>
<body>
<p class="one">border-width: 5px</p>
<p class="two">border-width: thick</p>
<p class="three">border-width: 5px 10px</p>
<p class="four">border-width: 5px 10px 1px</p>
<p class="five">border-width: 5px 10px 1px medium</p>
</body>
</html>
```

在浏览器中浏览，可以看到使用 border-width 设置了不同宽度的边框效果，如图 15-8 所示。

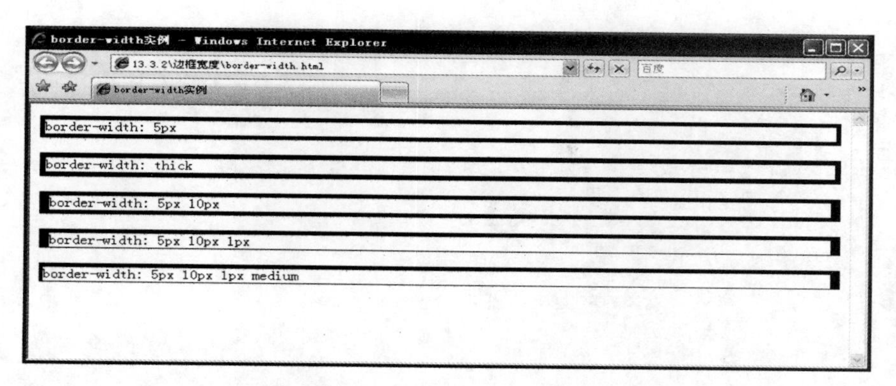

图 15-8　border-width 实例

15.3.3　padding

Padding 属性设置元素所有内边距的宽度，或者设置各边上内边距的宽度。

基本语法：

```
padding：取值
padding-top：取值
padding-right：取值
padding-bottom：取值
padding-left：取值
```

语法说明：

padding 是 padding-top、padding-right、padding-bottom、padding-left 的一种快捷的综合写法，最多允许 4 个值，依次的顺序是：上、右、下、左。

如果只有一个值，表示 4 个填充都用同样的宽度；如果有两个值，第一个值表示上下填充宽度，第二个值表示左右填充宽度；如果有 3 个值，第一个值表示上填充宽度，第二个值表示左右填充宽度，第三个值表示下填充宽度。

在 Dreamweaver 中可以使用可视化操作设置填充的效果，在“CSS 规则定义”对话框中的“分类”列表中选择“方框”选项，然后在“填充”选项中设置填充属性，如图 15-9 所示。

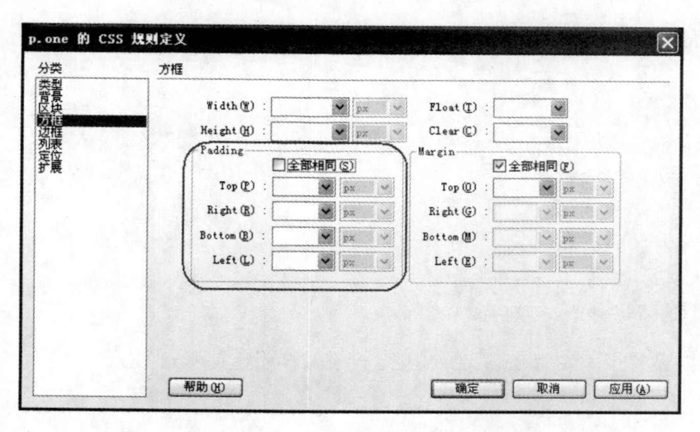

图 15-9　设置填充属性

其 CSS 代码如下：

```
td {padding: 0.5cm 1cm 4cm 2cm}
```

上面的代码表示，上填充为 0.5cm，右填充为 1cm，下填充为 4cm，左填充为 2cm。

下面讲述上、下、左、右填充宽度相同的实例，其代码如下所示。

```
<!doctype html>
<html>
<head>
<meta http-equiv="Content-Type" content="text/html; charset=gb2312" />
        <title>padding 宽度都相同 </title>
        <style type="text/css" media="all">
                p
                {
                        padding:50px;
                        border:thick solid green;
                }
        </style>
    </head>
<body>
<p> 定义了段落的填充属性为 padding:50px; 所以内容与各个边框间会有 50px 的填充 .</p>
</body>
</html>
```

在浏览中浏览，可以看到使用 padding:50px 设置了上、下、左、右填充宽度都为 50px，效果如图 15-10 所示。

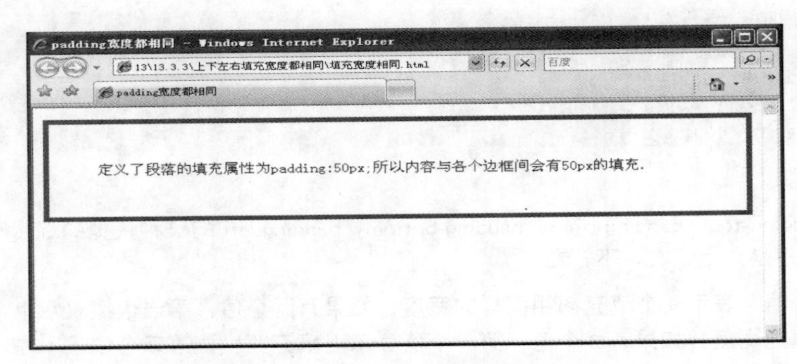

图 15-10　上下左右填充宽度相同

下面讲述上、下、左、右填充宽度各不相同的实例，其代码如下所示。

实例代码：

```
<!doctype html>
<html>
<head>
<meta http-equiv="Content-Type" content="text/html; charset=gb2312" />
<title>padding 宽度各不相同 </title>
<style type="text/css">
td {padding: 0.5cm 1cm 4cm 2cm}
</style>
</head>
<body>
<table border= "1" bordercolor="#009900">
<tr>
<td> 这个单元格设置了 CSS 填充属性。上填充为 0.5cm，右填充为 1cm，下填充为 4cm，左填充为
2cm。</td>
</tr>
</table>
</body>
</html>
```

在浏览器中浏览，可以看到使用 padding: 0.5cm 1cm 4cm 2cm 分别设置了上填充为 0.5cm，右填充为 1cm，下填充为 4cm，左填充为 2cm，在浏览器中浏览效果，如图 15-11 所示。

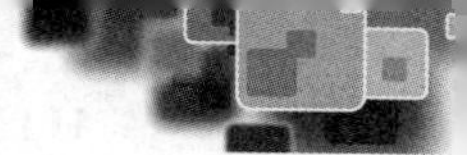

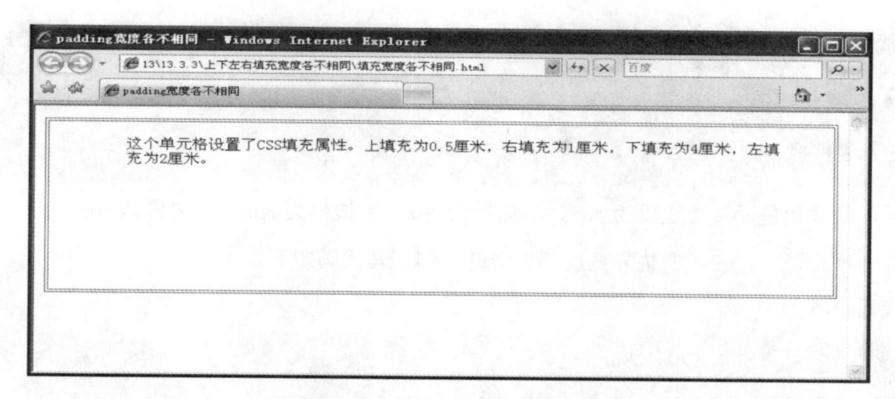

图 15-11　上下左右填充宽度各不相同

15.3.4　margin

边界属性用来设置页面中一个元素所占空间的边缘到相邻元素之间的距离。margin 属性包括 margin、margin-top、margin-bottom、margin-left、margin-right。

基本语法：

```
margin: 边距值
margin-top: 上边距值
margin-bottom: 下边距值
margin-left: 左边距值
margin-right: 右边距值
```

语法说明：

取值范围包括如下：

- 长度值相当于设置顶端的绝对边距值，包括数字和单位；
- 百分比是设置相对于上级元素宽度的百分比，允许使用负值；
- auto 是自动取边距值，即元素的默认值。

在 Dreamweaver 中可以使用可视化操作设置边界的效果，在“CSS 规则定义”对话框的“分类”列表中选择“方框”选项，然后在 Margin 选项中设置边界属性，如图 15-12 所示。

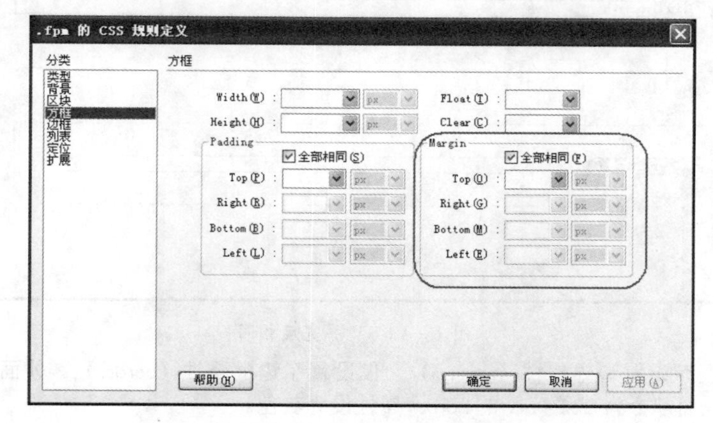

图 15-12　设置边界属性

其 CSS 代码如下所示。

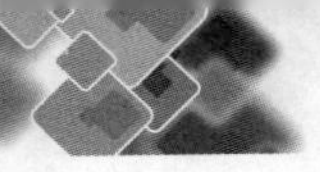


```
.top {
  margin-top: 4px;
  margin-right: 3px;
  margin-bottom: 3px;
  margin-left: 4px;
}
```

上面代码的作用是设置上边界为 4px、右边界为 3px、下边界为 3px，左边界为 4px。

下面举一个上、下、左、右边界宽度都相同的实例，其代码如下。

实例代码：

```
<!doctype html>
<html>
<head>
<meta http-equiv="Content-Type" content="text/html; charset=gb2312" />
<title>边界宽度相同</title>
<style type="text/css">
.d1{border:1px solid #FF0000;}
.d2{border:1px solid gray;}
.d3{margin:1cm;border:1px solid gray;}
</style>
</head>
<body>
<div class="d1">
<div class="d2">没有设置 margin</div>
</div>
<P> </P>
<hr>
<p> </p>
<div class="d1">
<div class="d3">margin 设置为 1cm</div>
</div>
</body>
</html>
```

在浏览器中浏览效果，如图 15-13 所示。

图 15-13　边界宽度相同

上面两个 div 没有设置边界属性（margin），仅设置了边框属性（border）。外面那个为 d1 的 div 的 border 设为红色，里面那个为 d2 的 div 的 border 属性设为灰色。

与上面两个 div 的 CSS 属性设置唯一不同的是，下面两个 div 中，里面的那个为 d3 的 div 设置了边界属性（margin），为 1cm，表示这个 div 上、下、左、右的边距都为 1cm。

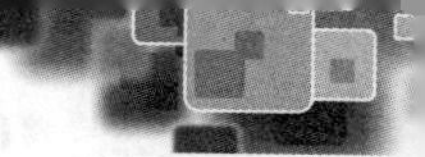

下面举一个上、下、左、右边界宽度都相同的实例，其代码如下。

实例代码：

```
<!doctype html>
<html>
<head>
<meta http-equiv="Content-Type" content="text/html; charset=gb2312" />
<title>边界宽度各不相同</title>
<style type="text/css">
.d1{border:1px solid #FF0000;}
.d2{border:1px solid gray;}
.d3{margin:0.5cm 1cm 2.5cm 1.5cm;border:1px solid gray;}
</style>
</head>
<body>
<div class="d1">
<div class="d2">没有设置 margin</div>
</div>
<P> </P>
<div class="d1">
<div class="d3">上下左右边界宽度各不同</div>
</div>
</body>
</html>
```

在浏览器中浏览效果，如图 15-14 所示。

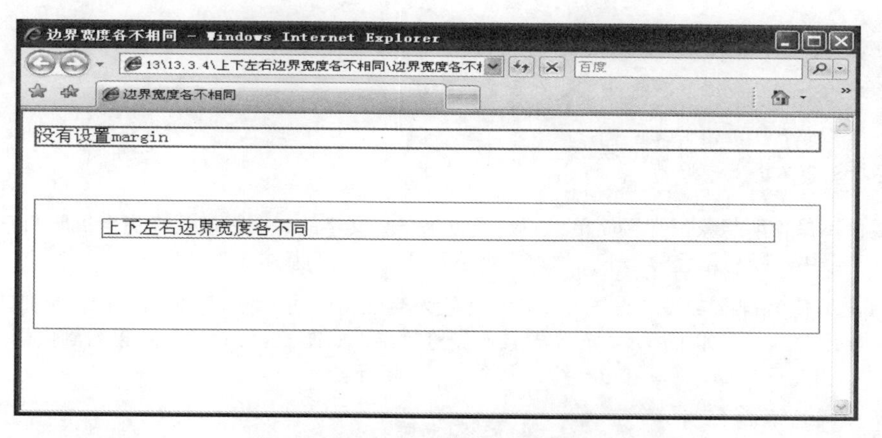

图 15-14　边界宽度各不相同

上面两个 div 没有设置边距属性（margin），仅设置了边框属性（border）。外面那个 div 的 border 设为红色，里面那个 div 的 border 属性设为灰色。

和上面两个 div 的 CSS 属性设置不同的是，下面两个 div 中，里面的那个 div 设置了边距属性（margin），设定上边距为 0.5cm，右边距为 1cm，下边距为 2.5cm，左边距为 1.5cm。

15.4 盒子的浮动与定位

CSS 为定位和浮动提供了一些属性，利用该属性可以建立列式布局，将布局的一部分与另一部分重叠，还可以完成多年来通常需要使用多个表格才能完成的任务。定位的基本思想很简单，它允许你定义元素框相对于其正常位置应该出现的位置，或者相对于父元素、另一个元素甚至浏览器窗口本身的位置。显然，这个功能非常强大，也很让人吃惊。

在用 CSS 控制排版的过程中，定位一直被人认为是一个难点，这主要是表现为很多网友在没有深入理解定位的原理时，排出来的杂乱网页常让他们不知所措，而另一边一些高手则常常借助定位的强大功能做出一些很酷的效果来。因此自己做的杂乱网页与高手完美的设计形成鲜明对比，这在一定程度上打击了初学定位的网友，希望下面的教程能让你更深入地了解 CSS 定位属性。

15.4.1 盒子的浮动 float

应用 Web 标准创建网页以后，float 浮动属性是元素定位中非常重要的属性，常常通过对 div 元素应用 float 浮动来进行定位，不但对整个版式进行规划，也可以对一些基本元素如导航等进行排列。

在标准流中，一个块级元素在水平方向会自动伸展，直到包含其元素的边界，而在竖直方向和其他元素依次排列，不能并排。使用浮动方式后，块级元素的表现会有所不同。

基本语法：

```
float:none|left|right
```

语法说明：

none 是默认值，表示对象不浮动；left 表示对象浮在左边；right 表示对象浮在右边。

CSS 允许任何元素浮动 float，不论是图像、段落还是列表。无论先前元素是什么状态，浮动后都成为块级元素。浮动元素的宽度默认为 auto。

指点迷津

浮动有一系列控制它的规则。

- 浮动元素的外边缘不会超过其父元素的内边缘。
- 浮动元素不会互相重叠。
- 浮动元素不会上下浮动。

float 属性不是你所想象得那么简单，不是通过这一篇文字的说明就能让你完全搞明白它的工作原理的，需要在实践中不断总结经验。下面通过几个小例子说明它的基本工作情况。

如果 float 取值为 none 或没有设置 float 时，不会发生任何浮动，块元素独占一行，紧随其后的块元素将在新行中显示。其代码如下所示，在浏览器中浏览效果，如图 15-15 所示。可以看到由于没有设置 Div 的 float 属性，因此每个 Div 都单独占一行，两个 Div 分两行显示。

```
<!doctype html>
<html>
<head>
<meta http-equiv="Content-Type" content="text/html; charset=gb2312" />
 <title>没有设置 float 时</title>
 <style type="text/css">
  #content_a {width:200px; height:80px; border:2px solid #000000;
margin:15px; background:#0ccccc;}
  #content_b {width:200px; height:80px; border:2px solid #000000;
margin:15px; background:#ff00ff;}
</style>
</head>
<body>
  <div id="content_a">这是第一个 DIV</div>
  <div id="content_b">这是第二个 DIV</div>
</body>
</html>
```

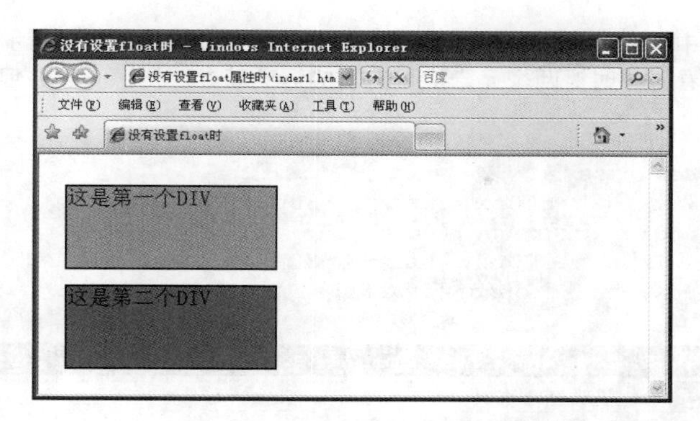

图 15-15 没有设置 float

下面修改一下代码，使用 float:left 对 content_a 应用向左浮动，而 content_b 不应用任何浮动。其代码如下所示，在浏览器中浏览效果，如图 15-16 所示。可以看到对 content_a 应用向左的浮动后，content_a 向左浮动，content_b 在水平方向紧跟着它的后面，两个 Div 占一行，在一行上并列显示。

```
<!doctype html>
<html>
<head>
<meta http-equiv="Content-Type" content="text/html; charset=gb2312" />
 <title>一个设置为左浮动，一个不设置浮动</title>
 <style type="text/css">
  #content_a {width:200px; height:80px; float:left; border:2px solid #000000;
 margin:15px; background:#0ccccc;}
   #content_b {width:200px; height:80px; border:2px solid #000000;
margin:15px;
background:#ff00ff;}
</style>
</head>
<body>
  <div id="content_a">这是第一个 DIV 向左浮动</div>
<div id="content_b">这是第二个 DIV 不应用浮动</div>
</body>
</html>
```

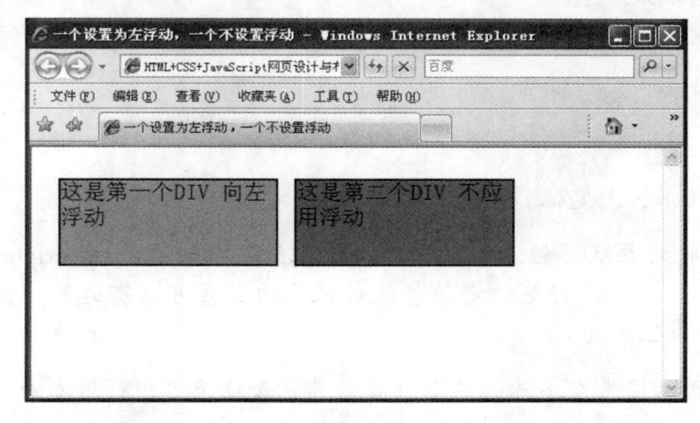

图 15-16 一个设置为左浮动，一个不设置浮动

下面修改一下代码，同时对这两个容器应用向左的浮动，其 CSS 代码如下所示。在浏览器中浏览，可以看到效果与图 15-16 的效果相同，两个 Div 占一行，在一行上并列显示。

```
<style type="text/css">
  #content_a {width:200px; height:80px; float:left; border:2px solid #000000;
margin:15px; background:#0ccccc;}
  #content_b {width:200px; height:80px; float:left; border:2px solid #000000;
margin:15px; background:#ff00ff;}
 </style>
```

下面修改上面代码中的两个元素，同时应用向右的浮动，其CSS代码如下所示，在浏览器中浏览效果，如图15-17所示。可以看到同时对两个元素应用向右的浮动基本保持了一致，但请注意方向性，第二个在左边，第一个在右边。

```
    <style type="text/css">
      #content_a {width:200px; height:80px; float:right; border:2px solid
#000000; margin:15px; background:#0ccccc;}
      #content_b {width:200px; height:80px; float:right; border:2px solid
#000000; margin:15px; background:#ff00ff;}
    </style>
```

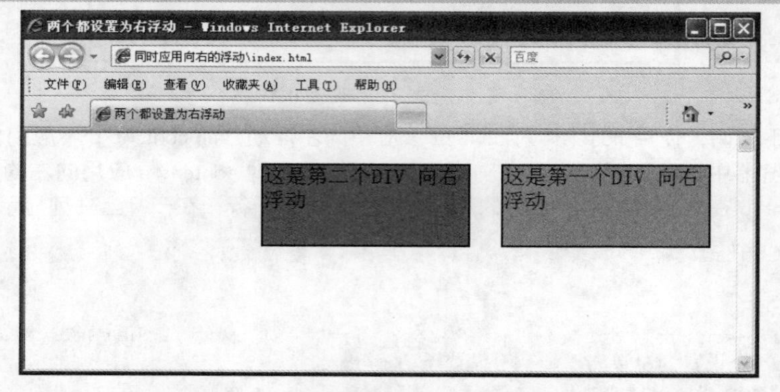

图15-17 同时应用向右的浮动

15.4.2 position定位

position的原意为位置、状态、安置。在CSS布局中，position属性非常重要，很多特殊容器的定位必须用position来完成。position属性有4个值，分别是：static、absolute、fixed、relative，static是默认值，代表无定位。

定位（position）允许用户精确定义元素框出现的相对位置，可以相对于它通常出现的位置，相对于其上级元素、相对于另一个元素，或者相对于浏览器窗口本身。每个显示元素都可以用定位的方法来描述，而其位置由此元素的包含块来决定。

基本语法：

```
Position: static | absolute | fixed | relative
```

语法说明：

- static：静态（默认），无定位。
- absolute：绝对，将对象从文档流中拖出，通过width、height、left、right、top、bottom等属性与margin、padding、border进行绝对定位，绝对定位的元素可以有边界，但这些边界不压缩。而其层叠通过z-index属性定义。
- fixed：固定，使元素固定在屏幕的某个位置，其包含块是可视区域本身，因此它不随滚动条的滚动而滚动。
- relative：相对，对象不可层叠，但将依据left、right、top、bottom等属性在正常文档流中偏移位置。

下面分别讲述这几种定位方式的使用方法。

1. 绝对定位：Absolute

当容器的position属性值为absolute时，这个容器即被绝对定位了。绝对定位在几种定位方法中使用最广泛，这种方法能精确地将元素移动到想要的位置。absolute用于将一个元素放到固定的位置非常方便。

当有多个绝对定位容器放在同一个位置时，显示哪个容器的内容呢？类似于 Photoshop 的图层有上下关系，绝对定位的容器也有上下关系，在同一个位置只会显示最上面的容器。在计算机显示中把垂直于显示屏幕平面的方向称为 z 方向，CSS 绝对定位的容器的 z-index 属性对应这个方向，z-index 属性的值越大，容器越靠上。即同一个位置上的两个绝对定位的容器只会显示 z-index 属性值较大的。

指点迷津

top、bottom、left 和 right 这 4 个 CSS 属性，它们都是配合 position 属性使用的，表示的是块的各个边界与页面边框的距离，或各个边界离原来位置的距离，只有当 position 设置为 absolute 或 relative 时才能生效。

下面举例讲述 CSS 绝对定位的使用方法，其代码如下所示。

```
<!doctype html>
<html>
<head>
<meta http-equiv="Content-Type" content="text/html; charset=gb2312" />
<title>绝对定位</title>
<style type="text/css">
*{margin: 0px;
  padding:0px;}
#all{
height:400px;
     width:400px;
     margin-left:20px;
     background-color:#eee;}
#absdiv1,#absdiv2,#absdiv3,#absdiv4,#absdiv5
{width:120px;
       height:50px;
       border:5px double #000;
       position:absolute;}
#absdiv1{
  top:10px;
  left:10px;
  background-color:#9c9;
}
#absdiv2{
  top:20px;
  left:50px;
  background-color:#9cc;
}
#absdiv3{
bottom:10px;
       left:50px;
       background-color:#9cc;}
#absdiv4{
  top:10px;
  right:50px;
  z-index:10;
  background-color:#9cc;
}
#absdiv5{
  top:20px;
  right:90px;
  z-index:9;
  background-color:#9c9;
}
#a,#b,#c{width:300px;
      height:100px;
      border:1px solid #000;
```

```
        background-color:#ccc;}
  </style>
  </head>
  <body>
  <div id="all">
    <div id="absdiv1">第 1 个绝对定位的 div 容器 </div>
     <div id="absdiv2">第 2 个绝对定位的 div 容器 </div>
    <div id="absdiv3">第 3 个绝对定位的 div 容器 </div>
     <div id="absdiv4">第 4 个绝对定位的 div 容器 </div>
     <div id="absdiv5">第 5 个绝对定位的 div 容器 </div>
    <div id="a">第 1 个无定位的 div 容器 </div>
     <div id="b">第 2 个无定位的 div 容器 </div>
     <div id="c">第 3 个无定位的 div 容器 </div>
  </div>
  </body>
  </html>
```

这里设置了 5 个绝对定位的 Div，3 个无定位的 Div。给外部 div 设置了 #eee 背景色，并给内部无定位的 div 设置了 #ccc 背景色，而绝对定位的 div 容器设置了 #9c9 和 #9cc 背景色，并设置了 double 类型的边框。在浏览器中浏览效果，如图 15-18 所示。

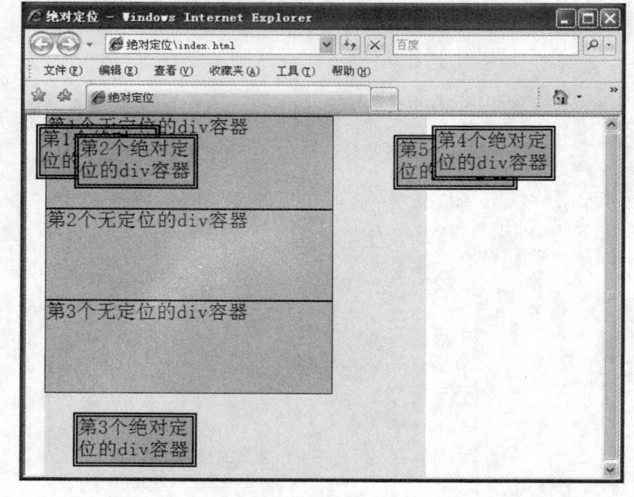

图 15-18　绝对定位效果

从本例可看到，设置 top、bottom、left 和 right 其中至少一种属性后，5 个绝对定位的 div 容器彻底摆脱了其父容器（id 名称为 all）的束缚，独立地漂浮在上面。而在未设置 z-index 属性值时，第 2 个绝对定位的容器显示在第 1 个绝对定位的容器上方（即后面的容器 z-index 属性值较大）。相应地，第 5 个绝对定位的容器虽然在第 4 个绝对定位的容器后面，但由于第 4 个绝对定位的容器的 z-index 值为 10，第 5 个绝对定位的容器的 z-index 值为 9，所以第 4 个绝对定位的容器显示在第 5 个绝对定位的容器的上方。

2. 固定定位：fixed

当容器的 position 属性值为 fixed 时，这个容器即被固定定位了。固定定位和绝对定位非常类似，不过被定位的容器不会随着滚动条的拖曳而变化位置。在视野中，固定定位容器的位置是不会改变的。

下面举例讲述固定定位的使用方法，其代码如下所示。

```
<!doctype html>
<html>
<head>
<meta http-equiv="Content-Type" content="text/html; charset=gb2312" />
<title>CSS 固定定位 </title>
```

```
<style type="text/css">
* {margin: 0px;
  padding:0px;}
#all{
     width:400px;  height:450px; background-color:#cccccc;}
#fixed{
     width:100px; height:80px; border:15px outset #f0ff00;
     background-color:#9c9000; position:fixed; top:20px; left:10px;}
#a{
   width:200px;  height:300px; margin-left:20px;
   background-color:#eeeeee; border:2px outset #000000;}
</style>
</head>
<body>
<div id="all">
   <div id="fixed">固定的容器</div>
   <div id="a">无定位的div容器</div>
</div>
</body>
</html>
```

在本例中给外部 div 设置了 #cccccc 背景色，并给内部无定位的 div 设置了 #eeeeee 背景色，而固定定位的 div 容器设置了 #9c9000 背景色，并设置了 outset 类型的边框。在浏览器中浏览效果，如图 15-19 和图 15-20 所示。

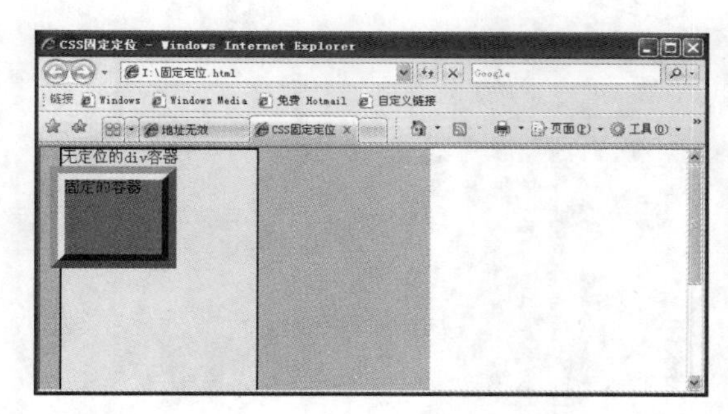

图 15-19　固定定位效果

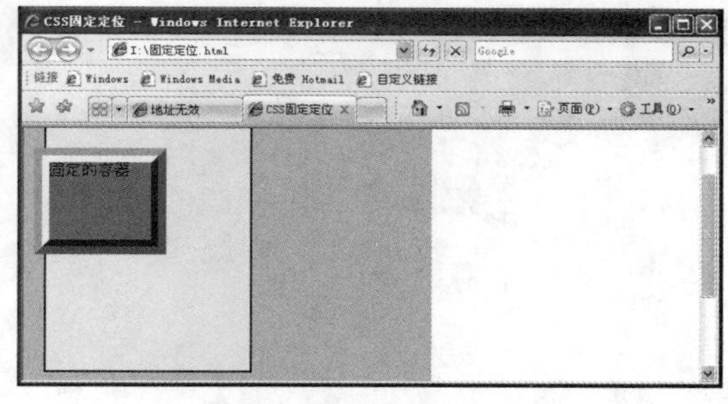

图 15-20　拖曳浏览器后效果

可以尝试拖曳浏览器的垂直滚动条时，固定容器不会有任何位置改变。不过 IE 6.0 版本的浏览器不支持 fixed 值的 position 属性，所以网上类似的效果都是采用 JavaScript 脚本编程完成的。

固定定位方式常用在网页上，在如图 15-21 所示的网页中，中间的浮动广告采用固定定位的方式。

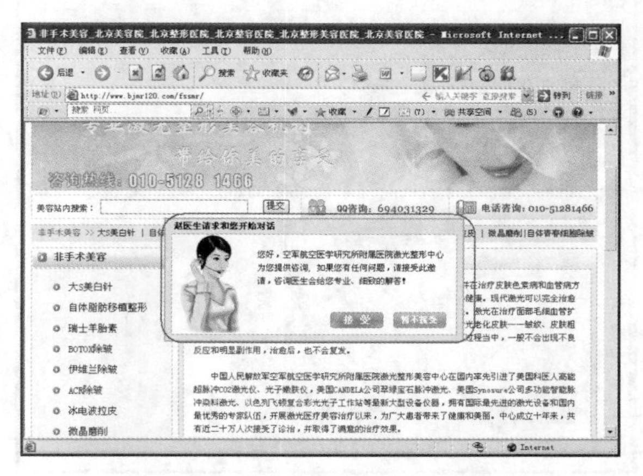

图 15-21　浮动广告采用固定定位方式

3．相对定位：relative

相对定位是一个非常容易掌握的概念。如果对一个元素进行相对定位，它将出现在它所在的位置上。然后，可以通过设置垂直或水平的位置，让这个元素“相对于”它的起点进行移动。如果将 top 设置为 20px，那么框将在原位置顶部下面 20 像素的地方。如果 left 设置为 30 像素，那么会在元素左边创建 30 像素的空间，也就是将元素向右移动。

当容器的 position 属性值为 relative 时，这个容器即被相对定位。相对定位和其他定位相似，也是独立出来浮在上面。不过相对定位的容器的 top（顶部）、bottom（底部）、left（左边）和 right（右边）属性参照对象是其父容器的 4 条边，而不是浏览器窗口。

下面举例讲述相对定位的使用方法，其代码如下所示。

```
<!doctype html>
<html>
<head>
<meta http-equiv="Content-Type" content="text/html; charset=gb2312" />
<title>CSS 相对定位 </title>
<style type="text/css">
*{margin: 0px; padding:0px;}
#all{width:400px; height:400px; background-color:#ccc;}
#fixed{
  width:100px;  height:80px;border:15px ridge #f00;background-color:#9c9;
  position:relative;   top:130px;left:30px;}
#a,#b{width:200px; height:120px; background-color:#eee; border:2px outset
#000;}
</style>
</head>
<body>
<div id="all">
  <div id="a"> 第 1 个无定位的 div 容器 </div>
   <div id="fixed"> 相对定位的容器 </div>
  <div id="b"> 第 2 个无定位的 div 容器 </div>
</div>
</body>
</html>
```

这里给外部 div 设置了 #ccc 背景色，并给内部无定位的 div 设置了 #eee 背景色，而相对定位的 div 容器设置了 #9c9 背景色，并设置了 inset 类型的边框。在浏览器中浏览效果，如图 15-22 所示。

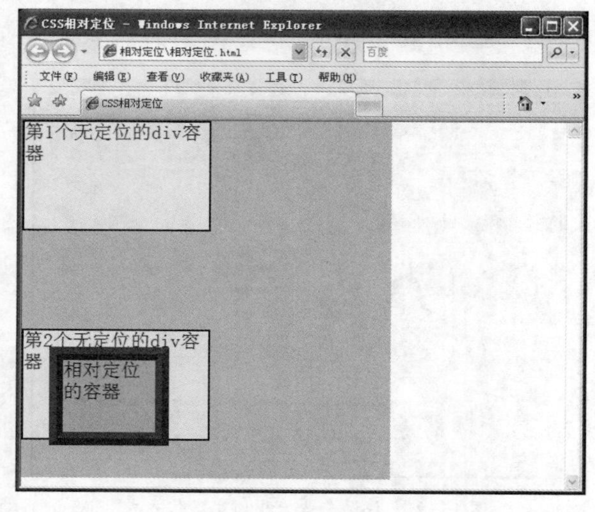

图 15-22　相对定位方式效果

相对定位的容器其实并非完全独立，浮动范围仍然在父容器内，并且其所占的空白位置仍然有效地存在于前后两个容器之间。

15.4.3 z-index 空间位置

z-index 是设置对象的层叠顺序的样式。该样式只对 position 属性为 relative 或 absolute 的对象有效。这里的层叠顺序也可以说是对象的上下顺序。

基本语法：

```
z-index:auto，数字
```

语法说明：

auto 遵从其父对象的定位，数字必须是无单位的整数值，可以取负值。z-index 值较大的元素将叠加在 z-index 值较小的元素之上。对于未指定此属性的定位对象，z-index 值为正值的对象会在其之上，而 z-index 值为负值的对象在其之下。

下面举例讲述 z-index 属性的使用方法，其代码如下所示。

```
<!doctype html>
<html>
<head>
<meta http-equiv="Content-Type" content="text/html; charset=gb2312" />
<title>z-index</title>
<style type="text/css">
<!--
#Layer1 {
  position:absolute;   left:56px;    top:115px;width:283px;
height:130px;
  z-index:-5;background-color: #99ccff;}
#Layer2 {
  position:absolute;left:226px;top:60px;width:286px;height:108px;
  z-index:1;background-color: #6666ff;}
#Layer3 {
  position:absolute;left:256px;top:141px;   width:234px;height:145px;
  z-index:10;   background-color: #cccccc;}
-->
</style>
</head>
<body>
<div id="Layer1"><strong>z-index:-5;</strong></div>
<div id="Layer2"><strong>z-index:1</strong>;</div>
<div id="Layer3"><strong>z-index:10;</strong></div>
</body>
</html>
```

本例中对 3 个有重叠关系的 Div 分别设置了 z-index 的值，设置后的效果如图 15-23 所示。

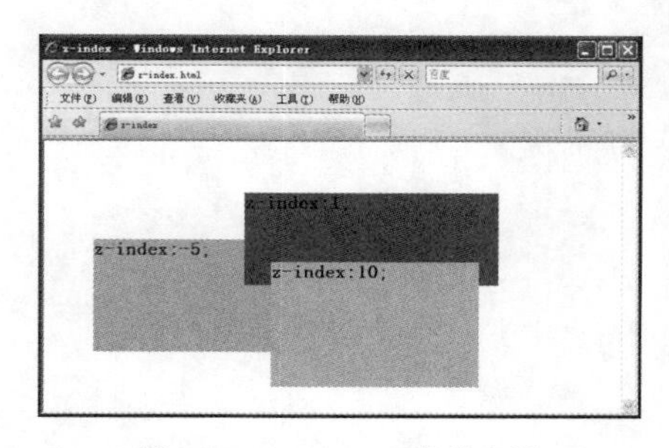

图 15-23 z-index 属性实例

z-index 属性适用于定位元素，用来确定定位元素在垂直于显示屏方向（称为“Z 轴”）上的层叠顺序。

15.5 本章小结

盒子模型是 CSS 控制页面的基础，学习完本章之后，读者应该能够清楚地理解盒子的含义是什么，以及盒子的组成。本章的难点与重点是浮动和定位这两个重要的性质，它们对于复杂的页面排版至关重要。因此尽管本章的案例都很小，但是如果读者不能深刻理解蕴含在其中的道理，复杂的 CSS 与 Div 布局网页效果是无法完成的。

第16章

CSS+DIV 布局方法

本章导读

CSS + DIV是网站标准中常用的术语之一，CSS和DIV的结构被越来越多的人所采用，很多人都抛弃了表格而使用CSS来布局页面。它的好处有很多，可以使结构简洁，定位更灵活，CSS布局的最终目的是搭建完善的页面架构。利用CSS排版的页面，更新起来十分容易，甚至连页面的结构都可以通过修改CSS属性来重新定位。

技术要点：

- CSS布局理念
- 固定宽度布局
- 可变宽度布局
- CSS布局与传统的表格方式布局分析

16.1 CSS 布局理念

无论使用表格还是 CSS，网页布局都是把大块的内容放进网页的不同区域内。有了 CSS，最常用来组织内容的元素就是 <div> 标签。CSS 排版是一种很新的排版理念，首先要将页面使用 <div> 整体划分几个板块，然后对各个板块进行 CSS 定位，最后在各个板块中添加相应的内容。

16.1.1 将页面用 div 分块

在利用 CSS 布局页面时，首先要有一个整体的规划，包括整个页面分成哪些模块、各个模块之间的父子关系等。以最简单的框架为例，页面由 banner（导航条）、主体内容（content）、菜单导航（links）和脚注（footer）几个部分组成，各个部分分别用自己的 id 来标识，如图 16-1 所示。

container
banner
content
links
footer

图 16-1　页面内容框架

其页面中的 HTML 框架代码如下所示。

```
<div id="container">container
 <div id="banner">banner</div>
  <div id="content">content</div>
  <div id="links">links</div>
  <div id="footer">footer</div>
</div>
```

实例中每个板块都是一个 <div>，这里直接使用 CSS 中的 id 来表示各个板块，页面的所有 Div 块都属于 container，一般的 Div 排版都会在最外面加上这个父 Div，便于对页面的整体进行调整。对于每个 Div 块，还可以再加入各种元素或行内元素。

16.1.2　设计各块的位置

当页面的内容已经确定后，则需要根据内容本身考虑整体的页面布局类型，如是单栏、双栏还是三栏等，这里采用的布局如图 16-2 所示。

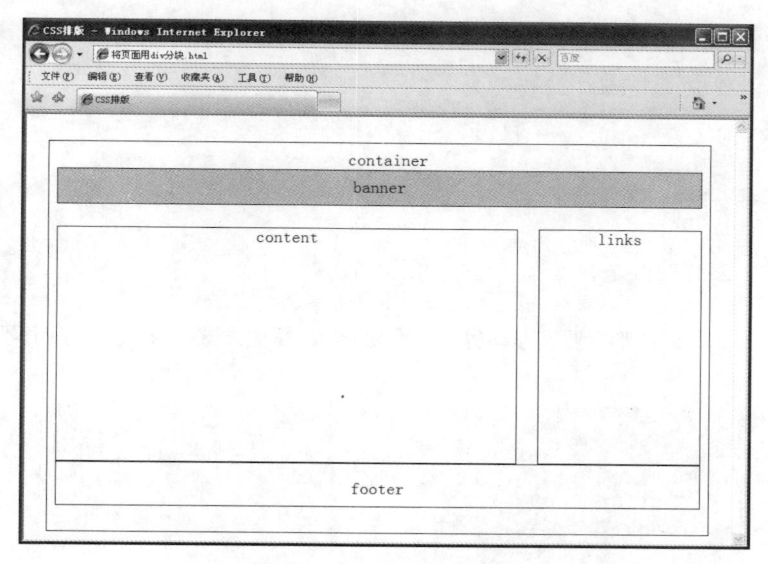

图 16-2　简单的页面框架

由图 16-2 可以看出，在页面外部有一个整体的框架 container，banner 位于页面整体框架中的最上方，content 与 links 位于页面的中部，其中 content 占据着页面的绝大部分，最下面是页面的脚注 footer。

16.1.3　用 CSS 定位

整理好页面的框架后，就可以利用 CSS 对各个板块进行定位了，实现对页面的整体规划，然后再往各个板块中添加内容。

下面首先对 body 标记与 container 父块进行设置，CSS 代码如下所示。

```
body {
    margin:10px;
    text-align:center;
}
#container{
    width:800px;
    border:1px solid #000000;
    padding:10px;
}
```

上面代码设置了页面的边界、页面文本的对齐方式，以及父块的宽度为 800px。下面来设置 banner 板块，其 CSS 代码如下所示。

```
#banner{
    margin-bottom:5px;
    padding:10px;
    background-color:#a2d9ff;
    border:1px solid #000000;
    text-align:center;
}
```

这里设置了 banner 板块的边界、填充、背景颜色等。

下面利用 float 方法将 content 移动到左侧，links 移动到页面右侧，这里分别设置了这两个板块的宽度和高度，也可以根据需要调整。

```
#content{
    float:left;
    width:570px;
    height:300px;
    border:1px solid #000000;
    text-align:center;
}
#links{
    float:right;
    width:200px;
    height:300px;
    border:1px solid #000000;
    text-align:center;
}
```

由于 content 和 links 对象都设置了浮动属性，因此 footer 需要设置 clear 属性，使其不受浮动的影响，代码如下所示。

```
#footer{
    clear:both;   /* 不受 float 影响 */
    padding:10px;
    border:1px solid #000000;
    text-align:center;
}
-->
```

这样页面的整体框架便搭建好了，这里需要指出的是 content 块中不能放太宽的元素，如很宽的图片或不回行的英文等，否则 links 将再次被挤到 content 下方。

特别的，如果后期维护时希望 content 的位置与 links 对调，只需要改变 content 和 links 属性中的 left 和 right。这是传统的排版方式所不可能简单实现的，也正是 CSS 排版的魅力之一。

另外，如果 links 的内容比 content 的内容长，在 IE 浏览器上 footer 就会贴在 content 下方而与 links 出现重合。

16.2 固定宽度布局

本节重点介绍如何使用 DIV+CSS 创建固定宽度布局，对于包含很多大图片和其他元素的内容，由于它们在流式布局中不能很好地表现，因此固定宽度布局也是处理这种内容的最好方法。

16.2.1 一列固定宽度

一列式布局是所有布局的基础，也是最简单的布局形式。一列固定宽度中，宽度的属性值是固定像素。下面举例说明一列固定宽度的布局方法，具体步骤如下。

01 在 HTML 文档的 <head> 与 </head> 之间相应的位置输入定义的 CSS 样式代码，如下所示。

```
<style>
#content{
  background-color:#ffcc33;
  border:5px solid #ff3399;
  width:500px;
  height:350px;
}
```

提示

使用 background-color:# ffcc33 将 div 设定为黄色背景，并使用 border:5px solid #ff3399 将 div 设置了粉红色的 5px 宽度的边框，使用 width:500px 设置宽度为 500 像素固定宽度，使用 height:350px 设置高度为 350 像素。

02 在 HTML 文档的 <body> 与 <body> 之间的正文中输入以下代码，对 div 使用了 layer 作为 id 名称。

```
<div id="content ">1 列固定宽度 </div>
```

03 在浏览器中浏览，由于是固定宽度，无论怎样改变浏览器窗口的大小，Div 的宽度都不改变，如图 16-3 和图 16-4 所示。

图 16-3 浏览器窗口的变小效果

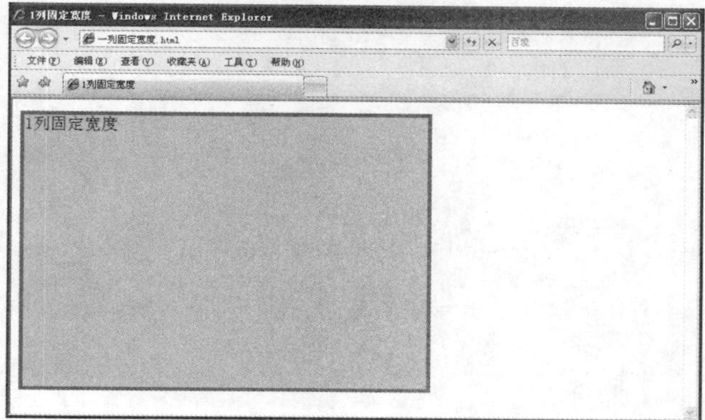

图 16-4 浏览器窗口的变大效果

在网页布局中 1 列固定宽度是常见的网页布局方式，多用于封面型的主页设计中，如图 16-5 和图 16-6 所示的主页无论怎样改变浏览器的大小，块的宽度都不改变。

图 16-5 1 列固定宽度布局

图 16-6 1 列固定宽度布局

提示

页面居中是常用的网页设计表现形式之一，传统的表格式布局中，用 align="center" 属性来实现表格居中显示。Div 本身也支持 align="center" 属性，同样可以实现居中，但在 Web 标准化时代，这个不是我们想要的结果，因为不能实现表现与内容的分离。

16.2.2 两列固定宽度

有了一列固定宽度作为基础，两列固定宽度就非常简单了，我们知道div用于对某一个区域的标识，而两列的布局自然需要用到两个div。

两列固定宽度非常简单，两列的布局需要用到两个div，分别把两个div的id设置为left与right，表示两个div的名称。首先为它们设置宽度，然后让两个div在水平线中并排显示，从而形成两列式布局，具体步骤如下。

01 在HTML文档的<head>与</head>之间相应的位置输入定义的CSS样式代码，如下所示。

```
<style>
#left{
  background-color:#00cc33;
  border:1px solid #ff3399;
  width:250px;
  height:250px;
  float:left;
  }
#right{
  background-color:#ffcc33;
  border:1px solid #ff3399;
  width:250px;
  height:250px;
  float:left;
}
```

提示

left与right两个div的代码与前面类似，两个div使用相同宽度实现两列式布局。float属性是CSS布局中非常重要的属性，用于控制对象的浮动布局方式，大部分div布局基本上都通过float的控制来实现。float使用none值时表示对象不浮动，而使用left时，对象将向左浮动，例如本例中的div使用了float:left;之后，div对象将向左浮动。

02 在HTML文档的<body>与<body>之间的正文中输入以下代码，为div使用left和right作为id名称。

```
<div id="left">左列</div>
<div id="right">右列</div>
```

03 在使用了简单的float属性之后，两列固定宽度的网页就能够完整地显示出来了。在浏览器中浏览，如图16-7所示为两列固定宽度布局。

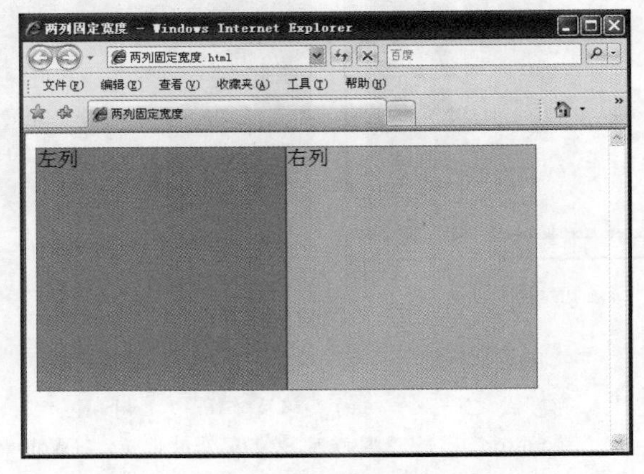

图16-7 两列固定宽度布局

如图16-8所示的网页两列宽度都是固定的，无论怎样改变浏览器窗口大小，两列的宽度都不改变。

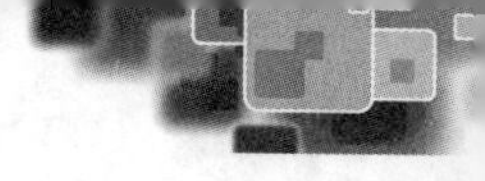

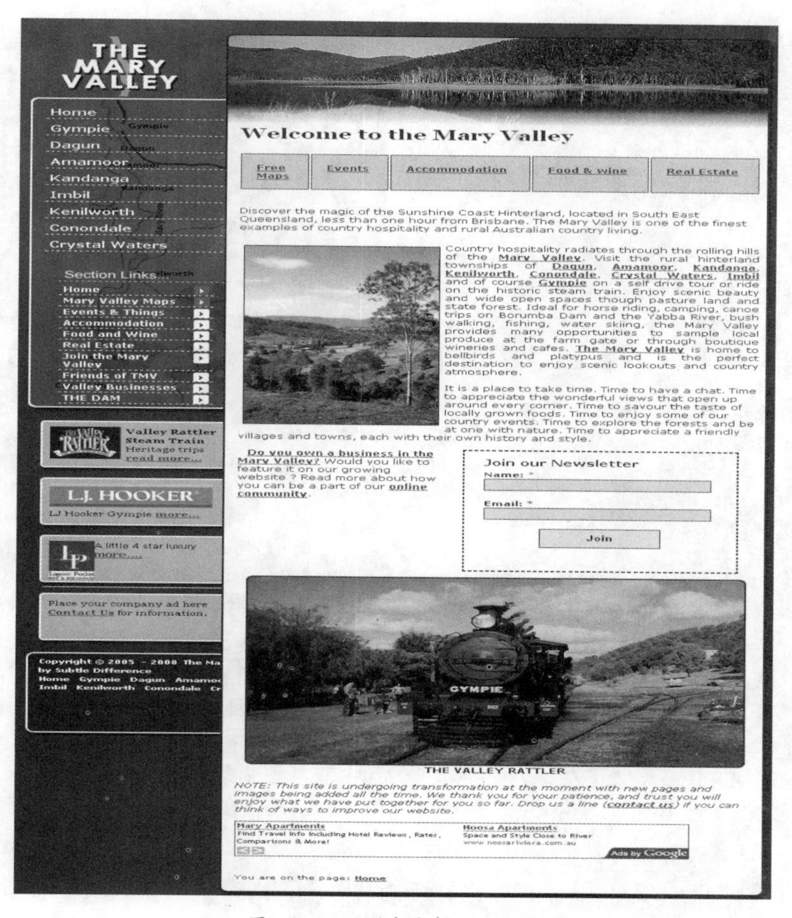

图 16-8 两列宽度都是固定的

16.2.3 圆角框

圆角框，因为其样式比直角框漂亮，所以成为设计师心中偏爱的设计元素。现在 Web 标准下大量的网页都采用圆角框设计，成为一道亮丽的风景线。

如图 16-9 所示是将其中的一个圆角进行放大后的效果。从图中我们可以看到其实这种圆角框是靠一个个容器堆砌而成的，每个容器的宽度不同，这个宽度是由 margin 外边距来实现的，如 margin:0 5px; 就是左右两侧的外边距 5 像素，从上到下有 5 条线，其外边距分别为 5px，3px，2px，1px，依次递减。因此根据这个原理我们可以实现简单的 HTML 结构和样式。

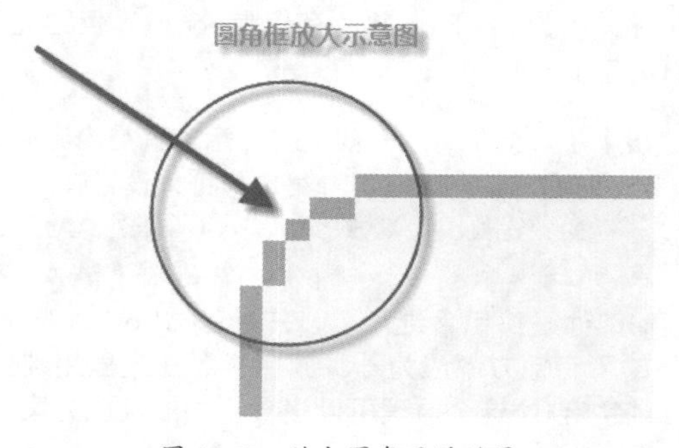

图 16-9 放大圆角后的效果

下面讲述圆角框的制作过程，具体过程如下。

01 使用如下代码实现简单的HTML结构。

```
<div class="sharp color1">
    <b class="b1"></b><b class="b2"></b><b class="b3"></b><b class="b4"></b>
    <div class="content"> 文字内容 </div>
    </div>
    <b class="b5"></b><b class="b6"></b><b class="b7"></b><b class="b8"></b>
</div>
```

b1～b4构成上面的左右两个圆角结构体，而b5～b8则构建了下面左右两个圆角结构体。而content则是内容主体，将这些全部放在一个大的容器中，并给它的一个类名sharp，用来设置通用的样式。再给它叠加了一个color1类名，这个类名用来区别不同的颜色方案，因为可能会有不同颜色的圆角框。

02 将每个b标签都设置为块状结构，使用如下CSS代码定义其样式。

```
.b1,.b2,.b3,.b4,.b5,.b6,.b7,.b8{height:1px; font-size:1px; overflow:hidden;
display:block;}
.b1,.b8{margin:0 5px;}
.b2,.b7{margin:0 3px;border-right:2px solid; border-left:2px solid;}
.b3,.b6{margin:0 2px;border-right:1px solid; border-left:1px solid;}
.b4,.b5{margin:0 1px;border-right:1px solid; border-left:1px solid;
height:2px;}
```

将每个b标签都设置为块状结构，并定义其高度为1像素，超出部分溢出隐藏。从上面样式中我们已经看到margin值的设置，是从大到小减少的。而b1和b8的设置是一样，已经将它们合并在一起了，同样的原理，b2和b7、b3和b6、b4和b5都是相同的设置。这是因为上面两个圆和下面的两个圆是相同的，只是顺序是相对的，所以将它合并设置在一起，有利于减少CSS样式代码的字符大小。后面三句和第二句有点不同的地方是多设置了左右边框的样式，但是在这里并没有设置边框的颜色，这是为什么呢？因为这个边框颜色是我们需要适时变化的，所以将它们分离出来，在下面的代码中单独定义。

03 接下使用如下代码设置内容区的样式。

```
.content {border-right:1px solid;border-left:1px solid;overflow:hidden;}
```

也是只设置左右边框线，但是不设置颜色值，它和上面8个b标签一起构成圆角框的外边框轮廓。

往往在一个页面中存在多个圆角框，而每个圆角框有可能其边框颜色各不相同，有没有可能针对不同的设计制作不同的换肤方案呢？答案是有的。在这个应用中，可以换不同的皮肤颜色，并且设置颜色方案也并不是一件很难的事情。

04 下面看看如何将它们应用到不同的颜色。将所有的涉及到边框色的类名全部集中在一起，用群选择符给它们设置一个边框的颜色就可以了。代码如下所示：

```
.color1 .b2,.color1 .b3,.color1 .b4,.color1 .b5,.color1 .b6,.color1 .b7,.
color1 .content{border-color:#96C2F1;}
.color1 .b1,.color1 .b8{background:#96C2F1;}
```

需要将这两句的颜色值设置为相同的，第二句中虽说是设置background背景色，但它同样是上下边框线的颜色，这一点一定要记住。因为b1和b8并没有设置border，但它的高度值为1px，所以用它的背景色就达到了模拟上下边框的颜色了。

05 现在已经将一个圆角框描述出来了，但是有一个问题要注意，就是内容区的背景色，因为这里是存载文字主体的地方。所以还需要加入下面这句话，也是用群集选择符来设置圆角内的所有背景色。

```
.color1 .b2,.color1 .b3,.color1 .b4,.color1 .b5,.color1 .b6,.color1 .b7,.
color1 .content{background:#EFF7FF;}
```

这里除了b1和b8外，其他的标签都包含进来了，并且包括content容器，将它们的背景色全部设置为一个颜色，这样除了线框外的所有地方都成为一种颜色了。在这里用到包含选择符，为它们都加了一个color1，这是颜色方案1的类名，依照这个原理可以设置不同的换肤方案。

06 如图 16-10 所示是源码演示后的圆角框图。

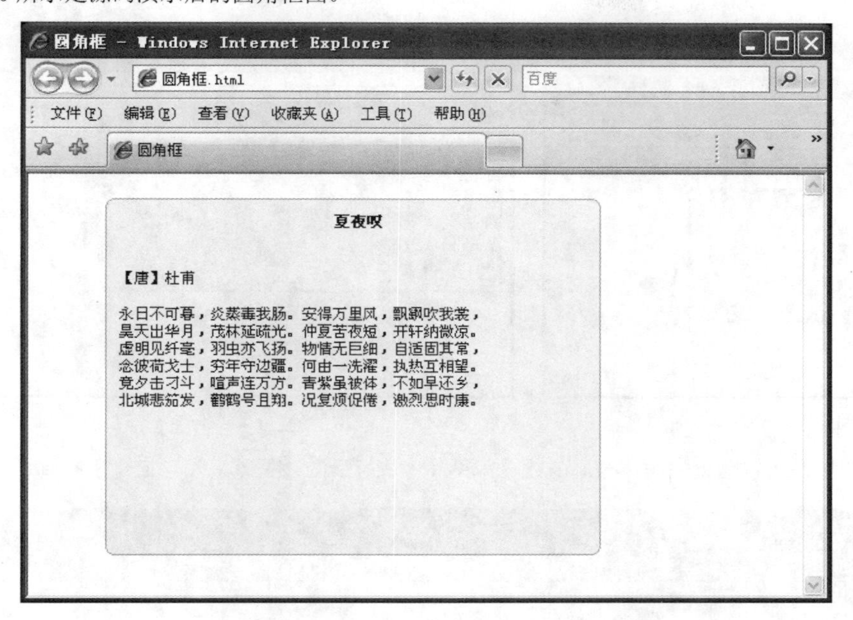

图 16-10　圆角框

16.3 可变宽度布局

页面的宽窄布局迄今有两种主要的模式，一种是固定宽窄，还有一种就是可变宽窄。这两种布局模式都是控制页面宽度的。上一节讲述了固定宽度的页面布局方法，本节将对可变宽度的页面布局做进一步分析。

16.3.1 一列自适应

自适应布局是在网页设计中常见的一种布局形式，自适应的布局能够根据浏览器窗口的大小，自动改变其宽度或高度值，是一种非常灵活的布局形式，良好的自适应布局网站对不同分辨率的显示器都能提供最好的显示效果。自适应布局需要将宽度由固定值改为百分比。下面是一段自适应布局的CSS代码。

```
<!doctype html>
<html>
<head>
<meta http-equiv="content-type" content="text/html; charset=gb2312"/>
<title>1 列自适应 </title>
<style>
#Layer{background-color:#00cc33;border:3px solid #ff3399;
width:60%;height:60%;}
</style>
</head>
<body>
<div id="Layer">1 列自适应 </div>
</body>
</html>
```

这里将宽度和高度值都设置为 70%，从浏览效果中可以看到，Div 的宽度已经变为了浏览器宽度的 70%，当扩大或缩小浏览器窗口大小时，其宽度和高度还将维持在与浏览器当前宽度比例的 70%，如图 16-11 和图 16-12 所示。

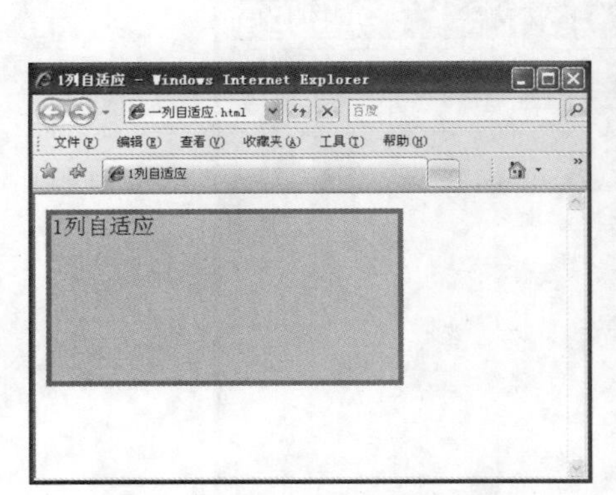

图 16-11　窗口变小

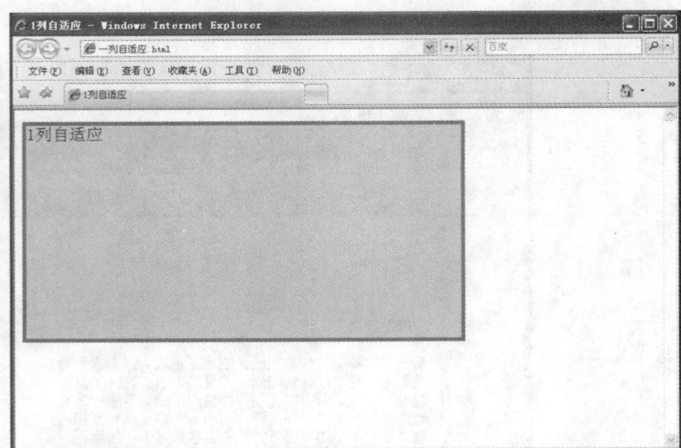

图 16-12　窗口变大

自适应布局是比较常见的网页布局方式，如图 16-13 所示的网页就采用了自适应布局。

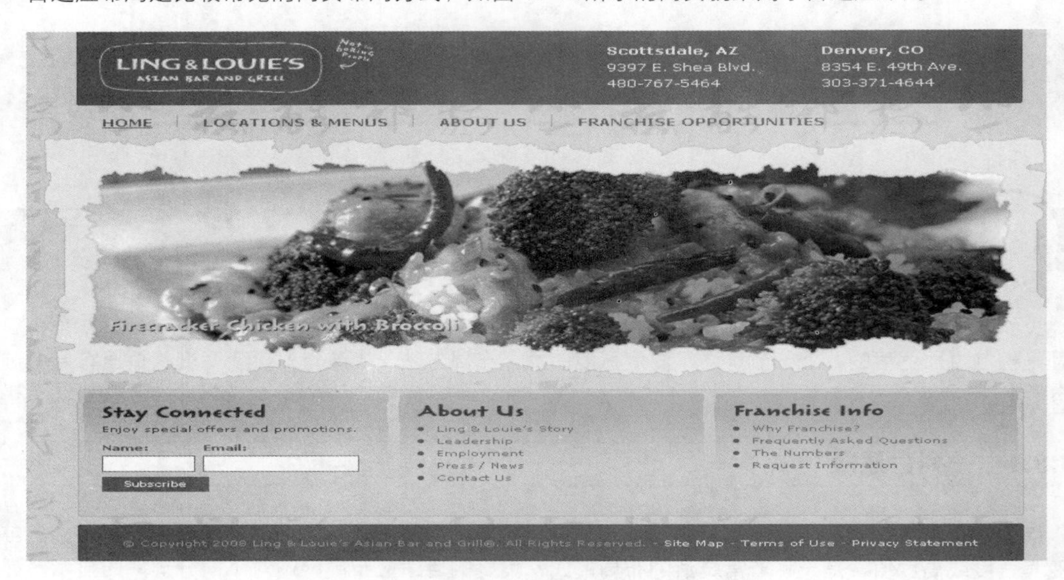

图 16-13　自适应布局

16.3.2　两列宽度自适应

下面使用两列宽度自适应性，实现左右栏宽度都能够做到自动适应的效果，设置自适应主要通过宽度的百分比值来设置。CSS 代码修改为如下。

```
<style>
#left{background-color:#00cc33;      border:1px solid #ff3399; width:60%;
  height:250px; float:left;    }
#right{
  background-color:#ffcc33;border:1px solid #ff3399;      width:30%;
  height:250px; float:left;    }
</style>
```

这里主要修改了左栏宽度为60%，右栏宽度为30%。在浏览器中浏览效果，如图 16-14 和图 16-15 所示，无论怎样改变浏览器窗口的大小，左右两栏的宽度与浏览器窗口的百分比都不改变。

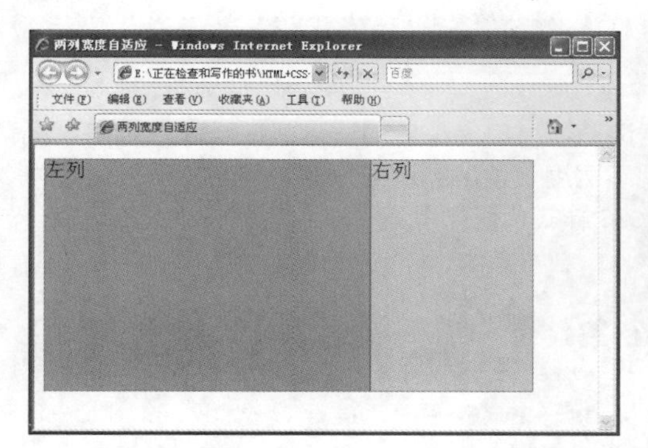

图 16-14 浏览器窗口变小效果

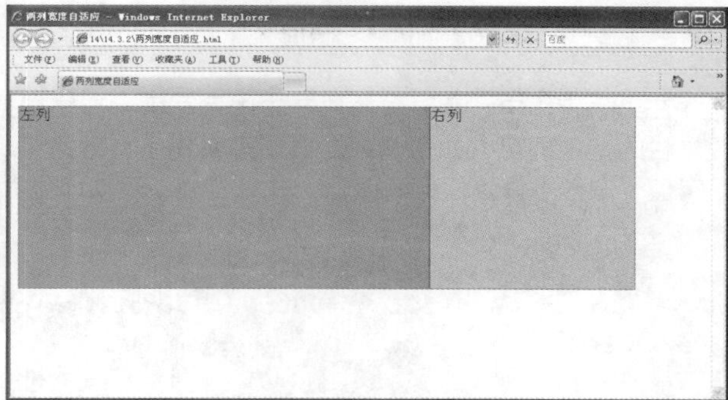

图 16-15 浏览器窗口变大效果

如图 16-16 所示的网页采用了两列宽度自适应布局。

图 16-16 两列宽度自适应布局

16.3.3 两列右列宽度自适应

在实际应用中，有时候需要左栏固定宽度，右栏根据浏览器窗口大小自动适应，在CSS中只需要设置左栏的宽度即可，如上例中左右栏都采用了百分比实现了宽度自适应，这里只需要将左栏宽度设定为固定值，右栏不设置任何宽度值，并且右栏不浮动即可，CSS样式代码如下。

```
<style>
#left{
  background-color:#00cc33;border:1px solid #ff3399;      width:200px;
height:250px;
  float:left;     }
#right{
  background-color:#ffcc33;border:1px solid #ff3399; height:250px;
}
</style>
```

这样，左栏将呈现200px的宽度，而右栏将根据浏览器窗口大小自动适应，如图16-17和图16-18所示。

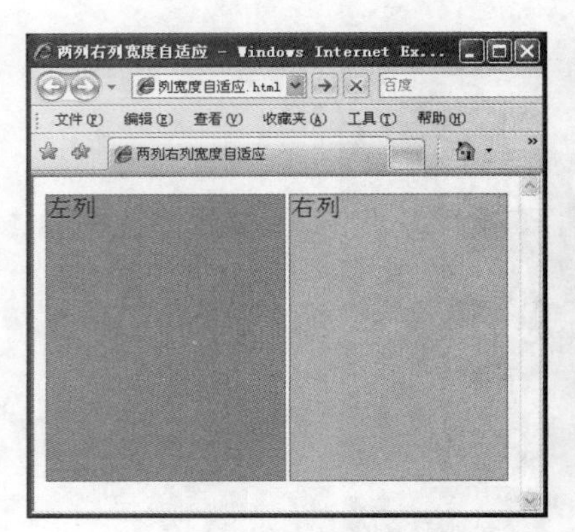

图16-17　右列宽度自适应

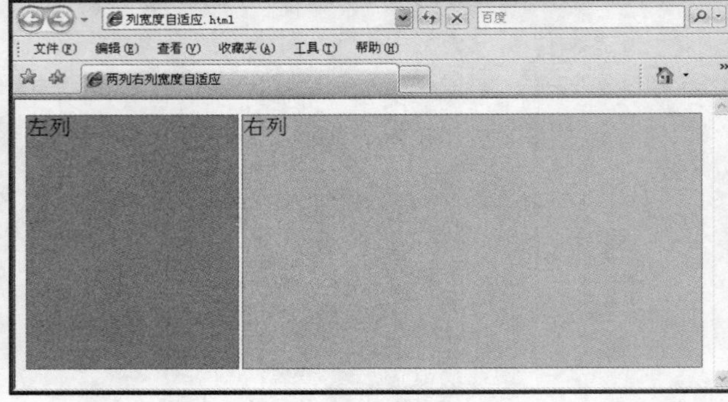

图16-18　右列宽度自适应

16.3.4 三列浮动中间宽度自适应

使用浮动定位方式，从一列到多列的固定宽度及自适应，基本上都可以简单完成，包括三列的固定宽度。而在这里给我们提出了一个新的要求，希望有一个三列式布局，其中左栏要求固定宽度，并居左显示，右栏要求固定宽度并居右显示，而中间栏需要在左栏和右栏之间，根据左右栏的间距变化自动适应。

在开始这样的三列布局之前，有必要了解一个新的定位方式——绝对定位。前面的浮动定位方式主要由浏览器根据对象的内容自动进行浮动方向的调整，但是这种方式不能满足定位需求时，就需要新的方法来实现，CSS提供的除了浮动定位之外的另一种定位方式就是绝对定位，绝对定位使用position属性来实现。

下面讲述三列浮动中间宽度自适应布局的创建方法，具体操作步骤如下。

01 在HTML文档的<head>与</head>之间相应的位置输入定义的CSS样式代码，如下所示。

```
<style>
body{ margin:0px; }
#left{
    background-color:#ffcc00;   border:3px solid #333333; width:100px;
    height:250px; position:absolute; top:0px; left:0px;
}
#center{
    background-color:#ccffcc; border:3px solid #333333; height:250px;
    margin-left:100px; margin-right:100px; }
```

```
    #right{
        background-color:#ffcc00; border:3px solid #333333; width:100px;
        height:250px; position:absolute; right:0px; top:0px; }
    </style>
```

02 在HTML文档的<body>与<body>之间的正文中输入以下代码，对div使用left、right和center作为id名称。

```
    <div id="left">左列</div>
    <div id="center">中间列</div>
    <div id="right">右列</div>
```

03 在浏览器中浏览，如图16-19和图16-20所示。

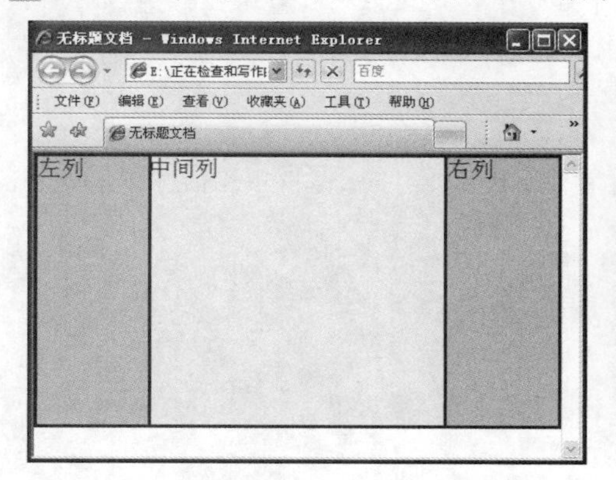

图 16-19　中间宽度自适应

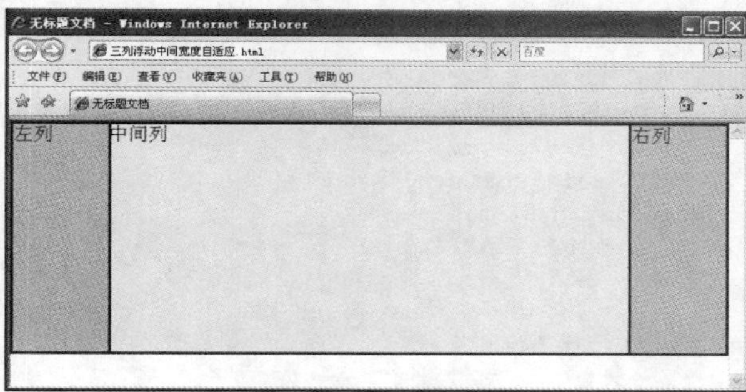

图 16-20　中间宽度自适应

如图16-21所示的网页采用三列浮动中间宽度自适应布局。

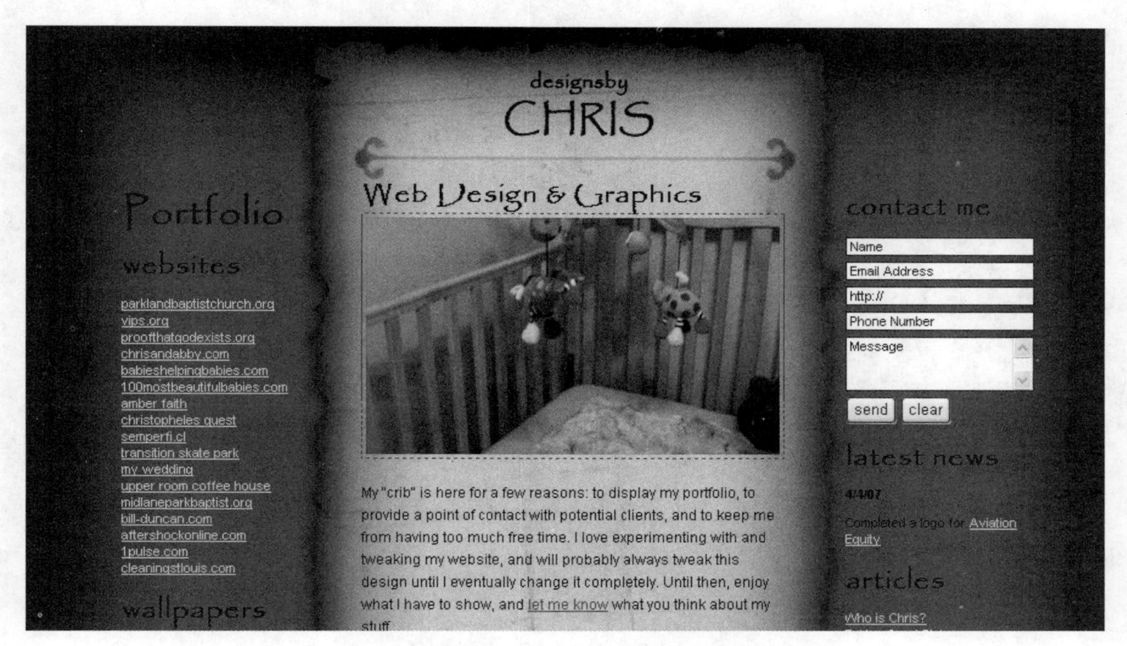

图 16-21　三列浮动中间宽度自适应布局

16.3.5　三行二列居中高度自适应布局

如何使整个页面内容居中、如何使高度适应内容自动伸缩？这是学习CSS布局最常见的问题。下面讲述三行二列居中高度自适应布局的创建方法，具体操作步骤如下。

01 在 HTML 文档的 <head> 与 </head> 之间相应的位置输入定义的 CSS 样式代码，如下所示。

```
    <style type="text/css">
    #header{ width:776px; margin-right: auto; margin-left: auto; padding: 0px;
    background: #ff9900; height:60px; text-align:left; }
    #contain{margin-right: auto; margin-left: auto; width: 776px; }
    #mainbg{width:776px; padding: 0px;background: #60A179; float: left;}
    #right{float: right; margin: 2px 0px 2px 0px; padding:0px; width: 574px;
    background: #ccd2de; text-align:left; }
    #left{ float: left; margin: 2px 2px 0px 0px; padding: 0px;
    background: #F2F3F7; width: 200px; text-align:left; }
    #footer{ clear:both; width:776px; margin-right: auto; margin-left: auto;
padding: 0px;
    background: #ff9900; height:60px;}
    .text{margin:0px;padding:20px;}
    </style>
```

02 在HTML文档的<body>与<body>之间的正文中输入以下代码，对div使用left、right和center作为id名称。

```
    <div id="header">页眉</div>
    <div id="contain">
      <div id="mainbg">
        <div id="right">
          <div class="text">右
           <div id="header">页眉</div>
    <div id="contain">
      <div id="mainbg">
        <div id="right">
          <div class="text">右
            <p> </p>
            <p> </p>
            <p> </p>
            <p></p>
            <p></p>
          </div>
        </div>
        <div id="left">
          <div class="text">左 </div>
        </div>
      </div>
    </div>
    <div id="footer">页脚</div>
           </div>
        </div>
        <div id="left">
          <div class="text">左</div>
        </div>
      </div>
    </div>
    <div id="footer">页脚</div>
```

03 在浏览器中浏览效果，如图 16-22 所示。

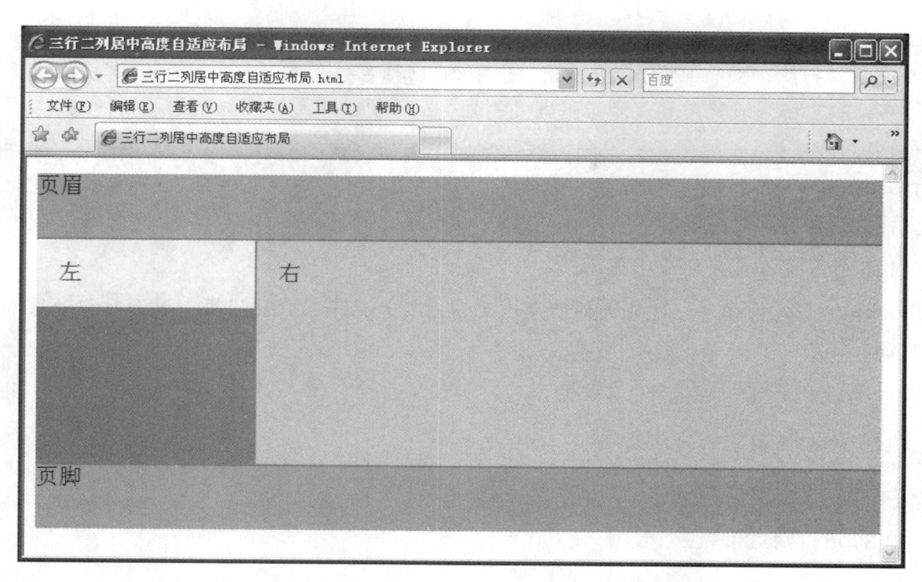

图 16-22　三行二列居中高度自适应布局

如图 16-23 所示的网页采用三行二列居中高度自适应布局。

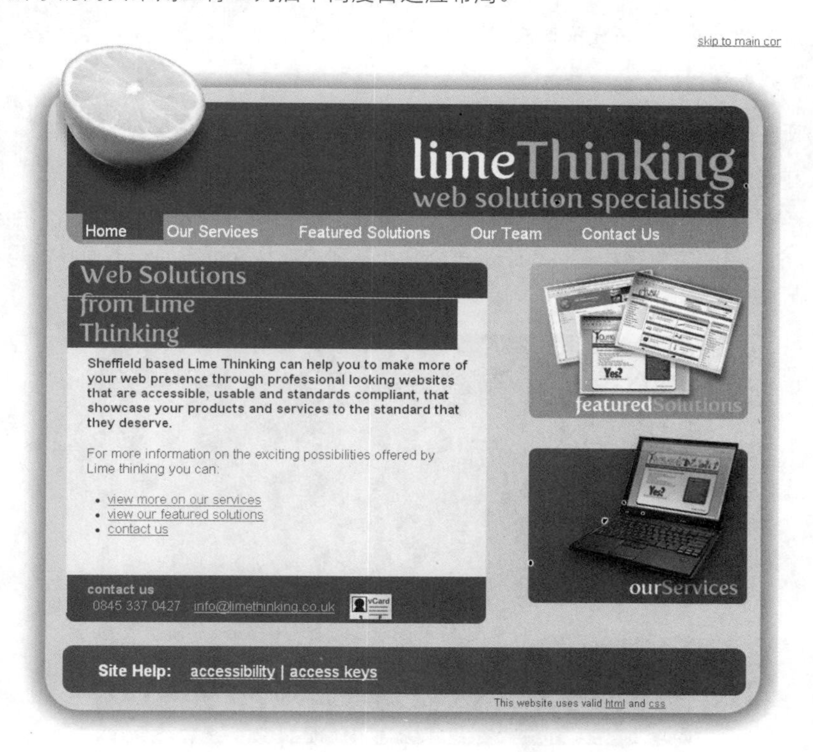

图 16-23　三行二列居中高度自适应布局

16.4　CSS 布局与传统的表格方式布局分析

表格在网页布局中应用已经有很多年了，由于多年的技术发展和经验积累，Web 设计工具功能不断增强，使表格布局在网页应用中达到登峰造极的地步。

由于表格不仅可以控制单元格的宽度和高度，而且还可以嵌套，多列表格还可以把文本分栏显示，于是就有人试着在表格中放置其他网页内容，如图像、动画等，以打破比较固定的网页版式。而网页表格对无边框表格的支持为表格布局奠定了基础，用表格实现页面布局慢慢就成为了一种设计习惯。

传统表格布局的快速与便捷激发了网页设计师对于页面创意的激情，而忽视了代码的理性分析。迄今为止，表格仍然主导着视觉丰富的网站的设计方式，但它却阻碍了一种更好的、更有亲和力的、更灵活的，而且功能更强大的网站设计方法。

使用表格进行页面布局会带来很多问题：

- 把格式数据混入内容中，这使文件的大小无谓地变大，而用户访问每个页面时都必须下载一次这样的格式信息。
- 这使重新设计现有的站点和内容极为消耗时间且昂贵。
- 使保持整个站点视觉的一致性极难，花费也极高。
- 基于表格的页面还大大降低了它对残疾人和用手机或 PDA 浏览者的亲和力。

而使用 CSS 进行网页布局会：

- 使页面载入得更快。
- 降低流量费用。
- 在修改设计时更有效率而代价更低。
- 帮助整个站点保持视觉的一致性。
- 让站点可以更好地被搜索引擎找到。
- 使站点对浏览者和浏览器更具亲和力。

为了帮助读者更好地理解表格布局与标准布局的优劣势，下面结合一个案例进行详细分析，如图 16-24 所示是一个简单的空白布局模板，它是一个三行三列的典型网页布局。下面尝试用表格布局和 CSS 标准布局来实现它，亲身体验二者的异同。

图 16-24　三行三列的典型网页布局

实现图 16-24 所示的布局效果，使用表格布局的代码如下：

```
<table width="760" border="0" cellspacing="0" cellpadding="0">
  <tr>
    <td height="80" colspan="3" bgcolor="#CC3300"> </td>
  </tr>
  <tr>
```

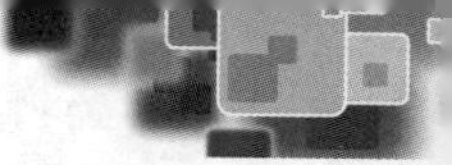


```
        <td width="133" height="226" bgcolor="#CCCCCC"> </td>
        <td width="531" height="380" bgcolor="#FF99FF"> </td>
        <td width="96" bordercolor="#CCCCCC" bgcolor="#CCCCCC"> </td>
    </tr>
    <tr>
        <td height="80" colspan="3" bgcolor="#663300"> </td>
    </tr>
</table>
```

使用 CSS 布局，其中 XHTML 框架代码如下：

```
<div id="wrap">
    <div id="header"> </div>
    <div id="main">
        <div id="bar_l"></div>
        <div id="content"></div>
        <div id="bar_r"></div>
    </div>
    <div id="footer"></div>
</div>
```

CSS 布局代码如下：

```
<style>
body {/* 定义网页窗口属性，清除页边距，定义居中显示 */
    padding:0; margin:0 auto; text-align:center;
}
#wrap{/* 定义包含元素属性，固定宽度，定义居中显示 */
    width:780px; margin:0 auto;
}
#header{                            /* 定义页眉属性 */
    width:100%;                     /* 与父元素同宽 */
    height:74px;                    /* 定义固定高度 */
    background:#CC3300;             /* 定义背景色 */
    color:#F0DFDB;                  /* 定义字体颜色 */
}
#main {                             /* 定义主体属性 */
    width:100%;
    height:400px;
}
#bar_l,#bar_r{                      /* 定义左右栏属性 */
    width:160px;  height:100%;
    float:left;                     /* 浮动显示，可以实现并列分布 */
    background:#CCCCCC;
    overflow:hidden;                /* 隐藏超出区域的内容 */
}
#content{                           /* 定义中间内容区域属性 */
    width:460px; height:100%; float:left; overflow:hidden; background:#fff;
}
#footer{                            /* 定义页脚属性 */
    background:#663300;  width:100%; height:50px;
    clear:both;                     /* 清除左右浮动元素 */
}
</style>
```

简单比较感觉不到CSS布局的优势，甚至书写的代码比表格布局要多得多。当然这仅是一页框架代码。让我们做一个很现实的假设，如果你的网站正采用了这种布局，有一天客户把左侧通栏宽度改为 100 像素，那么，需要在传统表格布局的网站中打开所有的页面逐个进行修改，这个数目少则有几十页，多则上千页，劳动强度可想而知。而在 CSS 布局中只需简单修改一个样式属性就可以了。

这仅是一个假设，实际中的修改会比这个更频繁、更多样。不光客户会三番五次地出难题、挑战你的耐性，甚至自己有时都会否定刚刚完成的设计。

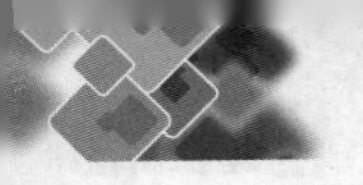

当然未来的网页设计中，表格的作用依然不容忽视，不能因为有了CSS，我们就一棒子把它打死。不过，表格会日渐恢复表格的本来职能——数据的组织和显示，而不是让表格承载网页布局的重任。

16.5 本章小结

在本章中，以几种不同的布局方式演示了如何灵活地运用CSS的布局性质，使页面按照需要的方式进行排版。希望读者能彻底地理解和掌握本章的内容，就需要反复多实验几次，把本章的实例彻底搞清楚。这样在实际工作中遇到具体的案例时，就可以灵活地选择解决方法。

第17章

CSS 3 指南

本章导读

从HTML 4诞生以来，整个互联网环境、硬件环境都发生了翻天覆地的变化，开发者期望标准统一、用户渴望更好体验的呼声越来越高。2010年，随着HTML 5的迅猛发展，各大浏览器开发公司如Google、微软、苹果和Opera的浏览器开发业务都变得异常繁忙。在这种局势下，学习HTML 5无疑成为Web开发者的一大重要任务，谁先学会HTML 5，谁就掌握了迈向未来Web平台的一把钥匙。CSS 3极大地简化了CSS的编程模型，它不仅对已有的功能进行了扩展和延伸，而且更多的是对Web UI的设计理念和方法进行了革新。在未来，CSS 3配合HTML 5标准，将掀起一场新的Web应用变革，甚至是整个互联网产业的变革。

技术要点：

- CSS 3的发展历史
- CSS 3新增特性
- 使用CSS 3实现圆角表格
- 使用CSS 3制作其他网页特效

实例展示

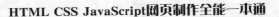

使用 CSS 3 制作文字立体效果

多彩的网页图片库

CSS 3 制作图片滚动菜单

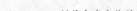

使用 CSS 3 实现的幻灯图片效果

17.1 预览激动人心的 CSS 3

随着用户要求的不断提高，各种新型网络应用的不断出现，以及 Web 技术自身的高速发展，CSS 2 在 Web 开发中显得越来越力不从心，人们对下一代 CSS 技术和标准 CSS 3 的需求越来越迫切。

17.1.1 CSS 3 的发展历史

20 世纪 90 年代初，HTML 语言诞生，各种形式的样式表也开始出现。各种不同的浏览器结合自身的显示特性，开发了不同的样式语言，以便于浏览者自己调整网页的显示效果。注意，此时的样式语言仅供浏览者使用，而非供设计师使用。

早期的 HTML 语言只含有很少量的显示属性，用来设置网页和字体的效果。随着 HTML 的发展，为了满足网页设计师的要求，HTML 不断添加了很多用于显示的标签和属性。由于 HTML 的显示属性和标签比较丰富，其他的用来定义样式的语言就越来越没有意义了。

在这种背景下，1994 年初哈坤 · 利提出了 CSS 的最初想法。伯特 · 波斯（Bert Bos）当时正在设计一款 Argo 浏览器，于是他们一拍即合决定共同开发 CSS。当然，这时市场上已经有一些非正式的样式表语言的提议了。

哈坤于 1994 年在芝加哥的一次会议上第一次展示了 CSS 的建议，1995 年他与波斯一起再次展示这个建议。当时 W3C 刚刚建立，W3C 对 CSS 的发展很感兴趣，它为此组织了一次讨论会。哈坤、波斯和其他一些人是这个项目的主要技术负责人。1996 年底，CSS 已经完成。1996 年 12 月 CSS 要求的第一版本被发布。

1998 年 5 月，CSS 2 正式发布。CSS 2 是一套全新的样式表结构，是由 W3C 推行的，同以往的 CSS 1 或 CSS 1.2 完全不同，CSS 2 推荐的是一套内容和表现效果分离的方式，HTML 元素可以通过 CSS 2 的样式控制显示效果，可完全不使用以往 HTML 中的 table 和 td 来定位表单的外观和样式，只需使用 div 和 Li 此类 HTML 标签来分割元素，之后即可通过 CSS 2 样式来定义表单界面的外观。

早在 2001 年 5 月，W3C 就着手开始准备开发 CSS 第三版规范。CSS 3 规范一个新的特点是规范被分为若干个相互独立的模块。一方面分成若干较小的模块较利于规范及时更新和发布、及时调整模块的内容，这些模块独立实现和发布，也为日后 CSS 的扩展奠定了基础；另外一方面，由于受支持设备和浏览器厂商的限制，设备或者厂商可以有选择地支持一部分模块，支持 CSS 3 的一个子集。这样将有利于 CSS 3 的推广。

CSS 3 的产生大大简化了编程模型，它不是仅对已有功能的扩展和延伸，而更多的是对 Web UI 设计理念和方法的革新。相信未来 CSS 3 配合 HTML 5 标准，将极大地引起一场 Web 应用的变革，甚至是整个 Internet 产业的变革。

17.1.2 CSS 3 新增特性

CSS 3 中引入的新特性和功能。这些新特性极大地增强了 Web 程序的表现能力，同时简化了 Web UI 的编程模型。下面将详细介绍这些 CSS 3 的新增特性。

1. 强大的选择器

CSS 3 的选择器在 CSS 2.1 的基础上进行了增强，它允许设计师在标签中指定特定的 HTML 元素而不必使用多余的类、ID 或者 JavaScript 脚本。

如果希望设计出简洁、轻量级的网页标签，希望结构与表现更好地分离，高级选择器是非常有用的。它可以极大简化我们的工作，提高代码效率，并让我们很方便地制作高可维护性的页面。

2. 半透明度效果的实现

RGBA 不仅可以设定色彩，还能设定元素的透明度。无论是文本、背景还是边框均可使用该属性。该属性的语法在其支持的浏览器中相同。

RGBA 颜色代码示例如下：

```
background:rgba(252, 253, 202, 0.70);
```

上面代码所示，前三个参数分别是 R、G、B 三原色，范围是 0 ～ 255。第四个参数是背景透明度，范围是 0 ～ 1，如 0.70 代表透明度 70%。这个属性使我们在浏览器中也可以做到像 Windows 7 中一样的半透明玻璃效果，如图 17-1 所示。

图 17-1　半透明度效果

目前支持 RBGA 颜色的浏览器有：Safari 4+、Chrome 1+、Firefox 3.0.5+、和 Opera 9.5+，IE 全系列浏览器暂都不支持该属性。

3. 多栏布局

新的 CSS 3 选择器可以让你不必使用多个 div 标签就能实现多栏布局。浏览器解释这个属性并生成多栏，让文本实现一个仿报纸的多栏结构，如图 17-2 所示的网页显示为四栏，这四栏并非浮动的 div 而是使用 CSS 3 多栏布局。

图 17-2　多栏布局

4. 多背景图

CSS 3 允许背景属性设置多个属性值，如 background-image、background-repeat、background-size、background-position、background-originand、background-clip 等，这样就可以在一个元素上添加多层背景图片。

在一个元素上添加多背景的最简单的方法是使用简写代码，你可以指定上面的所有属性到一条声明中，只是最常用的还是 image、position 和 repeat，代码如下所示。

```
div {
    background: url(example.jpg) top left no-repeat,
        url(example2.jpg) bottom left no-repeat,
        url(example3.jpg) center center repeat-y;
    }
```

5．块阴影和文字阴影

尽管 box-shadow 和 text-shadow 在 CSS 2 中就已经存在，但是它们未被广泛应用。它们将在 CSS 3 中被广泛采用。块阴影和文字阴影可以不用图片就能对 HTML 元素添加阴影，增加显示的立体感、增强设计的细节。块阴影使用 box-shadow 属性，文字属性使用 text-shadow 属性，该属性目前在 Safari 和 Chrome 浏览器中可用。

```
box-shadow: 5px 5px 25px #cc000c;
text-shadow: 5px 5px 25px #cc000c;
```

前两个属性设置阴影的 X/Y 位移，这里均为 5px，第 3 个属性定义阴影的模糊程度，最后一个设置阴影的颜色。

下面是 text-shadow 属性的使用实例：

```
<!DOCTYPE html>
<html>
<head>
<title>text-shadow</title>
<meta charset="utf-8" />
<style>
body {
    background-color:#666;
}
h1 {
    text-shadow:0 1px 0 #fff;
    color:#292929;
    font:bold 90px/100% Arial;
    padding:50px;
}
</style>
</head>
<body>
<h1>Hello,World!</h1>
</body>
</html>
```

运行效果，在 firefox 浏览器中预览效果，如图 17-3 所示。

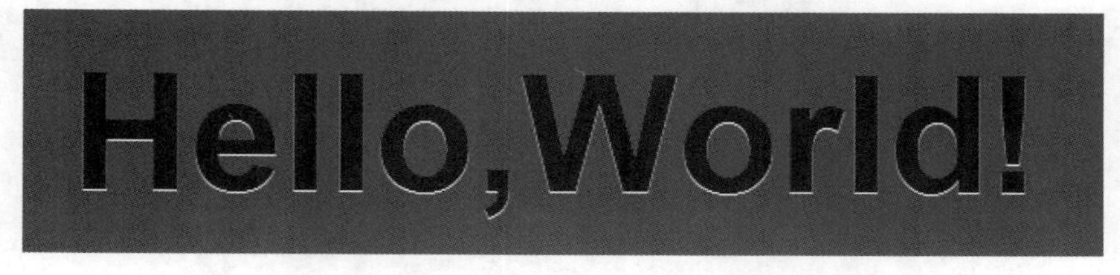

图 17-3　文字阴影

6．圆角

CSS 3 新功能中最常用的一项就是圆角效果，Border-radius 无须背景图片就能给 HTML 元素添加圆角。不同于添加 JavaScript 或多余的 HTML 标签，仅仅需要添加一些 CSS 属性并从好的方面考虑。这个方案是清晰的和比较有效的，而且可以让你免于花费几个小时来寻找精巧的浏览器方案和基于 JavaScript 的圆角。

Border-radius 的使用方法如下：

```
border-radius: 5px 5px 5px 5px;
```

radius 就是“半径”的意思。用这个属性可以很容易做出圆角效果，当然，也可以做出圆形效果，如图 17-4 所示为使用 CSS 3 制作的圆角表格。

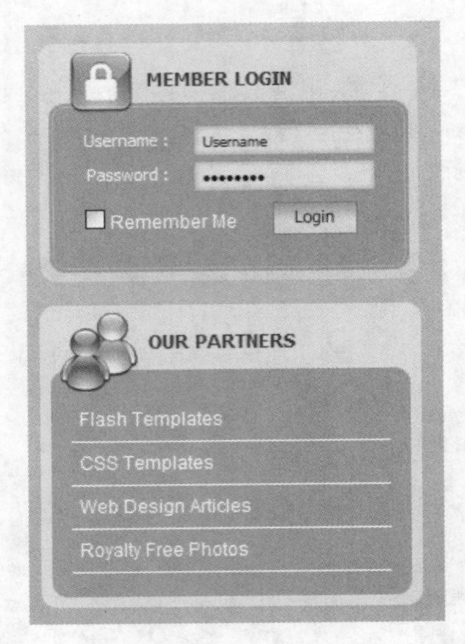

图 17-4　CSS 3 制作的圆角表格

目前 IE 9、webkit 核心浏览器、FireFox3+ 都支持该属性。

7. 边框图片

border-image 属性允许在元素的边框上设定图片，这使原本单调的边框样式变得丰富起来。让你从通常的 solid、dotted 和其他边框样式中解放出来。该属性给设计师一个更好的工具，用它可以方便地定义设计元素的边框样式，比 background-image 属性或枯燥的默认边框样式更好用。也可以明确地定义一个边框可以被如何缩放或平铺。

border-image 的使用方法如下：

```
border: 5px solid #cccccc;
border-image: url (/images/border-image.png) 5 repeat;
```

如图 17-5 所示为使用 CSS 3 制作的边框图片。

图 17-5　CSS 3 制作的边框图片

8. 形变效果

通常使用 CSS 和 HTML 是不可能使 HTML 元素旋转或者倾斜一定角度的。为了使元素看起来更具有立体感，我们不得不把这种效果做成一个图片，这样就限制了很多动态地使用应用场景。Transform 属性的引入使我们以前通常要借助 SVG 等矢量绘图手段才能实现的功能，只需要一个简单的 CSS 属性就能实现。在 CSS 3 中 Transform 属性主要包括 rotate 旋转、scale 缩放、translate 坐标平移、skew 坐标倾斜、matrix 矩阵变换，如图 17-6 所示为元素的形变效果。

图 17-6 对元素的形变效果

目前支持形变的浏览器有 Webkit 系列浏览器、FireFox3.5+、Opear10.5+，IE 全系列不支持。

9. 媒体查询

媒体查询（media queries）可以让你为不同的设备基于它们的能力定义不同的样式。如在可视区域小于 400 像素的时候，想让网站的侧栏显示在主内容的下边，这样它就不应该浮动并显示在右侧了。

```
#sidebar {
    float: right;
    display: inline;
    }
 @media all and (max-width:400px) {
    #sidebar {
        float: none;
        clear: both;
        }
    }
```

也可以指定使用绿色屏的设备。

```
a {
    color: grey;
    }
@media screen and (color) {
    a {
        color: red;
        }
    }
```

这个属性是很有用的，因为不用再为不同的设备编写独立的样式表了，而且也无须使用 JavaScript 来确定每个用户的浏览器的属性和功能。一个实现灵活的布局的更加流行的基于 JavaScript 的方案是使用智能的流体布局，让布局对于用户的浏览器分辨率更加灵活。

媒体查询被基于 webkit 核心的浏览器和 Opera 支持，Firefox 在 3.5 版本中支持它，IE 浏览器目前不支持这些属性。

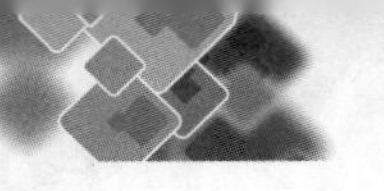

10. CSS 3 线性渐变

渐变色是网页设计中很常用的一项元素，它可以增强网页元素的立体感，同时使单一颜色的页面看起来不是那么突兀。过去为了实现渐变色通常需要先制作一个渐变色的图片，将它切割成很细的一小片，然后使用背景重复，使整个 HTML 元素拥有渐变的背景色。这样做有两个弊端——为了使用图片背景，很多时候使本身简单的 HTML 结构变得复杂；另外受制于背景图片的长度或宽度，HTML 元素不能灵活地动态调整大小。CSS 3 中 Webkit 和 Mozilla 对渐变都有强大的支持，如图 17-7 所示为使用 CSS 3 制作的渐变背景图。

图 17-7　使用 CSS 3 制作的渐变背景图

从图 17-7 可以看出，线性渐变是一个很强大的功能。使用很少的 CSS 代码就能做出以前需要使用很多图片才能得到的效果。很可惜的是，目前支持该属性的浏览器只有最新版的 Safari、Chrome、Firefox 浏览器，且语法差异较大。

17.1.3　主流浏览器对 CSS 3 的支持

CSS 3 带来了众多全新的设计体验，但是并不是所有浏览器都完全支持它。当然，网页不需要在所有浏览器中看起来都严格一致，有时候在某个浏览器中使用私有属性来实现特定的效果是可行的。

下面介绍使用 CSS 3 的注意事项。

- CSS 3 的使用不应当影响页面在各个浏览器中的正常显示。可以使用 CSS 3 的一些属性来增强页面表现力和用户体验，但是这个效果提升不应当影响其他浏览器用户正常访问该页面。
- 同一页面在不同浏览器中不必完全显示一致。功能较强的浏览器页面可以显示得更炫一些，而较弱的浏览器可以显示得不是那么酷，只要能完成基本的功能即可。大可不必为了在各个浏览器中得到同样的现实效果而大费周折。
- 在不支持 CSS 3 的浏览器中，可以使用替代方法来实现这些效果，但是需要平衡实现的复杂度和实现的性能问题。

17.2　使用 CSS 3 实现圆角表格

传统的圆角生成方案必须使用多张图片作为背景图案。而 CSS 3 的出现使我们再也不必浪费时间去制作这些图片了，而且还有许多优点。

- 减少维护的工作量。图片文件的生成、更新、编写网页代码，这些工作都不再需要了。
- 提高网页性能。由于不必再发出多余的 HTTP 请求，网页的载入速度将变快。
- 增加视觉可靠性。某些情况下（网络拥堵、服务器出错、网速过慢等），背景图片会下载失败，导致视觉效果不佳。CSS 3就不会发生这种情况。

CSS 3圆角只需设置一个属性：border-radius。为该属性提供一个值，就能同时设置四个圆角的半径。CSS度量值都可以使用em、ex、pt、px百分比等。

下面是一个使用CSS 3实现圆角表格的代码：

```
<html
xmlns="http://www.w3.org/1999/xhtml">
<head>
<meta http-equiv="Content-Type" content="text/html; charset=utf-8" />
<title>圆角效果border-radius</title>
<style
type="text/css">
body,div{margin:0;padding:0;}
.border{
  width:400px;
  border:20px solid #096;
  height:100px;
  -moz-border-radius:15px;      /*仅Firefox支持，实现圆角效果*/
  -webkit-border-radius:15px;  /*仅Safari,Chrome支持，实现圆角效果*/
  -khtml-border-radius:15px;   /*仅Safari,Chrome支持，实现圆角效果*/
  border-radius:15px;          /*仅Opera,Safari,Chrome支持，实现圆角效果*/
}
</style>
</head>
<body>
<p> </p>
<div class="border">使用border-radius实现最简单的圆角表格</div>
</body>
</html>
```

border-radius可以同时设置1～4个值。如果设置1个值，表示4个圆角都使用这个值；如果设置两个值，表示左上角和右下角使用第一个值，右上角和左下角使用第二个值；如果设置三个值，表示左上角使用第一个值，右上角和左下角使用第二个值，右下角使用第三个值；如果设置四个值，则依次对应左上角、右上角、右下角、左下角（顺时针顺序）。

除IE和遨游浏览器外，目前有Firefox、Safari、Chrome、Opera支持该属性，其中Safari、Chrome、Opera是支持最好的。在firefox浏览器中浏览效果，如图17-8所示。

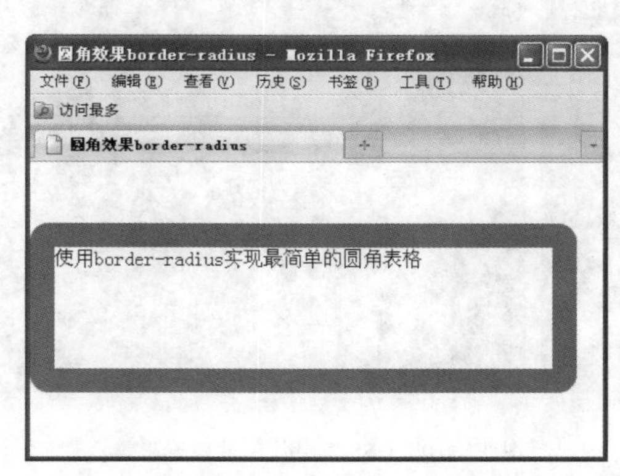

图17-8　圆角表格效果

我们还可以随意指定圆角的位置——上左、上右、下左、下右四个方向。在firefox、webkit内核的Safari、Chrome和Opera的具体书写格式如下：

上左效果代码如下所示，其浏览效果如图17-9所示。

```
-moz-border-radius-topleft :15px;
```

```
-webkit-border-top-left-radius :15px;
border-top-left-radius :15px;
```

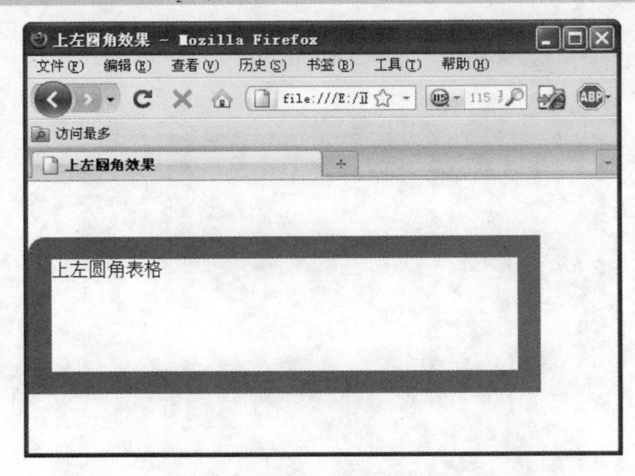

图 17-9 上左圆角表格

同样的还有其他几个方向的圆角，这里就不再一一示例了。注意虽然各大浏览器基本都支持 border-radius，但是在某些细节上实现的方法都不一样。当四个角的颜色、宽度、风格（实线框、虚线框等）、单位都相同时，所有浏览器的渲染结果基本一致；一旦四个角的设置不相同，就会出现很大的差异。因此，目前最安全的做法就是将每个圆角边框的风格和宽度都设为相同的值，并且避免使用百分比值。

17.3 使用 CSS 3 制作图片滚动菜单

鼠标移到图片上之后，根据鼠标的移动图片会跟随滚动，因为使用 CSS 3 的部分属性，所以需要火狐或 chrome 内核的浏览器才能看到真正的效果，如图 17-10 所示，具体制作步骤如下。

图 17-10 CSS 3 制作图片滚动菜单

01 使用 Div 插入 13 幅图片，其 HTML 结构代码如下所示。

```
<div class="sc_menu_wrapper">
  <div class="sc_menu">
      <a href=""><img src="001.jpg" /></a>
      <a  href=""><img src="002.jpg" /></a>
         <a  href=""><img src="003.jpg" /></a>
```

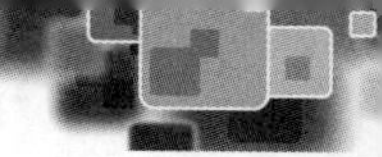


```
        <a  href=""><img src="004.jpg" /></a>
        <a  href=""><img src="005.jpg" /></a>
        <a  href=""><img src="006.jpg" /></a>
        <a  href=""><img src="007.jpg" /></a>
           <a  href=""><img src="008.jpg" /></a>
        <a  href=""><img src="009.jpg" /></a>
           <a  href=""><img src="010.jpg" /></a>
        <a  href=""><img src="011.jpg" /></a>
        <a  href=""><img src="012.jpg" /></a>
        <a  href=""><img src="013.jpg" /></a>
    </div>
  </div>
```

02 使用如下 CSS 代码定义图片的外观样式。

```
<style type="text/css">
body {background: #0F0D0D;
  padding: 30px 0 0 50px; color:#FFFFFF;}
div.sc_menu_wrapper {  position: relative;
  height: 500px;
  width: 160px;
  margin-top: 30px;
  overflow: auto;}
div.sc_menu {   padding: 15px 0;}
.sc_menu a {display: block;
  margin-bottom: 5px;
  width: 130px;
  border: 2px rgb(79, 79, 79) solid;
    -webkit-border-radius: 4px;
    -moz-border-radius: 4px;
  color: #fff;
  background: rgb(79, 79, 79);}
.sc_menu a:hover {
  border-color: rgb(130, 130, 130);
  border-style: dotted;}
.sc_menu img {
  display: block;
  border: none;}
.sc_menu_wrapper .loading {
  position: absolute;
  top: 50px;
  left: 10px;
  margin: 0 auto;
  padding: 10px;
  width: 100px;
    -webkit-border-radius: 4px;
    -moz-border-radius: 4px;
  text-align: center;
  color: #fff;
  border: 1px solid rgb(79, 79, 79);
  background: #1F1D1D;}
.sc_menu_tooltip {
  display: block;
  position: absolute;
  padding: 6px;
  font-size: 12px;
  color: #fff;
    -webkit-border-radius: 4px;
    -moz-border-radius: 4px;
  border: 1px solid rgb(79, 79, 79);
  background: rgb(0, 0, 0);
  background: rgba(0, 0, 0, 0.5);}
```

```
    #back {margin-left: 8px;
      color: gray;
      font-size: 18px;
      text-decoration: none;}
    #back:hover {
      text-decoration: underline;}
    </style>
```

03 使用 JavaScript 制作网页特效，代码如下。

```
    <script type= "text/javascript">
    function makeScrollable(wrapper, scrollable){
      var wrapper = $(wrapper), scrollable = $(scrollable);
      scrollable.hide();
      var loading = $(‘<div class="loading">Loading...</div>’).
appendTo(wrapper);
      var interval = setInterval(function(){
              var images = scrollable.find(‘img’);
              var completed = 0;
              images.each(function(){
                      if (this.complete) completed++;});
                              if (completed == images.length){
                      clearInterval(interval);
                      setTimeout(function(){
                              loading.hide();
                              wrapper.css({overflow: ‘hidden’});
                              scrollable.slideDown(‘slow’, function(){
                              enable();
                              });
                      }, 1000);
              }
      }, 100);
              function enable(){
              var inactiveMargin = 99;
              var wrapperWidth = wrapper.width();
              var wrapperHeight = wrapper.height();
              var scrollableHeight = scrollable.outerHeight() + 2*inactiveMargin;
              var tooltip = $(‘<div class="sc_menu_tooltip"></div>’)
                      .css(‘opacity’, 0)
                      .appendTo(wrapper);
              scrollable.find(‘a’).each(function(){
                      $(this).data(‘tooltipText’, this.title);
              });
              scrollable.find(‘a’).removeAttr(‘title’);
              scrollable.find(‘img’).removeAttr(‘alt’);
              var lastTarget;
              wrapper.mousemove(function(e){
                      lastTarget = e.target;
                      var wrapperOffset = wrapper.offset();
                      var tooltipLeft = e.pageX - wrapperOffset.left;
                      tooltipLeft = Math.min(tooltipLeft, wrapperWidth - 75); //
tooltip.outerWidth());
                      var tooltipTop = e.pageY - wrapperOffset.top + wrapper.
scrollTop() - 40;
                      if (e.pageY - wrapperOffset.top < wrapperHeight/2){
                              tooltipTop += 80;
                      }
                      tooltip.css({top: tooltipTop, left: tooltipLeft});
    var top = (e.pageY - wrapperOffset.top) * (scrollableHeight - 
wrapperHeight)
                      if (top < 0){
                              top = 0;}
```

```
                wrapper.scrollTop(top);
        });
        var interval = setInterval(function(){
                if (!lastTarget) return;
                var currentText = tooltip.text();
                if (lastTarget.nodeName == 'IMG'){
                        var newText = $(lastTarget).parent().
data('tooltipText');
                        if (currentText != newText) {
                                tooltip
                                .stop(true)
                                .css('opacity', 0)
                                .text(newText)
                                .animate({opacity: 1}, 1000);
                        }
                }
        }, 200);
        wrapper.mouseleave(function(){
                lastTarget = false;
                tooltip.stop(true).css('opacity', 0).text('');
        });
    }
  }
  $(function(){   makeScrollable("div.sc_menu_wrapper", "div.sc_menu");});
  </script>
```

17.4 使用 CSS 3 制作文字立体效果

CSS 3 的功能很强大，总能制作出一些令人吃惊的效果，下面制作很棒的 CSS 3 文字立体效果，如图 17-11 所示。用鼠标选中文字，效果更清晰，具体制作步骤如下。

图 17-11　使用 CSS 3 制作文字立体效果

01 打开原始网页，输入如下 CSS 代码，如图 17-12 所示。

```
    <style>
    .list_case_left{
    position:absolute;left:10%;
    font-size:60px;
    font-weight:800;
    color:#fff;
    text-shadow:1px 0px #009807, 1px 2px #006705, 3px 1px #009807, 2px 3px
#006705, 4px 2px #009807, 4px 4px #006705, 5px 3px #009807, 5px 5px #006705, 7px
4px #009807, 6px 6px #006705, 8px 5px #009807, 7px 7px #006705, 9px 6px #009807,
9px 8px #006705, 11px 7px #009807, 10px 9px #006705, 12px 8px #009807, 11px
10px #006705, 13px 9px #009807, 12px 11px #006705, 15px 10px #009807, 13px 12px
#006705, 16px 11px #009807, 15px 13px #006705, 17px 12px #009807
    }
    </style>
```

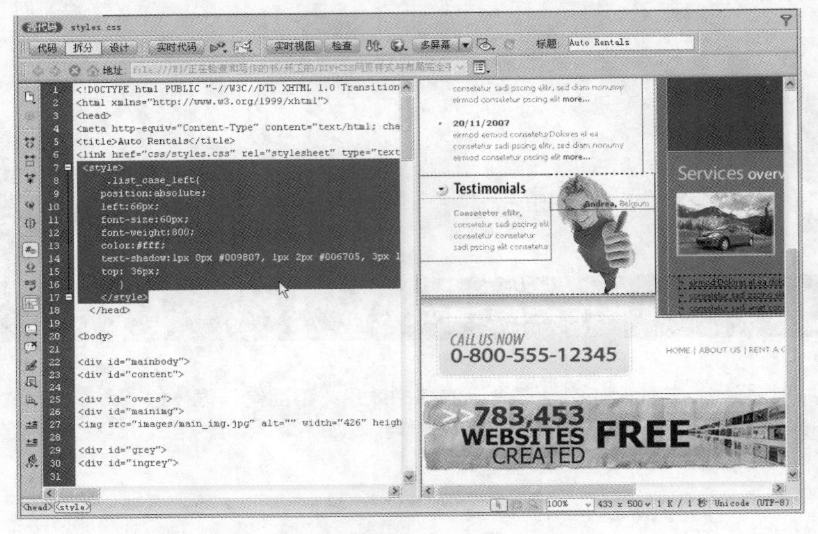

图 17-12 输入 CSS 代码

02 在网页正文中输入如下代码，插入文字，如图 17-13 所示。

```
    <div class="list_case_left"> 立体效果 </div>
```

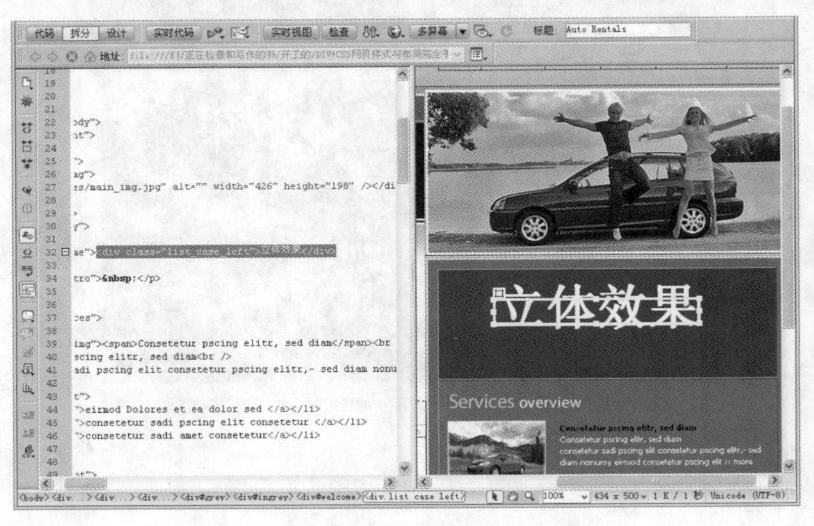

图 17-13 输入代码

17.5 使用 CSS 3 制作多彩的网页图片库

利用纯 CSS 可以做出千变万化的效果，特别是 CSS 3 的引入让更多的效果可以做出来。现在就让我们动手做出一个多彩的图片库，如图 17-14 所示，这个实例对于 IE 浏览器来说支持得不好，但 firefox 浏览器升级到最高版本是可以看出效果的。

图 17-14 多彩的网页图片库

制作时先用 CSS 的基本样式来构建图片，然后再加入一些阴影和翻转属性，最后使用 z-index 属性来改变图片的叠加顺序，具体制作步骤如下。

01 输入以下 CSS 代码来构建一个基本的框架，设置好背景图 wood.jpg，此时案例效果如图 17-15 所示。

```
body {
  background: url(images/wood.jpg) #959796
}
#container {
 width: 600px; margin: 40px auto;
}
```

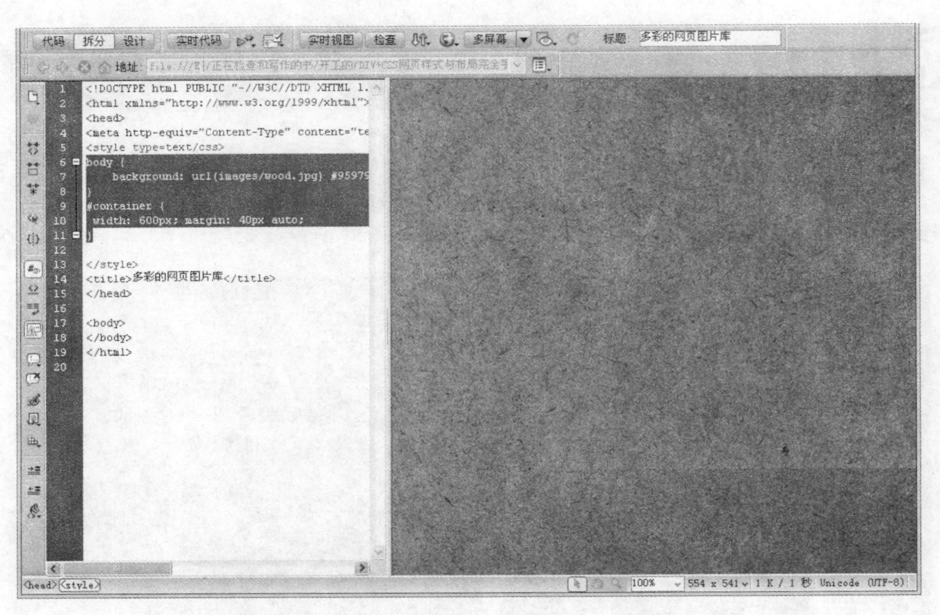

图 17-15　构建基本的框架设置背景

02 用 ul 来定义一列图片，然后再给每张图片定义 li，如图 17-16 所示。

```
<ul class="gallery">
 <li><a href="#"><img src="images/1.jpg" /></li> </a>
 <li><a href="#"><img src="images/2.jpg" /></li>
 <li><a href="#"><img src="images/3.jpg" /></li>
 <li><a href="#"><img src="images/4.jpg" /></li>
 <li><a href="#"><img src="images/5.jpg" /></li>
 <li><a href="#"><img src="images/6.jpg"/></li>
</ul>
```

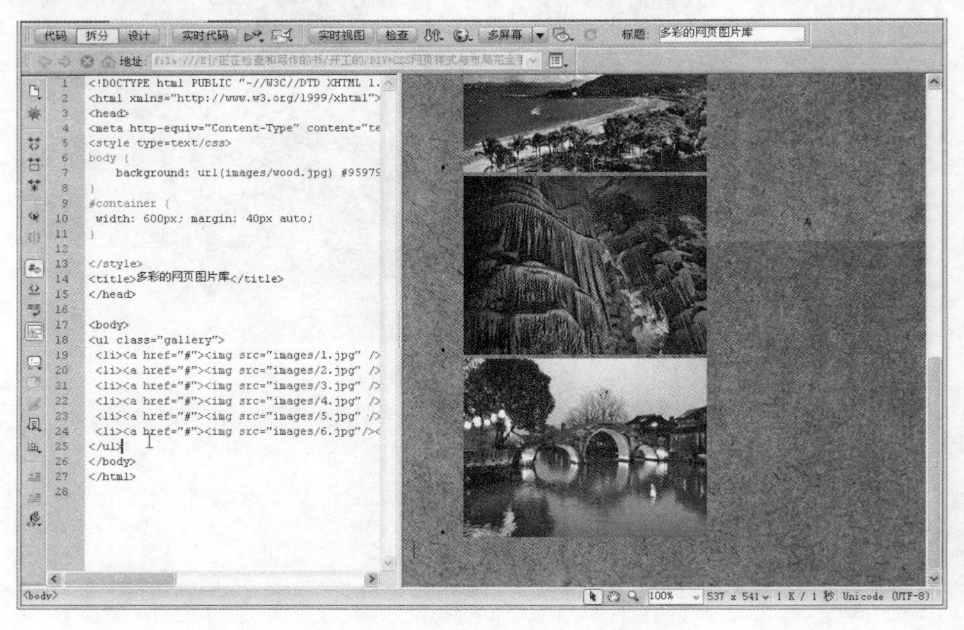

图 17-16　用 ul 来定义一列图片

03 为 ul 添加 CSS 属性，首先要把列表默认的小圆点清除，使用一个简单的属性就可以清除：list-style:none，此时效果如图 17-17 所示。

```
ul.gallery {
list-style-type: none
}
ul.gallery li a {
 float: left;
 padding: 10px 10px 25px 10px;
 background: #eee;
 border: 1px solid #fff;
}
```

图 17-17 清除列表圆点

04 现在让图片左浮动，再给它们增加一点填充，给图片添加一个浅灰色的背景，最后再加上 1 像素的白色边框让图片更加靓丽，如图 17-18 所示。

```
ul.gallery li a {
 float: left;
 padding: 10px 10px 25px 10px;
 background: #eee;
 border: 1px solid #fff;
 -moz-box-shadow: 0px 2px 15px #333;
 position: relative;
}
```

图 17-18 为图片左浮动增加一点填充

05 现在要对每个类加 CSS，因此给每张图加个唯一的类名。因为每张图片在位置上不同，可以为其设置具有个性的风格，如 :z-index 和旋转的属性，如图 17-19 所示。

```
    ul.gallery li a.pic-1 {
      z-index: 1; -webkit-transform: rotate(-10deg); -moz-transform: rotate(-10deg)
    }
    ul.gallery li a.pic-2 {
      z-index: 5; -webkit-transform: rotate(-3deg); -moz-transform: rotate(-3deg)
    }
    ul.gallery li a.pic-3 {
      z-index: 3; -webkit-transform: rotate(4deg); -moz-transform: rotate(4deg)
    }
    ul.gallery li a.pic-4 {
      z-index: 4; -webkit-transform: rotate(14deg); -moz-transform: rotate(14deg)
    }
    ul.gallery li a.pic-5 {
      z-index: 2; -webkit-transform: rotate(-12deg); -moz-transform: rotate(-12deg)
    }
    ul.gallery li a.pic-6 {
      z-index: 6; -webkit-transform: rotate(5deg); -moz-transform: rotate(5deg)
    }
```

图 17-19　给每张图添加类名并定义样式

06 添加 :hover 样式，给 z-index 添加更高的位置。

```
    ul.gallery li a:hover {
      z-index: 10; -moz-box-shadow: 3px 5px 15px #333
    }
```

07 给网页添加 H1 标题，并且定义标题样式，如图 17-20 所示。至此多彩图片库网页制作完成。

```
    h1 {
```

```
    font: bold 65px/60px helvetica, arial, sans-serif; color: #eee; text-align:
center;
    text-shadow: 0px 2px 6px #333
    }
```

图 17-20　给网页添加 H1 标题，并定义标题样式

17.6 使用 CSS 3 实现的幻灯图片效果

本节将介绍如何使用纯 CSS 创建一个干净的幻灯图片面板。主要是在面板中使用背景图片，然后在单击标签后使之运动起来，如图 17-21 所示。

图 17-21　使用 CSS 3 实现的幻灯图片效果

01 页面整体容器中包括一个标题和图片，HTML 代码如下：

```
<div class="container">
  <header>
  <h1>使用CSS 3实现的幻灯图片效果</h1>
  <p class="codrops-demos"> </p>
```

```
      </header>
      <section class="cr-container">
      <input id="select-img-1" name="radio-set-1" type="radio" class="cr-selector-img-1" checked/>
      <label for="select-img-1" class="cr-label-img-1">1</label>
      <input id="select-img-2" name="radio-set-1" type="radio" class="cr-selector-img-2" />
      <label for="select-img-2" class="cr-label-img-2">2</label>
      <input id="select-img-3" name="radio-set-1" type="radio" class="cr-selector-img-3" />
      <label for="select-img-3" class="cr-label-img-3">3</label>
      <input id="select-img-4" name="radio-set-1" type="radio" class="cr-selector-img-4" />
      <label for="select-img-4" class="cr-label-img-4">4</label>
            <div class="clr"></div>
            <div class="cr-bgimg"><div>
                  <span>Slice 1 - Image 1</span>
                  <span>Slice 1 - Image 2</span>
                  <span>Slice 1 - Image 3</span>
                  <span>Slice 1 - Image 4</span>
            </div>
        <div>
                  <span>Slice 2 - Image 1</span>
                  <span>Slice 2 - Image 2</span>
                  <span>Slice 2 - Image 3</span>
                  <span>Slice 2 - Image 4</span>
            </div>
      <div>
                  <span>Slice 3 - Image 1</span>
                  <span>Slice 3 - Image 2</span>
                  <span>Slice 3 - Image 3</span>
                  <span>Slice 3 - Image 4</span>
            </div>
      <div>
                  <span>Slice 4 - Image 1</span>
                  <span>Slice 4 - Image 2</span>
                  <span>Slice 4 - Image 3</span>
                  <span>Slice 4 - Image 4</span>
            </div>
      </div>
      <div class="cr-titles"></div>
      </section>
       </div>
```

02 设计 section 样式，并且定义一个白色边框及其 box 阴影。

```
    .cr-container{
      width: 600px;
      height: 400px;
      position: relative;
      margin: 0 auto;
      border: 20px solid #fff;
      box-shadow: 1px 1px 3px rgba(0,0,0,0.1);
    }
```

03 一般需要在容器前放置 label 来取得正确的图片块和标题，需要确认它们处于层次的顶端（z-index），并且通过添加一个 margin-top 来将位置拉低。

```
    .cr-container label{
      font-style: italic;
      width: 150px;
      height: 30px;
      cursor: pointer;
```

```
    color: #fff;
    line-height: 32px;
    font-size: 24px;
    float:left;
    position: relative;
    margin-top:350px;
    z-index: 1000;
  }
```

04 通过添加小圈来美化 label，添加一个虚假元素并且居中。

```
  .cr-container label:before{
    content:' ' ;
    width: 34px;
    height: 34px;
    background: rgba(130,195,217,0.9);
    position: absolute;
    left: 50%;
    margin-left: -17px;
    border-radius: 50%;
    box-shadow: 0px 0px 0px 4px rgba(255,255,255,0.3);
    z-index:-1;
  }
```

05 为 label 创建另外一个虚假元素并且扩展到整个面板。使用渐变直线向上淡出。

```
  .cr-container label:after{
    width: 1px;
    height: 400px;
    content: '' ;
    background: -moz-linear-gradient(top, rgba(255,255,255,0) 0%,
rgba(255,255,255,1) 100%);
    background: -webkit-gradient(linear, left top, left bottom,
  color-stop(0%,rgba(255,255,255,0)), color-stop(100%,rgba(255,255,255,1)));
    background:-webkit-linear-gradient(top, rgba(255,255,255,0) 0%,
  rgba(255,255,255,1) 100%);
    background: -o-linear-gradient(top, rgba(255,255,255,0)
0%,rgba(255,255,255,1) 100%);
    background:-ms-linear-gradient(top, rgba(255,255,255,0)
0%,rgba(255,255,255,1) 100%);
    background: linear-gradient(top, rgba(255,255,255,0)
0%,rgba(255,255,255,1) 100%);
    filter: progid:DXImageTransform.Microsoft.gradient(
startColorstr=' #00ffffff' ,
  endColorstr=' #ffffff' ,GradientType=0 );
    position: absolute;
    bottom: -20px;
    right: 0px;
  }
```

06 面板需要去除那条直线，所以设置为宽度为 0，同时将 input 隐藏。

```
  .cr-container label.cr-label-img-4:after{
    width: 0px;
  }
  .cr-container input{
    display: none;
  }
```

07 不管是否单击 label，分开地输入都会被 checked。现在将使用一个统一的 sibling 属性选择器来处理分开的 label，因此修改选择的 label 颜色。

```
  .cr-container label.cr-label-img-4:after{
    width: 0px;
  }
```

```
.cr-container input.cr-selector-img-1:checked ~ label.cr-label-img-1,
.cr-container input.cr-selector-img-2:checked ~ label.cr-label-img-2,
.cr-container input.cr-selector-img-3:checked ~ label.cr-label-img-3,
.cr-container input.cr-selector-img-4:checked ~ label.cr-label-img-4{
  color: #68abc2;
}
```

08 同时需要修改背景颜色和 box 阴影。

```
.cr-container input.cr-selector-img-1:checked ~ label.cr-label-img-1:before,
.cr-container input.cr-selector-img-2:checked ~ label.cr-label-img-2:before,
.cr-container input.cr-selector-img-3:checked ~ label.cr-label-img-3:before,
.cr-container input.cr-selector-img-4:checked ~ label.cr-label-img-4:before{
  background: #fff;
  box-shadow: 0px 0px 0px 4px rgba(104,171,194,0.6);
}
```

09 图片面板的容器将会占据所有宽度并且绝对定位。这个容器将会在稍后使用，为了将图片设置为选择的图片，需要这样做来使图片默认可以显示。

```
.cr-bgimg{
  width: 600px;
  height: 400px;
  position: absolute;
  left: 0px;
  top: 0px;
  z-index: 1;
  background-repeat: no-repeat;
  background-position: 0 0;
}
```

10 因为有 4 个面板图片，一个面板将有 150px 的宽度（600 除 4）。面板会左漂移，隐藏 overflow。

```
.cr-bgimg div{
  width: 150px;
  height: 100%;
  position: relative;
  float: left;
  overflow: hidden;
  background-repeat: no-repeat;
}
```

11 每个显示块都是初始绝对定位，它们将通过 left:-150px 来被隐藏。

```
.cr-bgimg div span{
  position: absolute;
  width: 100%;
  height: 100%;
  top: 0px;
  left: -150px;
  z-index: 2;
  text-indent: -9000px;
}
```

12 接下来是背景图片容器和单独的图片显示块。

```
.cr-container input.cr-selector-img-1:checked ~ .cr-bgimg,
.cr-bgimg div span:nth-child(1){
  background-image: url(../images/1.jpg);
}
.cr-container input.cr-selector-img-2:checked ~ .cr-bgimg,
.cr-bgimg div span:nth-child(2){
  background-image: url(../images/2.jpg);
}
.cr-container input.cr-selector-img-3:checked ~ .cr-bgimg,
.cr-bgimg div span:nth-child(3){
```

```
    background-image: url(../images/3.jpg);
  }
  .cr-container input.cr-selector-img-4:checked ~ .cr-bgimg,
  .cr-bgimg div span:nth-child(4){
    background-image: url(../images/4.jpg);
  }
```

13 需要根据面板来设置图片块到正确位置。

```
  .cr-bgimg div:nth-child(1) span{
    background-position: 0px 0px;
  }
  .cr-bgimg div:nth-child(2) span{
    background-position: -150px 0px;
  }
  .cr-bgimg div:nth-child(3) span{
    background-position: -300px 0px;
  }
  .cr-bgimg div:nth-child(4) span{
    background-position: -450px 0px;
  }
```

14 当单击label时简单地移动所有内容块到右边。

```
  .cr-container input:checked ~ .cr-bgimg div span{
    -webkit-animation: slideOut 0.6s ease-in-out;
    -moz-animation: slideOut 0.6s ease-in-out;
    -o-animation: slideOut 0.6s ease-in-out;
    -ms-animation: slideOut 0.6s ease-in-out;
    animation: slideOut 0.6s ease-in-out;}
  @-webkit-keyframes slideOut{
    0%{ left: 0px; }
    100%{ left: 150px; }
  }
  @-moz-keyframes slideOut{
    0%{ left: 0px; }
    100%{ left: 150px; }
  }
  @-o-keyframes slideOut{
    0%{ left: 0px; }
    100%{ left: 150px; }
  }
  @-ms-keyframes slideOut{
    0%{ left: 0px; }
    100%{ left: 150px; }
  }
  @keyframes slideOut{
    0%{ left: 0px; }
    100%{ left: 150px; }
```

15 所有的块都使用分开的图片，从-150px到0px。最后在浏览器中浏览可以看到效果如图17-22和图16-23所示。

```
  .cr-container  input.cr-selector-img-1:checked  ~  .cr-bgimg  div  span:nth-
child(1),
  .cr-container  input.cr-selector-img-2:checked  ~  .cr-bgimg  div  span:nth-
child(2),
  .cr-container  input.cr-selector-img-3:checked  ~  .cr-bgimg  div  span:nth-
child(3),
  .cr-container  input.cr-selector-img-4:checked  ~  .cr-bgimg  div  span:nth-
child(4)
  { -webkit-transition: left 0.5s ease-in-out;
    -moz-transition: left 0.5s ease-in-out;
    -o-transition: left 0.5s ease-in-out;
```

```
-ms-transition: left 0.5s ease-in-out;
transition: left 0.5s ease-in-out;
-webkit-animation: none;
-moz-animation: none;
-o-animation: none;
-ms-animation: none;
animation: none;
left: 0px;
z-index: 10;}
```

图 17-22 使用 CSS 3 实现的幻灯图片 1

图 17-23 使用 CSS 3 实现的幻灯图片 2

17.7 本章小结

CSS 3 是 CSS 规范的最新版本，在 CSS 2.1 的基础上增加了很多强大的功能，以帮助开发人员解决一些问题，例如圆角功能、多背景、透明度、阴影等功能。CSS 2.1 是单一的规范，而 CSS 3 被划分成几个模块组，每个模块组都有自己的规范。这样的好处是整个 CSS 3 的规范发布不会因为部分难缠的部分而影响其他模块的推进。

第18章

JavaScript 基础知识

本章导读

JavaScript是一种脚本语言。HTML只是描述网页长相的标记语言，没有计算、判断能力，如果所有计算、判断（例如判断文本框是否为空、判断两次密码是否输入一致）都放到服务器端执行，网页下载会非常慢，用起来也很困难，对服务器的压力也会很大，因此要求能在浏览器中执行一些简单的运算、判断。JavaScript就是一种在浏览器端执行的脚本语言。

技术要点：

- JavaScript简介
- 第一个JavaScript程序
- JavaScript的添加方法
- 综合实例——浏览器状态栏显示信息

18.1 JavaScript 简介

JavaScript 一种直译式脚本语言，是一种动态类型、弱类型、基于原型的语言，内置支持类型。它的解释器被称为“JavaScript 引擎”，为浏览器的一部分，广泛用于客户端的脚本语言，最早是在 HTML（标准通用标记语言下的一个应用）网页上使用的，用来给 HTML 网页增加动态功能。

18.1.1 JavaScript 的历史

JavaScript 它最初由 Netscape 的 Brendan Eich 设计。JavaScript 是甲骨文公司的注册商标。Ecma 国际以 JavaScript 为基础制定了 ECMAScript 标准。JavaScript 也可以用于其他场合，如服务器端编程。完整的 JavaScript 实现包含三个部分：ECMAScript、文档对象模型、浏览器对象模型。

Netscape 在最初将其脚本语言命名为 LiveScript，后来 Netscape 在与 Sun 合作之后将其改名为 JavaScript。JavaScript 最初受 Java 启发而开始设计，目的之一就是“看上去像 Java”，因此语法上有类似之处，一些名称和命名规范也借鉴了 Java。但 JavaScript 的主要设计原则源自 Self 和 Scheme。JavaScript 与 Java 名称上的近似，是当时 Netscape 为了营销考虑与 Sun 微系统达成协议的结果。为了取得技术优势，微软推出了 JScript 来迎战 JavaScript 的脚本语言。为了互用性，Ecma 国际（前身为欧洲计算机制造商协会）创建了 ECMA-262 标准（ECMAScript）。两者都属于 ECMAScript 的实现。尽管 JavaScript 作为给非程序人员的脚本语言，而非作为给程序人员的脚本语言来推广和宣传，但是 JavaScript 具有非常丰富的特性。

发展初期，JavaScript 的标准并未确定，同期有 Netscape 的 JavaScript、微软的 JScript 和 CEnvi 的 ScriptEase 三足鼎立。1997 年，在 ECMA（欧洲计算机制造商协会）的协调下，由 Netscape、Sun、微软、Borland 组成的工作组确定统一标准：ECMA-262。

18.1.2 JavaScript 特点

JavaScript 脚本语言具有以下特点：

（1）脚本语言

JavaScript 是一种解释型的脚本语言，C、C++ 等语言先编译后执行，而 JavaScript 是在程序的运行过程中逐行进行解释的。

（2）基于对象

JavaScript 是一种基于对象的脚本语言，它不仅可以创建对象，也能使用现有的对象。

（3）简单

JavaScript 语言中采用的是弱类型的变量类型，对使用的数据类型未做出严格的要求，是基于 Java 基本语句和控制的脚本语言，其设计简单、紧凑。

（4）动态性

JavaScript 是一种采用事件驱动的脚本语言，它不需要经过 Web 服务器就可以对用户的输入做出响应。在访问一个网页时，鼠标在网页中进行鼠标单击或上下移、窗口移动等操作，JavaScript 都可直接对这些事件给出相应的响应。

（5）跨平台性

JavaScript 脚本语言不依赖于操作系统，仅需要浏览器的支持。因此一个 JavaScript 脚本在编写后可以带到任意平台上使用，前提是计算机上的浏览器支持 JavaScript 脚本语言，目前 JavaScript 已被大多数的浏览器所支持。

不同于服务器端脚本语言，例如 PHP 与 ASP，JavaScript 主要被作为客户端脚本语言在用户的浏览器上运行，不需要服务器的支持。所以在早期，程序员比较青睐于 JavaScript 以减少对服务器的负担，而与此同时也带来另一个问题——安全性。

而随着服务器的强壮，虽然程序员更喜欢运行于服务端的脚本以保证安全，但 JavaScript 仍然以其跨平台、容易上手等优势大行其道。同时，有些特殊功能（如 Ajax）必须依赖 Javascript 在客户端进行支持。随着引擎如 V8 和框架如 Node.js 的发展，及其事件驱动及异步 IO 等特性，JavaScript 逐渐被用来编写服务器端程序。

18.1.3　JavaScript 注释

我们经常要在一些代码旁做一些注释，这样做的好处有很多，例如：方便查找、方便比对、方便项目组里的其他程序员了解你的代码等，而且可以方便以后你对自己代码的理解与修改等。

单行注释以“//”开头，下面的例子使用单行注释来解释代码。

```
var x=5;     // 声明 x 并把 5 赋值给它
var y=x+2;   // 声明 y 并把 x+2 赋值给它
```

多行注释以“/*”开始，以“*/”结尾，下面的例子使用多行注释来解释代码。

```
/*
下面的这些代码会输出
一个标题和一个段落
并将代表主页的开始
*/
document.getElementById("myH1").innerHTML="Welcome to my Homepage";
document.getElementById("myP").innerHTML="This is my first paragraph.";
```

过多的 JavaScript 注释会降低 JavaScript 的执行速度与加载速度，因此应在发布网站时，尽量不要使用过多的 JavaScript 注释。

18.2　JavaScript 的添加方法

JavaScript 程序本身不能独立存在，它依附于某个 HTML 页面在浏览器端运行。本身 JavaScript 作为一种脚本语言可以放在 HTML 页面中的任何位置，但是浏览器解释 HTML 时是按先后顺序的，所以放在前面的程序会被优先执行。

18.2.1 内部引用

在 HTML 中输入 JavaScript 时，需要使用 <script> 标签。在 <script> 标签中，language 特性声明要使用的脚本语言，language 特性一般被设置为 JavaScript，不过也可以用它声明 JavaScript 的确切版本，如 JavaScript 1.3。

当浏览器载入网页 body 部分的时候，就执行其中的 JavaScript 语句，执行之后输出的内容就显示在网页中。

实例代码：

```
<!doctype html>
<html>
<head>
<meta charset="utf-8">
<title>JavaScript 语句 </title>
</head>
<body>
<script type="text/javascript1.3">
<!--
var gt = unescape('%3e');
var popup = null;
var over = "Launch Pop-up Navigator";
popup = window.open('', 'popupnav', 'width=225,height=235,resizable=1,scroll
bars=auto');
if (popup != null) {
if (popup.opener == null) {
popup.opener = self;
}
popup.location.href = 'tan.htm';
}
 -->
</script>
</body>
</html>
```

浏览器通常忽略未知标签，因此在使用不支持 JavaScript 的浏览器阅读网页时，JavaScript 代码也会被阅读。<!-- --> 里的内容对于不支持 JavaScript 的浏览器来说就等同于一段注释，而对于支持 JavaScript 的浏览器，这段代码会执行。

提示

通常 JavaScript 文件可以使用 script 标签加载到网页的任何位置，但是标准的方式是加载在 head 标签内。为防止网页加载缓慢，也可以把非关键的 JavaScript 放到网页底部。

18.2.2 外部调用 js 文件

如果很多网页都需要包含一段相同的代码，最好的方法是将这个 JavaScript 程序放到一个后缀名为 .js 的文本文件中。此后，任何一个需要该功能的网页，只需要引入这个 js 文件就可以了。

这样做可以提高 JavaScript 的复用性，减少代码维护的负担，不必将相同的 JavaScript 代码复制到多个 HTML 网页里，将来一旦程序有所修改，也只要修改 .js 文件即可。

在 HTML 文件中可以直接输入 JavaScript，还可以将脚本文件保存在外部，通过 <script> 中的 src 属性指定 URL，从而调用外部脚本语言。外部 JavaScript 语言的格式非常简单，事实上，它们只包含 JavaScript 代码的纯文本文件。在外部文件中不需要 <script/> 标签，引用文件的 <script/> 标签出现在 HTML 页中，此时文件的后缀为 .js。

```
<script type="text/javascript" src="URL"></script>
```

通过指定 script 标签的 src 属性，即可使用外部的 JavaScript 文件了。在运行时，这个 js 文件的代码全部嵌入到包含它的页面内，页面程序可以自由使用，这样就可以做到代码的复用。

提示

JavaScript 文件外部调用的好处：

- 如果浏览器不支持 JavaScript，将忽略 script 标签里面的内容，可以避免使用 <!-- ... //-->。
- 统一定义 JavaScript 代码，方便查看，方便维护。
- 使代码更安全，可以压缩，加密单个 JavaScript 文件。

实例代码：

```
<!doctype html>
<html>
<head>
<meta charset="utf-8">
<head>
<script src="http://www.baidu.com/common.js"></script>
</head>
<body>
</body>
</html>
```

示例里的 common.js 其实就是一个文本文件，内容如下：

```
function clickme()
{
alert("You clicked me!")
}
```

18.2.3 添加到事件中

一些简单的脚本可以直接放在事件处理部分的代码中。如下所示直接将 JavaScript 代码加入到 OnClick 事件中。

```
<input type="button" name="FullScreen" value=" 全屏显示 "
onClick="window.open(document.location, 'big', 'fullscreen=yes')">
```

这里，使用 <input/> 标签创建一个按钮，单击它时调用 onclick() 方法。onclick 特性声明一个事件处理函数，即响应特定事件的代码。

18.3 第一个 JavaScript 程序

学习每一门新语言，大致了解了它的背景之后，最想做的莫过于先写一个最简单的程序并成功运行。

18.3.1 预备知识

常用的信息输出方法是使用 window 对象的 alert 方法，以消息框的形式输出信息。JavaScript 程序嵌入 HTML 文档的常用方式就是将代码放在 <script> 标签对中，代码如下所示。

```
<!doctype html>
<html>
```

```
<head>
<meta charset="utf-8">
<head>                                      <!----- 文档头开始 ------->
<title>                                     <!------ 标题开始 --------->
</title>                                    <!------ 标题结束 -------->
</head>                                     <!----- 文档头结束 ------>
<body>                                      <!----- 文档体开始 ------->
<script language="JavaScript">              <!----- 脚本程序 ---------->
alert(" 欢迎进入我的网页 ");          //JavaScript 程序语句
//……                              // 更多的 JavaScript 程序语句
</script>                                   <!------ 脚本结束 --------->
</body>                                     <!---- 文档体结束 -------->
</html>                                     <!----HTML 文档结束 ---->
```

<script language="JavaScript"> 代表 JavaScript 代码的开始，</script> 代表结束。JavaScript 代码要放在这个开始与结束中。alert(" 欢迎进入我的网页 "); 这句话是一个真正的 JavaScript 语句，alert 代表弹出一个提示框，“欢迎进入我的网页”代表提示框中的内容，如图 18-1 所示。

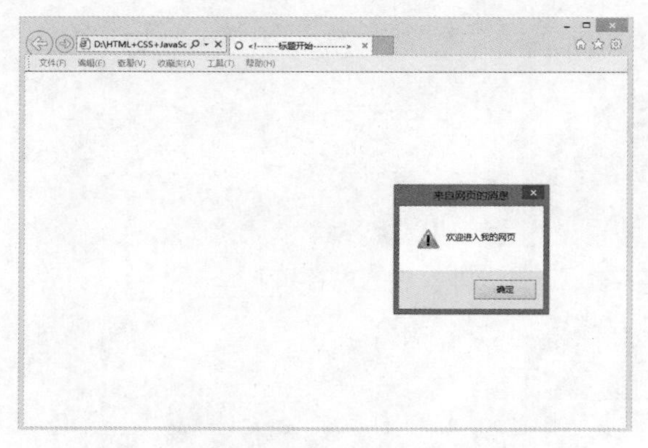

图 18-1　弹出窗口

18.3.2　JavaScript 编辑器的选择

JavaScript 源程序是文本文件，因此可以使用任何文本编辑器来编写程序源代码，例如 Windows 操作系统中的“记事本”程序。为了更快速地编写程序并且降低出错的概率，通常会选择一些专业的代码编辑工具。专业的代码编辑器有代码提示和自动完成功能，在这里使用 Dreamweaver CC，它是一款很不错的代码编辑器，如图 18-2 所示。

```
<!doctype html>
<html>
<head>
<meta charset="utf-8">
<title>JavaScript语句</title>
</head>
<body>
<script type="text/javascript1.3">
<!--
var gt = unescape('%3e');
var popup = null;
var over = "Launch Pop-up Navigator";
popup = window.open('', 'popupnav',
'width=225,height=235,resizable=1,scrollbars=auto');
if (popup != null) {
if (popup.opener == null) {
popup.opener = self;
}
popup.location.href = 'tan.htm';
}
 -->
</script>
</body>
</html>
```

图 18-2　JavaScript 代码编辑器

18.3.3 编写 good morning! 程序

本节编写并运行最经典的入门程序，输出 good morning!。打开记事本，输入如下代码，并将文件另存为网页文件 good morning.htm。

```
<!doctype html>
<html>
<head>
<meta charset="utf-8">
<title>JavaScript</title>
</head>
<body>
<script language="javascript">
document.write("<h1> good morning! </h1>")
</script>
</body>
</html>
```

document.write("<h1> good morning!</h1>") 是 JavaScript 程序代码，<script language="javascript"> 和 </script> 是标准 HTML 标签，该标签用于在 HTML 文档中插入脚本程序。其中的 "language" 属性指明了 "<script>" 标签之间的代码是 JavaScript 程序。最后调用 document 对象的 write 方法将字符串 "good morning ！" 输出到 HTML 文本流中。预览程序效果如图 18-3 所示。

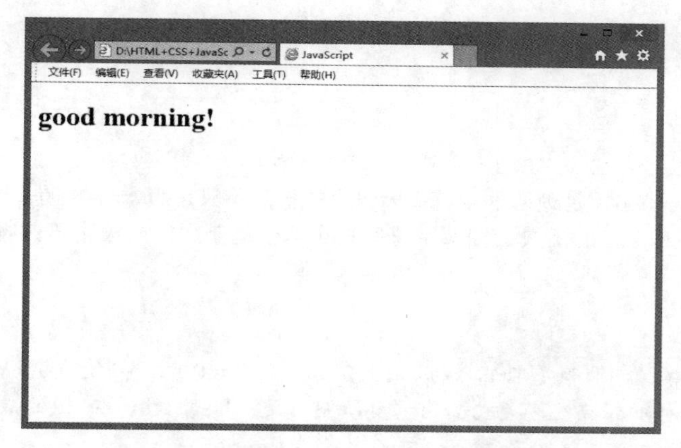

图 18-3 运行程序效果

18.3.4 浏览器对 JavaScript 的支持

在互联网发展的过程中，几大主要浏览器之间也存在激烈的竞争。JavaScript 是 Netscape 公司的技术，其他浏览器并不能和 Navigator 一样良好地支持 JavaScript，因为得不到使用许可。微软公司为能使其 IE 浏览器能抢占一份市场份额，于是在 IE 浏览器中实现了称为 JScript 的脚本语言，其兼容 JavaScript，但是和 JavaScript 之间仍然存在版本差异。因此，编程人员在编码时仍然须考虑不同浏览器之间的差别。

JavaScript 包含一个名为 Navigator 的对象，它就可以完成上述的任务。Navigator 包含了有关访问者浏览器的信息，包括浏览器类型、版本等。代码如下。

```
<!doctype html>
<html>
<head>
<meta charset="utf-8">
<title> 浏览器对 JavaScript 的支持 </title>
</head>
<body>
```

```
<script type="text/javascript">
var browser=navigator.appName
var b_version=navigator.appVersion
var version=parseFloat(b_version)
document.write("Browser name: "+ browser)
document.write("<br />")
document.write("Browser version: "+ version)
</script>
</body>
</html>
```

上面例子中的 browser 变量存有浏览器的名称，例如，"Netscape" 或者 "Microsoft Internet Explorer"，运行代码的效果如图 18-4 所示。

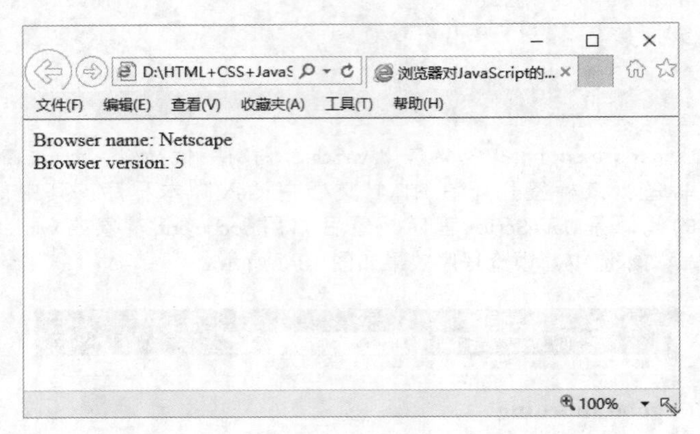

图 18-4　运行程序效果

上面例子中的 appVersion 属性返回的字符串所包含的信息不只是版本号，但是现在我们只关注版本号。我们使用一个名为 parseFloat() 的函数会抽取字符串中类似十进制数的一段字符并将之返回，这样我们就可以从字符串中抽出版本号信息了。

提示

在 IE 5.0 及以后版本中，版本号是不正确的。在 IE 5.0 和 IE 6.0 中，微软为 appVersion 字符串赋的值是 4.0。怎么会出现这样的错误呢？无论如何需要清楚的是，JavaScript 在 IE 6、IE 5 和 IE 4 中的获得的版本号是相同的。

18.4 综合实例——浏览器状态栏显示信息

JavaScript 是基于对象和事件驱动并具有相对安全性的客户端脚本语言，同时也是一种广泛用于客户端 Web 开发的脚本语言。本章主要介绍了 JavaScript 基础知识，下面讲述一个在浏览器状态栏显示信息的实例，具体操作步骤如下：

01 使用 Dreamweaver 打开网页文档，如图 18-5 所示。

02 在 <head> 和 </head> 之间相应的位置输入以下代码，如图 18-6 所示。

```
<script language="javascript">
var yourwords1 = "欢迎光临！"; //定义显示文本1
var yourwords2 = "山南菜园！"; //定义显示文本2
var speed = 1500;
var control = true;
function flash()
{
if (control == true)
```

```
{
window.status=yourwords1;
control=false;
}
else
{
window.status=yourwords2;
control=true;
}
setTimeout("flash()",speed);
}
</script>
```

图 18-5　打开网页文档

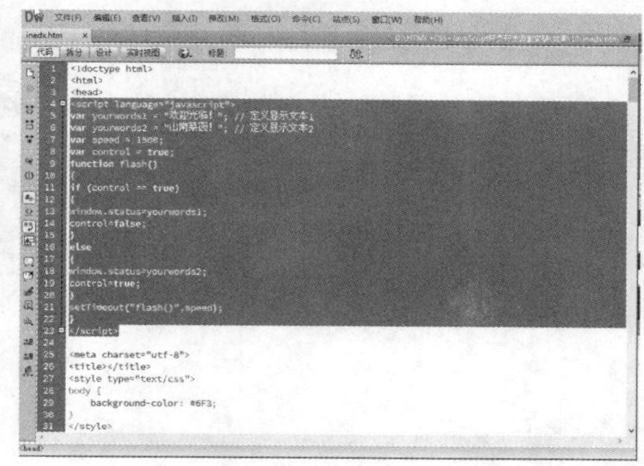

图 18-6　输入代码

03 在 <body> 标记内输入代码 onload=flash()，用于当加载网页文档时调用 flash() 函数，如图 18-7 所示。

04 保存文档，在浏览器中浏览效果，文本 1 和文本 2 交替出现，如图 18-8 所示。

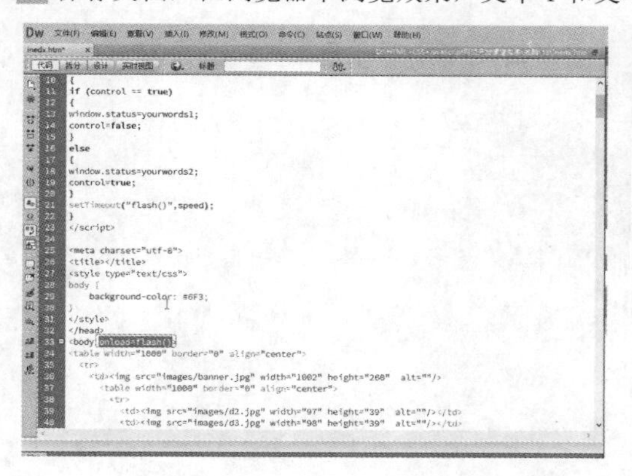

图 18-7　输入代码

图 18-8　预览效果

18.5 本章小结

JavaScript 是目前网页设计中最简单易学并且易用的语言，它能让你的网页更加生动活泼。利用 JavaScript 做出的网页特效能大大提高网页的可观性，增加收藏和点击率。如今 JavaScript 已经变成了 Web 开发必备的语言，甚至开始逐步向移动领域渗透，由于 JavaScript 的跨平台特性，使它在移动互联网时代有更大的作为。

第19章

数据类型和运算符

本章导读

数据类型在数据结构中的定义是一个值的集合，以及定义在这个值集上的一组操作。变量是用来存储值的所在处，它们有名字和数据类型。变量的数据类型决定了如何将代表这些值的位存储到计算机的内存中。运算符是在代码中对各种数据进行运算的符号，例如，有进行加、减、乘、除算术运算的运算符，有进行与、或、非、异或逻辑运算的运算符。

技术要点：

- 基本数据类型
- 复合数据类型
- 常量
- 变量
- 运算符介绍

19.1 基本数据类型

JavaScript 脚本语言同其他语言一样，有它自身的基本数据类型、表达式和算术运算符，以及程序的基本框架结构。在 JavaScript 中有四种基本的数据类型：数值（整数和实数）、字符串型、布尔型和空值。

19.1.1 使用字符串型数据

字符串是存储字符的变量，可以表示一串字符，字符串可以是引号中的任意文本，可以使用单引号或双引号，如下代码所示。

基本语法：

```
var  str=" 字符串 ";                          //使用双引号定义字符串
var  str=' 字符串 ';                          //使用单引号定义字符串
```

可以通过 length 属性获得字符串长度。例如：

```
var sStr=" what is your name ";
alert(sStr.length);
```

下面使用引号定义字符串变量，使用 document.write 输出相应的字符串，代码如下所示。

```
<script>
var hao1="what is your name ";
var hao2="My name is 'lili'";
var hao3='He is called "xuanxuan"';
document.write(hao1 + "<br>")
document.write(hao2 + "<br>")
document.write(hao3 + "<br>")
</script>
```

打开网页文件，运行效果如图 19-1 所示。

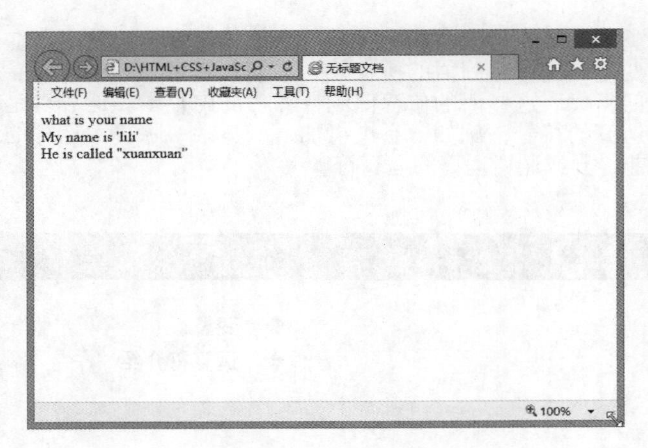

图 19-1　输出字符串

本来代码中 var hao1="what is your name"、var hao2=""My name is 'lili' 分别使用单引号和双引号定义字符串，但最后使用 document.write 输出定义中的字符串。

19.1.2　使用数值型数据

JavaScript 数值类型表示一个数字，例如 5、12、-5、2e5。数值类型有很多值，最基本的当然就是十进制数。除了十进制，整数还可以通过八进制或十六进制表示。还有一些极大或极小的数值，可以用科学计数法表示。

```
var num1=10.00;                    //使用小数点来表示
var num2=10;                       //不使用小数点来表示
```

下面将通过实例讲述常用的数值型数据的使用方法，代码如下所示。

```
<script>
var x1=6.00;
var x2=6;
var y=10e5;
var z=10e-5;
document.write(x1 + "<br />")
document.write(x2 + "<br />")
document.write(y + "<br />")
document.write(z + "<br />")
</script>
```

运行效果如图 19-2 所示。

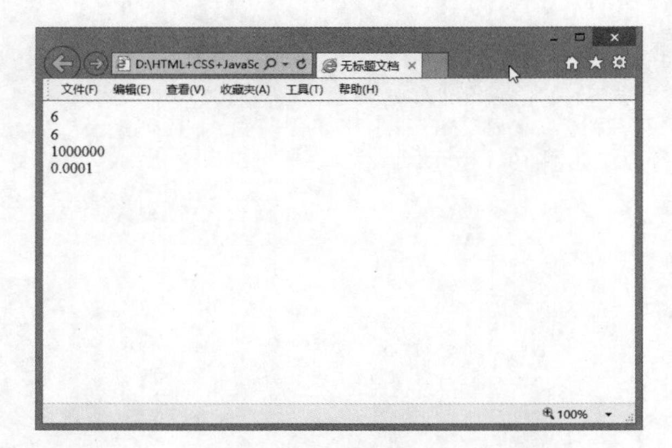

图 19-2　输出数值

本例代码中 var x1=6.00、var x2=6 行分别定义十进制数值，var y=10e5、var z=10e-5 用科学计数定义，最后使用 document.write 输出十进制数字。

19.1.3　使用布尔型数据

JavaScript 布尔类型只包含两个值——真（true）、假（false）。它用于判断表达式的逻辑条件。每个关系表达式都会返回一个布尔值。布尔类型通常用于选择程序设计的条件判断中，例如 if...else 语句。

基本语法：

```
var x=true
var y=false
```

下面将通过实例讲述布尔型数据的使用方法，代码如下所示。

```
<script>
 var message = 'Hello';
    if(message)
    {
        alert("Value is true");
    }
</script>
```

运行这个示例，就会显示一个警告框，如图 19-3 所示。因为字符串 message 被自动转换成了对应的 Boolean 值（true）。

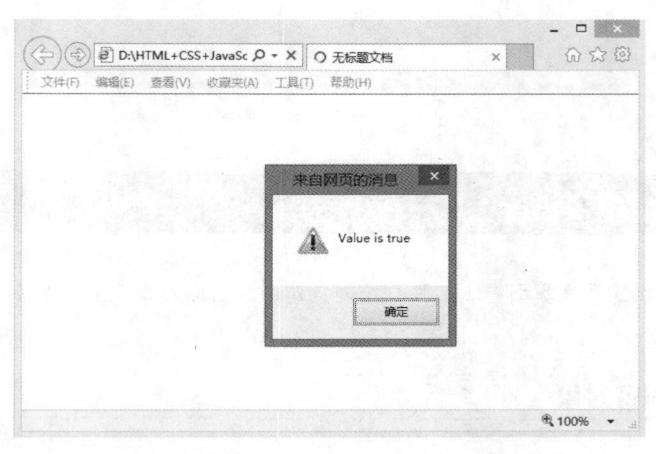

图 19-3　警告框

19.1.4　使用 Undefined 和 Null 类型

在某种程度上，Null 和 Undefined 都是具有“空值”的含义，因此容易混淆。实际上二者具有完全不同的含义。Null 是一个类型为 Null 的对象，可以通过将变量的值设置为 Null 来清空变量；而 Undefined 这个值表示变量不含有值。

如果定义的变量准备在将来用于保存对象，那么最好将该变量初始化为 Null，而不是其他值。这样一来，只要直接检测 Null 值就可以知道相应的变量是否已经保存了一个对象的引用了，例如：

```
if(car != null)
    {
        // 对 car 对象执行某些操作
    }
```

实际上，Undefined 值是派生自 Null 值的，因此 ECMA-262 规定对它们的相等性测试要返回 true。

```
alert(undefined == null); //true
```

下面将通过实例讲述 Undefined 和 Null 的使用方法，代码如下：

```
<script>
var person;
var car="hi";
document.write(person + "<br />");
document.write(car + "<br />");
var car=null;
document.write(car + "<br />");
</script>
```

var person 代码变量不含有值，document.write(person + "<br />") 输出代码即为 undefined 值，运行代码效果如图 19-4 所示。

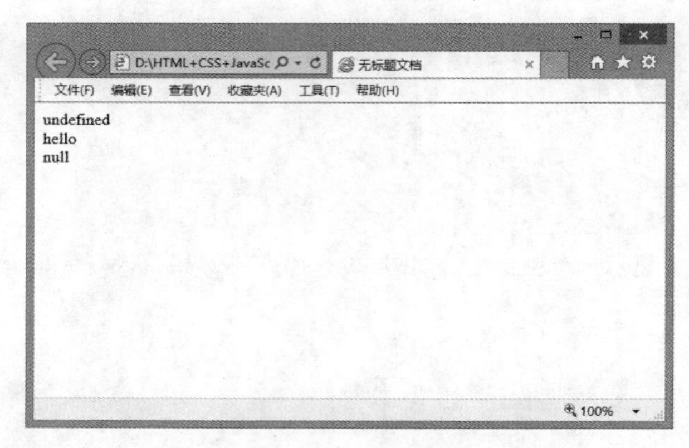

图 19-4　Undefined 和 Null

19.2 复合数据类型

上一节讲述了基本的数据类型，本节将介绍内置对象、日期对象、全局对象、数学对象、字符串对象和数组对象。

19.2.1　常用的内置对象

所有编程语言都具有内部（或内置的）对象，从而创建语言的基本功能。内部对象是你编写自定义代码所用语言的基础，该代码基于想象实现自定义功能。JavaScript 有许多将其定义为语言的内部对象。

- Number 对象

JavaScript Number 对象是一个数值包装器。可以将其与 new 关键词结合使用，并将其设置为一个稍后要在 JavaScript 代码中使用的变量。

- Boolean 对象

Boolean 在尝试用 JavaScript 创建任何逻辑时是必要的。Boolean 是一个代表 true 或 false 值的对象。Boolean 对象有多个值，这些值相当于 false 值（0、-0、null 或 " " [一个空字串]）、未定义的（NaN），当然还有 false。所有其他布尔值相当于 true 值。

- String 对象

JavaScript String 对象是文本值的包装器。除了存储文本以外，String 对象包含一个属性和各种方法来操作或收集有关文本的信息。与 Boolean 对象类似，String 对象不需要进行实例化便能够使用。

● Date 对象

JavaScript Date 对象提供了一种方式来处理日期和时间。可以用许多不同的式对其进行实例化，具体取决于想要的结果。

● Array 对象

JavaScript Array 对象是一个存储变量的变量，可以用它一次在一个变量中存储多个值，它有许多方法允许操作或收集有关它所存储的值的信息。

● Math 对象

JavaScript Math 对象用于执行数学函数。它不能加以实例化，只能依据 Math 对象的原样使用它，在没有任何实例的情况下从该对象调用属性和方法。

19.2.2　日期对象

所有编程语言都具有内部（或内置的）对象，从而创建语言的基本功能。内部对象是编写自定义代码所用语言的基础，该代码基于想象实现自定义功能。JavaScript 有许多将其定义为语言的内部对象。

Date 对象用于处理日期和时间，Date 对象会自动把当前日期和时间保存为其初始值。

基本语法：

```
var curr=new Data();
```

语法说明：

利用 new 来声明一个新的对象实体。

Date 对象会自动把当前日期和时间保存为其初始值，参数的形式有以下 5 种：

```
new Date("month dd,yyyy hh:mm:ss");
new Date("month dd,yyyy");
new Date(yyyy,mth,dd,hh,mm,ss);
new Date(yyyy,mth,dd);
new Date(ms);
```

需要注意最后一种形式，参数表示的是需要创建的时间和 GMT 时间 1970 年 1 月 1 日之间相差的毫秒数。各种参数的含义如下。

● month：用英文表示的月份名称，January ~ December。

● mth：用整数表示的月份，0（1 月）~ 11（12 月）。

● dd：表示一个月中的第几天，1 ~ 31。

● yyyy：四位数表示的年份。

● hh：小时数，0（午夜）~ 23（晚 11 点）。

● mm：分钟数，0 ~ 59 的整数。

● ss：秒数，0 ~ 59 的整数。

● ms：毫秒数，为大于等于 0 的整数。

下面是使用上述参数形式创建日期对象的例子：

```
new Date("May 12,2013 15:15:32");
new Date("May 12,2013");
new Date(2013,4,12,17,18,32);
new Date(2013,4,12);
new Date(1178899200000);
```

下面的表 19-1 列出了 date 对象的常用方法。

表 19-1　date 对象的常用方法

方　法	描　述	方　法	描　述
getYear()	返回年，以 0 开始	setMinutes()	设置分钟数 (0~59)
getMonth()	返回月值，以 0 开始	setSeconds()	设置秒数 (0~59)
getDate()	返回日期	setTime()	设置从 1970 年 1 月 1 日开始的时间，毫秒数
getHours()	返回小时，以 0 开始	setUTCDate()	根据世界时设置 Date 对象中月份的一天 (1~31)
getMinutes()	返回分钟，以 0 开始	setUTCMonth()	根据世界时设置 Date 对象中的月份 (0~11)
getSeconds()	返回秒，以 0 开始	setUTCFullYear()	根据世界时设置 Date 对象中的年份（四位数字）
getMilliseconds()	返回毫秒 (0~999)	setUTCHours()	根据世界时设置 Date 对象中的小时 (0~23)
getUTCDay()	依据国际时间得到现在是星期几 (0~6)	setUTCMinutes()	根据世界时设置 Date 对象中的分钟 (0~59)
getUTCFullYear()	依据国际时间得到完整的年份	setUTCSeconds()	根据世界时设置 Date 对象中的秒钟 (0~59)
getUTCMonth()	依据国际时间得到月份 (0~11)	setUTCMilliseconds()	根据世界时设置 Date 对象中的毫秒 (0~999)
getUTCDate()	依据国际时间得到日 (1~31)	toSource()	返回该对象的源代码
getUTCHours()	依据国际时间来得到小时 (0~23)	toString()	把 Date 对象转换为字符串
getUTCMinutes()	依据国际时间返回分钟 (0~59)	toTimeString()	把 Date 对象的时间部分转换为字符串
getUTCSeconds()	依据国际时间返回秒 (0~59)	toDateString()	把 Date 对象的日期部分转换为字符串
getUTCMilliseconds()	依据国际时间返回毫秒 (0~999)	toGMTString()	使用 toUTCString() 方法代替
getDay()	返回星期几，值为 0~6	toUTCString()	根据世界时，把 Date 对象转换为字符串
getTime()	返回从 1970 年 1 月 1 号 0:0:0 到现在一共花去的毫秒数	toLocaleString()	根据本地时间格式，把 Date 对象转换为字符串
setYear()	设置年份。2 位数或 4 位数	toLocaleTimeString()	根据本地时间格式，把 Date 对象的时间部分转换为字符串
setMonth()	设置月份 (0~11)	toLocaleDateString()	根据本地时间格式，把 Date 对象的日期部分转换为字符串
setDate()	设置日 (1~31)	UTC()	根据世界时返回 1997 年 1 月 1 日到指定日期的毫秒数
setHours()	设置小时数 (0~23)	valueOf()	返回 Date 对象的原始值

实例代码：

```
<script type="text/javascript">
function showLocale(objD)
{
var str,colorhead,colorfoot;
var yy = objD.getYear();
```

```
    if(yy<1900) yy = yy+1900;
    var MM = objD.getMonth()+1;
    if(MM<10) MM = '0' + MM;
    var dd = objD.getDate();
    if(dd<10) dd = '0' + dd;
    var hh = objD.getHours();
    if(hh<10) hh = '0' + hh;
    var mm = objD.getMinutes();
    if(mm<10) mm = '0' + mm;
    var ss = objD.getSeconds();
    if(ss<10) ss = '0' + ss;
    var ww = objD.getDay();
    if ( ww==0 ) colorhead="<font color=\"#FF0000\">";
    if ( ww > 0 && ww < 6 ) colorhead="<font color=\"#373737\">";
    if ( ww==6 ) colorhead="<font color=\"#008000\">";
    if (ww==0) ww="星期日";
    if (ww==1) ww="星期一";
    if (ww==2) ww="星期二";
    if (ww==3) ww="星期三";
    if (ww==4) ww="星期四";
    if (ww==5) ww="星期五";
    if (ww==6) ww="星期六";
    colorfoot="</font>"
    str = colorhead + yy + "-" + MM + "-" + dd + " " + hh + ":" + mm + ":" + ss
+ " " + ww + colorfoot;
    return(str);
    }
    function tick()
    {
    var today;
    today = new Date();
    document.getElementById("localtime").innerHTML = showLocale(today);
    window.setTimeout("tick()", 1000);
    }
    tick();
    </script>
```

上面代码中应用 Date 对象从计算机系统时间中获取当前时间，并利用相应方法，获取与时间相关的各种数值。getYear() 方法获取年份、getMonth() 方法获取月份、getDate() 方法获取日期、getHours() 方法获取小时、getMinutes() 获取分钟、getSeconds() 获取秒。运行代码的效果如图 19-5 所示。

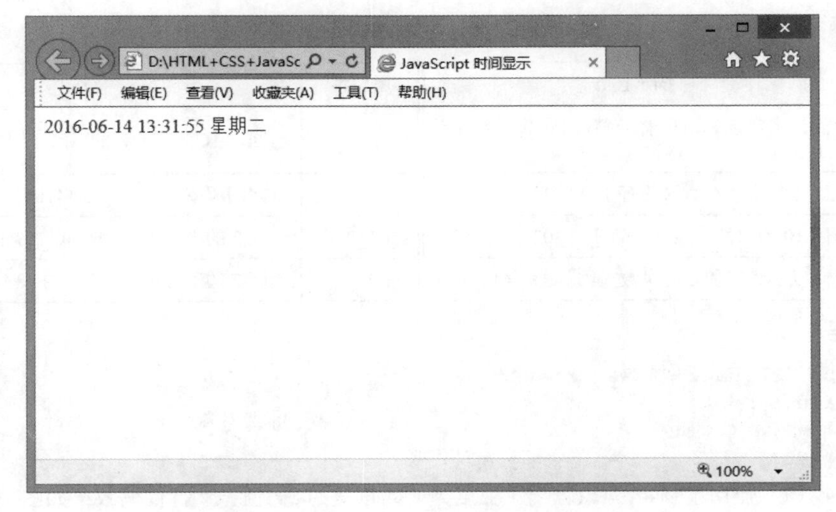

图 19-5　制作日期效果

19.2.3 数学对象

作为一门编程语言，进行数学计算是必不可少的。在数学计算中经常会使用到数学函数，如取绝对值、开方、取整、求三角函数值等，还有一种重要的函数是随机函数。JavaScript 将所有这些与数学有关的方法、常数、三角函数，以及随机数都集中到一个对象里面——Math 对象。Math 对象是 JavaScript 中的一个全局对象，不需要由函数进行创建，而且只有一个。

基本语法：

```
Math.属性
Math.方法
```

Math 对象并不像 Date 和 String 那样是对象的类，因此没有构造函数 Math()，像 Math.sin() 这样的函数只是函数，不是某个对象的方法。无须创建它，通过把 Math 作为对象使用就可以调用其所有属性和方法。

下面的表 19-2 列出了 Math 对象的常用方法。

表 19-2 Math 对象的常用方法

方 法	描 述	方 法	描 述
abs(x)	返回数的绝对值	max(x,y)	返回 x 和 y 中的最高值
acos(x)	返回数的反余弦值	min(x,y)	返回 x 和 y 中的最低值
asin(x)	返回数的反正弦值	pow(x,y)	返回 x 的 y 次幂
atan(x)	以介于 -PI/2 与 PI/2 弧度之间的数值来返回 x 的反正切值	andom()	r 返回 0 ~ 1 之间的随机数
atan2(y,x)	返回从 x 轴到点 (x,y) 的角度（介于 -PI/2 与 PI/2 弧度之间）	round(x)	把数四舍五入为最接近的整数
ceil(x)	对数进行上舍入	sin(x)	返回数的正弦
cos(x)	返回数的余弦	sqrt(x)	返回数的平方根
exp(x)	返回 e 的指数	tan(x)	返回角的正切
floor(x)	对数进行下舍入	toSource()	返回该对象的源代码
log(x)	返回数的自然对数（底为 e）	valueOf()	返回 Math 对象的原始值

下面的表 19-3 列出了 Math 对象的属性。

表 19-3 Math 对象的属性

属 性	描 述	属 性	描述
E	返回算术常量 e，即自然对数的底数（约等于 2.718）	log10e	返回以 10 为底的 e 的对数（约等于 0.434）
ln2	返回 2 的自然对数（约等于 0.693）	pi	返回圆周率（约等于 3.14159）
ln10	返回 10 的自然对数（约等于 2.302）	sqrt1_2	返回 2 的平方根的倒数（约等于 0.707）
log2e	返回以 2 为底的 e 的对数（约等于 1.414）	sqrt2	返回 2 的平方根（约等于 1.414）

实例代码：

```
<script language="javascript">
  a=Math.sin(5);
 document.write(a)
 </script>
```

a=Math.sin（1）使用了 Math 对象算出了弧度为 5 的角度的 sin 值，运行代码效果如图 19-6 所示。

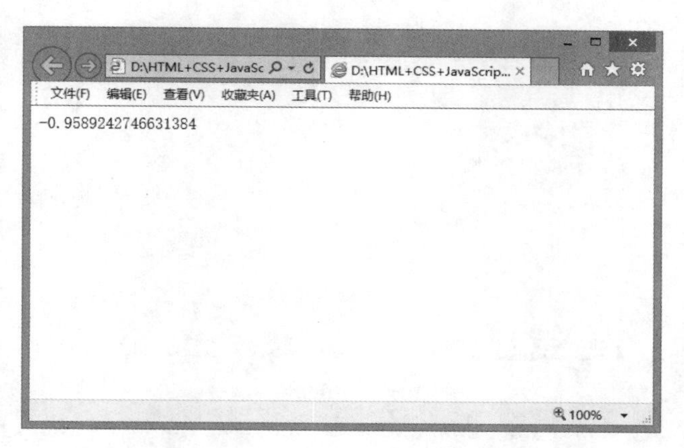

图 19-6 利用 Math 计数 sin 值

19.2.4 字符串对象

String 对象是动态对象，需要创建对象实例后才可以引用它的属性或方法，可以把用单引号或双引号括起来的一个字符串当作一个字符串的对象实例来看待，也就是说可以直接在某个字符串后面加上（.）去调用string对象的属性和方法。String类定义了大量操作字符串的方法，例如从字符串中提取字符或子串，或者检索字符或子串。需要注意的是，JavaScript 的字符串是不可变的，String 类定义的方法都不能改变字符串的内容。

一般利用 String 对象提供的函数来处理字符串。String 对字符串的处理主要提供了下列方法。

- charAt（idx）：返回指定位置处的字符 。
- indexOf（Chr）：返回指定子字符串的位置，从左到右。找不到返回 -1。
- lastIndexOf（chr）：返回指定子字符串的位置，从右到左。找不到返回 -1。
- toLowerCase()：将字符串中的字符全部转化成小写。
- toUpperCase()：将字符串中的字符全部转化成大写。

实例代码：

```
<!doctype html>
<html>
<head>
<meta charset="utf-8">
<title>无标题文档</title>
</head>
<body>
<script type="text/javascript">
var string="good morning "
document.write("<p>把字符转换为小写： " + string.toLowerCase() + "</p>")
document.write("<p>把字符转换为大写： " + string.toUpperCase() + "</p>")
document.write("<p>显示为下标： " + string.sub() + "</p>")
document.write("<p>显示为上标： " + string.sup() + "</p>")
document.write("<p>将字符串显示为链接： " + string.link("http://www.xxx.com") +
"</p>")
</script>
</body>
</html>
```

String 对象用于操纵和处理文本串，可以在程序中获得字符串长度、提取子字符串，以及将字符串转换为大写或小写字符。运行代码效果如图 19-7 所示。

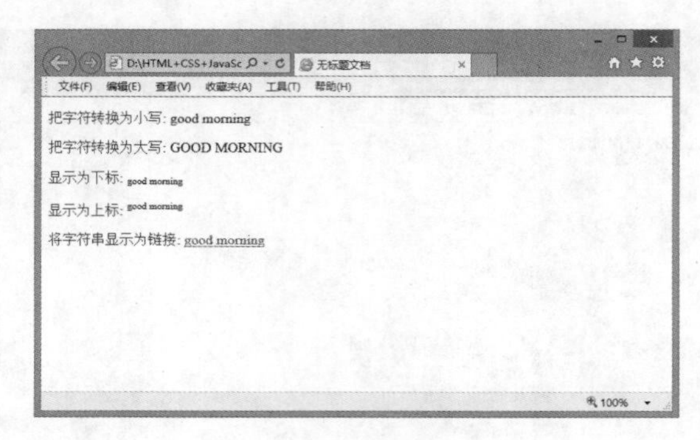

图 19-7 String 对象

19.2.5 数组对象

在程序中数据是存储在变量中的，但是，如果数据量很大，例如几百个学生的成绩，此时再逐个定义变量来存储这些数据就显得异常烦琐，如果通过数组来存储这些数据就会使这个过程大大简化。在编程语言中，数组是专门用于存储有序数列的工具，也是最基本、最常用的数据结构之一。在 JavaScript 中，Array 对象专门负责数组的定义和管理。

每个数组都有一定的长度，表示其中所包含的元素个数，元素的索引总是从 0 开始的，并且最大值等于数组长度减 1。

基本语法：

数组也是一种对象，使用前先创建一个数组对象。创建数组对象使用 Array 函数，并通过 new 操作符来返回一个数组对象，其调用方式有以下 3 种。

```
new Array()
new Array(len)
new Array([item0,[item1,[item2,…]]]
```

语法解释：

其中第 1 种形式创建一个空数组，它的长度为 0；第 2 种形式创建一个长度为 len 的数组，len 的数据类型必须是数字，否则按照第 3 种形式处理；第 3 种形式是通过参数列表指定的元素初始化一个数组。下面是分别使用上述形式创建数组对象的例子：

```
var objArray=new Array();                    //创建了一个空数组对象
var objArray=new Array(6);                   //创建一个数组对象，包括 6 个元素
var objArray=new Array("x","y","z");  //以"x","y","z"3 个元素初始化一个数组对象
```

在 JavaScript 中，不仅可以通过调用 Array 函数创建数组，而且可以使用方括号“[]”的语法直接创造一个数组，它的效果与上面第 3 种形式的效果相同，都是以一定的数据列表来创建一个数组的。这样表示的数组称为一个数组常量，是在 JavaScript1.2 版本中引入的。通过这种方式就可以直接创建仅包含一个数字类型元素的数组了。例如下面的代码：

```
var objArray=[];                //创建了一个空数组对象
var objArray=[2];               //创建了一个仅包含数字类型元素 "2" 的数组
var objArray=["a","b","c"];     //以 "a","b","c"3 个元素初始化一个数组对象
```

实例代码：

```
<script type="text/javascript">
function sortNumber(a, b)
{
return a - b
}
var arr = new Array(6)
```

```
    arr[0] = "3"
    arr[1] = "4"
    arr[2] = "20"
    arr[3] = "50"
    arr[4] = "8000"
    arr[5] = "8"
    document.write(arr + "<br />")
    document.write(arr.sort(sortNumber))
    </script>
```

本例使用 sort() 方法从数值上对数组进行排序。原来数组中的数字顺序是“3,4,20,50,8000,8”，使用 sort 方法重新排序后的顺序是“3,4,8,20,50,8000”。最后使用 document.write 方法分别输出排序前后的数字。运行代码的效果如图 19-8 所示。

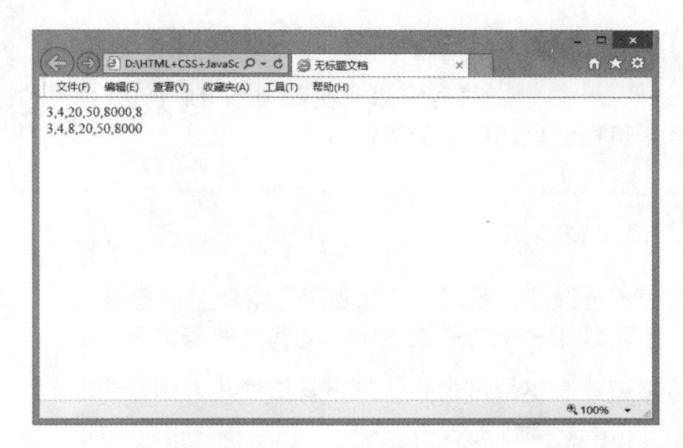

图 19-8　使用数组排序

19.3　常量

常量（constant）也称“常数”，是一种恒定的或不可变的数值或数据项。它们可以是不随时间变化的某些量和信息，也可以是表示某一数值的字符或字符串，常被用来标识、测量和比较。程序一次运行活动的始末，有的数据经常发生改变，有的数据从未被改变，也不应该被改变。常量是指从始至终其值不能被改变的数据。

19.3.1　常量的种类

在 JavaScript 中，常量有以下 6 种基本类型。

1. 数值型常量

用整数、小数、科学计数法表示的类型称为数值型常量（常数），例如：1234、555.33、4.5E 等。

2. 字符型常量

字符型常量是用半角的单引号、双引号或方括号等定界符括起来的一串字符。字符型常量又称字符串，可由文字或符号构成，包括大小写的英文字母、数字、空格以及汉字等。某个字符串所含字符的个数称为该字符串的长度。符串最大长度为 254 个字节。例如：“中国我爱你”、‘12345’、[liziwx] 等。

3. 日期型常量

日期型常量必须用花括号括起来，国际（MM/DD/YY）、中国（YY/MM/DD）这两种之间转换，在命

令窗口输入（set stri to 1 将国际标准转换成中国标准）、（set stri to 0 将中国标准转换成国际标准）。其中空白日期可表示为 {} 或 {/}。

4. 逻辑型常量

逻辑型常量只有逻辑真和逻辑假两值，逻辑真用 .T.（.t.）或 .Y.（.y.），逻辑假用 .F（.f.）或 .N.（.n.）。

5. 货币型常量

货币型常量心 $ 或 ¥ 符号开头，并自动进行四舍五入到小数点后 4 位，如果有“？”去掉 $ 或 ¥。例如：货币型常量 ¥ 123.23445，计算结果为 ¥ 123.2345。

6. 符号常量

程序中可用伪编译指令 #DEFINE 定义符号常量，例如 #DEFINE PI3.1415926，编译后，VFP 将用符号常量的具体值来替换该符号常量在源代码中的位置。

19.3.2 常量的使用方法

在程序执行过程中，其值不能改变的量称为“常量”。常量可以直接用一个数来表示，称为“常数”（或称为“直接常量”），也可以用一个符号来表示，称为“符号常量”。

下面通过实例讲述字符常量、布尔型常量和数值常量的使用方法，输入如下代码。

```
<script language=»javascript»>
<!--
document.write( «<li> 常量的使用方法 <br>» );          // 使用字符串常量
document.write( «<li>» + 7 + « 一星期 7 天 » );        // 使用数值常量
if( true )                                              // 使用布尔型常量 true
{
document.write( «<br><li> 布尔常量：" + true );
}
document.write( «<li> 八进制数值常量 012 输出为十进制：" + 012);
                                                        // 使用八进制常量和十进制常量
-->
</script>
```

document.write(<li> 常量的使用方法
)代码使用字符串常量，document.write("<li>" + 7 + "一星期 7 天)代码使用数值常量 7，if（true）在 if 语句块中使用布尔型常量 true，document.write("<li> 八进制数值常量 012 输出为十进制：" + 012) 代码使用八进制数值常量输出为十进制，运行代码效果如图 19-9 所示。

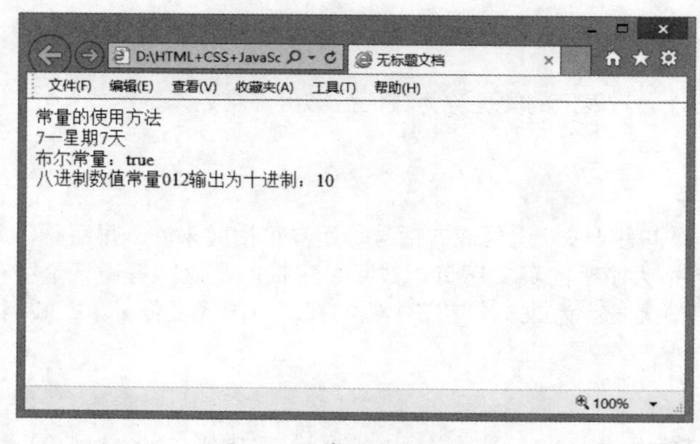

图 19-9 常量的使用方法

19.4 变量

变量是存取数字、提供存放信息的容器。对于变量，必须明确变量的命名、变量的类型、变量的声明及其变量的作用域。

19.4.1 变量的含义

变量是存取数字、提供存放信息的容器。正如代数一样，JavaScript 变量用于保存值或表达式。可以给变量起一个简短的名称，例如 x。

```
x=4
y=5
z=x+y
```

在代数中，使用字母（例如 x）来保存值（例如 4）。通过上面的表达式 z=x+y，能够计算出 z 的值为 9。在 JavaScript 中，这些字母被称为“变量”。

19.4.2 变量的定义方式

JavaScript 中定义变量有两种方式：

(1) 使用 var 关键字定义变量，如“var book;”。

该种方式可以定义全局变量也可以定义局部变量，这取决于定义变量的位置。在函数体中使用 var 关键字定义的变量为局部变量；在函数体外使用 var 关键字定义的变量为全局变量。例如：

```
var my=5;

var mysite="baidu";
```

var 代表声明变量，var 是 variable 的缩写。my 与 mysite 都为变量名（可以任意取名），必须使用字母或者下画线(_)开始。5 与 "baidu" 都为变量值，5 代表一个数字，"baidu" 是一个字符串，因此应使用双引号。

(2) 不使用 var 关键字，而是直接通过赋值的方式定义变量，如 param="hello"。而在使用时再根据数据的类型来确定其变量的类型。

实例代码：

```
<!doctype html>
<html>
<head>
<meta charset="utf-8">
<script type="text/javascript">
function test() {
param = "你好吗？";
alert(param);
}
alert(param);
</script>
</head>
<body onload="test()"></body>
</html>
```

param = "你好吗？"代码直接定义变量，alert(param) 代码是页面弹出提示框“你好吗”，运行代码效果如图 19-10 所示。

图 19-10　提示框

19.4.3　变量的命名规则

大家都知道变量定义统一都是 var，变量命名也有相应规范。首先 JavaScript 是一种区分大小写的语言，即变量 myVar、myVAR 和 myvar 是不同的变量。

另外，变量名称的长度是任意的，但必须遵循以下规则：

- 只包含字母、数字和 / 或下画线，并区分大小写。
- 最好以字母开头，注意一定不能用数字开头。
- 变量名称不能有空格、(+)、(−)、(，) 或其他符号。
- 最好不要太长，到时候看起来不方便。
- 不能使用 JavaScript 中的关键字作为变量。在 JavaScript 中定义了 4 0 多个类键字，这些关键字是 JavaScript 内部使用的，不能作为变量的名称。如 Var、int、double、true 不能作为变量的名称。

下面给出合法的命名，也是合法的变量名：

```
total
_total
total10
total_10
total_n
```

下面是不合法的变量名：

```
12 total
$ total
$# total
```

建议为了方便阅读，变量名可以定义为简单且容易记忆的名称。

19.4.4　变量的作用范围

变量的生命周期又称为“作用域”，是指某变量在程序中的有效范围。根据作用域，变量可以分为全局变量和局部变量。

(1) 全局变量的作用域是全局性的，即在整个 JavaScript 程序中，全局变量处处都在。

(2) 而在函数内部声明的变量，只在函数内部起作用。这些变量是局部变量，作用域是局部性的；函数的参数也是局部性的，只在函数内部起作用。

在 JavaScript 中有全局变量和局部变量。全局变量是定义在所有函数体之外的，其作用范围是整个函数；而局部变量是定义在函数体之内的，只对其该函数是可见的，而对其他函数则是不可见的。

例如：

```
<!doctype html>
<html>
```

```
<head>
<meta charset="utf-8">
<title>变量的作用范围</title>
<Script Language ="JavaScript">
 <!--
greeting="<h1>good morning </h1>";
welcome="<p>Hello <cite>my name is Li Li</cite>.</p>";
-->
</Script>
</head>
 <body>
 <Script language="JavaScript">
 <!--
document.write(greeting);
document.write(welcome);
 -->
 </Script>
</body>
 </html>
```

greeting="<h1>good morning</h1>" 和 welcome="<p>Hello <cite>my name is Li Lit</cite>.</p>" 声明了两个字符串变量，最后使用 document.write 语句将两个页面分别显示在页面中，运行代码效果如图 19-11 所示。

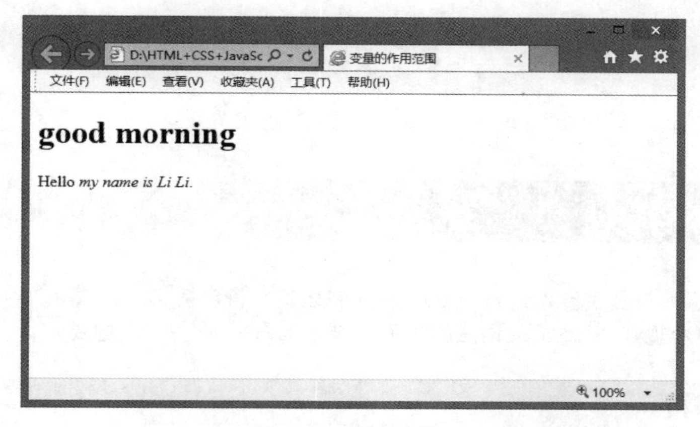

图 19-11　变量的作用

19.5 运算符介绍

在任何一种语言中，处理数据是必不可少的一个功能，而运算符就是处理数据中所不能缺少的一种符号。

19.5.1　运算符

运算符是一种用来处理数据的符号，日常算数中所用到的“+”“-”“×”“÷”都属于运算符。在 JavaScript 中的运算符大多也是由这样一些符号所表示的，除此之外，还有一些运算符是使用关键字来表示的。

(1)JavaScript 具有下列种类的运算符：算术运算符、等同运算符与全同运算符、比较运算符。

(2) 目的分类：字符串运算符、逻辑运算符、逐位运算符和赋值运算符。

(3) 特殊运算符：条件运算符、typeof 运算符、创建对象运算符 new、delete 运算符、void 运算符号和

逗号运算符。

算术运算符：+、—、*、/、%、++、--

等同运算符与全同运算符：==、===、!==、!===

比较运算符：<、>、<=、>=

字符串运算符：<、>、<=、>=、=、+

逻辑运算符：&&、||、!、

赋值运算符：=、+=、*=、-=、/=

19.5.2 操作数的类型

运算符所连接的是操作数，而操作数也就是变量或常量。变量和常量都有一个数据类型，因此，在使用运算符创建表达式时，一定要注意操作数的数据类型。每一种运算符都要求其作用的操作数符合某种数据类型。

最基本的赋值操作数是等号（=），它会将右操作数的值直接赋给左操作数。也就是说，x=y 将把 y 的值赋给 x。运算符 = 用于给 JavaScript 变量赋值。算术运算符 + 用于把值加起来。例如：

```
y=3;
z=4;
x=y+z;
```

在以上语句执行后，x 的值是 7。

19.6 算术运算符

JavaScript 算术运算符负责算术运算，JavaScript 算术运算符包括 +、-、*、/、%。用算术运算符和运算对象连接起来，符合规则 JavaScript 语法的式子，称为 JavaScript 算术表达式。

19.6.1 加法运算符

加法运算符（+）是一个二元运算符，可以对两个数字型的操作数进行相加运算，返回值是两个操作数之和。例如：

```
<script language="javascript">
<!--
  var i=10;
  var x=i+8;
  document.write( x );
-->
</script>
```

这里将 10 赋值给 i，运行加法运算 x=i+8，使用 document.write(x) 输出结果 x 为 18，如图 19-12 所示。

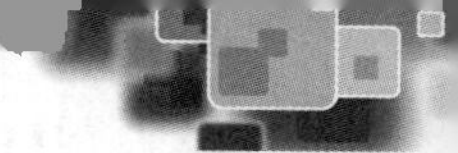

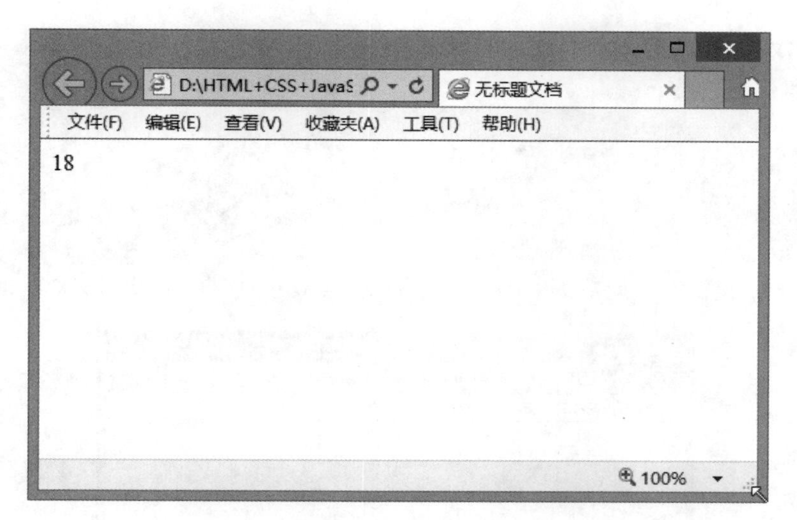

图 19-12 加法运算符

19.6.2 减法运算符

减法运算符（-）是一个二元运算符，可以对两个数字型的操作数进行相减运算，返回第 1 个操作数减去第 2 个操作数的值。例如：

```
<script language="javascript">
<!--
  var i=10;                                //赋值给 i 值 10
  var x=i-8;
  document.write( x );                     //输出 x
-->
</script>
```

将 10 赋值给 i，运行减法运算 var x=i-8，使用 document.write(x) 输出结果 x 为 2，如图 19-13 所示。

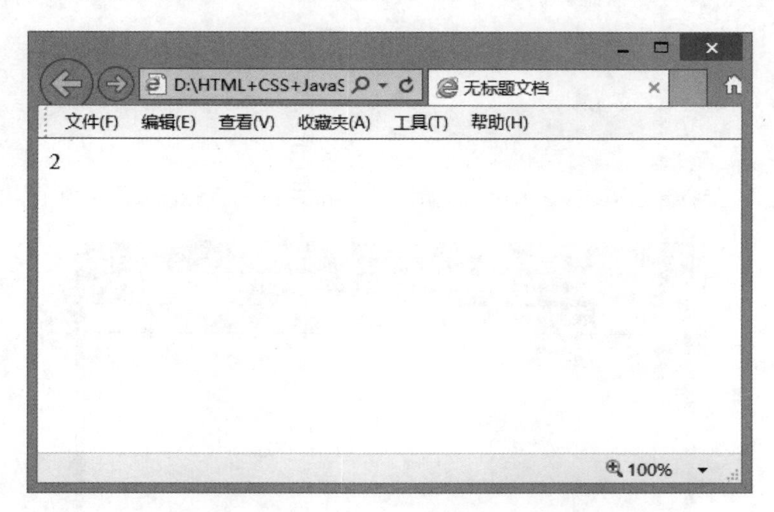

图 19-13 减法运算符

19.6.3 乘法运算符

乘法运算符（*）是一个二元运算符，可以对两个数字型的操作数进行相乘运算，返回两个操作数之积。

操作数类型要求为数值型。例如：

```
<script language="javascript">
<!--
  var i=10;                                  // 赋值给 i 值 10
  var x=i*2;
  document.write( x );                       // 输出 x
-->
</script>
```

将 10 赋值给 i，运行乘法运算 var x=i*2，使用 document.write(x) 输出结果 x 为 20，如图 19-14 所示。

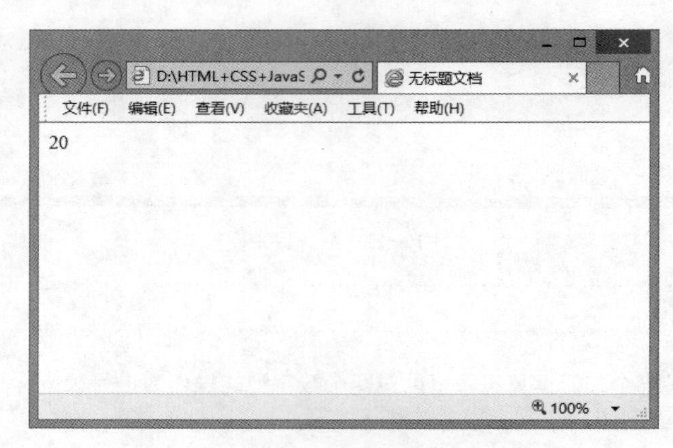

图 19-14　乘法运算符

19.6.4　除法运算符

除法运算符（/）是一个二元运算符，可以对两个数字型的操作数进行相除运算，返回第 1 个操作数除以第 2 个操作数的值。例如：

```
<script language="javascript">
<!--
  var i=30;
  var x=i/2;
  document.write( x );
-->
</script>
```

将 30 赋值给 i，运行除法运算 var x=i/2，使用 document.write(x) 输出结果 x 为 15，如图 19-15 所示。

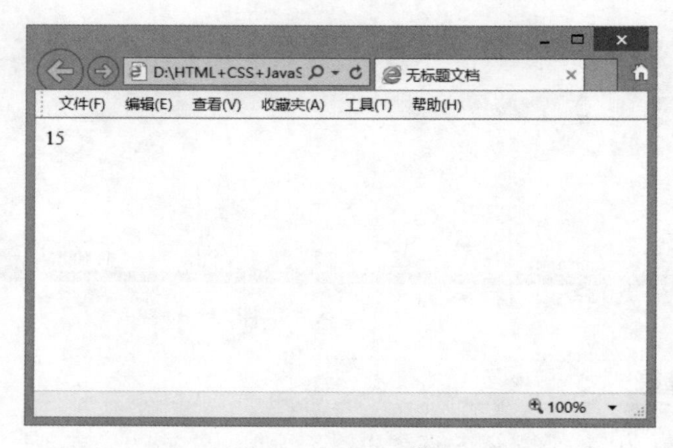

图 19-15　除法运算符

19.6.5　取模运算符

取模运算符（%）是计算第一个运算数对第二个运算数的模，就是第一个运算数被第二个运算数除时，返回余数。如果运算数是非数字的，则转换成数字。

```
<script language="javascript">
<!--
  var i=30;
  var x=i%2;
  document.write( x );
-->
</script>
```

将 30 赋值给 i，运行取模运算 var x=i%2，使用 document.write(x) 输出结果 x 为 0，如图 19-16 所示。

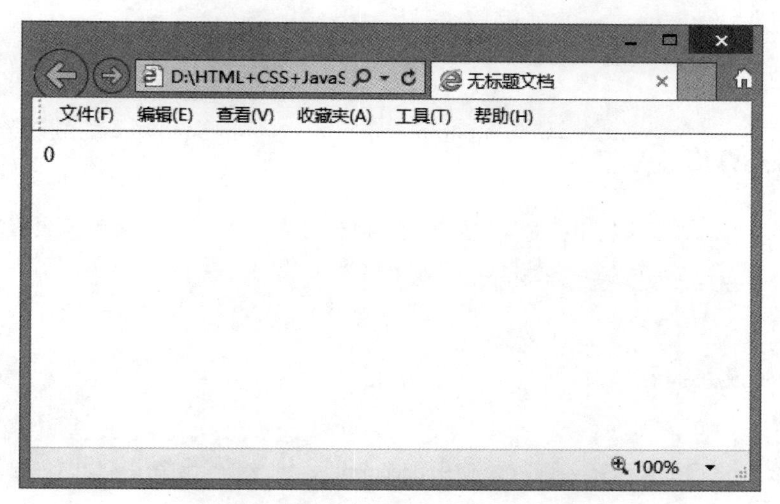

图 19-16　取模运算符

19.6.6　负号运算符

负号运算符（-）是一个一元运算符，可以将一个数字进行取反操作，即将一个正数转换成相应的负数，也可以将一个负数转换成相应的正数。例如：

```
<script language="javascript">
<!--
  var i=15;                                 // 正数
  var x=-i;                                 // 取反
  document.write( x );                      // 输出 x
-->
</script>
```

将 15 赋值给 i，运行取反运算 var x=-i，使用 document.write(x) 输出结果 x 为 -15，如图 19-17 所示。

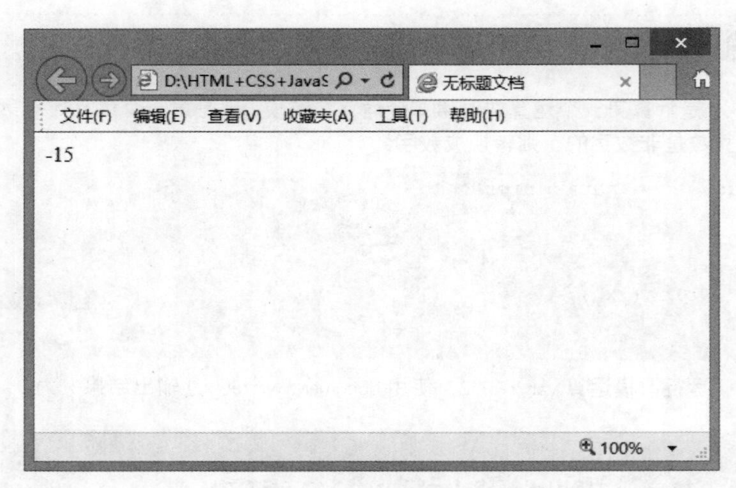

图 19-17 负号运算符

19.6.7 正号运算符

正号运算符（+），该运算符不会对操作数产生任何影响，只会让源代码看起来更清楚。例如：

```
<script language="javascript">
<!--
  var i=20;
  var x=+i;
  document.write( x );
-->
</script>
```

将 15 赋值给 i，运行正号运算 var x=+i，使用 document.write(x) 输出结果 x 仍为 20，如图 19-18 所示。

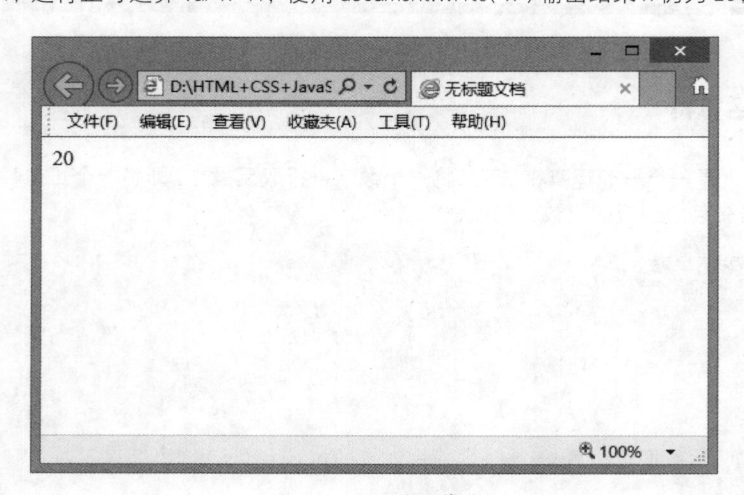

图 19-18 正号运算符

19.6.8 递增运算符

递增运算符（++）是单模操作符，因此它的操作数只有一个。例如 i++ 和 ++i，所做的运算都是将操作数加 1。如果“++”位于运算数之前，先对运算数进行增量，然后计算运算数增长后的值，如果“++”位于运算数之前，先对运算数进行增量，然后计算运算数增长后的值。如果“++”位于运算数之后，应先使用再递增。例如：

```
<script language="javascript">
<!--
var i=13;
var x=i++;
document.write( i +"<br>");
document.write( x +"<br>");
var i=13;
var x=++i;
document.write( i +"<br>");
document.write( x +"<br>");
-->
</script>
```

var x=i++ 是先将变量的值赋值给变量 x 之后，再对 x 进行递增操作。var x=++i 是先将变量 i 进行递增操作后再将变量 i 的值赋给变量 x，所以运行结果如图 19-19 所示。

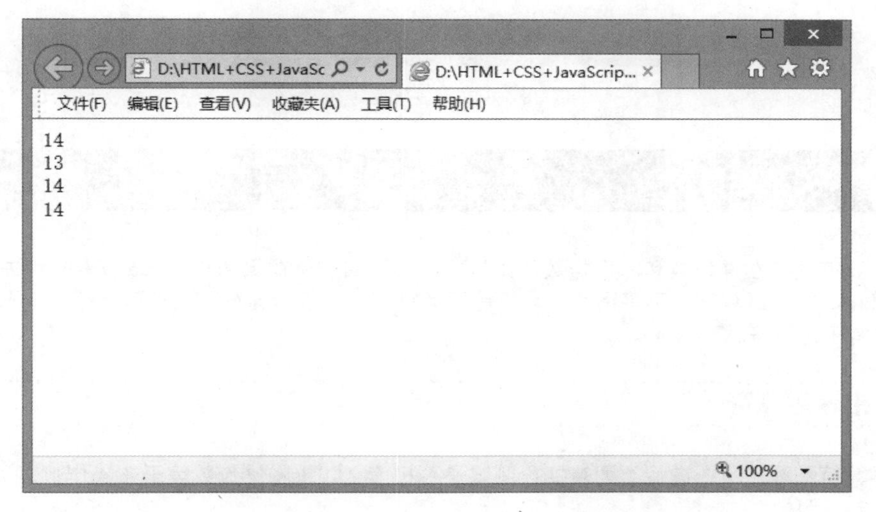

图 19-19　递增运算符

19.6.9　递减运算符

递减运算符也是单模操作符，其操作数只有一个，它的作用和递增操作符正好相反，是将操作数减 1，也可以将操作数放在前面或后面，i--，--i 都是合法的。例如：

```
<script language="javascript">
<!--
var i=13;
var x=i--;
document.write( i +"<br>");
document.write( x +"<br>");
var i=13;
var x=--i;
document.write( i +"<br>");
document.write( x +"<br>");
-->
</script>
```

var x=i-- 是先将变量的值赋值给变量 x 之后，再对 x 进行递减操作。var x=--i 是先将变量 i 进行递减操作后再将变量 i 的值赋给变量 x，所以运行结果如图 19-20 所示。

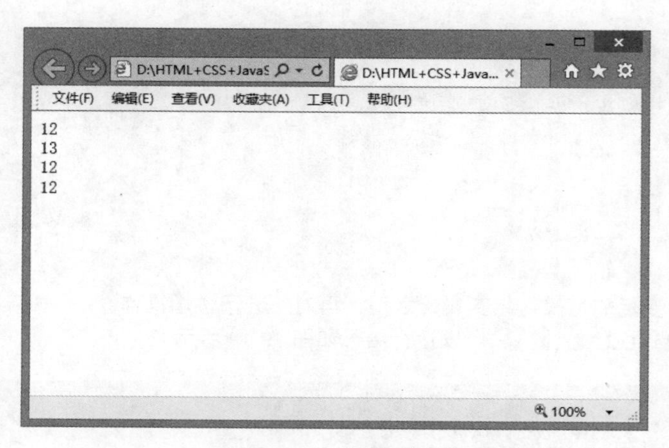

图 19-20 递减运算符

19.7 关系运算符

关系运算符是把左操作数和右操作数做比较，然后返回一个逻辑值——true 或 false。关系运算符包含相等运算符、等同运算符、不等运算符、不等同运算符、小于运算符、大于运算符、小于或等于运算符和大于或等于运算符。

19.7.1 相等运算符

相等运算符（==）是先进行类型转换再测试是否相等，如果左操作数等于右操作数，则返回 true，否则返回 false。例如：

基本语法：

```
<script language="javascript">
<!--
    var a = "10";
    var b = 10;
  var c = 11;
    if ( a == b )                                //a、b 发生类型转换
    {
       document.write("a 等于 b<br>");           // 如果 a=b 输出 a 等于 b
    }
  else
   {document.write("a 不等于 b<br>");  }         // 否则输出 a 不等于 b
    if ( b == c)
    {
       document.write("b 等于 c<br>");           // 如果 b=c 输出 b 等于 c
    }
  else
   {document.write("b 不等于 c<br>");  }         // 否则输出 b 不等于 c
-->
</script>
```

语法说明：

相等运算符并不要求两个操作数的类型都一样，相等运算符会将字符串 "10" 与数字 10 认为是两个相

等的操作数，运行代码的效果 19-21 所示。

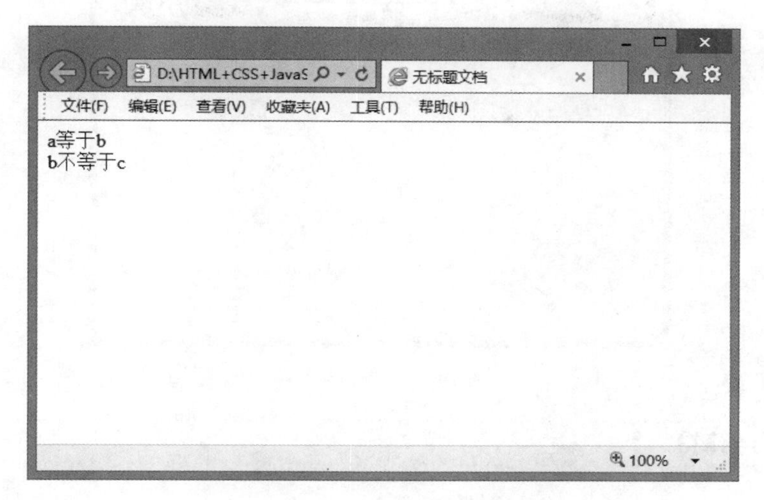

图 19-21　相等运算符

19.7.2　等同运算符

等同运算符（===）与相等运算符类似，也是一个二元运算符，同样可以比较两个操作数是否相等。此运算符不进行类型转换而直接进行测试，如果左操作数等于右操作数，则返回 true，否则返回 false。

```
<script language="javascript">
<!--
    var a = "8";
    var b = 8;
  var c = 10;
    if ( a === b )
    {
       document.write("a 等于 b<br>");
    }
  else
   {document.write("a 不等于 b<br>");   }
    if ( b === c)
    {
       document.write("b 等于 c<br>");
    }
  else
   {document.write("b 不等于 c<br>");   }
-->
</script>
```

JavaScript 在使用相等运算符比较时，认为数字 8 和字符串 "8" 是相同的，而使用等同运算符进行比较时，认为数字 8 和字符串 "8" 是不同的，运行代码的效果如图 19-22 所示。

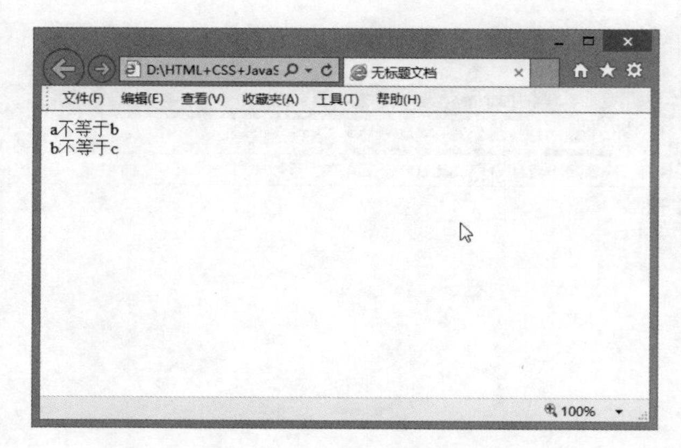

图 19-22　等同运算符

19.7.3　不等运算符

不等运算符（! =），此操作符先进行类型转换再测试是否不相等，如果左操作数不等于右操作数，则返回 true，否则返回 false。例如：

```
<script language="javascript">
<!--
    var a = 8;
    var b = 8;
  var c = 10;
    if ( a != b )
    {
       document.write("a 等于 b<br>");
    }
  else
   {document.write("a 不等于 b<br>");   }
    if ( b != c)
    {
       document.write("b 等于 c<br>");
    }
  else
   {document.write("b 不等于 c<br>");   }
-->
</script>
```

只有不等运算符左、右的操作数不相等才会返回 true，否则返回 false，运行代码的效果如图 19-23 所示。

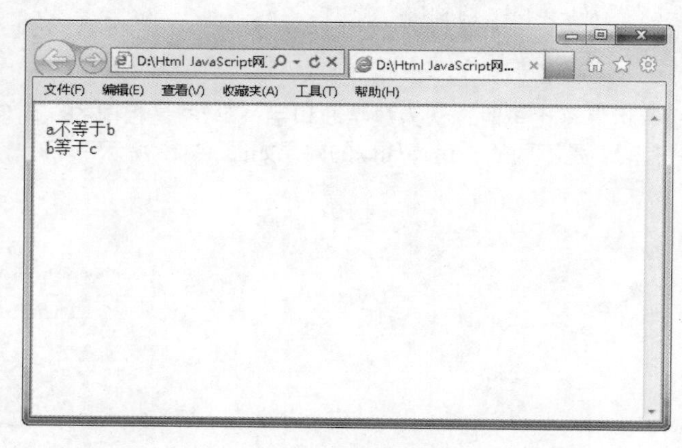

图 19-23　不等运算符

19.7.4　不等同运算符

不等同运算符（! ==），此运算符不进行类型转换直接测试，如果左操作数不等于右操作数则返回 true，否则返回 false。例如：

```
<script language="javascript">
<!--
    var a = 10;
    var b = 10;
  var c = 11;
    if ( a !== b )
    {
       document.write("a 等于 b<br>");
    }
  else
   {document.write("a 不等于 b<br>");   }
    if ( b !== c)
    {
       document.write("b 等于 c<br>");
    }
  else
   {document.write("b 不等于 c<br>");   }
-->
</script>
```

运行代码的效果如图 19-24 所示。

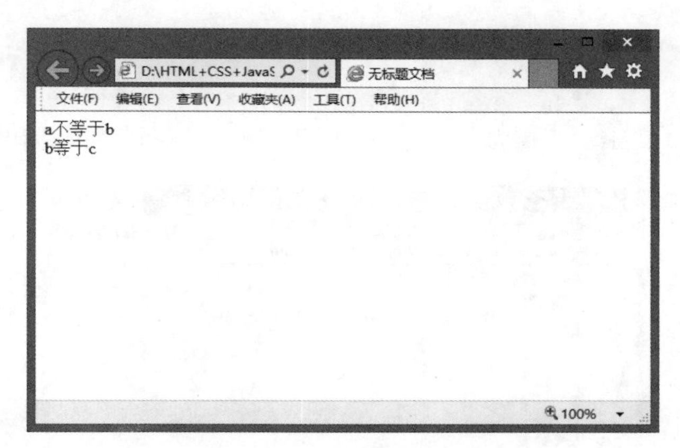

图 19-24　不等同运算符

19.7.5　小于运算符

小于运算符（<），如果左操作数小于右操作数，则返回 true，否则返回 false。例如：

```
<script language="javascript">
<!--
    var a = 6;                              // 将 6 赋值给 a
    var b = 8;                              // 将 8 赋值给 b
    if ( a<b )                              // 判断 a 是否小于 b
    { document.write(«a 小于 b<br>»); }
  else
   {document.write(«a 不小于 b<br>»); }
-->
</script>
```

将 6 赋值给 a，将 8 赋值给 b，因为 a<b 所以输出 a 小于 b，运行代码的效果如图 19-25 所示。

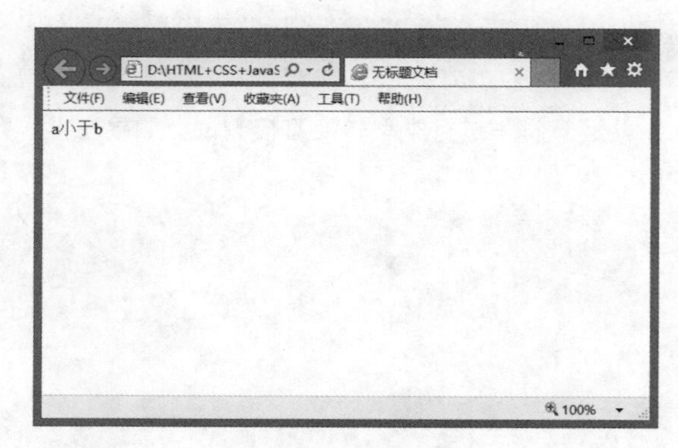

图 19-25　小于运算符

19.7.6　大于运算符

大于运算符（>），如果左操作数大于右操作数，则返回 true，否则返回 false。例如：

```
<script language="javascript">
<!--
    var a = 6;
    var b = 8;
    if ( a>b )
    { document.write(«a 大于 b<br>»); }
  else
   {document.write(«a 不大于 b<br>»); }
-->
</script>
```

将 6 赋值给 a，将 8 赋值给 b，因为 a<b 所以输出 a 不大于 b，运行代码效果如图 19-26 所示。

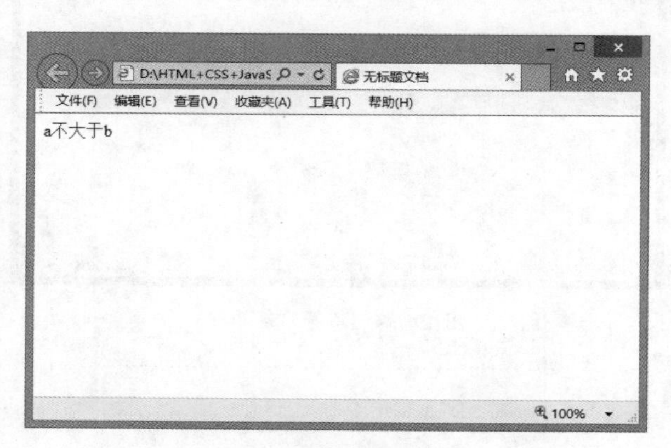

图 19-26　大于运算符

19.7.7　小于或等于运算符

小于或等于运算符（<=），如果左操作数小于或等于右操作数，则返回 true，否则返回 false。例如：

```
<script language="javascript">
<!--
    var a = 10;
    var b = 15;
    if ( a<=b )
    {   document.write(«a 小于等于 b<br>»);   }
```

```
    else
     {document.write("a 大于 b<br>");   }
  -->
  </script>
```

将 10 赋值给 a，将 15 赋值给 b，因为 a<b 所以输出 a 小于等于 b，运行代码的效果如图 19-27 所示。

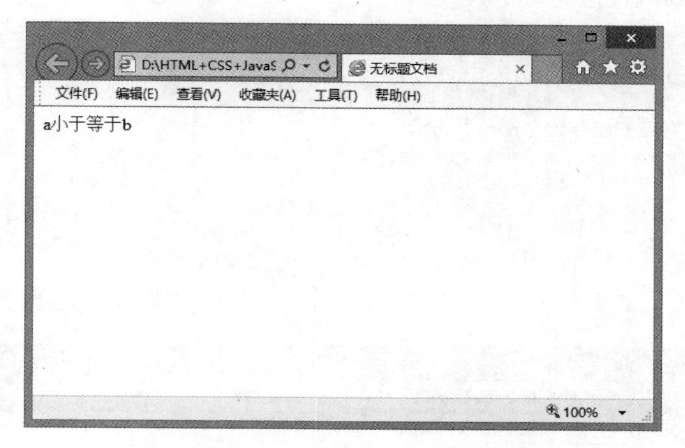

图 19-27　小于或等于运算符

19.7.8　大于或等于运算符

大于或等于运算符（>=），如果左操作数大于或等于右操作数，则返回 true，否则返回 false。例如：

```
<script language="javascript">
<!--
    var a = 10;
    var b = 10;
    if ( a>=b )
    {
       document.write("a 大于等于 b<br>");
    }
  else
   {document.write("a 小于 b<br>");   }
-->
</script>
```

将 10 赋值给 a，将 10 赋值给 b，因为 a=b 所以输出 a 大于等于 b，运行代码的效果如图 19-28 所示。

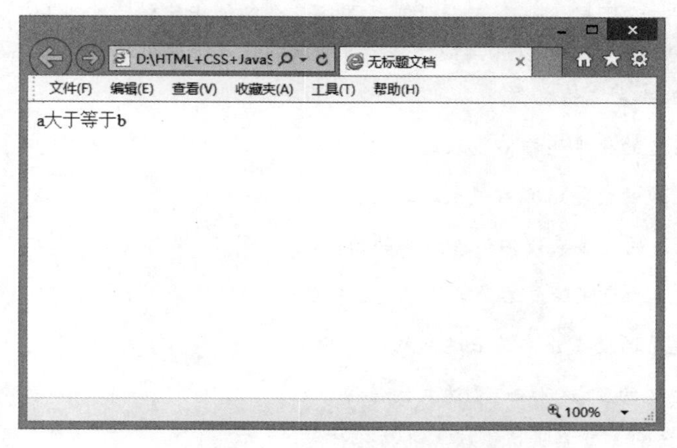

图 19-28　大于或等于运算符

19.8 字符串运算符

字符串运算符除了比较操作符外，还可以应用于字符串值的操作符还有连接操作符（+），它会将两个字符串连接在一起，并返回连接的结果。

+ 运算符用于把文本值或字符串变量加起来（连接起来）。如需把两个或多个字符串变量连接起来，即可使用 + 运算符。要想在两个字符串之间增加空格，需要把空格插入一个字符串之中，例如：

```
<script language="javascript">
<!--
  var txt1="Hello, everyone";
  var txt2="Welcome to our school";
  var txt3=txt1+" "+txt2;
  document.write( "输出变量txt3: " + txt3 );
-->
</script>
```

在以上语句执行后，变量 txt3 包含的值是 What a very nice day，如图 19-29 所示。

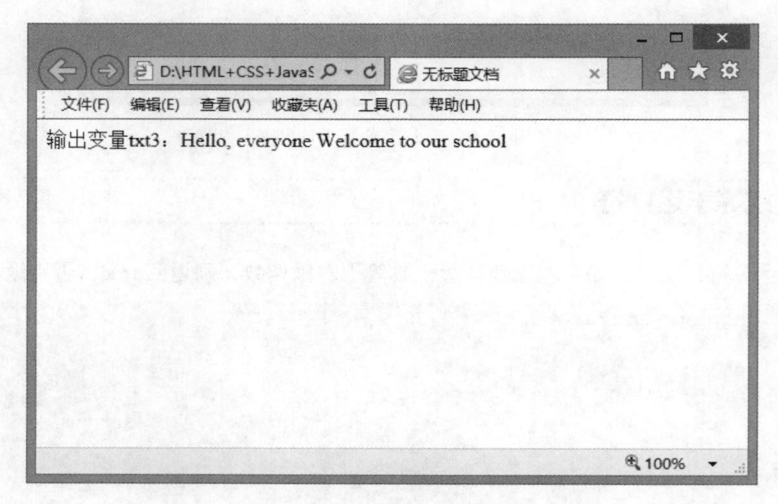

图 19-29　字符串运算符

19.9 赋值运算符

赋值运算符（=）的作用是给一个变量赋值，即将某个数值指定给某个变量。JavaScript 的赋值运算符不仅可用于改变变量的值，还可以和其他一些运算符联合使用，构成混合赋值运算符。

- = 将右边的值赋给左边的变量。
- += 将运算符左边的变量递增右边表达式的值。
- -= 将运算符左边的变量递减右边表达式的值。
- *= 将运算符左边的变量乘以右边表达式的值。
- /= 将运算符左边的变星除以右边表达式的值。
- %= 将运算符左边的变量用右边表达式的值求模。
- &= 将运算符左边的变量与右边表达式的值按位与。
- != 将运算符左边的变星与右边表达式的值按位或。

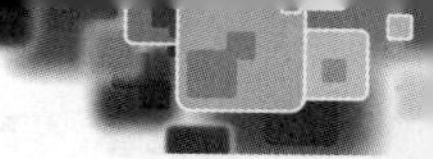

- ^= 将运算符左边的变址与右边表达式的值按位异或。
- <<= 将运算符左边的变量左移，具体位数由右边表达式的值给出。
- >>= 将运算符左边的变量右移，具体位数由右边表达式的值给出。
- >>>= 将运算符左边的变量进行无符号右移，具体位数由右边表达式的值给出。

赋值表达式的值也就是所赋的值。例如，x=(y+=z) 就相当于 x=(y=y+z)，相当于 x=y+z，x 的值由于赋值语句的变化而不断发生变化，而 y 的值始终不变。

下面举一些例子来说明赋值运算符的用法：

```
设 a=3  b=2
a+=b=5  a-=b=1
a*=b=6  a/=b=1.5
a%=b=1  a&=b=2
```

19.10 逻辑运算符

程序设计语言还包含一种非常重要的运算——逻辑运算。逻辑运算符比较两个布尔值（真或假），然后返回一个布尔值。逻辑运算符包括“&&”逻辑与运算、“||”逻辑或运算符和“!”逻辑非运算符。

19.10.1 逻辑与运算符

逻辑与运算符（&&）要求左右两个操作数的值都必须是布尔值。逻辑与运算符可以对左右两个操作数进行 AND 运算，只有左右两个操作数的值都为真（true）时，才会返回 true。如果其中一个或两个操作数的值为假（false），其返回值都为 false。例如：

```
<script  language="javascript">
var x= 8;                               //将8赋值给x
var y= 8;                               //将8赋值给y
var z= 6;                               //将6赋值给z
if(x==y &&y==z)
    {
       document.write( "true" )
    }
  else
{ document.write  ( "false" ) }
</script>
```

x 和 y 都等于 8，z 等于 6，所以 y 并不等于 z，运行代码的效果如图 19-30 所示。

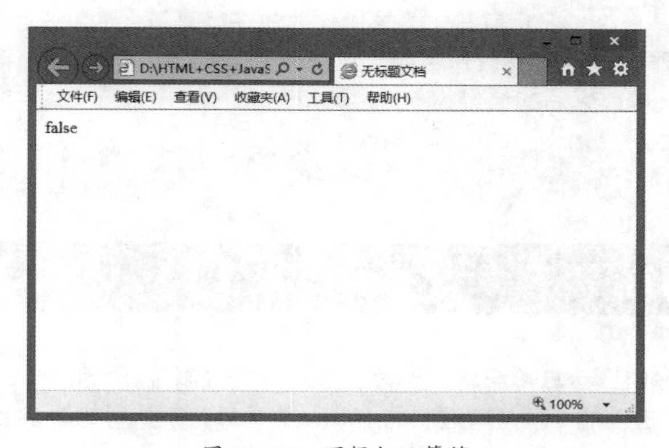

图 19-30 逻辑与运算符

19.10.2 逻辑或运算符

逻辑或运算符（||）要求左右两个操作数的值都必须是布尔值。逻辑或运算符可以对左右两个操作数进行 OR 运算，只有左右两个操作数的值都为假（false）时，才会返回 false。如果其中一个或两个操作数的值为真（true），其返回值都为 true。例如：

```
<script  language="javascript">
var x= 8;
var y= 8;
var z= 6;
if(x==y || y==z)
    {
       document.write( "true" )
    }
  else
{
      document.write  ( "false" )
    }
</script>
```

x 和 y 都等于 8，执行逻辑或运算符的效果如图 19-31 所示。

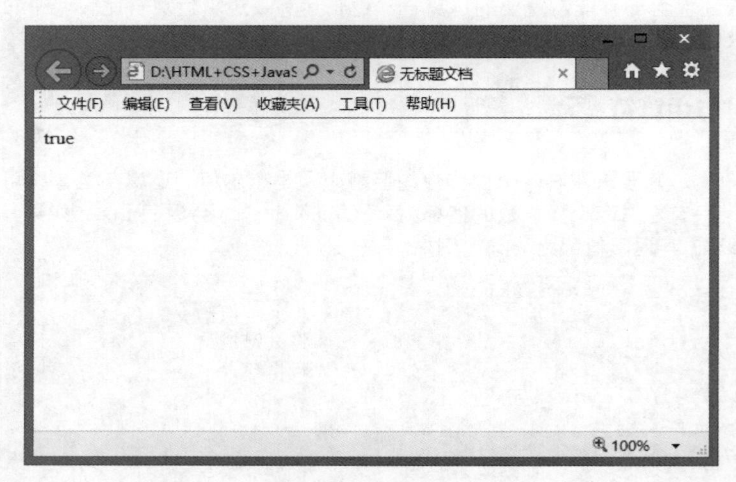

图 19-31 逻辑或运算符

19.10.3 逻辑非运算符

逻辑非运算符（!）是一个一元运算符，要求操作数放在运算符之后，并且操作数的值必须是布尔型。逻辑非运算符可以对操作数进行取反操作，如果运算数的值为 true，取反操作之后的结果为 false；如果运算数的值为 false，取反操作之后的结果为 true。例如：

```
!true=false
!false=true
```

19.11 位运算符

位运算符执行位操作时，运算符会将操作数看作一串二进制位（1 和 0），而不是十进制、十六进制或八进制数字。例如，十进制的 9 就是二进制的 1001。位运算符在执行的时候会以二进制形式进行操作，但返回的值仍是标准的 JavaScript 数值。

19.11.1　位与运算符

位与运算符（&）是一个二元运算符，该运算符可以将左右两个操作数逐位执行 AND 操作，即只有两个操作数中相对应的位都为 1 时，该结果中的这一位才为 1，否则为 0。例如：

```
<script language="javascript">
<!--
var expr1 = 6;
var expr2 = 15;
var result = expr1 & expr2;
document.write(result);
-->
</script>
```

在进行位与操作时，位与运算符会先将十进制的操作数转化，在将二进制中的每一位数值逐位进行 AND 操作，得出结果将转化为十进制。6 对应的二进制数是 110，15 对应的二进制数是 1111（110&1111=110），所以运行代码的结果为 6，如图 19-32 所示。

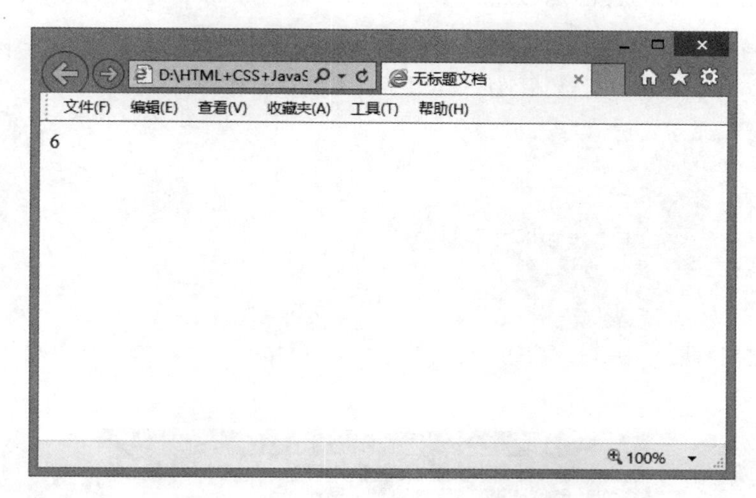

图 19-32　位与运算符

19.11.2　位或运算符

位运算由符号（|）表示，位或运算符是对两个运算符数进行或操作，因此对于每一位来说，0|0=0，0|1=1，1|0=1，1|1=1。例如：

```
<script language="javascript">
<!--
var expr1 = 6;
var expr2 = 15;
var result = expr1 | expr2;
document.write(result);
-->
</script>
```

6 对应的二进制数是 110，15 对应的二进制数是 1111（110 | 1111 = 1111），所以运行代码的结果为 15，如图 19-33 所示。

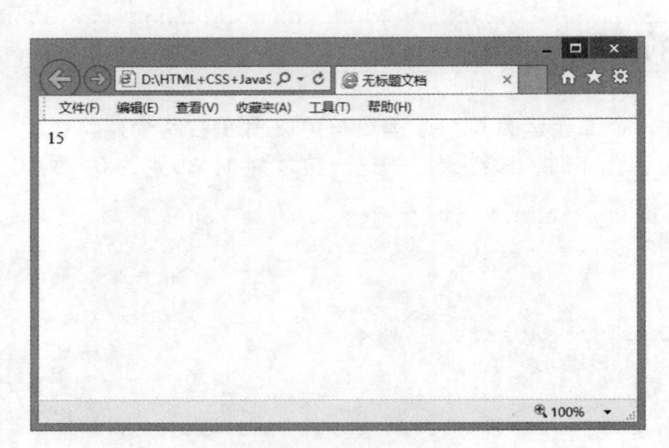

图 19-33 位或运算符

19.11.3 位异或运算符

逐位异或运算符（^）和逐位与运算符类似，可以将左右两个操作数逐位执行异或操作。所谓异或操作是指第 1 个操作数与第 2 个操作数相对应的位上两个数值相同时结果为 0，否则为 1。例如：

```
<script language="javascript">
<!--
var expr1 = 6
var expr2 = 15;
var result = expr1 ^ expr2;
document.write(result);
-->
</script>
```

6 对应的二进制数是 110，15 对应的二进制数是 1111（110 ^ 1111 = 1001），所以运行代码的结果为 9，如图 19-34 所示。

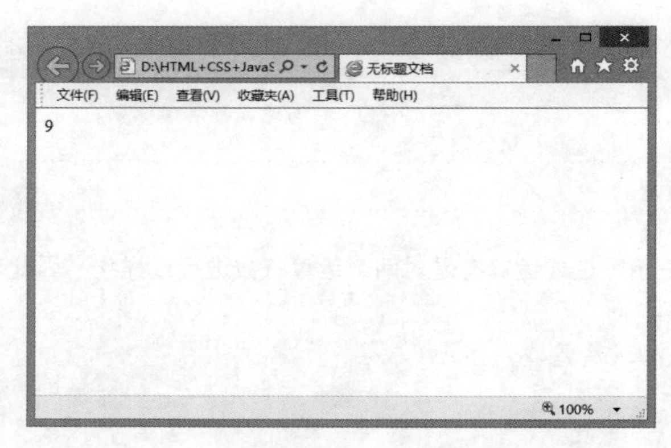

图 19-34 位异或运算符

19.11.4 位非运算符

位非运算符（~）是单模运算符，它和汇编里的按位取非操作是相同的。它所做的操作就是把 1 换成 0，再把 0 换成 1，~0=1，~1=0。例如：

```
<script language="javascript">
<!--
var iNum1 = 6;                    //6 二进制数等于 00000110
var iNum2 = ~iNum1;               // 转换二进制数取非为 11111001
```

```
    document.write(iNum2);
    -->
    </script>
```

6 的二进制数等于 00000110，转换二进制数取非为 11111001，所以运行代码的结果为 -7，如图 19-35 所示。

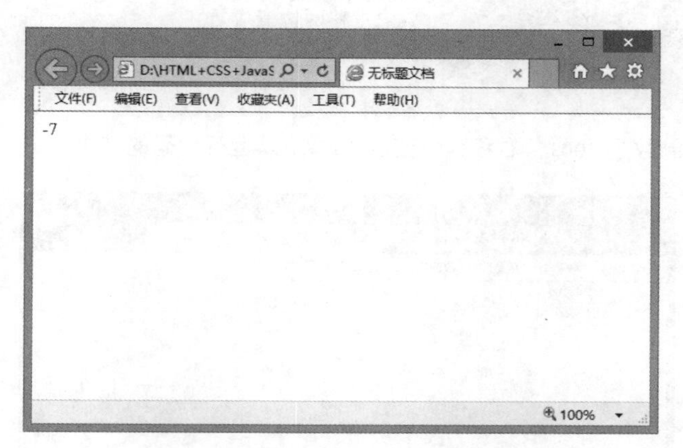

图 19-35 位非运算符

19.11.5 左移运算符

左移运算符（<<）是双模操作符，它和汇编里的左移运算是一样的。它是对左操作数进行向左移位的操作，右操作数给出了要移动的位数，在移位的过程中，左操作数的最低位用 0 补充。例如：

```
<script language="javascript">
<!--
var iOld = 9;                          //9 等于二进制 1001
var iNew = iOld << 2;                  // 向左移两位变成 100100
document.write(iNew);
-->
</script>
```

因为 9 对应的二进制数是 1001，向左移两位变成 100100，所以运行代码的结果为 36，如图 19-36 所示。

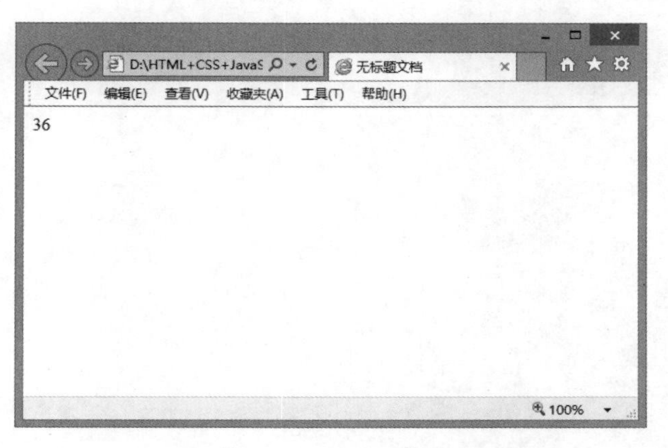

图 19-36 左移运算符

19.11.6 带符号右移运算符

右移运算符（>>）也是双模操作符，它和左移操作符有点相似。它对左操作数进行右移位操作，右

操作数给出了要移动的位数。不过，在移位的过程中，是丢弃移出的位，而左边用0填充（负数用1填充）。例如：

```
<script language="javascript">
<!--
var iOld = 9;                    //9 等于二进制 1001
var iNew = iOld >> 2;            // 向左移两位变成 10
document.write(iNew);
-->
</script>
```

因为 9 对应的二进制数是 1001，右移两位变成 10，所以运行代码的结果为 2，如图 19-37 所示。

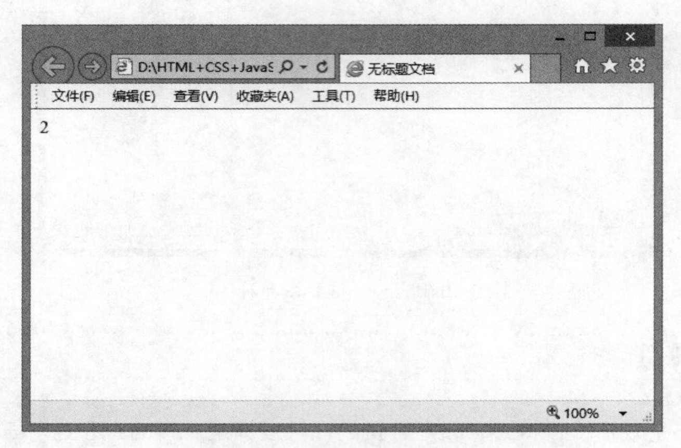

图 19-37　带符号右移运算符

19.12 本章小结

JavaScript 脚本语言同其他语言一样，有它自身的基本数据类型、表达式和算术运算符，以及程序的基本框架结构。JavaScript 提供了用来处理数字和文本的基本数据类型，其变量提供存放信息的地方，运算符可以完成较复杂的信息处理。

第20章

JavaScript 语法基础

本章导读

JavaScript中的函数本身就是一个对象，而且可以说是最重要的对象。之所以称为最重要的对象，一方面它可以扮演像其他语言中的函数同样的角色，可以被调用，也可以被传入参数。另一方面它还被作为对象的构造器来使用，可以结合new操作符来创建对象。

JavaScript中提供了多种用于程序流程控制的语句，这些语句可以分为选择和循环两大类。选择语句包括if、switch系列，循环语句包括while、for等。

技术要点：

- 函数
- 函数的定义
- 使用选择语句
- 使用循环语句
- 综合实例——禁止鼠标右击

20.1 函数

函数是 JavaScript 中最灵活的一种对象，函数是由事件驱动的或者当它被调用时执行的可重复使用的代码块。JavaScript 提供了许多函数供开发人员使用。

20.1.1 什么是函数

JavaScript 中的函数是可以完成某种特定功能的一系列代码的集合，在函数被调用前函数体内的代码并不执行，即独立于主程序。编写主程序时不需要知道函数体内的代码如何编写，只需要使用函数方法即可。可把程序中大部分功能拆解成一个个函数，使程序代码结构清晰，易于理解和维护。函数的代码执行结果不一定是一成不变的，可以通过向函数传参数，以解决不同情况下的问题，函数也可返回一个值。

函数是进行模块化程序设计的基础，编写复杂的应用程序必须对函数有更深入的了解。JavaScript 中的函数不同于其他的语言，每个函数都是作为一个对象被维护和运行的。通过函数对象的性质，可以很方便地将一个函数赋值给一个变量或者将函数作为参数传递。在继续讲述之前，先看一下函数的语法。

```
function func1(…){…}
var func2=function(…){…};
var func3=function func4(…){…};
var func5=new Function();
```

这些都是声明函数的正确语法。

可以用 function 关键字定义一个函数，并为每个函数指定一个函数名，通过函数名来进行调用。在 JavaScript 解释执行时，函数都被维护为一个对象，这就是要介绍的函数对象（Function Object）。

函数对象与其他用户所定义的对象有着本质的区别，这一类对象被称为内部对象，例如日期对象（Date）、数组对象（Array）、字符串对象（String）都属于内部对象。这些内置对象的构造器是由 JavaScript 本身所定义的：通过执行 new Array() 这样的语句返回一个对象，JavaScript 内部有一套机制来初始化返回的对象，而不是由用户来指定对象的构造方式。

函数就是包裹在花括号中的代码块，下面使用关键词 function：

```
function functionname()
{
这里是要执行的代码
}
```

当调用该函数时会执行函数内的代码。

可以在某事件发生时直接调用函数（例如当用户单击按钮时），并且可由 JavaScript 在任何位置进行调用。

提示

JavaScript 对大小写敏感。关键词 function 必须是小写的，并且必须以与函数名称相同的大小写来调用函数。

20.1.2 函数的参数传递

在调用函数时，可以向其传递值，这些值被称为参数。这些参数可以在函数中使用，可以发送任意多的参数，由逗号分隔：

```
myFunction(argument1,argument2)
```

当声明函数时，需要把参数作为变量来声明：

```
function myFunction(var1,var2)
{
这里是要执行的代码
}
```

变量和参数必须以一致的顺序出现。第一个变量就是第一个被传递的参数的给定值，以此类推。例如：

```
<button onclick="myFunction( '丽','老师')">点击这里</button>
<script>
function myFunction(name,job)
{
alert("欢迎 " + name + ", 尊敬的 " + job);
}
</script>
```

上面的函数会当按钮被单击时提示"欢迎丽， 尊敬的老师"，运行代码效果如图 20-1 所示。

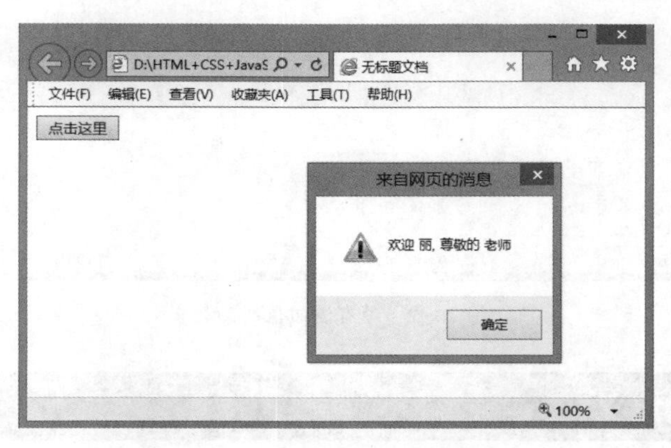

图 20-1 调用带参数的函数

20.1.3 函数中变量的作用域和返回值

有时我们会希望函数将值返回调用它的地方。通过使用 return 语句就可以实现。在使用 return 语句时，函数会停止执行，并返回指定的值。语法：

```
function myFunction()
{
var x=5;
```

```
return x;
}
```

整个 JavaScript 并不会停止执行，仅仅是函数。JavaScript 将继续执行代码，从调用函数的地方。函数调用将被返回值 5 取代。

实例代码：

```
<!doctype html>
<html>
<head>
<meta charset="utf-8">
<title> 无标题文档 </title>
</head>
<body>
<p> 返回结果：</p>
<p id="jie"></p>
<script>
function myFunction(a,b)
{
return a*b;
}
document.getElementById("jie").innerHTML=myFunction(3,3);
</script>
</body>
</html>
```

本例调用的函数会执行一个乘法计算，然后返回运行结果 9，效果如图 20-2 所示。

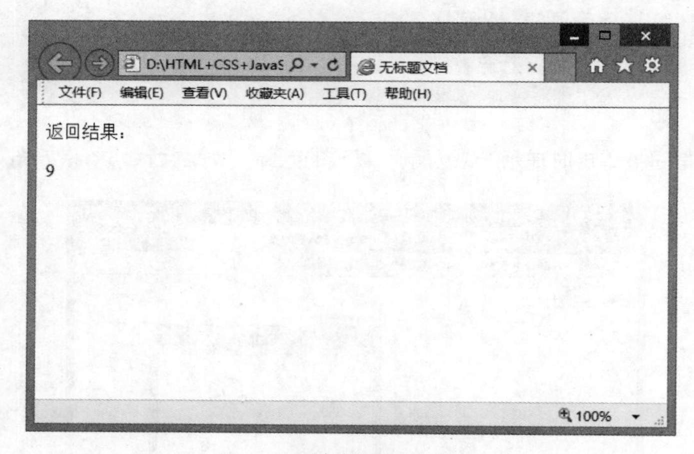

图 20-2　带有返回值的函数

20.2 函数的定义

使用函数首先要学会如何定义，JavaScript 的函数属于 Function 对象，因此可以使用 Function 对象的构造函数来创建一个函数。同时也可以使用 Function 关键字以普通的形式来定义一个函数。下面就讲述函数的定义方法。

20.2.1 函数的普通定义方式

普通定义方式使用关键字 function，也是最常用的方式，形式上跟其他的编程语言一样，语法格式如下。

基本语法：

```
Function 函数名（参数1，参数2，……）
{   [语句组]
Return   [表达式]
}
```

语法解释：

- function：必选项，定义函数用的关键字。
- 函数名：必选项，合法的JavaScript标识符。
- 参数：可选项，合法的JavaScript标识符，外部的数据可以通过参数传送到函数内部。
- 语句组：可选项，JavaScript程序语句，当为空时函数没有任何动作。
- return：可选项，遇到此指令函数执行结束并返回，当省略该项时函数将在右花括号处结束。
- 表达式：可选项，其值作为函数返回值。

实例代码：

```
<!doctype html>
<html>
<head>
<meta charset="utf-8">
<title></title>
<script type="text/javascript">
function displaymessage()
{
alert("早上好！");
}
</script>
</head>
<body>
<form>
<input type="button" value="点击我！" onClick="displaymessage()" />
</form>
</body>
</html>
```

这段代码首先在JavaScript内建立一个displaymessage()显示函数。在正文文档中插入一个按钮，当单击按钮时，显示“早上好！”。运行代码，在浏览器中浏览效果，如图20-3所示。

图20-3　函数的应用

20.2.2 函数的变量定义方式

在 JavaScript 中，函数对象对应的类型是 Function，正如数组对象对应的类型是 Array，日期对象对应的类型是 Date 一样，可以通过 new Function() 来创建一个函数对象，语法如下。

基本语法：

```
Var 变量名=new Function([参数1,参数2,……],函数体);
```

语法解释：

- 变量名：必选项，代表函数名，是合法的 JavaScript 标识符。
- 参数：可选项，作为函数参数的字符串，必须是合法的 JavaScript 标识符，当函数没有参数时可以忽略此项。
- 函数体：可选项，一个字符串。相当于函数体内的程序语句系列，各语句使用分号隔开。

用 new Function() 的形式来创建一个函数不常见，因为一个函数体通常会有多条语句，如果将它们以一个字符串的形式作为参数传递，代码的可读性差。

实例代码：

```
<script language="javascript">
  var circularityArea = new Function( "r", "return r*r*Math.PI" );
                                                        //创建一个函数对象
  var rCircle = 3;                                      //给定圆的半径
  var area = circularityArea(rCircle);                  //使用求圆面积的函数求面积
  document.write( "半径为3的圆面积为：" + area );       //输出结果
</script>
```

该代码使用变量定义方式定义一个求圆面积的函数，设定一个半径为 3 的圆并求其面积。运行代码，在浏览器中浏览效果，如图 20-4 所示。

图 20-4 函数的应用

20.2.3 函数的指针调用方式

前面的代码中，函数的调用方式是最常见的，但是 JavaScript 中函数调用的形式比较多，非常灵活。有一种重要的、在其他语言中也经常使用的调用形式叫作“回调”，其机制是通过指针来调用函数。回调函数按照调用者的约定实现函数的功能，由调用者调用。通常使用在自己定义功能而由第三方去实现的场合，下面举例说明，代码如下：

```
<script language="javascript">
```

```
        function SortNumber( obj, func )          // 定义通用排序函数
        { // 参数验证，如果第一个参数不是数组或第二个参数不是函数则抛出异常
            if( !(obj instanceof Array) || !(func instanceof Function))
            {
                var e = new Error();                // 生成错误信息
                e.number = 100000;                  // 定义错误号
                e.message = "参数无效";             // 错误描述
                throw e;                            // 抛出异常
            }
            for( n in obj )                         // 开始排序
            {
                for( m in obj )
                { if( func( obj[n], obj[m] ) )     // 使用回调函数排序，规则由用户设定
                    {
                        var tmp = obj[n];
                        obj[n] = obj[m];
                        obj[m] = tmp;
                    }
                }
            }
            return obj;                             // 返回排序后的数组
        }
        function greatThan( arg1, arg2 )            // 回调函数，用户定义的排序规则
        {   return arg1 < arg2;                     // 规则：从大到小
        }
        try
        {   var numAry = new Array( 8,4,12,30,55,60,50,90 );   // 生成一数组
            document.write("<li>排序前："+numAry);              // 输出排序前的数据
            SortNumber( numAry, greatThan )                     // 调用排序函数
            document.write("<li>排序后："+numAry);              // 输出排序后的数组
        }
        catch(e)
        {   alert( e.number+": "+e.message );                   // 异常处理
        }
    </script>
```

这段代码演示了回调函数的使用方法。首先定义一个通用排序函数 SortNumber(obj, func)，其本身不定义排序规则，规则交由第三方函数实现。接着定义一个 greatThan(arg1, arg2) 函数，其内创建一个以小到大为关系的规则。document.write("<li> 排序前："+numAry) 输出未排序的数组。接着调用 SortNumber (numAry, greatThan) 函数排序。运行代码，在浏览器中浏览效果，如图 20-5 所示。

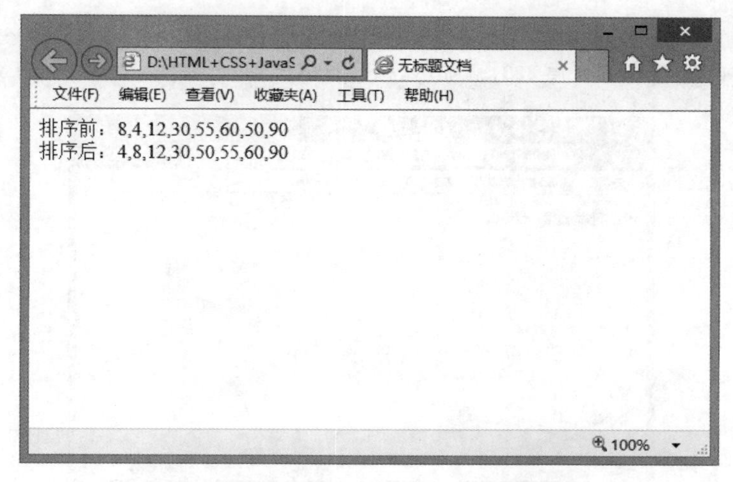

图 20-5 函数的指针调用方式

20.3 使用选择语句

选择语句就是通过判断条件来选择执行的代码块。JavaScript 中选择语句有 if 语句、switch 语句两种。

20.3.1 if 选择语句

if 语句只有当指定条件为 true 时，该语句才会执行代码。

基本语法：

```
if （条件）
  {
  只有当条件为 true 时执行的代码
  }
```

提示

请使用小写的 if。使用大写字母（IF）会生成 JavaScript 错误！

实例代码：

```
<!doctype html>
<html>
<head>
<meta charset="utf-8">
<title>无标题文档</title>
</head>
<body>
<script type="text/javascript">
var vText = "good morning";
var vLen = vText.length;
if (vLen < 20)
{
document.write("<p> 该字符串长度小于 20。</p>")
}
</script>
</body>
</html>
```

本实例用到了 JavaScript 的 if 条件语句。首先用 length 计算出字符串 good morning 的长度，然后使用 if 语句进行判断，如果该字符串长度 <20，就显示“该字符串长度小于 20”，运行代码的效果如图 20-6 所示。

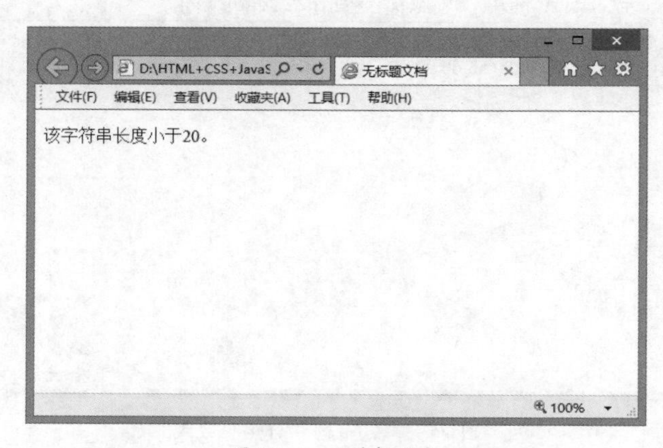

图 20-6　if 选择语句

20.3.2 if…else 选择语句

如果希望条件成立时执行一段代码，而条件不成立时执行另一段代码，那么可以使用 if…else 语句。if …else 语句是 JavaScript 中最基本的控制语句，通过它可以改变语句的执行顺序。

基本语法：

```
if （条件）
{
条件成立时执行此代码
}
else
{
条件不成立时执行此代码
}
```

这句语法的含义是，如果符合条件，则执行 if 语句中的代码，反之，则执行 else 代码。

实例代码：

```
<!doctype html>
<html>
<head>
<meta charset="utf-8">
<title>无标题文档</title>
</head>
<body>
<script language="javascript">
    var hours = 5;                                    //设定当前时间
    if( hours < 6 )                                   //如果不到6点则执行以下代码
  {
   document.write( "现在时间是 " + hours + " 点，还没到 6 点，你可以继续休息！ ");
    }
</script>
</body>
</html>
```

使用 var hours=5 定义一个变量 hours 表示当前时间，其值设定为 5。接着使用一个 if 语句判断变量 hours 的值是否小于 6，小于 6 则执行 if 块花括号中的语句，即弹出一个提示框显示"现在时间是 5 点，还没到 6 点，你可以继续休息"。运行代码的效果如图 20-7 所示。

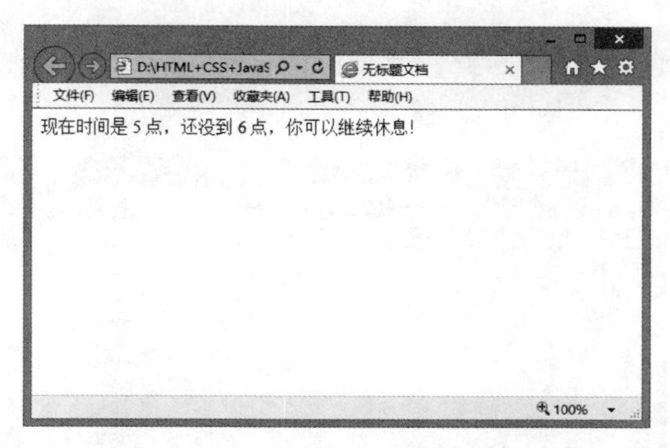

图 20-7 if…else 选择语句

20.3.3 if…else if…else 选择语句

当需要选择多套代码中的一套来运行时，那么可以使用 if…else if…else 语句。

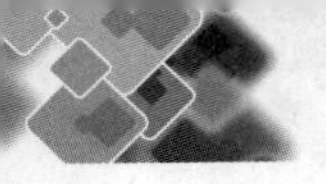

基本语法：

```
if (条件 1)
  {
  当条件 1 为 true 时执行的代码
  }
else if (条件 2)
  {
  当条件 2 为 true 时执行的代码
  }
else
  {
  当条件 1 和 条件 2 都不为 true 时执行的代码
  }
```

实例代码：

```
<!doctype html>
<html>
<head>
<meta charset="utf-8">
<title>无标题文档</title>
</head>
<body>
<script type="text/javascript">
var d = new Date();
var time = d.getHours();
if (time<8)
{
document.write("<b>早上好! </b>");
}
else if (time>8 && time<13)
{
document.write("<b>中午好</b>");
}
else
{
document.write("<b>下午好!</b>");
}
</script>
</body>
</html>
```

如果时间小于8点，则将发送问候“早上好”，如果时间小于13点大于8点，则发送问候 “中午好”，否则发送问候 “下午好”，运行代码的效果如图20-8所示。

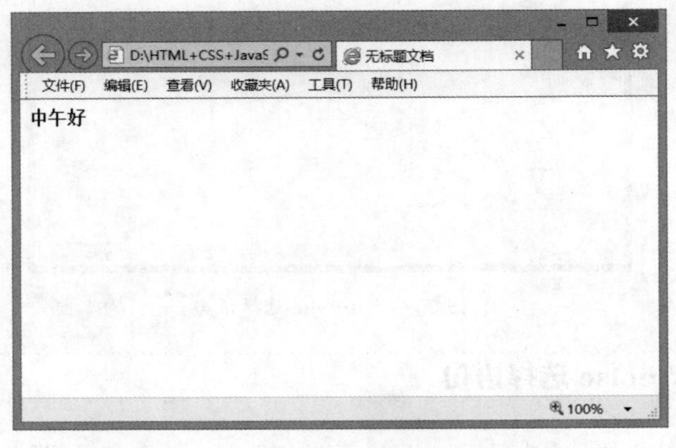

图 20-8 if…else if…else 选择语句

20.3.4 switch 多条件选择语句

当判断条件比较多时，为了使程序更加清晰，可以使用switch语句。使用switch语句时，表达式的值将与每个case语句中的常量做比较。如果相匹配，则执行该case语句后的代码；如果没有一个case的常量与表达式的值相匹配，则执行default语句。当然，default语句是可选的。如果没有相匹配的case语句，也没有default语句，则什么也不执行。

基本语法：

```
switch(n)
   {
   case 1:
     执行代码块 1
     break
   case 2:
     执行代码块 2
     break
   default:
     如果 n 即不是 1 也不是 2，则执行此代码
   }
```

语法解释：

switch后面的（n）可以是表达式，也可以（并通常）是变量。然后表达式中的值会与case中的数字做比较，如果与某个case相匹配，那么其后的代码就会被执行。

switch语句通常使用在有多种出口选择的分支结构上，例如信号处理中心可以对多个信号进行响应，针对不同的信号均有相应的处理。

switch语句通常使用在有多种出口选择的分支机构上，例如信号处理中心可以对多个信号进行响应。针对不同的信号均有相应的处理，举例帮助理解。

实例代码：

```
<!doctype html>
<html>
<head>
<meta charset="utf-8">
<title> 无标题文档 </title>
</head>
<body>
<script type="text/javascript">
var d = new Date()
theDay=d.getDay()
switch (theDay)
{
case 5:
document.write("<b> 今天是到星期五哦。</b>")
break
case 6:
document.write("<b> 今天是星期啦！ </b>")
break
case 0:
document.write("<b> 工作日要开始喽。</b>")
break
default:
document.write("<b> 周末过得真快！ </b>")
}
</script>
</body>
</html>
```

本实例使用了 switch 条件语句，根据星期天数的不同，显示不同的输出文字。运行代码的效果如图 20-9 所示。

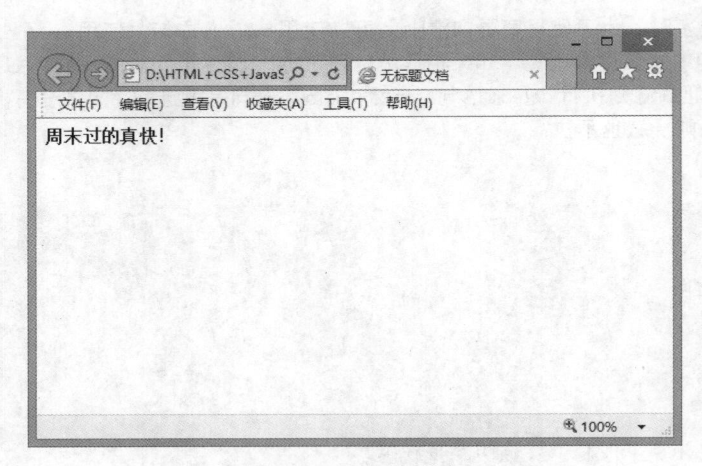

图 20-9　switch 多条件选择语句

20.4 使用循环语句

循环语句是指当条件为 true 时，反复执行某一个代码块的功能。JavaScript 中有 while、do…while、for、for…in 四种循环语句。如果事先不确定需要执行多少次循环时，一般使用 while 或者 do…while 循环，而确定使用多少次循环时一般使用 for 循环。for…in 循环只对数组类型或者对象类型使用。

循环语句的代码块中也可以使用 break 语句来提前跳出循环，使用方法与 switch 相同。还可以用 continue 语句来提前跳出本次循环，进行下一次循环。

20.4.1 for 循环语句

遇到重复执行指定次数的代码时，使用 for 循环比较合适。在执行 for 循环体中的语句前，有三个语句将得到执行，这三个语句的运行结果将决定是否进入 for 循环体。

基本语法：

```
for（初始化；条件表达式；增量）
{
语句集；
……
}
```

语法说明：

初始化总是一个赋值语句，它用来给循环控制变量赋初值；条件表达式是一个关系表达式，它决定什么时候退出循环；增量定义循环控制变量每循环一次后按什么方式变化。这三个部分之间用 ";" 分开。

例如：for(i=1; i<=10; i++) 语句；上例中先给 "i" 赋初值 1，判断 "i" 是否小于等于 10，若是则执行语句，之后值增加 1。再重新判断，直到条件为假，即 i>10 时，结束循环。

实例代码：

```
<!doctype html>
<html>
<head>
```

```
<meta charset="utf-8">
<title> 无标题文档 </title>
</head>
<body>
<p> 点击显示循环次数：</p>
<button onclick="myFunction()"> 点击 </button>
<p id="demo"></p>
<script>
function myFunction()
{
var x="";
for (var i=0;i<6;i++)
  {
  x=x + "The number is " + i + "<br>";
  }
document.getElementById("demo").innerHTML=x;
}
</script>
</body>
</html>
```

在循环开始之前设置变量（var i=0），接着定义循环运行的条件（i 必须小于 6），在每次代码块已被执行后增加一个值(i++)，运行代码的效果如图 20-10 所示。

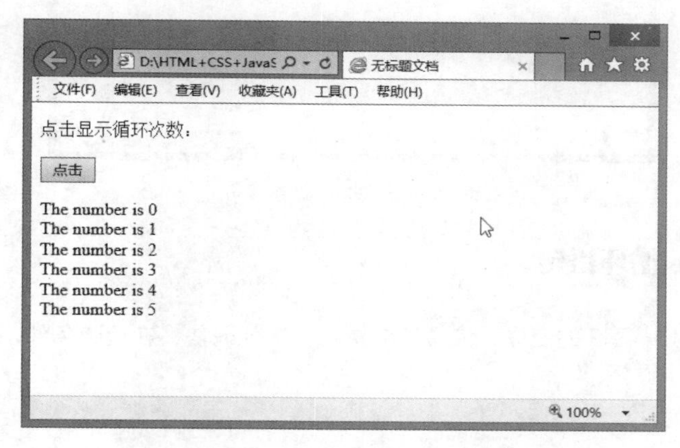

图 20-10 for 循环语句

20.4.2 while 循环语句

当重复执行动作的情形比较简单时，就不需要用 for 循环，可以使用 while 循环代替。While 循环在执行循环体前测试一个条件，如果条件成立则进入循环体，否则跳到循环体后的第一条语句。

基本语法：

```
while (条件表达式) {
```

语句组：

```
......
}
```

语法解释：

- 条件表达式：必选项，以其返回值作为进入循环体的条件。无论返回什么样类型的值，都被作为布尔型处理，为真时进入循环体。
- 语句组可选项，一条或多条语句组成。

在 while 循环体重复操作 while 的条件表达，使循环到该语句时就结束。

实例代码：

```
<script language="javascript">
    var num = 1;
    while( num < 60 )
    {
        document.write( num + " " );
        num++;
    }
</script>
```

使用 num 是否小于 60 来决定是否进入循环体，num++ 递增 num，当其值达到 100 后循环将结束，运行代码的效果如图 20-11 所示。

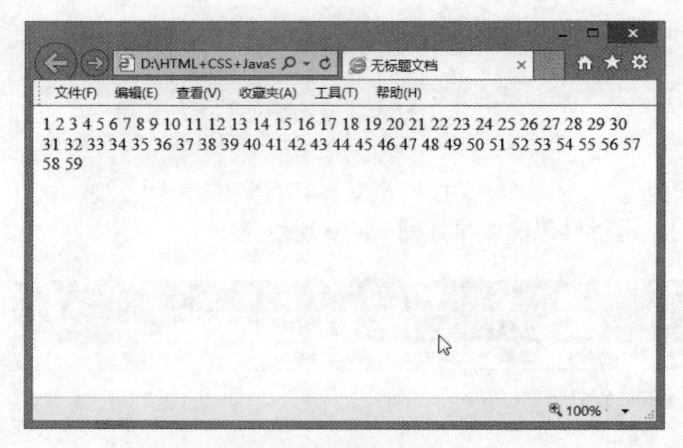

图 20-11 while 循环语句

20.4.3 do…while 循环语句

do…while 循环是 while 循环的变体。该循环会执行一次代码块，在检查条件是否为真之前，然后如果条件为真就会重复这个循环。

语法：

```
do
  {
  语句组；
  }
while （条件）；
```

实例代码：

```
<!doctype html>
<html>
<head>
<meta charset="utf-8">
<title>无标题文档</title>
</head>
<body>
<p>点击下面的按钮，只要 i 小于 10 就一直循环代码块。</p>
<button onclick="myFunction()">点击这里</button>
<p id="demo"></p>
<script>
function myFunction()
{
var x="",i=0;
```

```
do
  {
  x=x + "The number is " + i + "<br>";
  i++;
  }
while (i<10)
document.getElementById("demo").innerHTML=x;
}
</script>
</body>
</html>
```

使用 do…while 循环。该循环至少会执行一次，即使条件是 false，隐藏代码块会在条件被测试前执行，只要 i 小于 10 就一直循环代码块，运行代码的效果如图 20-12 所示。

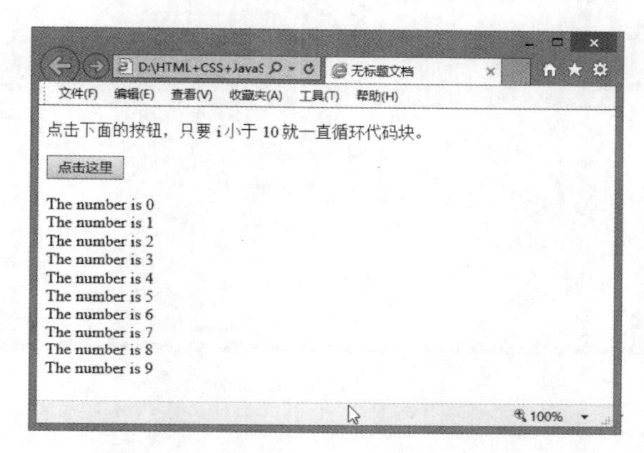

图 20-12　do…while 循环语句

20.4.4　break 和 continue 跳转语句

break 与 continue 的区别是：break 是彻底结束循环，而 continue 是结束本次循环。

1. break 语句

break 语句可用于跳出循环，break 语句跳出循环后，会继续执行该循环之后的代码。

实例代码：

```
<!doctype html>
<html>
<head>
<meta charset="utf-8">
<title> 无标题文档 </title>
</head>
<body>
<p> 带有 break 语句的循环。</p>
<button onclick="myFunction()"> 点击这里 </button>
<p id="demo"></p>
<script>
function myFunction()
{
var x="",i=0;
for (i=0;i<9;i++)
  {
  if (i==3)
    { break; }
```

```
    x=x + "The number is " + i + "<br>";
    }
  document.getElementById("demo").innerHTML=x;
  }
  </script>
  </body>
  </html>
```

当 i==3 时，使用 break 语句停止循环，运行代码的效果如图 20-13 所示。

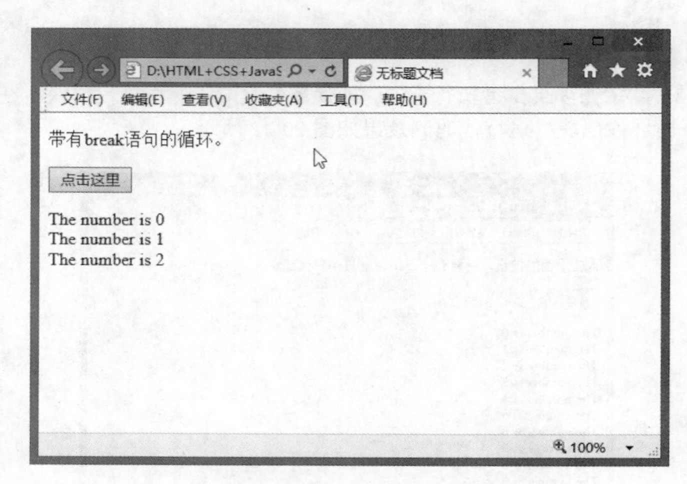

图 20-13　break 语句

2. continue 跳转语句

continue 语句的作用为结束本次循环，接着进行下一次是否执行循环的判断。continue 语句只能用在 while 语句、do/while 语句、for 语句或者 for…in 语句的循环体内，在其他地方使用都会引起错误。

实例代码：

```
<!doctype html>
<html>
<head>
<meta charset="utf-8">
<title>无标题文档</title>
</head>
<body>
<p>点击下面的按钮来执行循环，该循环会跳过 i=5。</p>
<button onclick="myFunction()">点击这里</button>
<p id="demo"></p>
<script>
function myFunction()
{
var x="",i=0;
for (i=0;i<10;i++)
  {
  if (i==5)
    { continue; }
  x=x + "The number is " + i + "<br>";
  }
document.getElementById("demo").innerHTML=x;
}
</script>
</body>
</html>
```

本实例跳过了值 5，运行代码的效果如图 20-14 所示。

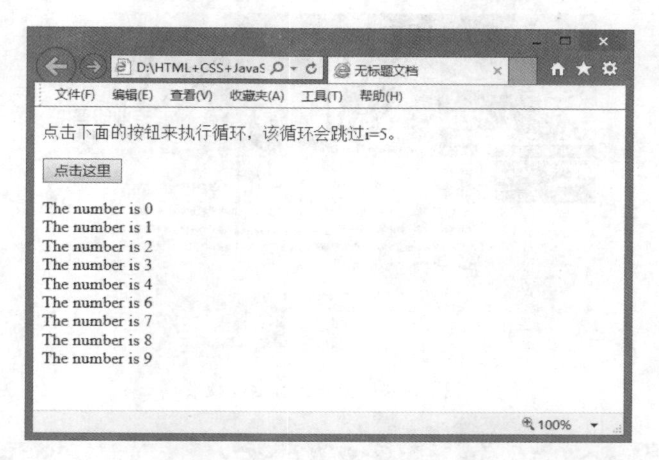

图 20-14　continue 跳转语句

20.5 综合实例——禁止鼠标右击

在一些网页上，当用户单击鼠标右键时会弹出警告窗口或者直接没有任何反应。禁止鼠标右击的具体操作步骤如下。

01 使用 Dreamweaver CC 打开网页文档，如图 20-15 所示。

02 打开拆分视图，在 <head> 和 </head > 之间相应的位置输入以下代码，如图 20-16 所示。

```
<script language=javascript>
function click() {
if (event.button==2) {
alert('禁止右键！') }}
function CtrlKeyDown(){
if (event.ctrlKey) {
alert('禁止使用右键复制！') }}
document.onkeydown=CtrlKeyDown;
document.onmousedown=click;
</script>
```

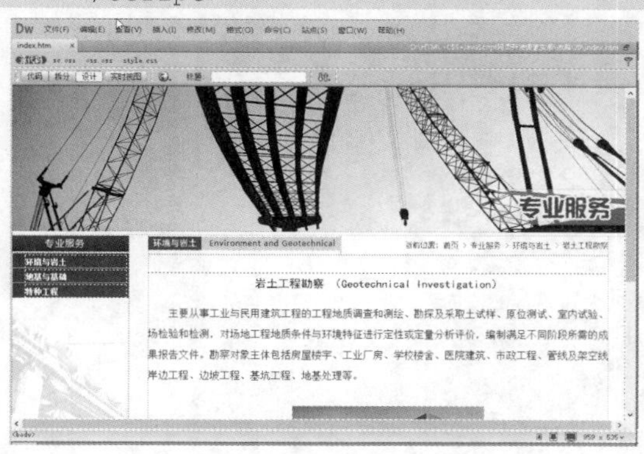

图 20-15　打开网页文档

图 20-16　输入代码

03 保存文档，在浏览器中浏览效果，如图 20-17 所示。

图 20-17　禁止鼠标右键效果

20.6 本章小结

通过使用某些脚本语言，你可以变得非常聪明并且能够完成常规 Java 无法完成的很多事情。如果你知道如何利用一个好的脚本语言，你可以在开发中节省大量的时间和金钱。JavaScript 现在已经成了一门可编写出效率极高的、可用于开发产品级 Web 服务器的出色语言。

本章主要讲述了 JavaScript 的函数、基本语法，以及 JavaScript 常见的程序语句。通过本章的学习，可以了解什么是 JavaScript，以及 JavaScript 的基本使用方法，从而为设计出各种精美的动感特效网页打下基础。

第21章

JavaScript 中的事件

本章导读

当Web页面中发生了某些类型的交互时，事件就发生了。事件可能是用户在某些内容上的单击、鼠标经过某个特定元素或按下键盘上的某些按键。事件还可能是Web浏览器中发生的事情，如某个Web页面加载完成，或者是用户滚动窗口或改变窗口大小。

技术要点：

- 事件驱动与事件处理
- 常见事件
- 其他常用事件
- 综合实例——将事件应用于按钮中

21.1 事件驱动与事件处理

JavaScript 是基于对象的语言。这与 Java 不同，Java 是面向对象的语言。而基于对象的基本特征，就是采用事件驱动。它是在图形界面的环境下，使一切输入变化简单化。通常鼠标或热键的动作我们称为“事件”；而由鼠标或热键引发的一连串程序的动作，称为“事件驱动”；而对事件进行处理程序或函数，称为“事件处理程序”。

21.1.1 事件详解

JavaScript 使我们有能力创建动态页面，事件是可以被 JavaScript 侦测到的行为，网页中的每个元素都可以产生某些可以触发 JavaScript 函数的事件。

例如，我们可以在用户单击某按钮时产生一个 onClick 事件来触发某个函数，事件在 HTML 页面中定义。

事件 (Event) 是 JavaScript 应用跳动的心脏，也是把所有东西粘在一起的胶水，当我们与浏览器中 Web 页面进行某些类型的交互时，事件就发生了。

事件可能是用户在某些内容上的单击、鼠标经过某个特定元素或按下键盘上的某些按键，事件还可能是 Web 浏览器中发生的事情，例如说某个 Web 页面加载完成，或者是用户滚动窗口或改变窗口大小。

通过使用 JavaScript，你可以监听特定事件的发生，并规定让某些事件发生以对这些事件做出响应。

21.1.2 事件与事件驱动

JavaScript 事件驱动中的事件是通过鼠标或热键的动作引发的。它主要有以下几个事件：

1. 单击事件 onClick

当用户单击按钮时，产生 onClick 事件。同时 onClick 指定的事件处理程序或代码将被调用执行。通常在下列基本对象中产生：

- Button（按钮对象）
- checkbox（复选框）或（检查列表框）
- radio（单选钮）
- reset buttons（重要按钮）
- submit buttons（提交按钮）

例：可通过下列按钮激活 change() 文件：

```
<form>
<input type="button" value=" " onClick="change()">
</form>
```

在 onClick 等号后，可以使用自己编写的函数作为事件处理程序，也可以使用 JavaScript 中内部的函数，还可以直接使用 JavaScript 的代码等。例如：

```
<input type="button" value=" " onclick=alert(" 这是一个例子 ")；
```

2. onChange 改变事件

当利用 text 或 texturea 元素输入字符值改变时发生该事件，同时当在 select 表格项中一个选项状态改变后也会引发该事件。

例如以下是引用片段：

```
<form>
<input type="text" name="Test" value="Test" onCharge="check( 'this.test)">
</form>
```

3. 选中事件 onSelect

当 Text 或 Textarea 对象中的文字被加亮后，引发该事件。

4. 获得焦点事件 onFocus

当用户单击 Text 或 textarea 以及 select 对象时，产生该事件。此时该对象成为前台对象。

5. 失去焦点 onBlur

当 text 对象或 textarea 对象以及 select 对象不再拥有焦点而退到后台时，引发该事件，它与 onFocas 事件是一个对应的关系。

6. 载入文件 onLoad

当文档载入时，产生该事件。onLoad 一个作用就是在首次载入一个文档时检测 cookie 的值，并用一个变量为其赋值，使它可以被源代码使用。

7. 卸载文件 onUnload

当 Web 页面退出时引发 onUnload 事件，并可更新 Cookie 的状态。

21.1.3 事件与处理代码关联

事件处理是对象化编程的一个很重要的环节，没有了事件处理，程序就会变得很死，缺乏灵活性。事件处理的过程中可以这样表示：发生事件—启动事件处理程序—事件处理程序做出反应。其中，要使事件处理程序能够启动，必须先告诉对象，如果发生了什么事情，要启动什么处理程序，否则这个流程就不能进行下去。事件的处理程序可以是任意 JavaScript 语句，一般用特定的自定义函数（function）来处理事情。

指定事件处理程序有三种方法：

(1) 直接在 HTML 标记中指定。方法是：

```
<标记 ... ... 事件 =" 事件处理程序 " [ 事件 =" 事件处理程序 " ...]>
```

例如：

```
<body ... onload="alert('网页读取完成! ')" onunload="alert('欢迎浏览! ')">
```

这样的定义 <body> 标记，能使文档读取完毕的时候弹出一个对话框，写着“网页读取完成”；在用户退出文档（或者关闭窗口，或者到另一个页面去）的时候弹出“欢迎浏览！”。

(2) 编写特定对象特定事件的 JavaScript。方法是：

```
<script language="JavaScript" for="对象" event="事件">
...
(事件处理程序代码)
...
</script>
<script language="JavaScript" for="window" event="onload">
  alert('网页读取完成! ');
</script>
```

(3) 在 JavaScript 中说明。方法：

```
<事件主角 - 对象>.<事件> = <事件处理程序>;
```

用这种方法要注意的是，“事件处理程序”是真正的代码，而不是字符串形式的代码。如果事件处理程序是一个自定义函数，如无使用参数的需要，就不要加“()”。

```
function ignoreError() {
  return true;
}
window.onerror = ignoreError; // 没有使用"()"
```

这个例子将 ignoreError() 函数定义为 window 对象的 onerror 事件的处理程序。它的效果是忽略该 window 对象下任何错误（由引用不允许访问的 location 对象产生的“没有权限”错误是不能忽略的）。

在 JavaScript 中对象事件的处理通常由函数（function）担任。其基本格式与函数全部相同，可以将前面所介绍的所有函数作为事件处理程序。

格式如下：

```
Function 事件处理名（参数表）{
事件处理语句集；
……
}
```

例如下例程序是一个自动装载和自动卸载的例子。即当装入 HTML 文档时调用 loadform() 函数，而退出该文档进入另一个 HTML 文档时，则首先调用 unloadform() 函数，确认后方可进入。

实例代码：

```
<!doctype html>
<html>
<head>
<meta charset="utf-8">
<title>无标题文档</title>
<script language="JavaScript">
<!--
function loadform(){
alert("自动装载!");
}
function unloadform(){
alert("卸载");
}
//-->
</script>
</head>
<body onLoad="loadform()" OnUnload="unloadform()">
<a href="test.htm">调用</a>
```

```
</body>
</html>
```

运行代码的效果如图 21-1 所示。

图 21-1 事件与处理代码

21.1.4 调用函数的事件

Web 浏览器中的 JavaScript 实现允许我们定义响应用户事件（通常是鼠标或者键盘事件）所执行的代码。在支持 Ajax 的现代浏览器中，这些事件处理函数可以被设置到大多数可视元素之上。可以使用事件处理函数将可视用户界面（即视图）与业务对象模型相连接。

传统的事件模型在 JavaScript 诞生的早期就存在了，它是相当简单和直接的。DOM 元素有几个预先定义的属性，可以赋值为回调函数。

首先定义函数：

```
function Hanshu()
{
      // 函数体 ...
}
```

这样我们就定义了一个名为 Hanshu 的函数，现在尝试调用一下这个函数。其实很简单，调用函数就是用函数的名称加括号，即：

```
Hanshu();
```

这样就调用了这个函数。

实例代码：

```
<!doctype html>
<html>
<head>
<meta charset="utf-8">
<title> 无标题文档 </title>
</head>
<body>
<script>
    function showname(name)
    {
       document.write(" 我是 "+name);
    }
    showname(" 孙胜利 "); // 函数调用
```

```
</script>
</body>
</html>
```

本例中的 function showName(name) 为函数定义，其中括号内的 name 是函数的形式参数，这一点与 C 语言是完全相同的，而 showname(“孙胜利”) 则是对函数的调用，用于实现需要的功能，运行代码的效果如图 21-2 所示。

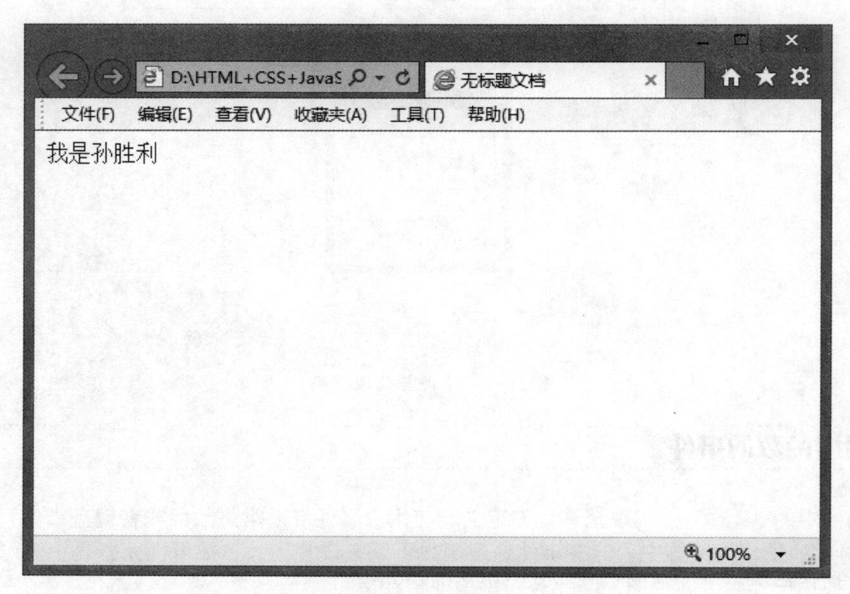

图 21-2 调用函数

21.1.5 调用代码的事件

JavaScript 的出现给静态的 HTML 网页带来很大的变化。JavaScript 增加了 HTML 网页的互动性，使以前单调的静态页面变得有交互性，它可以在浏览器端实现一系列动态的功能，仅仅依靠浏览器就可以完成一些与用户的互动。

实例代码：

```
<!doctype html>
<html>
<head>
<meta charset="utf-8">
<title> 无标题文档 </title>
<script language="javascript">
 function test()
 {
 alert(" 调用代码的事件 ");
}
</script>
</head>
<body onLoad="test()" >
<form action="" method="post">
<input type="button" value=" 测试 " onclick="test()">
</form>
</body>
</html>
```

运行代码的效果如图 21-3 所示。

图 21-3　运行代码的效果

21.1.6　设置对象事件的方法

event 对象作为 window 对象的一个属性。使用 attachEvent() 添加事件处理程序时，会有一个 event 对象作为参数被传入事件处理函数中，当然也可以通过 window.event 来访问。使用 HTML 特性指定的事件处理程序则可以通过 event 的变量来访问事件对象。

实例代码：

```
<!doctype html>
<html>
<head>
<meta charset="utf-8">
<title> 无标题文档 </title>
</head>
<body>
<script type="text/javascript">
window.onload = function(){
  var btn = document.getElementById("myBtn");
  if(btn.addEventListener){
    btn.addEventListener("click",function(event){
      alert(event.type);
    },false);
  }else{
    btn.attachEvent("onmouseout",function(event){
      alert(event.type + " " + window.event.type);
    });
    btn.onmouseover = function(){
      alert(window.event.type);
    };
  }
}
</script>
<input type="button" id="myBtn" value=" 测试 " onclick="alert(event.type)"/>
</body>
</html>
```

运行代码的效果如图 21-4 所示。

图 21-4 运行代码效果

21.2 常见事件

事件的产生和响应都是由浏览器来完成的，而不是由 HTML 或 JavaScript 来完成的。使用 HTML 代码可以设置哪些元素响应什么事件，使用 JavaScript 可以告诉浏览器怎么处理这些事件。然而，不同的浏览器所响应的事件有所不同，相同的浏览器在不同版本中所响应的事件也会有所不同。前面介绍了事件的大致分类，下面通过实例具体剖析常用的事件，它们怎样工作，在不同的浏览器中有着怎样的差别，怎样使用这些事件制作各种交互特效网页？

21.2.1 onClick 事件

onClick 单击事件是常用的事件之一，此事件是在一个对象上按下然后释放一个鼠标按钮时发生的，它也会发生在一个控件的值改变时。这里的单击是指完成按下鼠标键并释放这一个完整的过程后产生的事件。

提示

单击事件一般应用于 Button 对象、Checkbox 对象、Image 对象、Link 对象、Radio 对象、Reset 对象和 Submit 对象，Button 对象一般只会用到 onclick 事件处理程序，因为该对象不能从用户那里得到任何信息，如果没有 onclick 事件处理程序，按钮对象将不会有任何作用。

使用单击事件的语法格式如下：

基本语法：

```
onClick= 函数或是处理语句
```

实例代码：

```
<!doctype html>
<html>
<head>
<meta charset="utf-8">
<title> 无标题文档 </title>
</head>
<body><input type="submit" name="submit" value=" 打印本页 "
onClick="javascript:window.print()">
</body>
</html>
```

本段代码运用onClick事件，设置当单击按钮时实现打印效果。运行代码的效果如图21-5和图21-6所示。

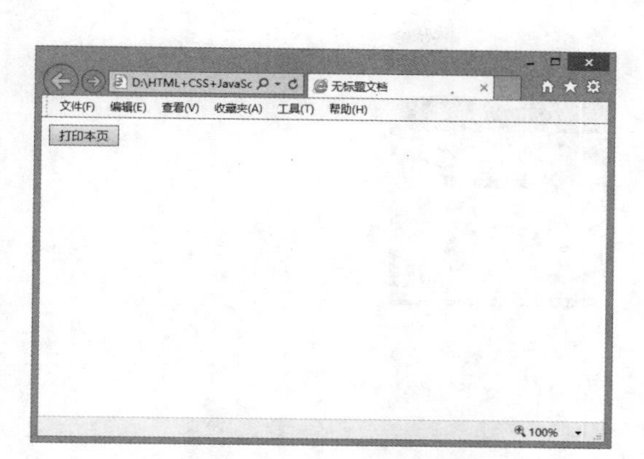

图 21-5　onClick 事件

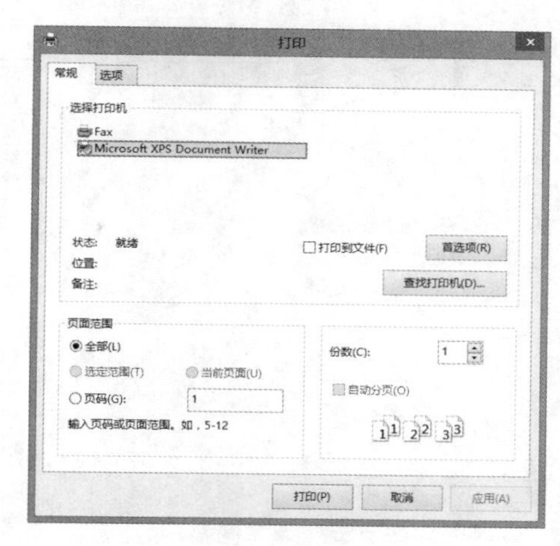

图 21-6　打印

21.2.2　onchange 事件

onchange 事件通常在文本框或下拉列表中激发。在下拉列表中，只要修改了可选项，就会激发 onchange 事件；在文本框中，只有修改了文本框中的文字并在文本框失去焦点时才会被激发。

基本语法：

```
onchange= 函数或是处理语句
```

实例代码：

```
<!doctype html>
<html>
<head>
<meta charset="utf-8">
<title> 无标题文档 </title>
</head>
<body>
<form name=searchForm  action= >
<tbody>
<tr>
<td align=middle width="100%">
<input name="textfield" type="text" size="20" onchange=alert(" 输入搜索内容 ")>
</td>
</tr>
<tr>
<t align=middle width="100%">
<select size=1 name=search>
<option value=Name selected> 按性别 </option >
<option  value=Singer> 按名称 </option>
< option value=Flasher> 按日期 </ option>
</select >
<input type="submit" name="Submit2" value=" 提交 " /></td>
</tr>
</form>
</body>
</html>
```

本段加粗代码在一个文本框中使用了 onchange=alert(" 输入搜索内容 ")，从而显示表单内容变化引起 onchange 事件执行处理效果。这里的 onchange 结果是弹出提示信息框。运行代码的效果如图 21-7 所示。

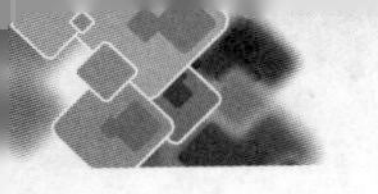

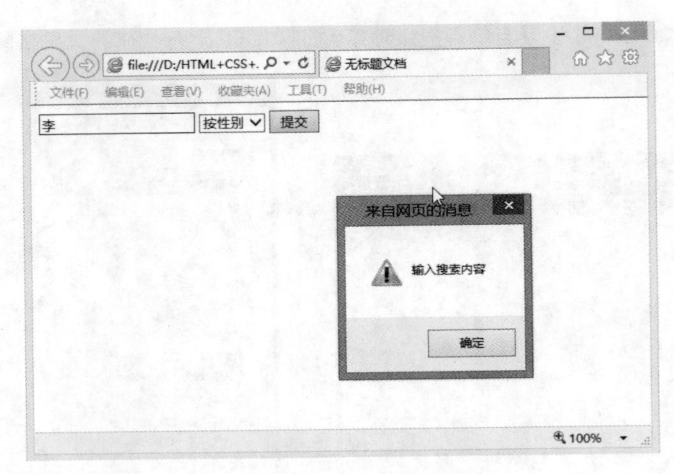

图 21-7　onchange 事件

21.2.3　onSelect 事件

onSelect 事件是指当文本框中的内容被选中时所发生的事件。

基本语法：

```
onSelect= 处理函数或是处理语句
```

实例代码：

```
<script language="javascript">                              // 脚本程序开始
function strcon(str)                                         // 连接字符串
{
  if(str!=' 请选择 ')                                        // 如果选择的是默认项
  {
        form1.text.value=" 您选择的是: "+str;                // 设置文本框提示信息
  }
  else                                                       // 否则
  {
        form1.text.value="";                                 // 设置文本框提示信息
  }
}
</script>                                                    <!-- 脚本程序结束 -->
<form id="form1" name="form1" method="post" action="">      <!-- 表单 -->
<label>
<textarea name="text" cols="50" rows="2" onSelect="alert( '您要复制吗? ')"></
textarea>
</label>
<p><label>
<select name="select1" onchange="strAdd(this.value)" >
<option value=" 请选择 "> 请选择 </option><option value=" 北京 "> 北京 </option><!--
选项 -->
<option value=" 上海 "> 上海 </option>
<option value=" 广州 "> 广州 </option>
<option value=" 山东 "> 济南 </option>
<option value=" 天津 "> 天津 </option>
<!-- 选项 --><!-- 选项 -->
<option value=" 其他 "> 其他 </option>
</select>
</label>
</p>    <!-- 选项 -->
</form>
```

本段代码定义函数处理下拉列表的选择事件，当选择其中的文本时输出提示信息。运行代码的效果如图 21-8 所示。

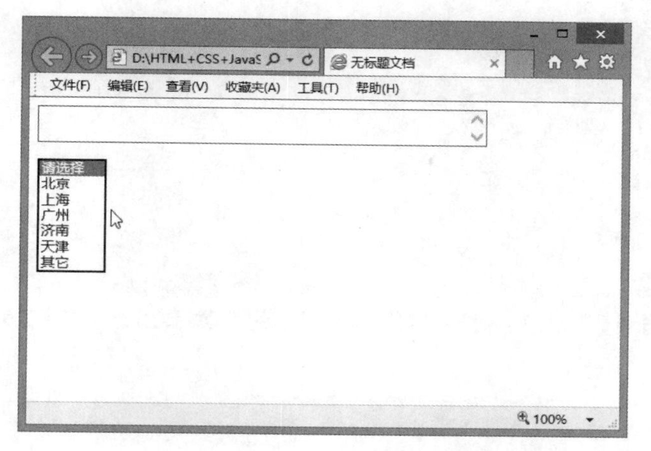

图 21-8 处理下拉列表事件

21.2.4 onfocus 事件

获得焦点事件（onfocus）是当某个元素获得焦点时触发事件处理程序。失去焦点事件（onblur）是当前元素失去焦点时触发事件处理程序。在一般情况下，这两个事件是同时使用的。onfocus 事件即得到焦点通常是指选中了文本框等，并且可以在其中输入文字。

基本语法：

```
onfocus= 处理函数或是处理语句
```

实例代码：

```
<!doctype html>
<html>
<head>
<meta charset="utf-8">
<title> 无标题文档 </title>
</head>
<body>
国内城市：
<form name="form1" method="post" action="">
  <p>
   <label>
   <input type="radio" name="RadioGroup1" value=" 北京 "
onfocus=alert(" 选择北京！ ")> 北京 </label>
   <br>
   <label>
   <input type="radio" name="RadioGroup1" value=" 天津 "
onfocus=alert(" 选择天津！ ")>
  天津
   </label>
    <br>
    <label>
   <input type="radio" name="RadioGroup1" value=" 长沙 "
onfocus=alert(" 选择长沙！ ")>
  长沙
    </label>
    <br>
```

```
    <label>
    <input type="radio" name="RadioGroup1" value=" 沈阳 "
onfocus=alert(" 选择沈阳！ ")>
   沈阳 </label>
    <br>
    <label>
    <input type="radio" name="RadioGroup1" value=" 上海 "
onfocus=alert(" 选择上海！ ")>
    上海 </label>
    <br>
  </p>
</form>
</body>
</html>
```

在代码中加粗部分代码应用了onfocus事件，选择其中的一项，弹出选择提示的对话框，如图21-9所示。

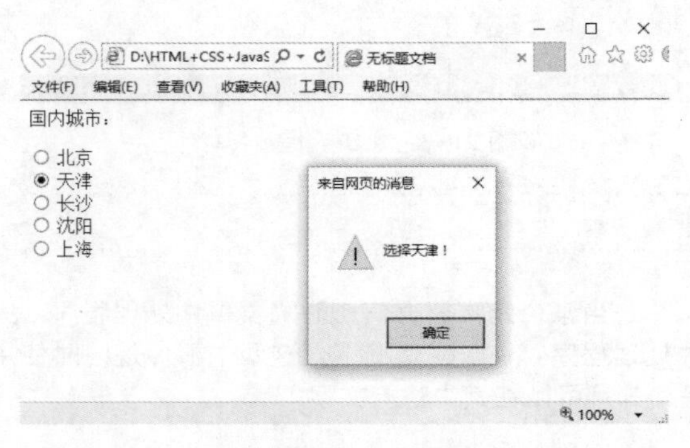

图 21-9 onfocus 事件

21.2.5 onload 事件

加载事件（onload）与卸载事件（onunload）是两个相反的事件。在HTML 4.01中，只规定了body元素和frameset元素拥有加载和卸载事件，但是大多浏览器都支持img元素和object元素的加载事件。以body元素为例，加载事件是指整个文档在浏览器窗口中加载完毕后所激发的事件。卸载事件是指当前文档从浏览器窗口中卸载时所激发的事件，即关闭浏览器窗口或从当前网页跳转到其他网页时所激发的事件。onLoad事件语法格式如下。

基本语法：

```
onLoad= 处理函数或是处理语句
```

实例代码：

```
<!doctype html>
<html>
<head>
<meta charset="utf-8">
<title> 无标题文档 </title>
<script type="text/JavaScript">
<!--
function MM_popupMsg(msg) { //v1.0
  alert(msg);
}
//-->
</script>
</head>
<body onLoad="MM_popupMsg(' 欢迎来我们的网站！ ')">
```

```
</body>
</html>
```

在代码中加粗部分代码应用了 onload 事件，在浏览器中浏览效果时，会自动弹出提示的对话框，如图 21-10 所示。

图 21-10　onload 事件

21.2.6　鼠标移动事件

鼠标移动事件包括三种，分别为 onmouseover、onmouseout 和 onmousemove。其中，onmouseover 是当鼠标移动到对象之上时所激发的事件；onmouseout 是当鼠标从对象上移开时所激发的事件；onmousemove 是鼠标在对象上进行移动时所激发的事件。可以用这三个事件在指定的对象上移动鼠标时，实现其对象的动态效果。

基本语法：

```
onMouseover= 处理函数或是处理语句
onMouseout= 处理函数或是处理语句
onMousemove= 处理函数或是处理语句
```

实例代码：

```
<!doctype html>
<html>
<head>
<meta charset="utf-8">
<title>onmouseover 事件 </title>
<style type="text/css">
<!--
#Layer1 {position:absolute;width:257px;height:171px;z-index:1;visibility:
hidden;}
-->
</style>
<script type="text/JavaScript">
<!--
function MM_findObj(n, d) { //v4.01
  var p,i,x;  if(!d) d=document; if((p=n.indexOf("?"))>0&&parent.frames.
length) {
    d=parent.frames[n.substring(p+1)].document; n=n.substring(0,p);}
  if(!(x=d[n])&&d.all) x=d.all[n]; for (i=0;!x&&i<d.forms.length;i++) x=d.
forms[i][n];
  for(i=0;!x&&d.layers&&i<d.layers.length;i++) x=MM_findObj(n,d.layers[i].
document);
  if(!x && d.getElementById) x=d.getElementById(n); return x;
}
function MM_showHideLayers() { //v6.0
  var i,p,v,obj,args=MM_showHideLayers.arguments;
  for (i=0; i<(args.length-2); i+=3) if ((obj=MM_findObj(args[i]))!=null) {
v=args[i+2];
```

```
        if (obj.style) { obj=obj.style; v=(v=='show')?'visible':(v=='hide')?'hid
den' :v; }
        obj.visibility=v; }
    }
    //-->
    </script>
    </head>
    <body>
    <input name="Submit" type="submit"
     onMouseOver="MM_showHideLayers( 'Layer1','','show')" value="单击显示图像" />
    <div id="Layer1"><img src="tu.jpg" width="300" height="200" /></div>
    </body>
    </html>
```

在代码中加粗部分代码应用了 onmouseover 事件，在浏览器中浏览效果，将光标移动到“显示图像”按钮的上方显示图像，如图 21-11 所示。

图 21-11 onmouseover 事件

21.2.7 onblur 事件

失去焦点事件正好与获得焦点事件相对，失去焦点（onblur）是指将焦点从当前对象中移开。当 text 对象、textarea 对象或 select 对象不再拥有焦点而退到后台时，引发该事件。

实例代码：

```
    <!doctype html>
    <html>
    <head>
    <meta charset="utf-8">
    <title>onBlur 事件 </title>
    <script type="text/JavaScript">
    <!--
    function MM_popupMsg(msg) { //v1.0
      alert(msg);
    }
    //-->
    </script>
    </head>
    <body>
    <p>用户注册：</p>
```

```
<p>用户名：<input name="textfield" type="text"
onBlur="MM_popupMsg('文档中的"用户名"文本域失去焦点！')" />
</p>
<p>密码：<input name="textfield2" type="text"
onBlur="MM_popupMsg('文档中的"密码"文本域失去焦点！')" />
</p>
</body>
</html>
```

在代码中加粗部分代码应用了 onblur 事件，在浏览器中浏览效果，将光标移动到任意一个文本框中，再将光标移动到其他的位置，就会弹出一个提示对话框，说明某个文本框失去焦点，如图 21-12 所示。

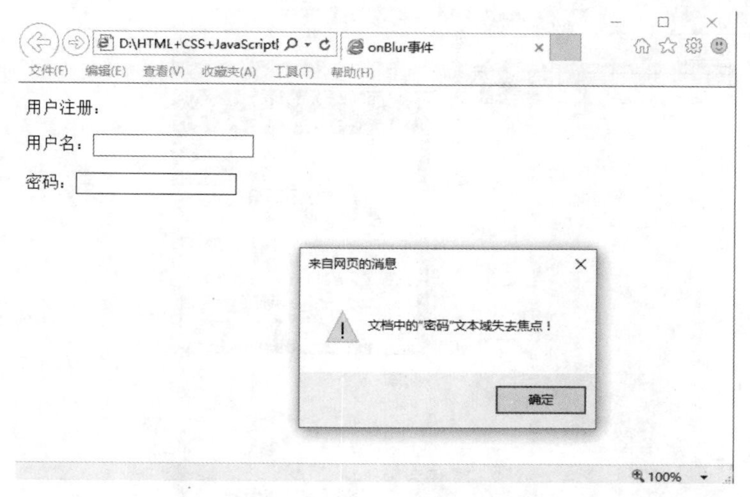

图 21-12　onblur 事件

21.2.8　onsubmit 事件和 onreset 事件

表单提交事件（onsubmit）是在用户提交表单时（通常使用“提交”按钮，也就是将按钮的 type 属性设为 submit），在表单提交之前被触发，因此，该事件的处理程序通过返回 false 值来阻止表单的提交。该事件可以用来验证表单输入项的正确性。

表单重置事件（onreset）与表单提交事件的处理过程相同，该事件只是将表单中的各元素的值设置为原始值，它能够清空表单中的所有内容。onreset 事件和属性的使用频率远低于 onsubmit。

基本语法：

```
<form name="formname" onReset="return Funname"
onsubmit="return Funname " ></form>
```

- formname：表单名称。
- Funname：函数名或执行语句，如果是函数名，在该函数中必须有布尔型的返回值。

实例代码：

```
<!doctype html>
<html>
<head>
<meta charset="utf-8">
<title>onsubmit 事件 </title>
</head>
<body><form name="testform" action=""
onsubmit="alert('你好 ' + testform.fname.value +'!')">
```

```
输入名字。<br />
<input type="text" name="fname" />
<input type="submit" value=" 提交 " />
</form>
</body>
</html>
```

在本例中，当用户单击“提交”按钮时，会显示一个对话框，如图 21-13 所示。

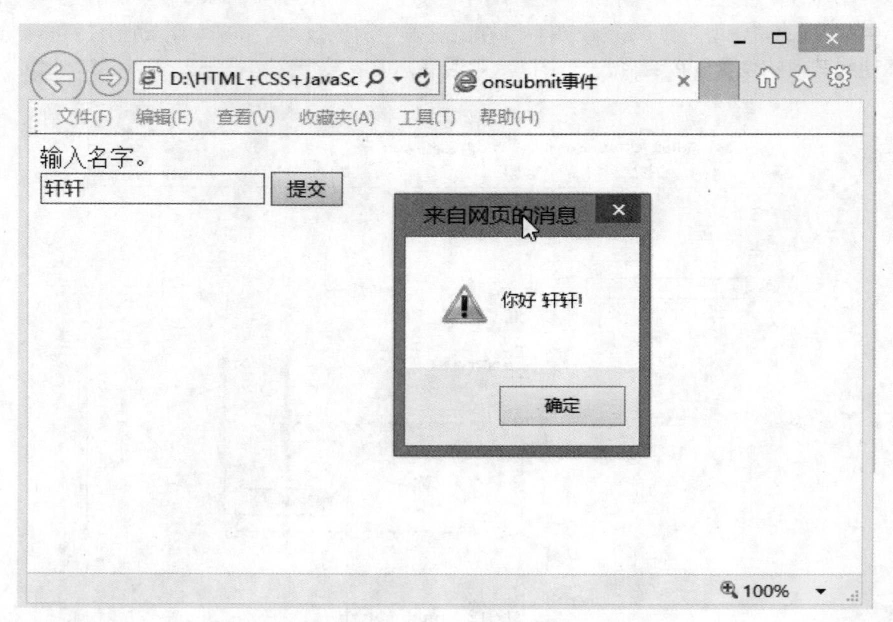

图 21-13　onsubmit 事件

21.2.9　onresize 事件

页面的大小事件（onresize）是用户改变浏览器的大小时触发事件处理程序，它主要用于固定浏览器的大小。

```
<!doctype html>
<html>
<head>
<meta charset="utf-8">
<title> 固定浏览器 </title>
<meta charset="utf-8">
</head>
<body>
<center><img src="../../../ 效果 /21/wang.jpg"></center>
<script language="JavaScript">
function fastness(){
  window.resizeTo(800,500);
}
document.body.onresize=fastness;
document.body.onload=fastness;
</script>
</body>
</html>
```

上面的实例是在用户打开网页时，将浏览器以固定的大小显示在屏幕上，当用鼠标拖曳浏览器边框改变其大小时，浏览器将恢复原始大小，如图 21-14 所示。

图 21-14　onresize 事件

21.2.10　键盘事件

鼠标和键盘事件是在页面操作中使用最频繁的操作，可以利用键盘事件来制作页面的快捷键。键盘事件包含 onkeypress、onkeydown 和 onkeyup 事件。

- onkeypress 事件是在键盘上的某个键被按下并且释放时触发此事件的处理程序，一般用于键盘上的单键操作。
- onkeydown 事件是在键盘上的某个键被按下时触发此事件的处理程序。
- onkeyup 事件是在键盘上的某个键被按下后并释放时触发此事件的处理程序，一般用于组合键的操作。

```
<!doctype html>
<html>
<head>
<meta charset="utf-8">
<title>无标题文档</title>
</head>
<body>
<img src="jian.jpg" width="1007" height="560" />
<script language="javascript">
<!--
function Refurbish(){
  if (window.event.keyCode==97){                    //当在键盘中按A键时
         location.reload();                          //刷新当前页
  }
}
document.onkeypress=Refurbish;
//-->
</script>
</body>
</html>
```

上面的实例是应用键盘中的 A 键，对页面进行刷新，而无须用鼠标在 IE 浏览器中单击“刷新”按钮，如图 21-15 所示。

图 21-15　键盘事件

21.3 其他常用事件

在前面讲述的事件都是 HTML 4.01 中所支持的标准事件。除此之外，大多数浏览器都还定义了一些其他事件，这些事件为开发者开发程序带来了很大的便利，也使程序更为丰富和人性化。常用的其他事件见表 21-1 所示。

表 21-1　其他常用事件

事　件	含　义
onabort	当页面上的图片没完全下载时，单击浏览器上“停止”按钮时的事件
onbeforeunload	当前页面的内容将要被改变时触发此事件
onerror	出现错误时触发此事件
onfinish	当 Marquee 元素完成需要显示的内容后触发此事件
onbeforecopy	当页面当前的被选择内容将要复制到浏览者系统的剪贴板前触发此事件
onbounce	在 marquee 内的内容移动至 marquee 显示范围之外时触发此事件
onstart	当 marquee 元素开始显示内容时触发此事件
onbeforeupdate	当浏览者粘贴系统剪贴板中的内容时通知目标对象
onrowenter	当前数据源的数据发生变化，并且有新的有效数据时触发的事件
onscroll	浏览器的滚动条位置发生变化时触发此事件
onstop	浏览器的“停止”按钮被按下时触发此事件或者正在下载的文件被中断
onbeforecut	当页面中的一部分或者全部的内容将被移离当前页面剪贴并移动到浏览者的系统剪贴板时触发此事件
onbeforeeditfocus	当前元素将要进入编辑状态
onbeforepaste	内容将要从浏览者的系统剪贴板粘贴到页面中时触发此事件
oncopy	当页面当前的被选择内容被复制后触发此事件
oncut	当页面当前的被选择内容被剪切时触发此事件
ondrag	当某个对象被拖曳时触发此事件

续表

事 件	含 义
ondragdrop	一个外部对象被鼠标拖进当前窗口或者帧
ondragend	当鼠标拖曳结束时触发此事件，即鼠标的按钮被释放了
ondragenter	当对象被鼠标拖曳的对象进入其容器范围内时触发此事件
ondragleave	当对象被鼠标拖曳的对象离开其容器范围内时触发此事件
ondragover	当某被拖曳的对象在另一对象容器范围内拖曳时触发此事件
ondragstart	当某对象将被拖曳时触发此事件
ondrop	在一个拖曳过程中，释放鼠标键时触发此事件
onlosecapture	当元素失去鼠标移动所形成的选择焦点时触发此事件
onpaste	当内容被粘贴时触发此事件
onselectstart	当文本内容选择将开始发生时触发的事件
onafterupdate	当数据完成由数据源到对象的传送时触发此事件
oncellchange	当数据来源发生变化时
ondataavailable	当数据接收完成时触发事件
ondatasetchanged	数据在数据源发生变化时触发的事件
ondatasetcomplete	当来自数据源的全部有效数据读取完毕时触发此事件
onerrorupdate	当使用 onbeforeupdate 事件触发取消了数据传送时，代替 onafterupdate 事件
onrowexit	当前数据源的数据将要发生变化时触发的事件
onrowsdelete	当前数据记录将被删除时触发此事件
onrowsinserted	当前数据源将要插入新数据记录时触发此事件
onafterprint	当文档被打印后触发此事件
onbeforeprint	当文档即将打印时触发此事件
onfilterchange	当某个对象的滤镜效果发生变化时触发的事件
onhelp	当浏览者按下 F1 键或者浏览器的帮助选择时触发此事件
onpropertychange	当对象的属性之一发生变化时触发此事件
onreadystatechange	当对象的初始化属性值发生变化时触发此事件

21.4 综合实例——将事件应用于按钮中

事件响应编程是 JavaScript 编程的主要方式，在前面介绍时已经大量使用了事件处理程序。下面通过一个综合实例介绍将事件应用在按钮中，具体操作步骤如下。

01 使用 Dreamweaver 打开网页文档，如图 21-16 所示。

02 打开拆分视图，在 <body> 和 </body> 之间相应的位置输入以下代码，如图 21-17 所示。

```
    <form name="buttonForm">
    <input type="button" value="按钮" name="button1" onclick="alert('按钮被点击')"><br>
    </form>
    <script language="JavaScript">
    <!--
```

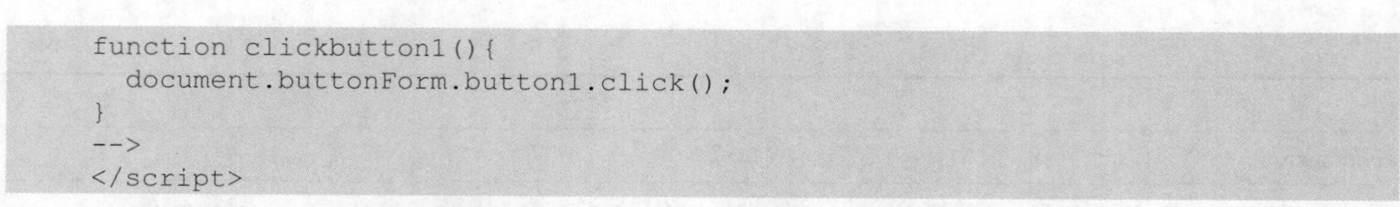

```
function clickbutton1(){
  document.buttonForm.button1.click();
}
-->
</script>
```

图 21-16　打开网页文档

图 21-17　输入代码

03 保存文档，在浏览器中浏览效果，如图 21-18 所示。

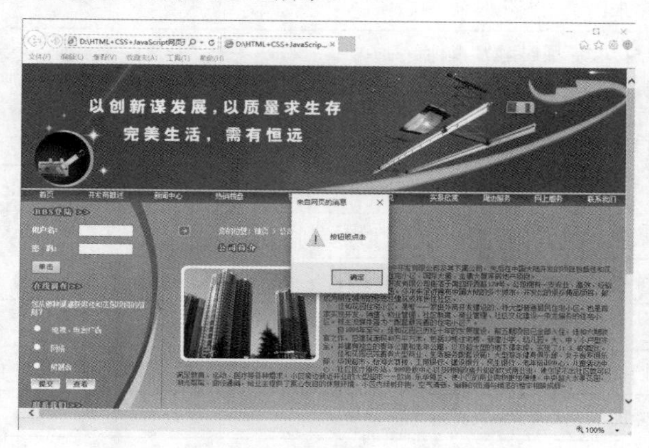

图 21-18　将事件应用于按钮中的效果

21.5 本章小结

事件是 JavaScript 中最吸引人的地方，因为它提供了一个平台，让用户不仅能够浏览页面中的内容，而且还可以和页面元素进行交互。但由于事件的产生和捕捉都与浏览器相关，因此，不同的浏览器所支持的事件都有所不同。HTML 中所规定的事件是各大浏览器都支持的事件，本章里介绍了 HTML 标准中所规定的几种事件，这几种事件都是在 JavaScript 编程中常用的事件，希望读者要熟练掌握这些事件。

第22章

JavaScript 中的对象

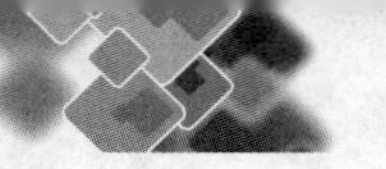

本章导读

对象就是一种数据结构，包含了各种命名好的数据属性，而且还可以包含对这些数据进行操作的方法函数，一个对象将数据与方法组织到一个灵巧的对象包中，这样就大大增强了代码的模块性和重用性，从而使程序设计更加容易，更加轻松。

技术要点：

- JavaScript对象的声明和引用
- 内置对象
- 浏览器对象
- 综合实例——改变网页背景颜色

22.1 JavaScript 对象的声明和引用

对象可以是一段文字、一幅图片、一个表单（Form）等。每个对象有其自己的属性、方法和事件。对象的属性是反映该对象某些特定性质的，例如字符串的长度、图像的长宽、文字框里的文字等；对象的方法能对该对象做一些事情，例如表单的“提交”（Submit）、窗口的“滚动”（Scrolling）等；而对象的事件能响应发生在对象上的事情，例如提交表单产生表单的“提交事件”，单击链接产生的“点击事件”。不是所有的对象都有以上三个性质，有些没有事件，有些只有属性。

22.1.1 声明和实例化

JavaScript 中的对象是由属性（properties）和方法（methods）两个基本的元素构成的。前者是对象在实施其所需要行为的过程中，实现信息的装载单位，从而与变量相关联；后者是指对象能够按照设计者的意图而被执行，从而与特定的函数相关联。

例如要创建一个 student（学生）对象，每个对象又有这些属性：name（姓名）、address（地址）、phone（电话）。则在 JavaScript 中可使用自定义对象，下面分步讲解。

01 首先定义一个函数来构造新的对象 student，这个函数成为对象的构造函数。

```
function student(name,address,phone)          //定义构造函数
{
  this.name=name;                              //初始化姓名属性
  this.address=address;                        //初始化地址属性
  this.phone=phone;                            //初始化电话属性
}
```

02 在 student 对象中定义一个 printstudent 方法，用于输出学生信息。

```
Function printstudent()                        //创建 printstudent 函数的定义
{
  line1="name:"+this.name+"<br>\n";            //读取 name 信息
  line2="address:"+this.address+"<br>\n";      //读取 address 信息
  line3="phone:"+this.phone+"<br>\n"           //读取 phone 信息
  document.writeln(line1,line2,line3);         //输出学生信息
}
```

03 修改 student 对象，在 student 对象中添加 printstudent 函数的引用。

```
function student(name,address,phone)          //构造函数
{
  this.name=name;                              //初始化姓名属性
  this.address=address;                        //初始化地址属性
  this.phone=phone;                            //初始化电话属性
  this.printstudent=printstudent;              //创建 printstudent 函数的定义
}
```

04 即实例化一个 student 对象并使用。

```
tom=new student("胜利","平南路新华路 157 号","1234567");        // 创建胜利的信息
tom.printstudent()                                              // 输出学生信息
```

上面分步讲解是为了更好地说明一个对象的创建过程，但真正的应用开发则一气呵成，灵活设计。

实例代码：

```
<script language="javascript">
function student(name,address,phone)
{
  this.name=name;                                    // 初始化学生信息
  this.address=address;
  this.phone=phone;
  this.printstudent=function()                       // 创建 printstudent 函数的定义
  {
        line1="Name:"+this.name+"<br>\n";                   // 输出学生信息
        line2="Address:"+this.address+"<br>\n";
        line3="Phone:"+this.phone+"<br>\n"
        document.writeln(line1,line2,line3);
  }
}
tom=new student("胜利","平南路新华路 157 号","1234567");        // 创建胜利的信息
tom.printstudent()                                              // 输出学生信息
</script>
```

该代码是声明和实例化一个对象的过程。首先使用 function student() 定义了一个对象类构造函数 student，其包含三种信息，即三个属性姓名、地址和电话。最后两行创建一个学生对象并输出其中的信息。This 关键字表示当前对象，即由函数创建的那个对象。运行代码，在浏览器中浏览效果，如图 22-1 所示。

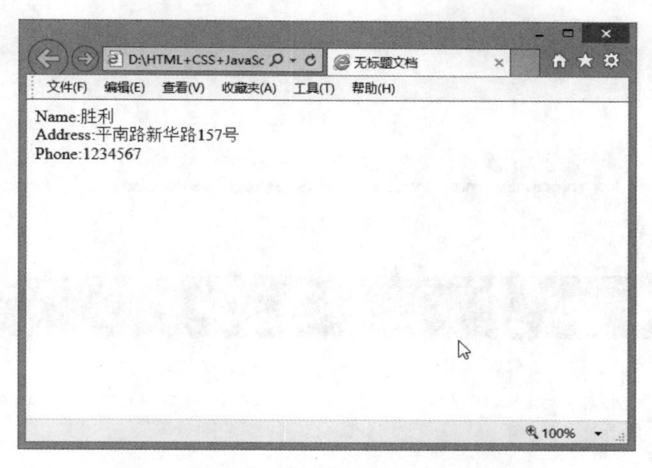

图 22-1　实例效果

22.1.2　对象的引用

JavaScript 为我们提供了一些非常有用的常用内部对象和方法。用户不需要用脚本来实现这些功能。这正是基于对象编程的真正意义。

对象的引用其实就是对象的地址，通过这个地址可以找到对象的所在。对象的来源有如下几种方式。通过取得它的引用即可对它进行操作，例如调用对象的方法或读取或设置对象的属性等。

- 引用 JavaScript 内部对象。
- 由浏览器环境中提供。

- 创建新对象。

这就是说一个对象在被引用之前，这个对象必须存在，否则引用将毫无意义，而出现错误信息。从上面内容可以看出，JavaScript 引用对象可通过三种方式获取，要么创建新的对象，要么利用现存的对象。

实例代码：

```
<script language="javascript">
var date;                              //声明变量
date=new date();                       //创建日期对象
date=date.toLocaleString( );           //将日期置转换为本地格式
alert( date );                         //输出日期
</script>
```

这里变量 date 引用了一个日期对象，使用 date=date.toLocaleString( ) 通过 date 变量调用日期对象的 tolocalestring 方法，将日期信息以一个字符串对象的引用返回，此时 date 的引用已经发生了改变，指向一个 string 对象。运行代码，在浏览器中浏览效果，如图 22-2 所示。

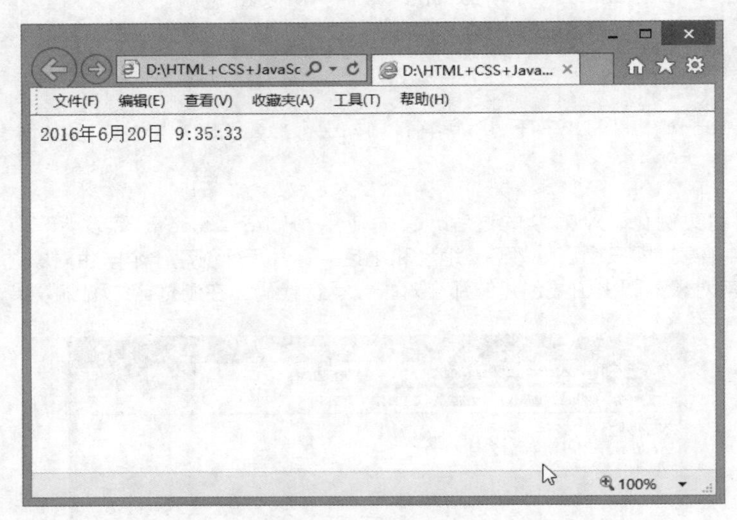

图 22-2　对象的引用

22.2 浏览器对象

在 HTML 页中，最常用的 JavaScript 对象有：window、document、location、history 和 navigator 对象。在这里分别讲解这些对象。

22.2.1 navigator 对象

在进行 Web 开发时，通过 navigator 对象的属性来确定用户浏览器版本，进而编写有针对相应浏览器版本的代码。

基本语法：

```
navigator.appName
navigator.appCodeName
navigator.appVersion
navigator.userAgent
navigator.platform
navigator.language
```

语法说明：

navigator.appName 获取浏览器名称；navigator.appCodeName 获取浏览器的代码名称；navigator.appVersion 获取浏览器的版本；navigator.userAgent 获取浏览器的用户代理；navigator.platform 获取平台的类型；navigator.language 获取浏览器的使用语言。

实例代码：

```
<!doctype html>
<html>
<head>
<meta charset="utf-8">
<title>无标题文档</title>
</head>
<body>
<Script language="javascript">
with (document)
 {
       write ("浏览器信息：<OL>");
       write ("<LI>代码："+navigator.appCodeName);
       write ("<LI>名称："+navigator.appName);
       write ("<LI>版本："+navigator.appVersion);
       write ("<LI>语言："+navigator.language);
       write ("<LI>编译平台："+navigator.platform);
         write ("<LI>用户表头："+navigator.userAgent);
}
</Script>
</body>
</html>
```

运行代码的效果如图 22-3 所示，显示了浏览器的代码、名称、版本、语言、编译平台和用户表头等信息。

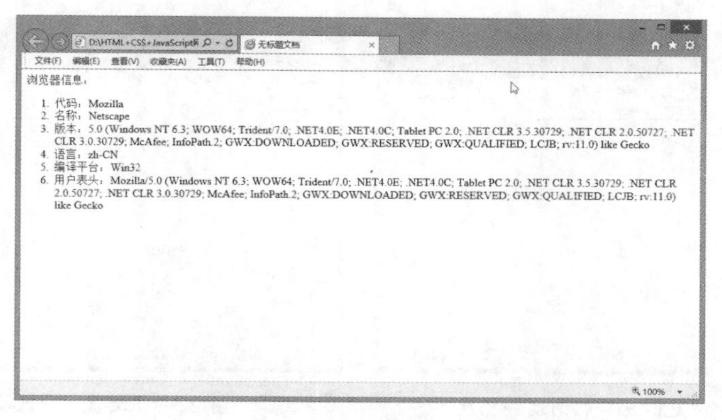

图 22-3 获取浏览器对象的属性值

22.2.2 window 对象

window 对象处于对象层次的顶端，它提供了处理 navigator 窗口的方法和属性。JavaScript 的输入可以通过 window 对象来实现。

利用 JavaScript 可以获取浏览器窗口的尺寸，实时了解窗口的高度和宽度。

基本语法：

```
Window.innerheight
Window.innerwidth
Window.outerheight
Window.outerwidth
```

语法说明：

在该语法中，innerheight 属性和 innerwidth 属性分别用来指定窗口内部显示区域的高度和宽度。outerheight 和 outerwidth 属性分别用来指定含工具栏及状态栏的窗口外侧的高度及宽度。在 IE 浏览器中不支持这些属性。

实例代码：

```
<!doctype html>
<html>
<head>
<meta charset="utf-8">
<title>无标题文档</title>
</head>
<body>
*获取窗口的外侧尺寸及内侧尺寸
<p><script type="text/javascript">
<!--
    document.write("窗口的高度（内侧）：",window.innerHeight);
    document.write("<br>");
    document.write("窗口的宽度（内侧）：",window.innerWidth);
    document.write("<br>");
    document.write("窗口的高度（外侧）：",window.outerHeight);
    document.write("<br>");
    document.write("窗口的宽度（外侧）：",window.outerWidth);
//-->
</script></p>
</body>
</html>
```

运行代码，改变浏览器窗口的大小，如图 22-4 和图 22-5 所示。

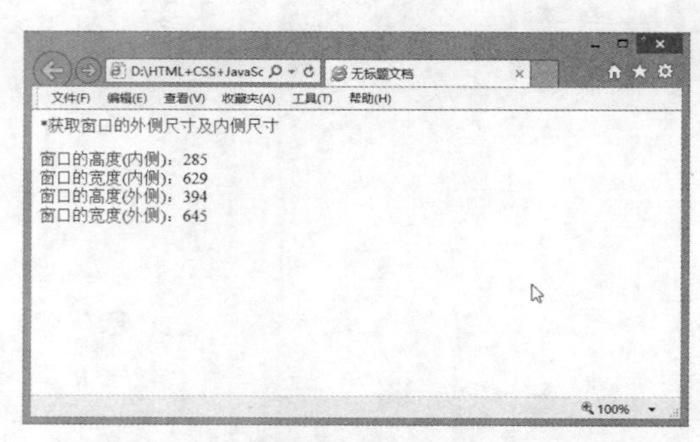

图 22-4　浏览器窗口的高度和宽度

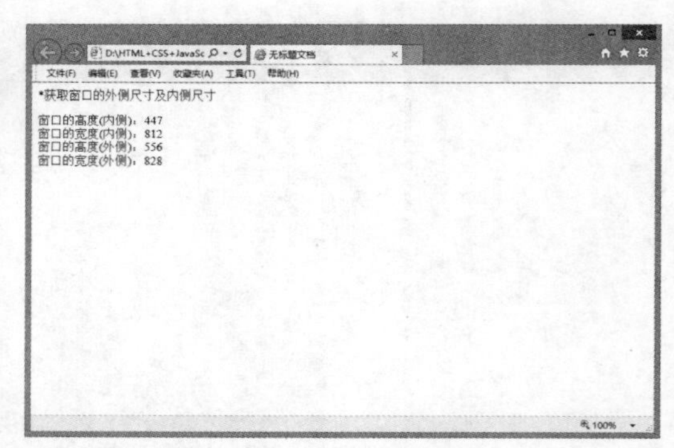

图 22-5　浏览器中改变窗口大小

22.2.3　location 对象

location 地址对象描述的是某一个窗口对象所打开的地址。要表示当前窗口的地址，只需要使用 location 即可，若要表示某一个窗口的地址，就使用“<窗口对象>.location”。

在网页编程中，经常会遇到地址的处理问题，这些都与地址本身的属性有关，这些属性大多都是用来引用当前文档的 URL 的各个部分。location 对象中包含了有关 URL 的信息。

基本语法：

```
location.href
location.protocol
location.pathname
```

```
location.hostname
location.host
```

href 属性设置 URL 的整体值；protocol 属性设置 URL 内的 http 及 ftp 等协议类型的值；hostname 属性设置 URL 内的主机名称的值；pathname 属性设置 URL 内的路径名称的值；host 属性设置主机名称及端口号的值。

实例代码：

```
<!doctype html>
<html>
<head>
<meta charset="utf-8">
<title> 无标题文档 </title>
<script language="javascript">
function getMsg()
{
url=window.location.href;
with(document)
{
write(" 协议: "+location.protocol+"<br>");
write(" 主机名: "+location.hostname+"<br>");
write(" 主机和端口号: "+location.host+"<br>")
write(" 路径名: "+location.pathname+"<br>");
write(" 整个地址: "+location.href+"<br>");
}
}
</script>
</head>
<body>
<input type="submit" name="Submit" value=" 获取指定地址的各属性值 "
onclick="getMsg()" />
</body>
</html>
```

本例通过 .location 获得当前的 URL 信息，运行代码的效果如图 22-6 和图 22-7 所示。

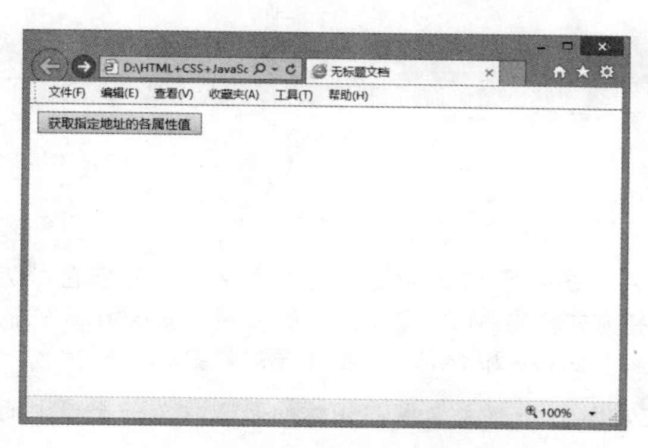

图 22-6　获取指定地址的各属性值

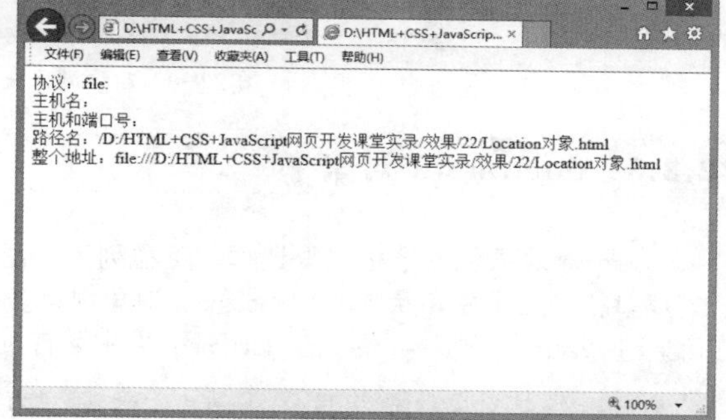

图 22-7　获取指定地址的各属性值

22.2.4　history 对象

JavaScript 中的 history 历史对象包含了用户已浏览的 URL 信息，是指浏览器的浏览历史。鉴于安全性的需要，该对象受到很多限制，现在只剩下下列属性和方法。history 历史对象有 length 这个属性，列出历史的项数。

history 对象可以实现网页上的前进和后退效果，有 forward() 方法和 back() 两种方法。forward() 方法可以前进到下一个访问过的 URL，该方法和单击浏览器中的前进按钮结果是一样的；back() 方法可以返回

到上一个访问过的 URL，调用该方法与单击浏览器窗口中的后退按钮结果是一样的。

实例代码：

```
<!doctype html>
<html>
<head>
<meta charset="utf-8">
<title>无标题文档</title>
</head>
<body>
<form name="buttonbar">
<input type="button" value="上一页" onClick="history.back()">
<input type="button" value="下一页" onCLick="history.forward()">
</form>
<a href="shang.html"><li>上一页
<a href="xia.html"><li>下一页
</body>
</html>
```

运行代码的效果如图 22-8 所示。

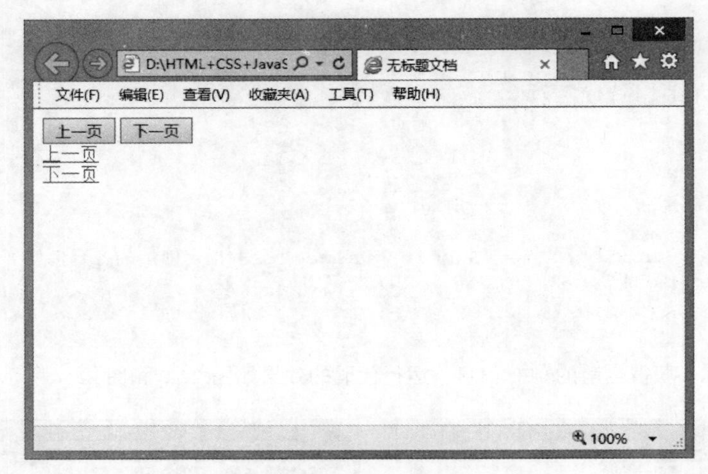

图 22-8　后退到上一页和前进到下一页

22.2.5　document 对象

document 对象包括选框、复选框、下拉列表、图片、链接等 HTML 页面可访问元素，但不包含浏览器的菜单栏、工具栏和状态栏。document 对象提供多种方式获得 HTML 元素对象的引用。JavaScript 的输出可通过 document 对象实现。在 document 中主要有 links、anchor 和 form 3 个最重要的对象。

- links 链接对象：是指用 <a href=…></a> 标记链接一个超文本或超媒体的元素作为一个特定的 URL。
- anchor 锚对象：它是指 <a name=…></a> 标记在 HTML 源码中存在时产生的对象，它包含着文档中所有的 anchor 信息。
- form 窗体对象：是文档对象的一个元素，它含有多种格式的对象储存信息，使用它可以在 JavaScript 脚本中编写程序，并可以用来动态改变文档的行为。

document 对象有以下方法：

输出显示 write() 和 writeln()：该方法主要用来实现在 Web 页面上显示输出信息。

实例代码：

```
<!doctype html>
<html>
<head>
<meta charset="utf-8">
<title> 无标题文档 </title>
<script language=javascript>
function Links()
{
n=document.links.length;                                    // 获得链接个数
s="";
for(j=0;j<n;j++)
s=s+document.links[j].href+"\n";                            // 获得链接地址
if(s=="")
s==" 没有任何链接 "
else
alert(s);
}
</script>
</head>
<body>
<form>
<input type="button" value=" 链接地址 " onClick="Links()"><br>
</form>
<p><a href="#"> 链接 1</a><br>
    <a href="#"> 链接 2</a><br>
    <a href="#"> 链接 3</a><br>
    <a href="#"> 链接 4</a><br>
</p>
</body>
</html>
```

在代码中加粗部分代码应用 document 对象，在浏览器中浏览效果，如图 22-9 所示。

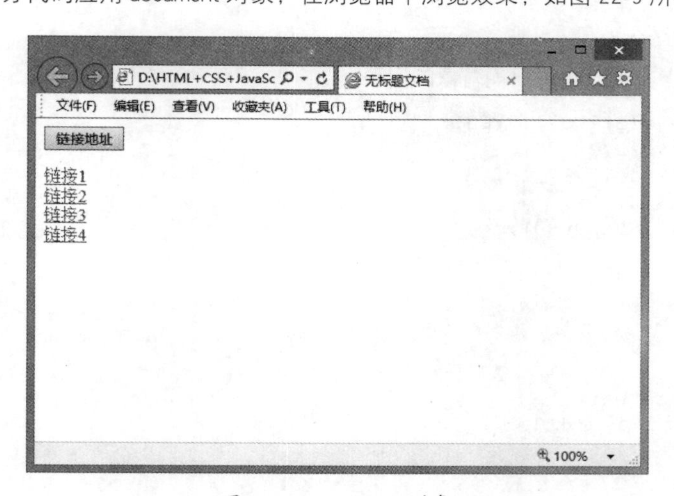

图 22-9 document 对象

22.3 内置对象

常见的内置对象包括时间对象 date、数学对象 math、字符串对象 string、数组对象 array 等，下面就详细介绍这些对象的使用方法。

22.3.1 date对象

date（时间）对象是一个我们经常要用到的对象，无论是做时间输出、时间判断等操作时都与这个对象分不开。date对象类型提供了使用日期和时间的共用方法集合。用户可以利用date对象获取系统中的日期和时间并加以利用。

基本语法：

```
var myDate=new Date ([arguments]);
```

date对象会自动把当前日期和时间保存为其初始值，参数的形式有以下5种：

```
new Date("month dd,yyyy hh:mm:ss");
new Date("month dd,yyyy");
new Date(yyyy,mth,dd,hh,mm,ss);
new Date(yyyy,mth,dd);
new Date(ms);
```

需要注意最后一种形式，参数表示的是需要创建的时间和GMT时间2016年1月1日之间相差的毫秒数。各种参数的含义如下。

- month：用英文表示的月份名称，从January ~ December。
- mth：用整数表示的月份，从0（1月）~ 11（12月）。
- dd：表示一个月中的第几天，从1 ~ 31。
- yyyy：四位数表示的年份。
- hh：小时数，从0（午夜）~ 23（晚11点）。
- mm：分钟数，从0 ~ 59的整数。
- ss：秒数，从0 ~ 59的整数。
- ms：毫秒数，为大于等于0的整数。

下面是使用上述参数形式创建日期对象的例子：

```
new Date("May 12,2007 17:18:32");
new Date("May 12,2007");
new Date(2007,4,12,17,18,32);
new Date(2007,4,12);
new Date(1178899200000);
```

实例代码：

```
<!doctype html>
<html>
<head>
<meta charset="utf-8">
<title> 无标题文档 </title>
</head>
<body>
<script type="text/javascript">
<!--
now = new Date();
    if ( now.getYear() >= 2000 ){ document.write(now.getYear(),"年") }
    else { document.write(now.getYear()+1900,"年") }
    document.write(now.getMonth()+1,"月",now.getDate(),"日");
    document.write(now.getHours(),"时",now.getMinutes(),"分");
    document.write(now.getSeconds(),"秒");
//-->
```

```
</script>
</body>
</html>
```

本实例创建了一个 now 对象，从而使用 now = new Date() 从计算机系统时间中获取当前时间，并利用相应方法，获取与时间相关的各种数值。getYear() 方法获取年份；getMonth() 方法获取月份；getDate() 方法获取日期；getHours() 方法获取小时；getMinutes() 方法获取分钟；getSeconds() 方法获取秒数。在浏览器中浏览效果，如图 22-10 所示。

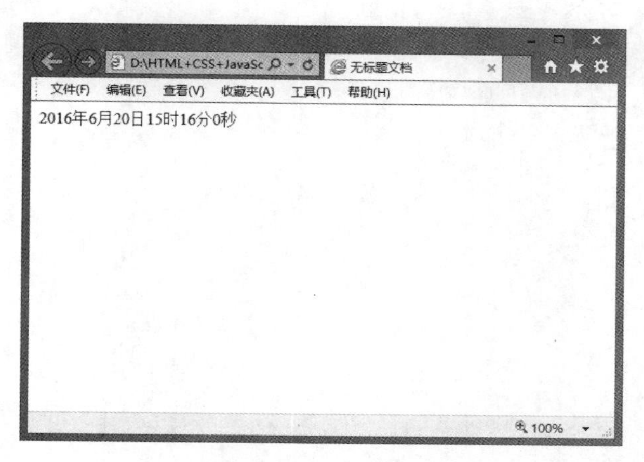

图 22-10　显示具体时间

22.3.2　数学对象 math

作为一门编程语言，进行数学计算是必不可少的。在数学计算中经常会使用到数学函数，如取绝对值、开方、取整、求三角函数值等，还有一种重要的函数是随机函数。JavaScript 将所有这些与数学有关的方法、常数、三角函数，以及随机数都集中到一个对象内——math 对象。math 对象是 JavaScript 中的一个全局对象，不需要由函数进行创建，而且只有一个。

基本语法：

```
Math. 属性
Math. 方法
```

实例代码：

```
<!doctype html>
<html>
<head>
<meta charset="utf-8">
<title> 无标题文档 </title>
<script language="JavaScript" type="text/javascript">
function roundTmp(x,y)
{
var _pow=Math.pow(15,y);
x*=_pow;x=Math.round(x);
return x/_pow;
}
document.write(Math.ceil(0.60) + "<br />")
document.write(Math.ceil(-5.9))
</script>
</head>
<body>
</body>
</html>
```

ceil() 方法可对一个数进行上舍入，即大于等于 x，并且与它最接近的整数。输出结果如图 22-11 所示。

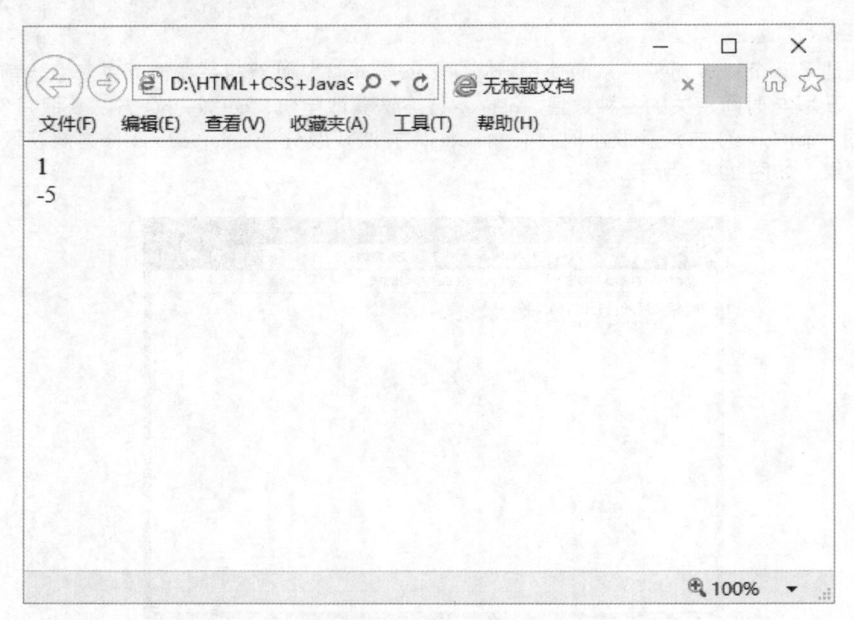

图 22-11 数学对象 math

22.3.3 字符串对象 string

string 对象是动态对象，需要创建对象实例后才可以引用它的属性或方法，可以把用单引号或双引号括起来的一个字符串当作一个字符串的对象实例来看待，也就是说可以直接在某个字符串后面加上（.）去调用string对象的属性和方法。string类定义了大量操作字符串的方法，例如从字符串中提取字符或子串，或者检索字符或子串。需要注意的是，JavaScript 的字符串是不可变的，string 类定义的方法都不能改变字符串的内容。

实例代码：

```
<!doctype html>
<html>
<head>
<meta charset="utf-8">
<title> 无标题文档 </title>
</head>
<body>
<script type="text/javascript">
var string="good morning"
document.write("<p> 大字号显示 : " + string.big() + "</p>")
document.write("<p> 小字号显示 : " + string.small() + "</p>")
document.write("<p> 粗体显示 : " + string.bold() + "</p>")
document.write("<p> 斜体显示 : " + string.italics() + "</p>")
document.write("<p> 以打字机文本显示字符串 : " + string.fixed() + "</p>")
document.write("<p> 使用删除线来显示字符串 : " + string.strike() + "</p>")
document.write("<p> 使用红色来显示字符串 : " + string.fontcolor("Red") + "</p>")
</script>
</body>
</html>
```

string 对象用于操纵和处理文本串，可以在程序中获得字符串长度、提取子字符串，以及将字符串转换为大写或小写字符。这里通过 string 的方法，为字符串添加了各种各样的样式，如图 22-12 所示。

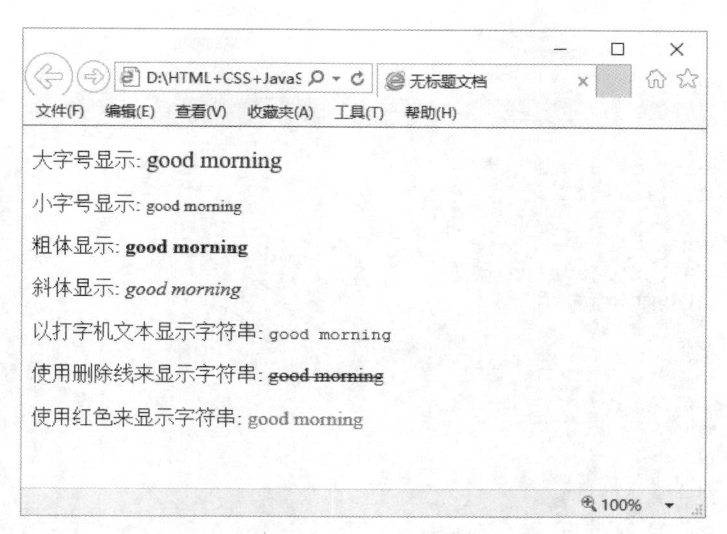

图 22-12 字符串对象 string

22.3.4 数组对象 array

在程序中数据是存储在变量中的，但是，如果数据量很大，例如几百个学生的成绩，此时再逐个定义变量来存储这些数据就显得异常烦琐，如果通过数组来存储这些数据就会使这个过程大大简化。在编程语言中，数组是专门用于存储有序数列的工具，也是最基本、最常用的数据结构之一。在 JavaScript 中，array 对象专门负责数组的定义和管理。

每个数组都有一定的长度，表示其中所包含的元素个数，元素的索引总是从 0 开始的，并且最大值等于数组长度减 1，本节将分别介绍数组的创建和使用方法。

基本语法：

数组也是一种对象，使用前先创建一个数组对象。创建数组对象使用 array 函数，并通过 new 操作符返回一个数组对象，其调用方式有以下 3 种。

```
new Array()
new Array(len)
new Array([item0,[item1,[item2,…]]]
```

语法解释：

其中第 1 种形式创建一个空数组，它的长度为 0；第 2 种形式创建一个长度为 len 的数组，len 的数据类型必须是数字，否则按照第 3 种形式处理；第 3 种形式是通过参数列表指定的元素初始化一个数组。下面是分别使用上述形式创建数组对象的例子：

```
var objArray=new Array();                    //创建了一个空数组对象
var objArray=new Array(6);                   //创建一个数组对象，包括 6 个元素
var objArray=new Array("x","y","z");         //以"x","y","z"3 个元素初始化一个
                                               数组对象
```

在 JavaScript 中，不仅可以通过调用 array 函数创建数组，而且可以使用方括号“[]”的语法直接创造一个数组，它的效果与上面第 3 种形式的效果相同，都是以一定的数据列表来创建一个数组。这样表示的数组称为一个数组常量，是在 JavaScript1.2 版本中引入的。通过这种方式就可以直接创建仅包含一个数字类型元素的数组了。例如下面的代码：

```
var objArray=[];                 //创建了一个空数组对象
var objArray=[2];                //创建了一个仅包含数字类型元素 "2" 的数组
var objArray=["a","b","c"];      //以"a","b","c"3 个元素初始化一个数组对象
```

实例代码：

```
<!doctype html>
<html>
<head>
<meta charset="utf-8">
<title> 无标题文档 </title>
</head>
<body>
<script type="text/javascript">
function sortNumber(a, b)
{
return a - b
}
var arr = new Array(6)
arr[0] = "20"
arr[1] = "50"
arr[2] = "30"
arr[3] = "40"
document.write(arr + "<br />")
document.write(arr.sort(sortNumber))
</script>
</body>
</html>
```

本例使用 sort() 方法从数值上对数组进行排序。原来数组中的数字顺序是“20,50,30,40”，使用 sort 方法重新排序后的顺序是“20,30,40,50”。最后使用 document.write 方法分别输出排序前后的数字，如图 22-13 所示。

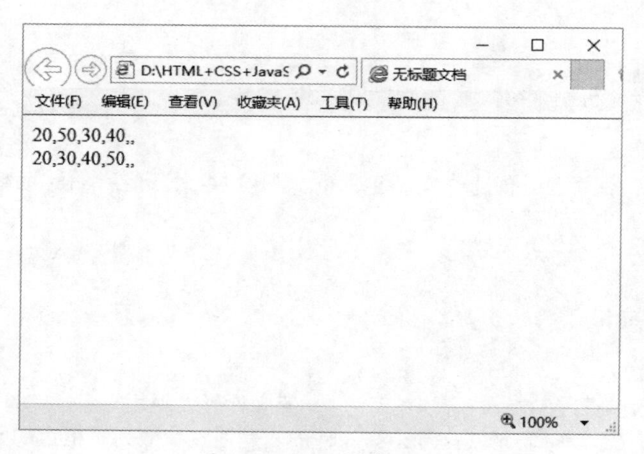

图 22-13　数组对象 array

22.4 综合实例——改变网页背景颜色

document 对象提供了几个属性如 fgColor、bgColor 等来设置 Web 页面的显示颜色，它们一般定义在 <body> 标记中，在文档布局确定之前完成设置。通过改变这两个属性的值可以改变网页背景颜色和字体颜色。

实例代码：

```
<!doctype html>
<html>
<head>
```

```
    <meta charset="utf-8">
    <title> 无标题文档 </title>
    <SCRIPT LANGUAGE="JavaScript">
    function goHist(a)
    {
       history.go(a);
    }
    </script>
    </head>
    <body>
    <center>
    <h2> 单击改变网页背景颜色 </h2>
    <table border=1 borderlight=green style="border-collapse: collapse"
    cellpadding="5" cellspacing="0">
    <tr><td align=center><a href="#" onMouseOver="document.bgColor=' #00FFFF' ">
    天空蓝 </a>
    <a href="#" onMouseOver="document.bgColor=' #FF0000' "> 大红色 </a>
    <a href="#"onMouseOver="document.bgColor=' #99FF00' "> 绿色 </a>
    </td>
    </tr>
    </table>
    </center>
    </body>
    </html>
```

运行代码，在浏览器中浏览效果，如图 22-14 所示。

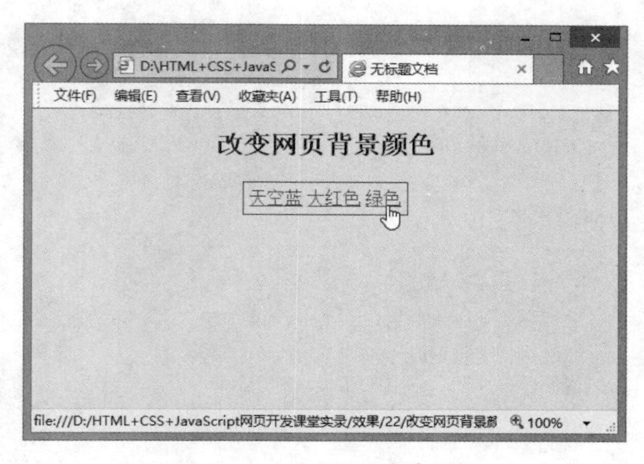

图 22-14　改变网页背景颜色

22.5 本章小结

对象是属性的集合，而属性包含了一系列内部特性，这些特性描述了属性的特征。JavaScript 可以根据需要创建自己的对象，从而进一步扩大 JavaScript 的应用范围，可以编写功能强大的 Web 文件。本章主要讲述了 JavaScript 中的对象基础知识。

第23章

设计制作企业网站

本章导读

企业在网上形象的树立已成为企业宣传的重点，越来越多的企业更加重视自己的网站。企业通过对企业信息的系统介绍，让浏览者了解企业所提供的产品和服务，并通过有效的在线交流方式搭起客户与企业之间的桥梁。企业网站的建设能够提高企业的形象并吸引更多的人关注公司，以获得更大的发展。

技术要点：

- 熟悉网站的整体规划
- 掌握网站的页面架构分析
- 掌握网站的具体制作过程
- 掌握网站的推广方法

23.1　网站整体规划

企业网站是商业性和艺术性的结合，同时企业网站也是一个企业文化的载体，通过视觉元素，承接企业的文化和企业的品牌。制作企业网站通常需要根据企业所处的行业、企业自身的特点、企业的主要客户群，以及企业最全的资讯等信息，才能制作出适合企业特点的网站。

23.1.1　网站的需求分析

网站的设计是展现企业形象、介绍产品和服务、体现企业发展战略的重要途径，因此必须明确设计网站的目的和用户需求，从而做出切实可行的设计计划。要根据消费者的需求、市场的状况、企业自身的情况等进行综合分析，牢记以"消费者"为中心，而不是以"美术"为中心进行设计规划。在设计规划之初要考虑以下内容：建设网站的目的是什么？为谁提供服务和产品？企业能提供什么样的产品和服务？企业产品和服务适合什么样的表现方式？

首先一个成功的网站一定要注重外观布局。外观是给用户的第一印象，给浏览者留下一个好的印象，那么他看下去或再次光顾的可能性才更大。但是一个网站要想留住更多的用户，最重要的还是网站的内容。网站内容是一个网站的灵魂，内容做得好，做到有自己的特色才会脱颖而出。做内容，一定要做出自己的特点来。当然有一点需要注意，不要为了差异化而差异化，只有满足用户核心需求的差异化才是有效的，否则跟模仿其他网站功能没有实质的区别。

23.1.2　色彩搭配与风格设计

企业网站给人的第一印象是网站的色彩，因此确定网站的色彩搭配是相当重要的一步。一般来说，一个网站的标准色彩不应超过 3 种，太多则让人眼花缭乱。标准色彩用于网站的标志、标题、导航栏和主色块，给人以整体统一的感觉。至于其他色彩在网站中也可以使用，但只能作为点缀和衬托，决不能喧宾夺主。

绿色在企业网站中也是使用较多的一种色彩。在使用绿色作为企业网站的主色调时，通常会使用渐变色过渡，使页面具有立体的空间感。

企业网站主要功能是向消费者传递信息，因此在页面结构设计上无需太过花哨，标新立异的设计和布局未必适合企业网站，企业网站更应该注重商务性与实用性。

在设计企业网站时，要采用统一的风格和结构来把各页面组织在一起。所选择的颜色、字体、图形即页面布局应能传达给用户一个形象化的主题，并引导他们去关注站点的内容。

风格是指站点的整体形象给浏览者的综合感受。包括站点的 CI 标志、色彩、字体、标语、版面布局、浏览方式、内容价值、存在意义、站点荣誉等诸多因素。

企业网站的风格体现在企业的Logo、CI、企业的用色等多方面。企业用什么样的色调，用什么样的CI，是区别于其他企业的一种重要的手段。如果风格设计得不好会对客户造成不良影响。

用以下步骤可以树立网站风格：

（1）首先必须保证内容的质量和价值性。

（2）其次需要搞清楚自己希望网站给人的印象是什么。

（3）在明确自己的网站印象后，建立和加强这种印象。需要进一步找出其中最有特点的东西，就是最能体现网站风格的东西，并作为网站的特色加以重点强化宣传。如再次审查网站名称、域名、栏目名称是否符合这种个性，是否易记。审查网站标准色彩是否容易联想到这种特色，是否能体现网站的风格等。

- 将标志Logo尽可能地出现在每个页面上。
- 突出标准色彩。文字的链接色彩、图片的主色彩、背景色、边框等尽量使用与标准色彩一致的色彩。
- 突出标准字体。在关键的标题、菜单、图片内使用统一的标准字体。
- 想好宣传标语，把它加入Banner里，或者放在醒目的位置，突出网站的特色。
- 使用统一的语气和人称。
- 使用统一的图片处理效果。
- 创造网站特有的符号或图标。
- 展示网站的荣誉和成功作品。

对企业网站从设计风格上进行创新，需要多方面元素的配合，如页面色彩构成、图片布局、内容安排等。这需要用不同的设计手法表现出页面的视觉效果。

23.2 页面架构分析

设计企业网站时首先要抓住网站的特点，合理布局各个板块，显著位置留给重点宣传栏目或经常更新的栏目，以吸引浏览者的眼球，结合网站栏目设计在主页导航上突出其层次感，使浏览者渐进接受。

23.2.1 页面内容结构布局

公司信息发布型的网站是企业网站的主流形式。因此信息内容显得更为重要，该类型网站的网页页面结构的设计主要是从公司简介、服务范围等方面进行的。与一般的门户型网站不同，企业网站相对来说信息量比较少。作为一个企业网站，最重要的是可以为企业经营服务，除了在网站上发布常规的信息之外，还要重点地突出用户最需要的内容，如图23-1所示为本例制作的企业网站主页，主要包括“关于我们”“服务范围”“加入会员”“联系我们”等栏目。页面整体采用绿色和黄色为主的色调，再配合适量的红色形成青春、活泼的感觉。

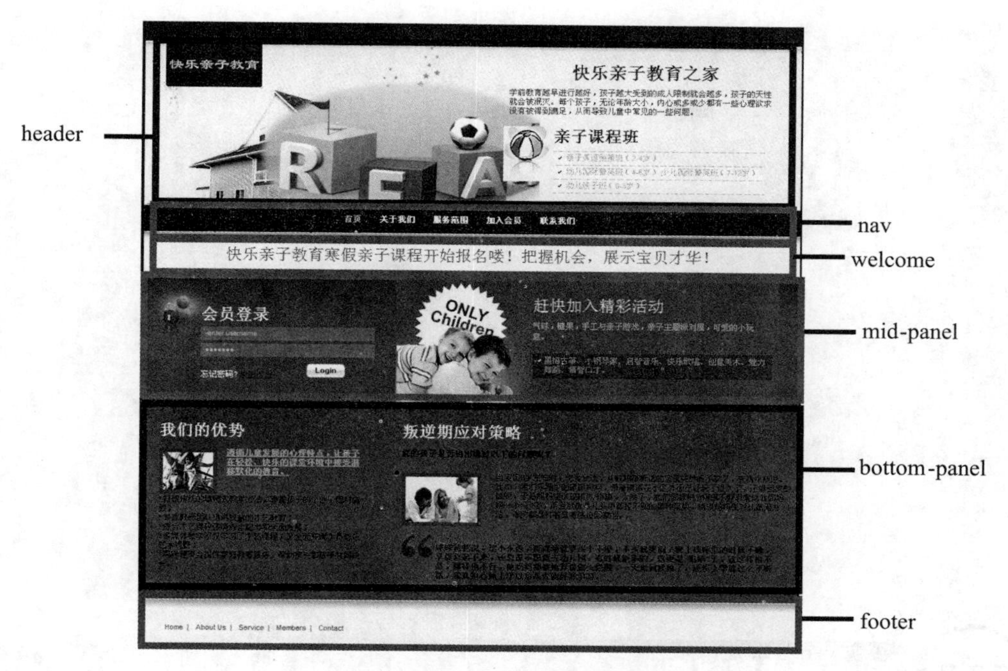

图 23-1　网站页面内容结构布局

23.2.2　页面 HTML 框架代码

本网站的页面内容很多，页面整体部分放在一个大的 main 对象中，在这个 main 对象中包括 6 行 2 列的布局方式，顶部的内容放在 #header 对象中，文本导航栏目放在 nav 对象中，中间的正文部分放在 mid-panel 和 bottom-panel 对象中，在 mid-panel 和 bottom-panel 对象中又分成两列，在底部为 footer 对象，在此对象中放置底部版权信息，如图 23-2 所示为网站的排版架构。

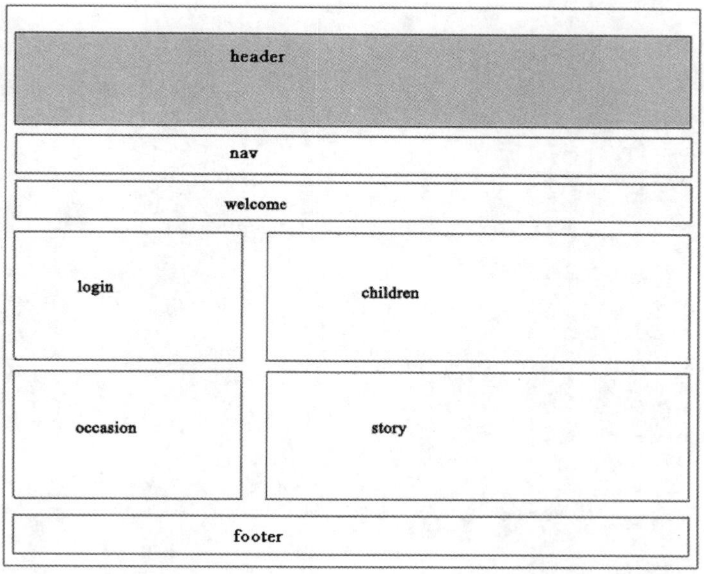

图 23-2　网站 HTML 框架

其页面中的 HTML 框架代码如下所示。

```
<div id="main">
<div id="header">
</div>
<div id="nav">
</div>
<div id="welcome">
</div>
<div id="mid-panel">
<div class="login">
</div>
<div class="children">
</div>
</div>
<div id="bottom-panel">
<div class="occasion">
</div>
<div class="story">
</div>
</div>
<div id="footer">
</div>
</div>
```

23.3 页面的通用规则

整理好页面的框架后，就可以利用CSS对各个板块进行定位，实现对页面的整体规划，然后再往各个板块中添加内容。CSS的开始部分定义页面的通用规则，通用规则对所有的选择符都起作用，这样就可以声明绝大部分标签都会涉及的属性，具体代码如下。

```
body{                                     /* 定义页面整体属性 */
  width:100%;
  padding:0px 0 0 0;
  margin:0 auto;
  color:#001;
  background-color:#000;        }
 ul, li, form, p, h1, h2, h3, img, input, label{
                                          /* 定义各元素的外边距和内边距属性 */
  margin:0px;
  padding:0px;}
ul, li   {list-style-type:none; }        /* 定义列表的样式类型 */
div {                                     /* 定义div属性 */
  font:normal 11px/14px Arial, Helvetica, sans-serif;
  color:#fff;
  text-transform:none;
  text-decoration:none;
  background-color:inherit;}
p{padding:0px;}
a {outline:none;}
.height1 {       height:1px;}
.width1 {width:1px;}
.spacer {clear:both;    }
#main {                                   /* 定义main对象的整体属性 */
  background:url(images/body-bg.gif) repeat-x 0 0;
  width:960px;
  margin:0 auto;
  padding:30px 0 0 0;}
h2 {                                      /* 定义h2的属性 */
  font:bold 26px/28px Arial, Helvetica, sans-serif;
```

```
    background-color:inherit;
    padding:0;
    margin:0;
    color:#372E3D; }
  h3 {   /* 定义 h3 的属性 */
    font:bold 24px/26px Arial, Helvetica, sans-serif;
    background-color:inherit;
    padding:0;
    margin:0;
    color:#F9F9D2;}
```

23.4 制作页面头部 header 部分

在页面头部 header 部分中主要包括网页的 Banner 图片、网站 Logo 和网站的亲子课程，如图 23-3 所示。

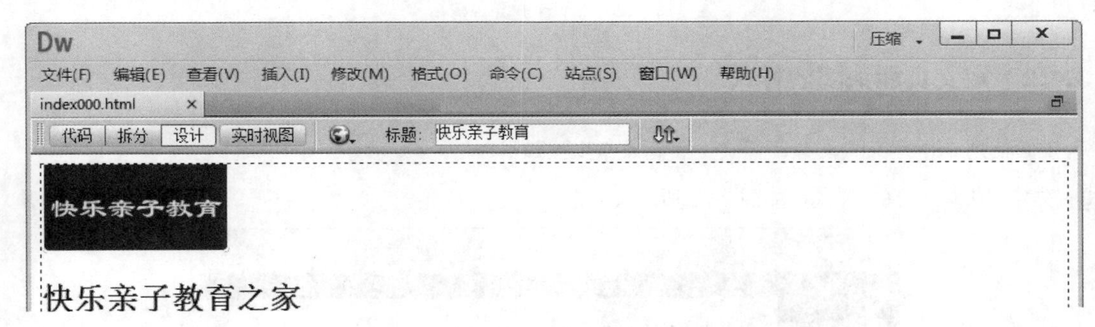

图 23-3 页面头部的 header 部分

23.4.1 制作页面头部的结构

网页头部内容都在 id 为 header 的 div 内，在 header 内又包括标题 h2 和标题 h3，在亲子课程下还使用了无序列表显示亲子课程信息，页面头部的结构代码如下。

```
    <div id="header">
    <div>
    <a href="#"><img src="images/logo.gif" alt=" 快乐亲子教育 " border="0" /></a>
    <h2> 快乐亲子教育之家 </h2>
    <p> 学前教育越早进行越好，孩子越大受到的成人限制就会越多，孩子的天性就会被泯灭。每个孩子，
无论年龄大小，内心或多或少都有一些心理欲求没有得到满足，从而导致儿童中常见的一些问题。</p>
    <div class="family">
    <h3> 亲子课程班 </h3>
    <ul>
    <li><a href="#" class="active"> 亲子美语衔接班（2~4 岁）</a></li>
    <li><a href="#"> 幼儿国际精英班（4~6 岁）少儿国际精英班（7~12 岁）</a></li>
    <li class="brdr"><a href="#"> 幼儿亲子班（0~3 岁）</a></li>
    </ul>
    </div>
    </div>
    </div>
```

页面头部的结构如图 23-4 所示。

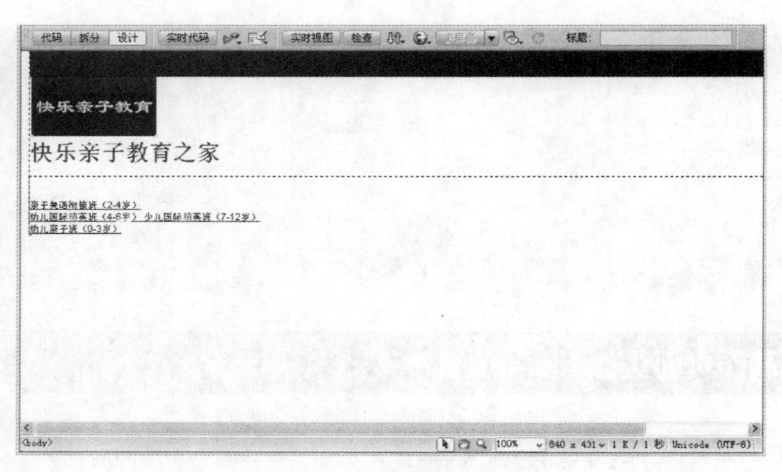

图 23-4　页面头部的结构

23.4.2　定义页面头部的样式

下面使用 CSS 定义页面头部样式，具体操作步骤如下。

01 首先定义 header 整体样式，如图 23-5 所示。

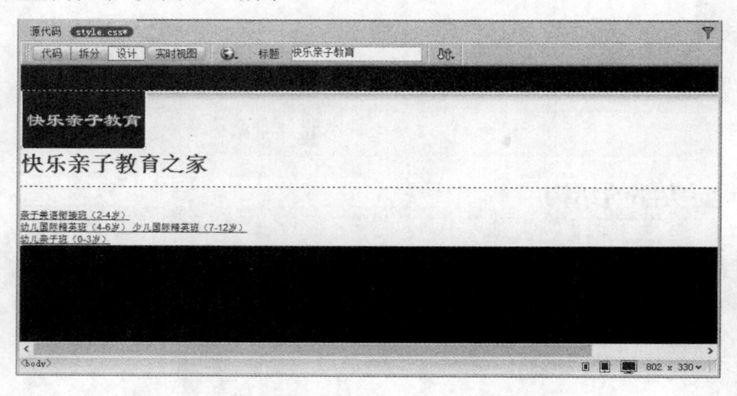

图 23-5　定义 header 整体样式

```
#header {                              /* 定义 header 部分的整体属性 */
  color:#000;                          /* 定义颜色 */
  padding:0;                           /* 定义填充为 0 */
  background:url(images/header-bg.gif) repeat-x 0 0px #F7F7D2;
                                       /* 定义 header 背景图片性 */
  border-top:0px solid #fff;           /* 定义顶部边框属性 */
  margin:0px 0 0 0;                    /* 定义外边距为 0 */
  position:relative;                   /* 定义 header 相对定位 */
  }
```

02 接着定义 header 中 div 的背景，内部边距和高度等属性，如图 23-6 所示，可以看到设置的背景图片。

```
#header div {
  background:url(images/banner.jpg) no-repeat 0 5px;
                                       /* 定义 div 背景图片 */
  padding:0;                           /* 定义内部边距 */
  height:248px;                        /* 定义高度 */
  }
```

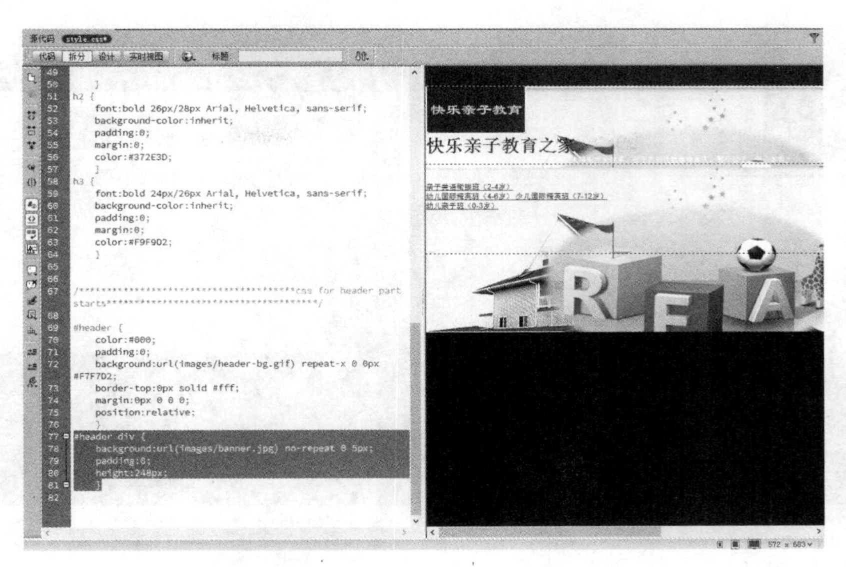

图 23-6 定义 header 中 div 的背景、内部边距和高度

03 接着定义 div 内 img 的属性，设置网站 logo 图片的位置，如图 23-7 所示，可以看到网站 logo 距离左边 28px。

```
#header div img {
  position:absolute;              /* 定义绝对定位 */
  top:0px;                        /* 定义绝对定位顶部边距 */
  left:28px;                      /* 定义绝对定位左边距 */
  }
```

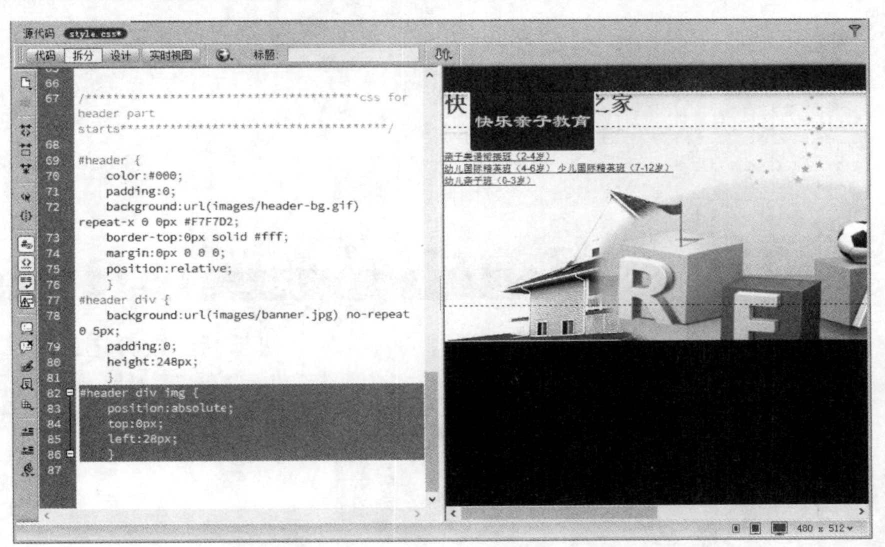

图 23-7 定义 img 的属性，设置网站 logo 图片的位置

04 使用如下代码定义 div 内的 h2 属性，使 h2 中的文字“快乐亲子教育之家”向右浮动，并且设置 h2 的内边距和外边距，如图 23-8 所示，“快乐亲子教育之家”向右浮动。

```
#header div h2 {
  float:right;                    /* 定义向右浮动 */
  margin:30px 0px 0 0;            /* 定义外边距 */
  padding:0 120px 0 0;            /* 定义内边距 */
  }
```

图 23-8　文字“快乐亲子教育之家”向右浮动

05 使用如下代码定义div内段落p的样式，这里定义了p为绝对定位的位置、背景颜色和宽度，如图23-9所示，可以看到定义样式后的文字。

```
#header div p {
  color:#50502E;                    /* 定义颜色 */
  width:390px;                      /* 定义宽度 */
  position:absolute;                /* 定义绝对定位 */
  top:67px;                         /* 定义距顶部边距 */
  right:37px;                       /* 定义距右边距 */
  background-color:inherit;
  }
#header div p b , #header div p strong {
  color:#5F1204;
  display:block;
  background-color:inherit;
  }
```

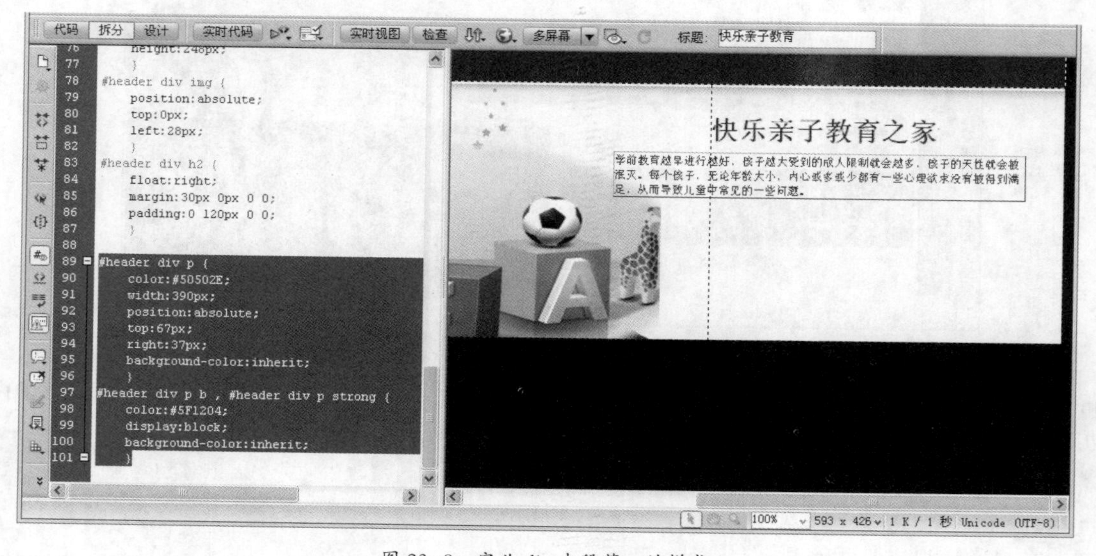
图 23-9　定义 div 内段落 p 的样式

06 使用如下代码定义 div 中 family 的样式，如图 23-10 所示。

```
#header div .family {
  background:url(images/family-icon.gif) no-repeat 0 0;  /* 定义图片 */
  padding:3px;                              /* 定义内边距 */
  position:absolute;                        /* 定义绝对定位 */
  top:124px;
  right:50px;}
  #header div .family h3 {                  /* 定义 h3 的属性 */
  font:bold 24px/26px Arial, Helvetica, sans-serif;
  color:#372E3D;
  padding:0;
  margin:0px 0 0 70px;
  background-color:inherit;}
#header div .family ul {                    /* 定义无序列表属性 */
  padding:0; margin:8px 0 0 70px;}
#header div .family li {                    /* 定义列表项属性 */
  border-top:1px dotted #A7A769;
  width:309px;                              /* 定义宽度 */
  padding:0px;                              /* 定义内边距 */
  margin:0;     }
#header div .family li.brdr {
  border-bottom:1px dotted #A7A769;}
#header div .family li a {                  /* 定义列表项的激活状态属性 */
  background:url(images/bullet.gif) no-repeat 7px 7px #F9F9D2;
  padding:0px 0 0px 19px;
  line-height:20px;
  display:block;
  margin:0;
  color:#F9C417;
  text-decoration:none;}
#header div .family li a:hover ,  #header div .family li a.active{
  background-color:#F3F3AB;
  color:#F9C417;}
 #header div .family li a.active{
  cursor:default;background-color:inherit;
  color:#F9C417; }
```

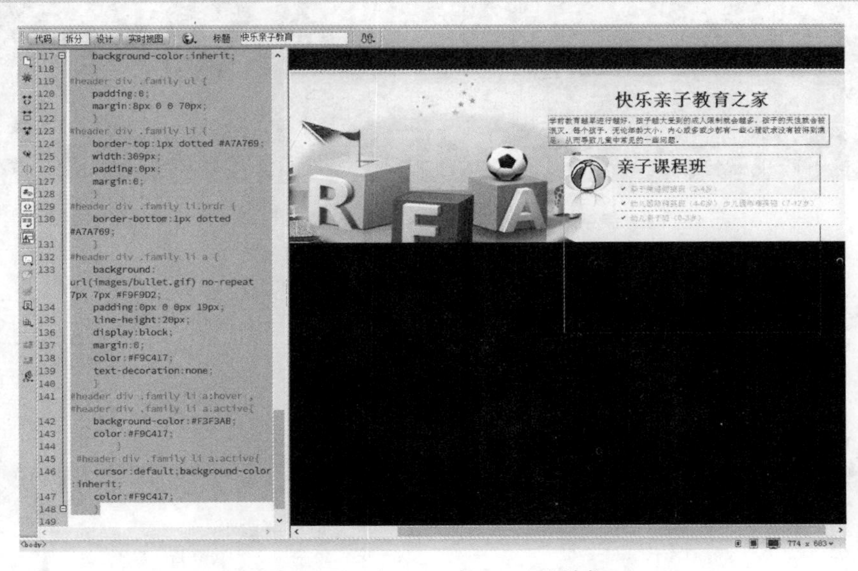

图 23-10　定义 div 中 family 的样式

23.5 制作网站导航 nav 部分

在网站导航部分，主要是网站的导航栏目文字，如图 23-11 所示。

首页 关于我们 服务范围 加入会员 联系我们

图 23-11 网站导航 nav 部分

23.5.1 制作网站导航 nav 部分页面结构

网站导航部分 nav 的页面结构比较简单，主要使用无序列表，并且给文字添加了链接，其 HTML 结构如下。网站导航 nav 部分的页面结构如图 23-12 所示。

```
<div id="nav">
<ul>
<li><a href="#" title="Home" class="active">首页 </a></li>
<li><a href="#" title="About Us">关于我们 </a></li>
<li><a href="#" title="Service">服务范围 </a></li>
<li><a href="#" title="Members">加入会员 </a></li>
<li><a href="#" title="Contact">联系我们 </a></li>
</ul>
</div>
```

图 23-12 网站导航 nav 部分的页面结构

23.5.2 定义网站导航 nav 部分样式

下面使用 CSS 定义网站导航 nav 部分样式，具体操作步骤如下。

01 首先定义 nav 部分的整体样式，如图 23-13 所示。

```
#nav {
  position:absolute;              /* 定义绝对定位 */
  top:278px;                      /* 定义距顶部边距 */
  background-color:#241F28;       /* 定义 nav 的背景颜色 */
  width:960px;                    /* 定义 nav 的宽度 */
```

```
    text-align:center;                    /* 定义居中对齐 */
    color:#f1f1f1;                        /* 定义颜色 */
  }
```

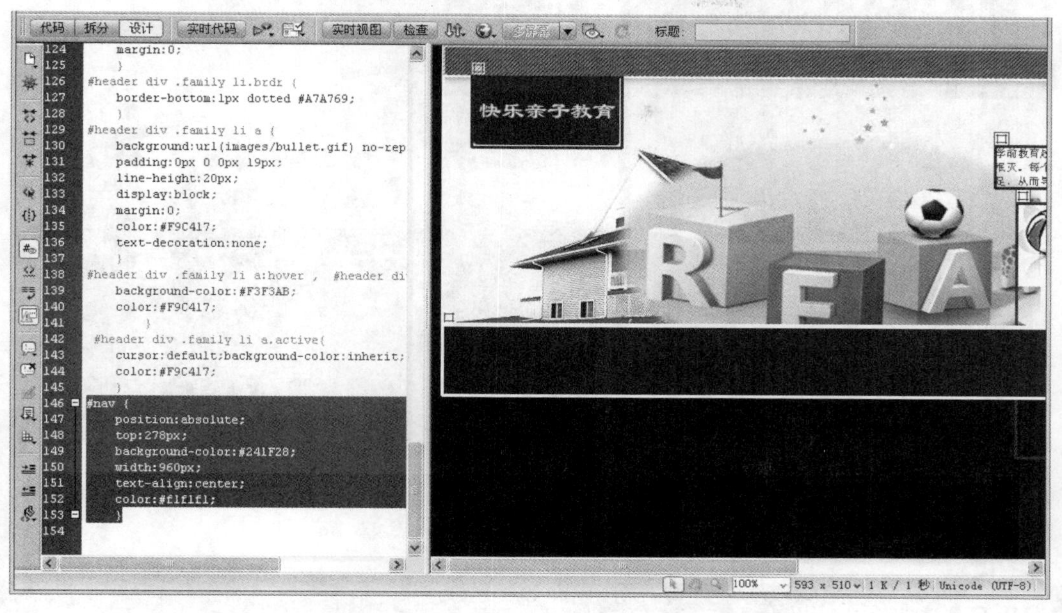

图 23-13　定义 nav 部分的整体样式

02 接着定义 nav 内无序列表和列表项的样式，如图 23-14 所示。

```
#nav ul {                                 /* 定义无序列表的样式 */
  width:400px;
  padding:0 0 0 0px;
  overflow:auto;
  height:100%;
  margin:0px auto;}
#nav li {                                 /* 定义列表项的样式 */
  border-left:1px solid #0F0D10;
  border-right:1px solid #544A5B;
  padding:0px;
  margin:0;
  float:left;
  line-height:40px;}
#nav li a{                                /* 定义超文本链接原始状态的样式 */
  background-color:inherit;
  color:#F6F6D1;line-height:40px;
  padding:13px 12px 13px 12px;
  margin:0;
  font-weight:bold;
  text-decoration:none;}
#nav li a:hover , #nav li a.active{    /* 定义超文本链接鼠标放上去状态的样式 */
  color:#F9C417;
  font-weight:bold;
  background-color:inherit;
  background:url(images/arrow.gif) no-repeat 27px bottom;}
#nav li a.active{                         /* 定义超文本链接访问过的状态样式 */
  cursor:default;
  background-color:inherit;}
```

图 23-14　定义 nav 内无序列表和列表项的样式

23.6 制作欢迎文字 welcome 部分

在页面 welcome 部分，主要是提示报名的欢迎文字，如图 23-15 所示。

快乐亲子教育寒假亲子课程开始报名喽！把握机会，展示宝贝才华！

图 23-15　欢迎文字 welcome 部分

23.6.1 制作 welcome 部分页面结构

welcome 部分的页面结构比较简单，首先插入一个 id 为 welcome 的 div，在这个 div 内再插入标题 <h2>，在 <h2> 内输入欢迎文字。

```
<div id="welcome">
  <h2> 快乐亲子教育寒假亲子课程开始报名喽！把握机会，展示宝贝才华！ </h2>
</div>
```

23.6.2 定义 welcome 部分样式

使用如下代码定义 welcome 内 h2 的样式，如图 23-16 所示。

```
#welcome h2{                                  /* 定义 h2 的样式 */
  background:url(images/mid-bg.gif) repeat-x 0px 0 #F9F9D2;
                                              /* 定义背景图片 */
  border-top:1px solid #fff;                  /* 设置元素上边框的样式 */
  padding:20px 0;                             /* 设置内边距 */
  color:#A84E2E;                              /* 设置颜色 */
  font-size:24px;                             /* 设置字号 */
  font-weight:normal;                         /* 设置粗体 */
  text-align:center;                          /* 设置居中对齐方式 */
  margin:40px 0 0 0;     }                    /* 设置外边距 */
```

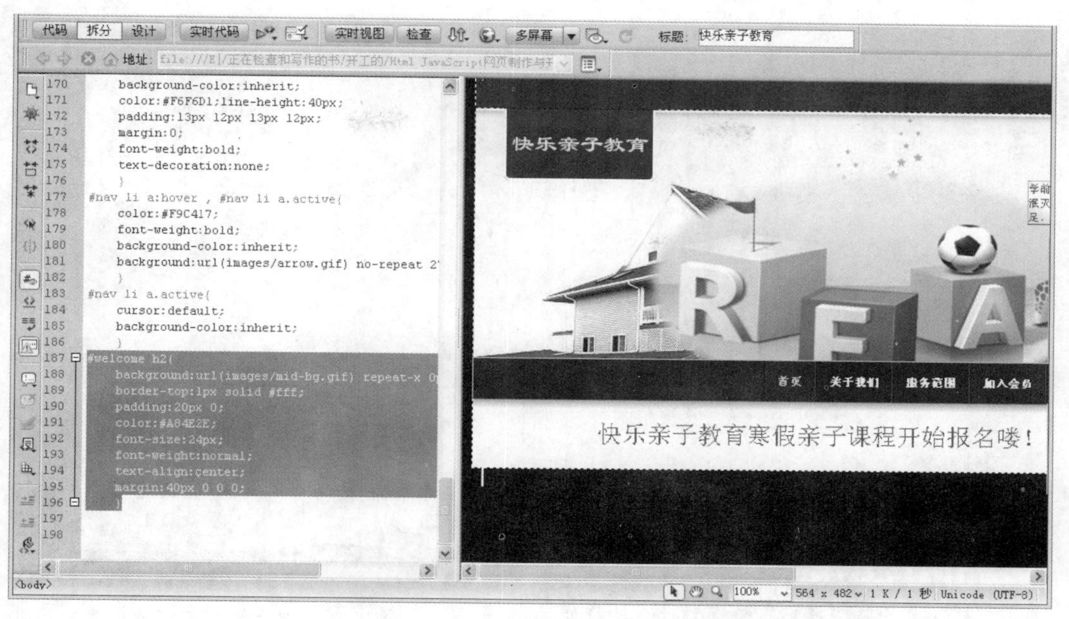

图 23-16 定义 welcome 部分样式

23.7 制作会员登录与精彩活动部分

会员登录与精彩活动部分如图 23-17 所示，主要在 id 为 mid-panel 的 div 内。

图 23-17 会员登录与精彩活动部分

23.7.1 制作会员登录部分

会员登录部分如图 23-18 所示，具体制作步骤如下。

图 23-18 会员登录部分

01 会员登录部分 HTML 结构代码如下所示，会员登录部分 HTML 结构代码如图 23-19 所示。

```
<div id="mid-panel">                        /* 外部 div 名称 mid-panel */
```

```
    <div class="login">                                    /* 会员登录部分 login */
    <h3> 会员登录 </h3>
    <form name="f1" action="#" method="post">/* 表单 */
    <input name="" type="text" class="txtfld" value="-enter username" />
    <input name="" type="password" class="txtfld" value="*******" />
    <label><br /> 忘记密码？ <a href="#" title="Click Here"> 单击这里 </a></label>
    <input name="" type="image" src="images/btn-login.gif" class="btn" title=" 登
录 "/>
    </form>
    </div>
    </div>
```

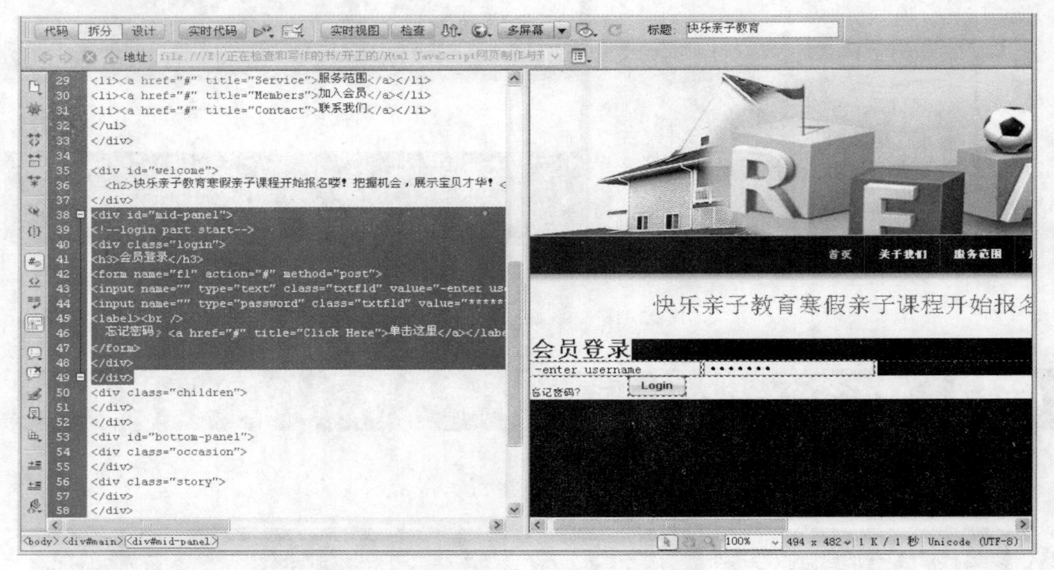

图 23-19　会员登录部分 HTML 结构代码

02 下面定义会员登录部分的样式，首先定义外部 mid-panel 和 login 部分的整体样式，如图 23-20 所示。

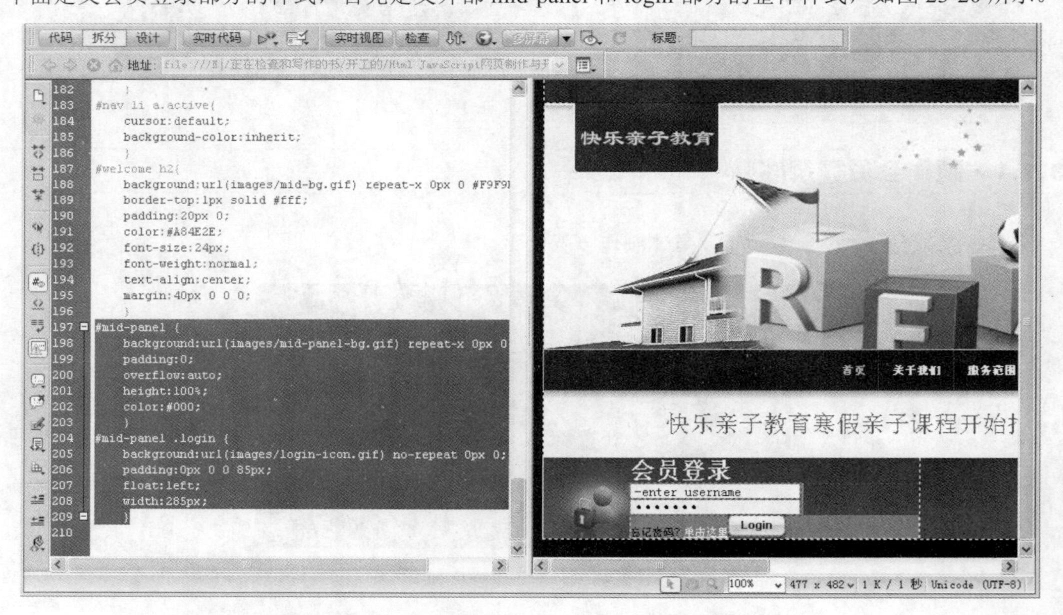

图 23-20　定义外部 mid-panel 和 login 部分的整体样式

```
#mid-panel {                          /* 定义外部框架 mid-panel 的样式 */
  background:url(images/mid-panel-bg.gif) repeat-x 0px 0 #4E7A00;
                                      /* 设置背景 */
  padding:0;                          /* 设置内部边距 */
  overflow:auto;                      /* 设置溢出 */
  height:100%;                        /* 设置高度 */
  color:#000;                         /* 设置颜色 */
}
#mid-panel.login {                    /* 定义 login 的整体样式 */
  background:url(images/login-icon.gif) no-repeat 0px 0; /* 设置背景 */
  padding:0px 0 0 85px;               /* 设置内边距 */
  float:left;                         /* 设置浮动向左 */
  width:285px;                        /* 设置宽度 */
}
```

03 下面定义 login 内 h3 和表单的样式，如图 23-21 所示，可以看到定义后的表单文本框和按钮更佳美观。

```
#mid-panel .login h3{                 /* 定义 h3 的样式 */
  padding:45px 0 0 0;
}
#mid-panel .login .txtfld {           /* 定义文本框样式 */
  width:247px;
  height:15px;
  padding:2px 0 1px 5px;
  margin:5px 0 0 0;
  color:#CCFD64;
  font-size:10px;
  background-color:#679800;
  border:1px solid #6A9C00;
}
#mid-panel .login .btn {              /* 定义按钮样式 */
  margin:10px 0 0 50px;
}
```

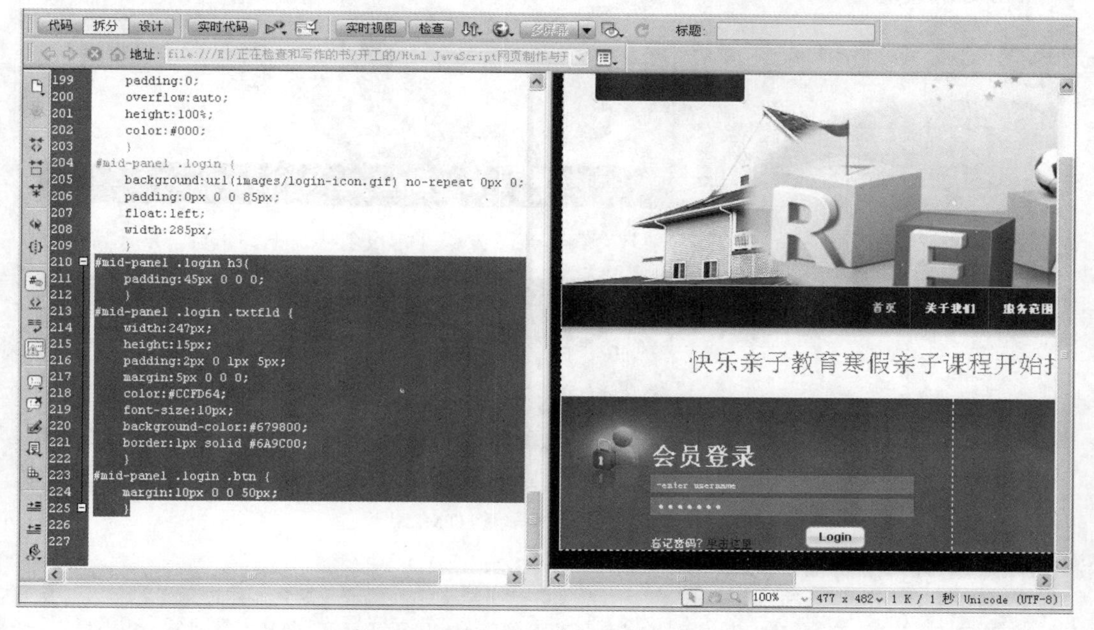

图 23-21　定义 login 内 h3 和表单的样式

23.7.2 制作精彩活动部分

精彩活动部分如图 23-22 所示，主要是精彩活动信息文字，具体制作步骤如下。

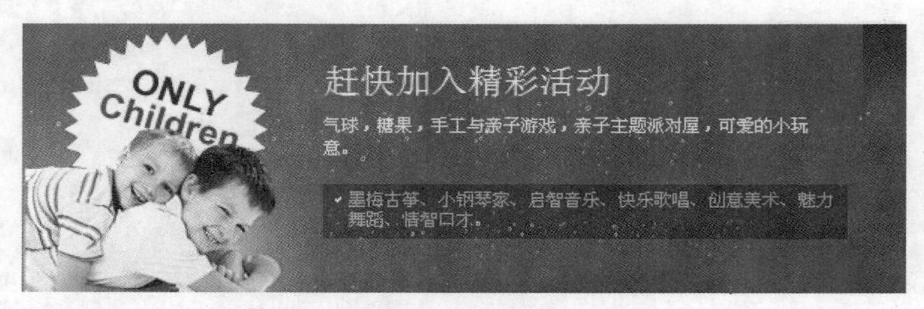

图 23-22　精彩活动部分

01 精彩活动部分内容比较简单，主要是插入一个 h3 的标题和文字信息，如下所示为 HTML 结构代码，如图 23-23 所示。

```
    <div class="children">
    <h3> 赶快加入精彩活动 </h3>
    <p> 气球、糖果、手工与亲子游戏、亲子主题派对屋、可爱的小玩意。</p>
    <span><a href="#"> 墨梅古筝、小钢琴家、启智音乐、快乐歌唱、创意美术、魅力舞蹈、情智口才。
</a>
    </span>
    </div>
```

图 23-23　精彩活动部分 HTML 结构

02 下面定义精彩活动部分的 children 整体样式，如图 23-24 所示。

```
  #mid-panel.children {                    /* 定义 children 的整体样式 */
    background:url(images/only-children.jpg) no-repeat 0px 2px #4E7A00;
                                           /* 定义背景 */
    padding:28px 0 40px 200px;             /* 定义内边距 */
    margin:0 30px 0 370px;                 /* 定义外边距 */
    color:#000;                            /* 定义背景颜色 */
  }
```

图 23-24　定义 children 的整体样式

03 使用如下 CSS 代码，定义精彩活动部分内标题文字的样式和段落文字的样式，如图 23-25 所示。

```
#mid-panel .children h3 {                /* 定义 children 内 h3 的文字粗细 */
  font-weight:normal;}
#mid-panel .children p {                 /* 定义 children 内段落文字的样式 */
  color:#B3FF2D;
  line-height:16px;
  margin:10px 30px 0 0;
  background-color:inherit;
}
#mid-panel .children p a{                /* 定义 children 内段落超文本链接的样式 */
  text-decoration:underline;
  background-color:inherit;
  color:#F9C417;
  font-weight:bold;
}
#mid-panel .children p a:hover {         /* 定义 children 内超文本链接鼠标放上去的样式 */
  text-decoration:none;
}
#mid-panel .children span a{             /* 定义 span 内超文本链接的样式 */
  display:block;
  padding:5px 0 5px 17px;
  color:#94BC05;
  margin:16px 10px 0 0;
  text-decoration:none;
  background:url(images/bullet1.gif) no-repeat 8px 9px #365B00;
  }
#mid-panel .children span a:hover{       /* 定义 span 内超文本链接鼠标放上去的样式 */
  background-color:#365B00;
  color:#fff;
}
```

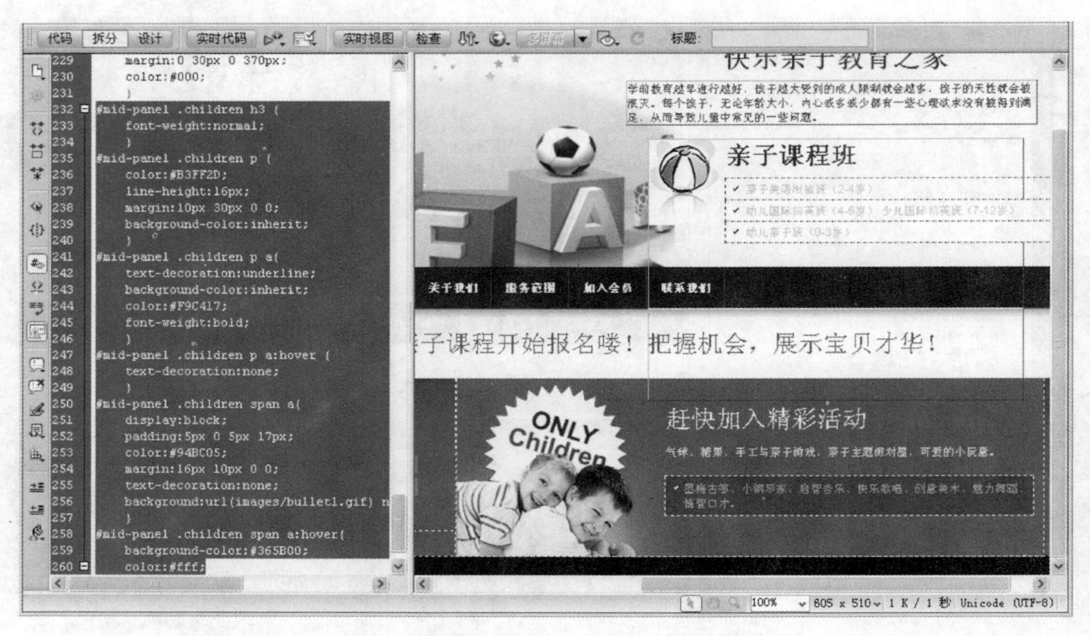

图 23-25　定义精彩活动部分内标题文字的样式和段落文字的样式

23.8 制作我们的优势和应对策略部分

我们的优势和应对策略部分主要是介绍优势和应对叛逆期的策略部分，这部分内容主要放在一个 id 为 bottom-panel 的 div 内，如图 23-26 所示。

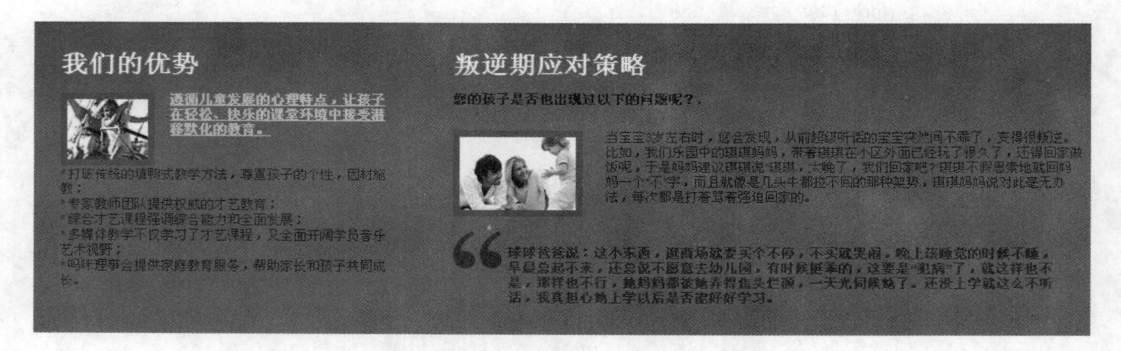

图 23-26　我们的优势和应对策略部分

23.8.1 制作我们的优势部分

我们的优势部分在 id 为 occasion 的 div 内，具体制作方法如下。

01 这部分的 HTML 代码结构包括 h3 内的标题和 p 内的段落文字，如图 23-27 所示。

```
    <div id="bottom-panel">
    <div class="occasion">
    <h3> 我们的优势 </h3>
    <img src="images/occasion-img.jpg" >
    <p><a href="#"> 遵循儿童发展的心理特点，让孩子在轻松、快乐的课堂环境中接受潜移默化的教育。
</a></p>
    <p><a href="#"><br />
```

```
        </a>* 打破传统的填鸭式教学方法，尊重孩子的个性，因材施教；<br />
        * 专家教师团队提供权威的才艺教育；<br />
        * 综合才艺课程强调综合能力和全面发展；<br />
        * 多媒体教学不仅学习了才艺课程，又全面开阔学员音乐艺术视野；<br />
        * 吗咪理事会提供家庭教育服务，帮助家长和孩子共同成长。</p>
    </div>
    </div>
```

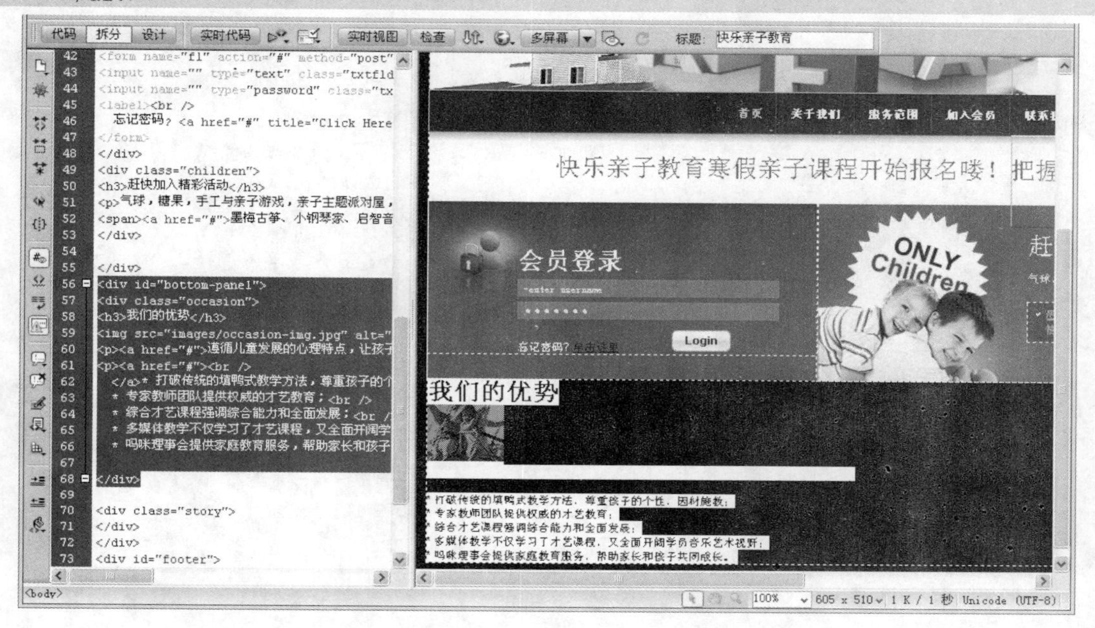

图 23-27　我们的优势部分 HTML 代码结构

02 首先定义外部 bottom-panel 和 occasion 的整体样式，如图 23-28 所示。

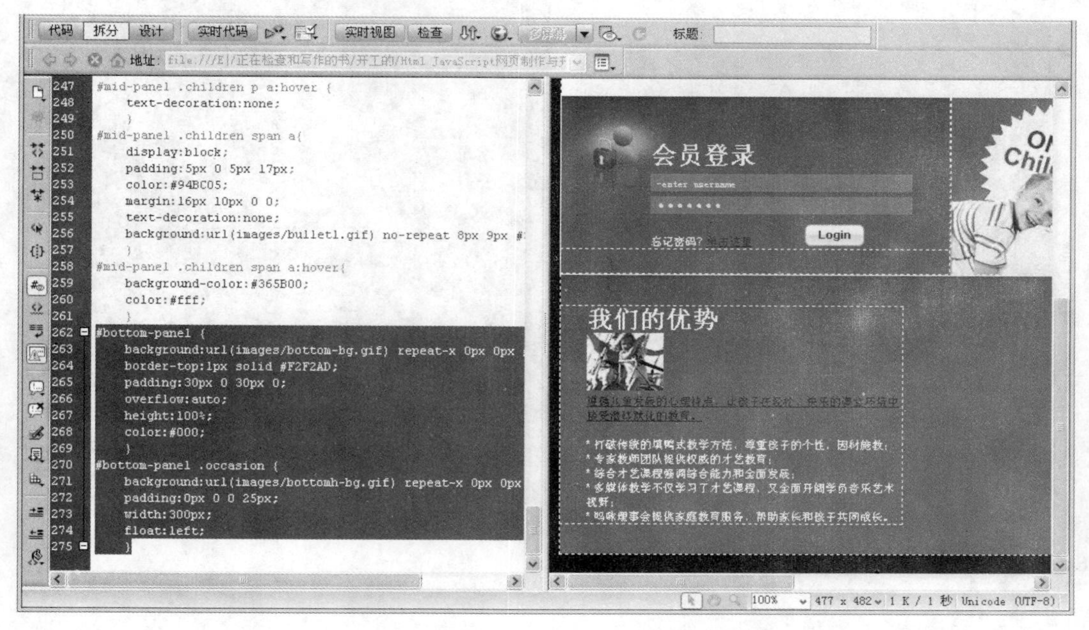

图 23-28　定义 bottom-panel 和 occasion 的整体样式

```
#bottom-panel {                              /* 定义 bottom-panel 的整体样式 */
    background:url(images/bottom-bg.gif) repeat-x 0px 0px #BB5E3D;
```

```
    border-top:1px solid #F2F2AD;
    padding:30px 0 30px 0;
    overflow:auto;
    height:100%;
    color:#000;}
  #bottom-panel .occasion {              /* 定义 occasion 的整体样式 */
    background:url(images/bottomh-bg.gif) repeat-x 0px 0px;
    padding:0px 0 0 25px;
    width:300px;
    float:left;     }
```

03 使用如下代码定义 occasion 内图片的样式和段落文字的样式，如图 23-29 所示。

```
  #bottom-panel .occasion img {          /* 定义 occasion 内图片的样式 */
    border:6px solid #AA482D;            /* 定义图片的边框样式 */
    margin:14px 14px 0 0;                /* 定义图片的外边距样式 */
    float:left;     }                    /* 定义图片的向左浮动 */
  #bottom-panel .occasion p {            /* 定义 occasion 内段落 p 的样式 */
    color:#531803;                       /* 定义文本颜色 */
    padding:0;                           /* 定义内边距为 0 */
    margin:14px 0 0 0;                   /* 定义外边距 */
    background-color:inherit;}           /* 定义背景颜色 */
  #bottom-panel .occasion p a{           /* 定义段落内超文本样式 */
    color:#F9C417;
    font-weight:bold;                    /* 定义文字加粗 */
    text-decoration:underline;           /* 定义文字下画线 */
    background-color:inherit;}
  #bottom-panel .occasion p a:hover{
    text-decoration:none;}
```

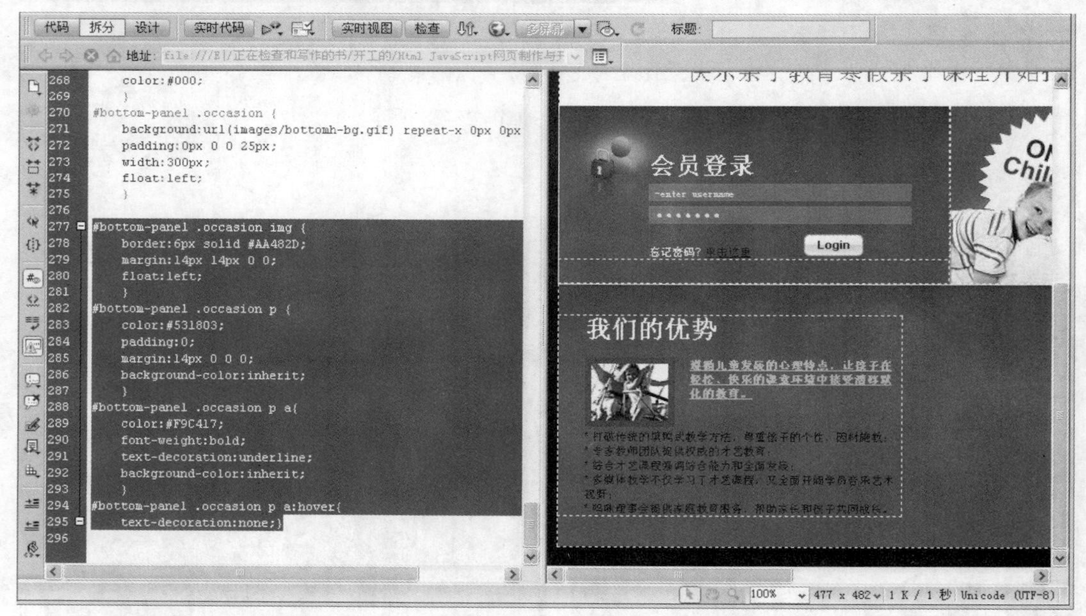

图 23-29 定义 occasion 内图片的样式和段落文字的样式

23.8.2 制作应对策略部分

叛逆期应对策略部分在 id 为 story 的 div 内，具体制作方法如下。

01 这部分的 HTML 代码结构包括 h3 内的标题和 p 内的段落文字，如图 23-30 所示。

```
  <div class="story">
```

```
    <h3> 叛逆期应对策略 </h3>
    <span> 您的孩子是否也出现过以下的问题呢？ . </span>
    <img src="images/story-img.jpg" alt="Our Real Story" title="Our Real Story" />
    <p> 当宝宝 3 岁左右时，您会发现，从前超级听话的宝宝突然不乖了，变得很叛逆。例如，我们乐园中的琪琪妈妈，带着琪琪在小区外面已经玩了很久了，还得回家做饭呢，于是妈妈建议琪琪说 " 琪琪，太晚了，我们回家吧 ?" 琪琪不假思索地就回妈妈一个 " 不 " 字，而且就像是几头牛都拉不回的那种架势，琪琪妈妈说对此毫无办法，每次都是打着骂着强迫回家的。<br />
    </p>
    <p class="quote"> 球球爸爸说：这小东西，逛商场就要买个不停，不买就哭闹，晚上该睡觉的时候不睡，早晨总起不来，还总说不愿意去幼儿园，有时候挺乖的，这要是 " 犯病 " 了，就这样也不是，那样也不行，她妈妈都被她弄得焦头烂额，一天光伺候她了。还没上学就这么不听话，我真担心她上学以后是否能好好学习。</p>
    </div>
```

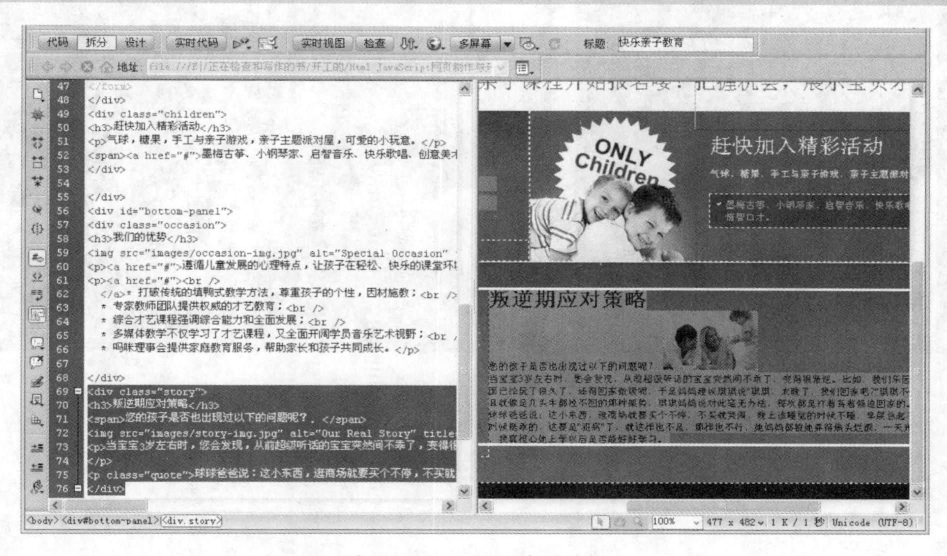

图 23-30　HTML 代码结构

02 首先定义这部分的 story 整体样式，如图 23-31 所示。

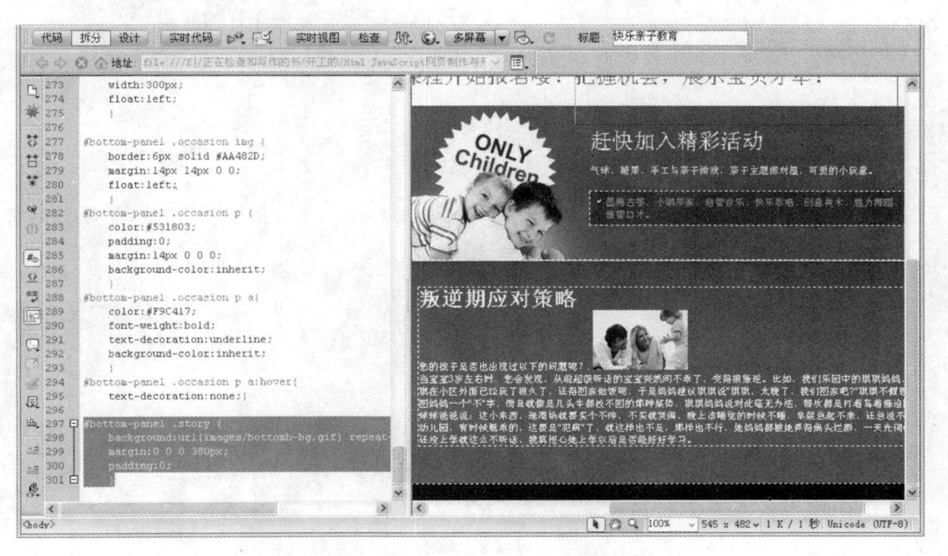

图 23-31　定义 story 整体样式

```
#bottom-panel .story {          /* 定义 story 整体样式 */
  background:url(images/bottomh-bg.gif) repeat-x 0px 0px;  /* 定义背景图片 */
  margin:0 0 0 380px;           /* 定义外边距 */
  padding:0;                    /* 定义内边距为 0 */
  }
```

03 使用如下 CSS 样式定义 story 内图片和段落文本的样式，如图 23-32 所示。

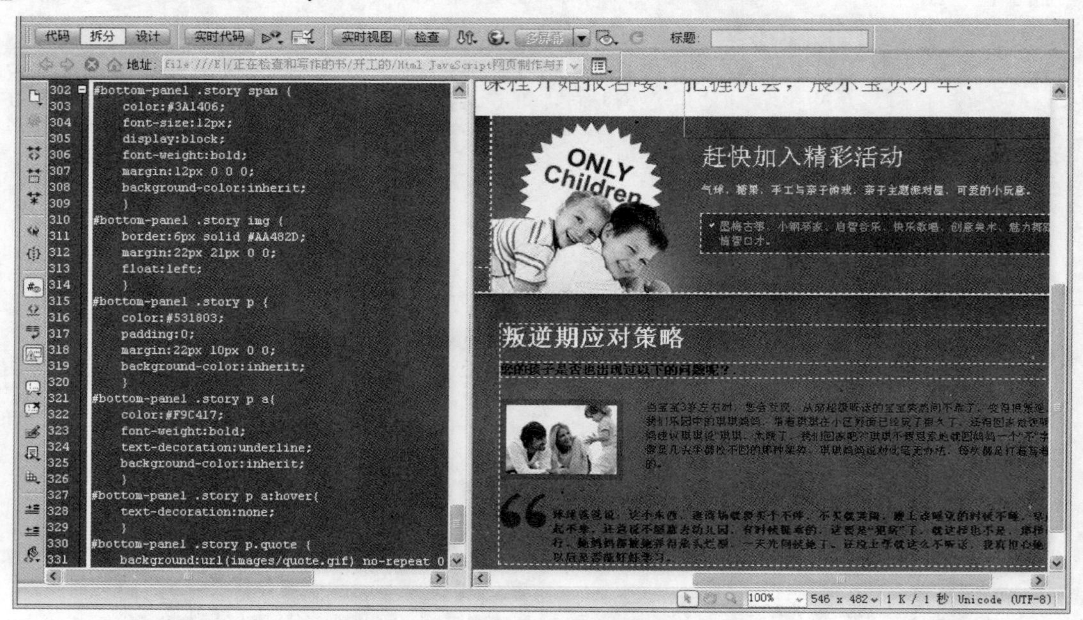

图 23-32　定义 story 内图片和段落文本的样式

```
#bottom-panel .story span {               /* 定义 story 内 span 的样式 */
  color:#3A1406;
  font-size:12px;
  display:block;
  font-weight:bold;
  margin:12px 0 0 0;
  background-color:inherit;}
#bottom-panel .story img {                /* 定义 story 内图片的样式 */
  border:6px solid #AA482D;
  margin:22px 21px 0 0;
  float:left;
  }
#bottom-panel .story p {                  /* 定义 story 内段落文本的样式 */
  color:#531803;
  padding:0;
  margin:22px 10px 0 0;
  background-color:inherit;
  }
#bottom-panel .story p a{                 /* 定义 story 内段落超链接文本的样式 */
  color:#F9C417;
  font-weight:bold;
  text-decoration:underline;
  background-color:inherit;
  }
#bottom-panel .story p a:hover{           /* 定义 story 内段落超链接文本激活状态的样式 */
  text-decoration:none;
  }
#bottom-panel .story p.quote {
  background:url(images/quote.gif) no-repeat 0 0 #BB5E3D;
```

```
    color:#7A2304;
    font-weight:bold;
    padding:15px 20px 0 50px;
    margin:22px 10px 0 0;
    }
```

23.9 制作底部 footer 部分

底部 footer 部分主要是网站的英文导航部分，如图 23-33 所示，具体制作步骤如下。

Home | About Us | Service | Members | Contact

图 23-33 底部 footer 部分

01 底部 footer 部分的 HTML 结构如下所示，如图 23-34 所示。

```
<div id="footer">
<ul>
<li><a href="#" title="Home">Home</a>|</li>
<li><a href="#" title="About Us">About Us</a>|</li>
<li><a href="#" title="Service">Service</a>|</li>
<li><a href="#" title="Members">Members</a>|</li>
<li><a href="#" title="Contact">Contact</a></li>
</ul>
</div>
```

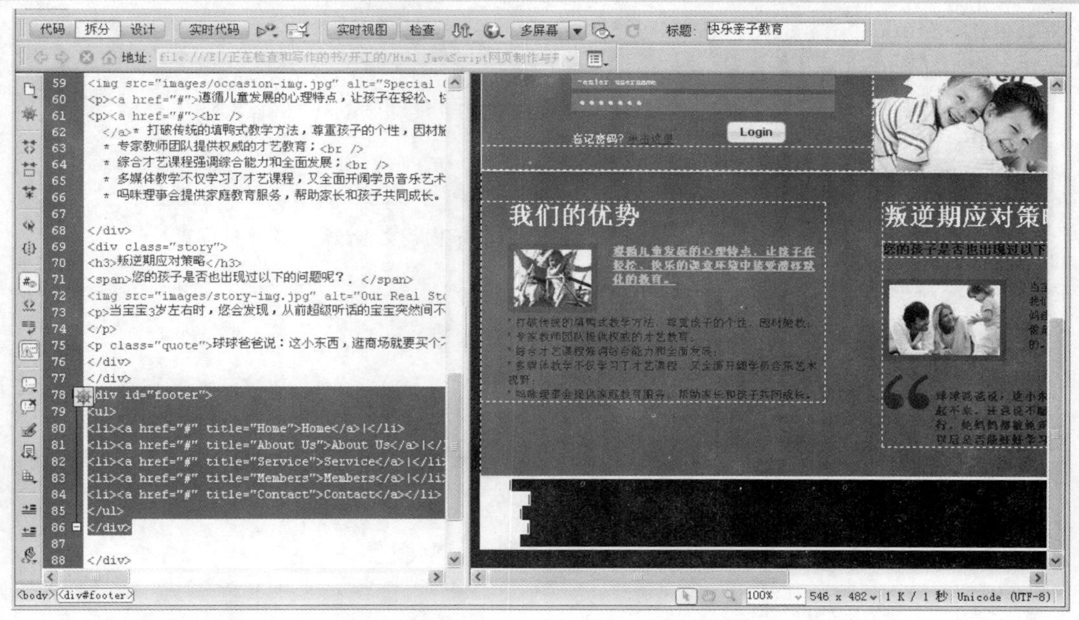

图 23-34 底部 footer 部分的 HTML 结构

02 首先使用如下 CSS 代码定义 footer 部分的整体样式，如图 23-35 所示。

```
#footer {                                   /* 定义 footer 部分的整体样式 */
  background:url(images/footer-bg.gif) repeat-x 0 0 #F9F9D2;
                                            /* 定义背景图片 */
  border-top:1px solid #F9F9D1;             /* 定义上边框的样式 */
  padding:35px 30px 20px 30px;              /* 定义内边距 */
  color:#7A2304;
```

```
    height:100%;                              /* 定义高度 */
    overflow:auto;
    }
```

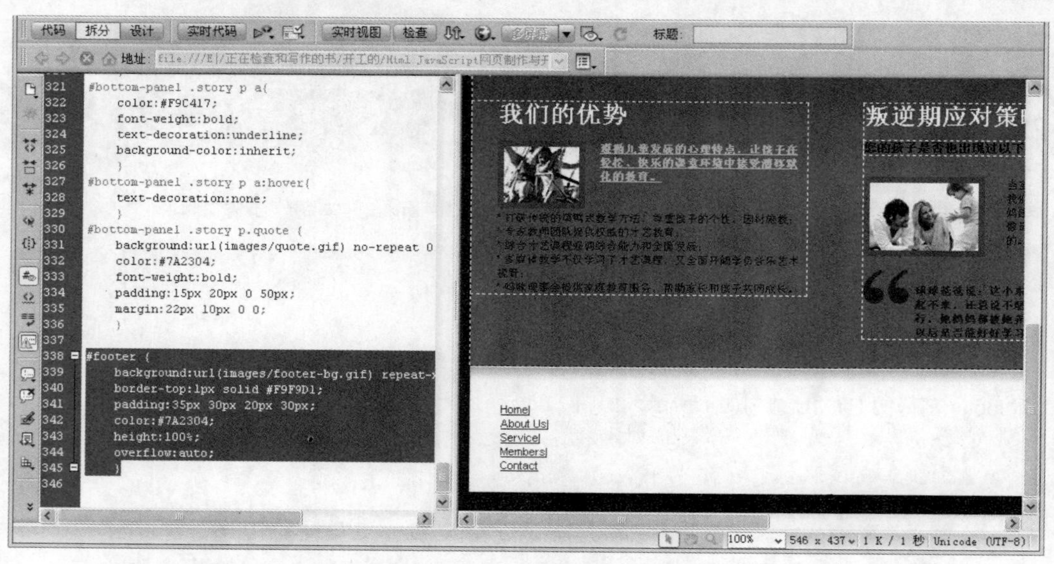

图 23-35　定义 footer 部分的整体样式

03 接着使用如下 CSS 代码定义 footer 部分内的文本样式，如图 23-36 所示，至此整个页面制作完成。

```
#footer p{                          /* 定义 footer 内段落的样式 */
  color:#3F6103;
  background-color:inherit;
  }
#footer a{                          /* 定义 footer 内超文本样式 */
  color:#AA4F30;
  text-decoration:none;
  background-color:inherit;
  }
#footer a:hover{                    /* 定义 footer 内超文本激活状态下的样式 */
  color:#001;
  background-color:inherit;
  }
#footer ul {                        /* 定义 footer 内无序列表的样式 */
  float:left;                       /* 浮动向左对齐 */
  padding:0;
  }
#footer li {                        /* 定义 footer 内列表项的样式 */
  float:left;
  color:#AA4F30;
  padding:0 5px 0 5px;
  background-color:inherit;
  }
#footer li a     {
  color:#AA4F30;
  padding:0 6px 0 0;
  background-color:inherit;
  }
#footer li a:hover {
  color:#001;
  background-color:inherit;
  }
```

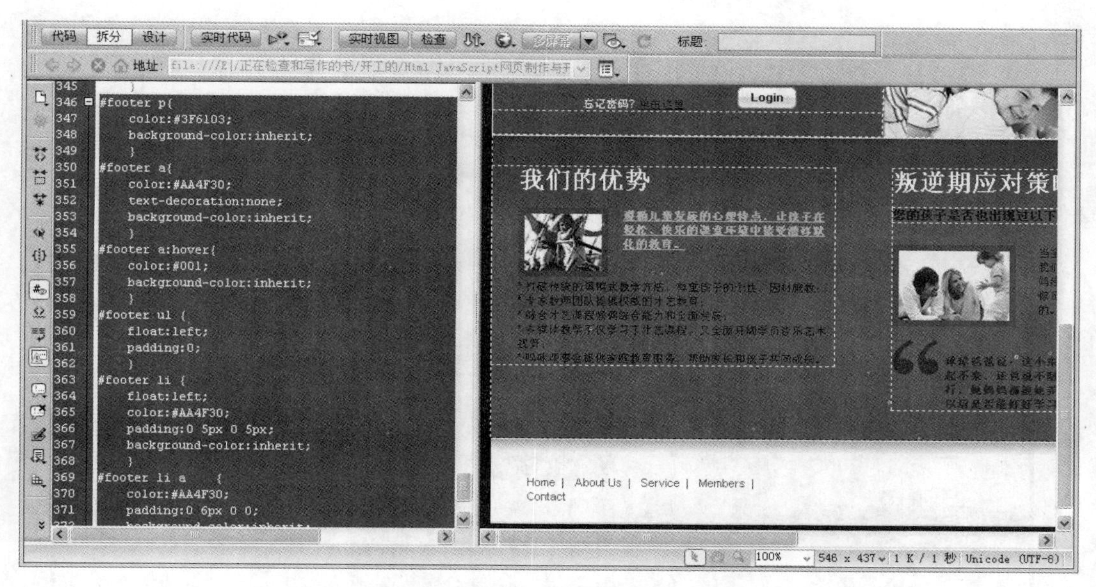

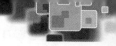

图 23-36 定义 footer 部分的内的文本样式

23.10 利用 JavaScript 制作网页特效

利用 JavaScript 可以制作出各种各样的鼠标特效，下面就通过实例讲述禁止鼠标右击特效的制作。在网页上，当用户单击鼠标右键时会弹出警告窗口或者直接没有任何反应。其作用是让用户无法使用鼠标右键中的相应功能，从而限制用户一定的操作权限。具体操作步骤如下：

01 打开网页文档，在 <head> 与 </head> 之间相应的位置输入如下代码，如图 23-37 所示。

图 23-37 在 <head> 与 </head> 之间输入代码

```
<script language=javascript>
function click() {
if (event.button==2) {
alert('禁止右键复制! ') }}
```

```
function CtrlKeyDown(){
if (event.ctrlKey) {
alert('不当的复制将损害您的系统！') }}
document.onkeydown=CtrlKeyDown;
document.onmousedown=click;
</script>
```

02 保存文档，在浏览器中预览，当复制文字内容时弹出警告对话框，如图 23-38 所示。

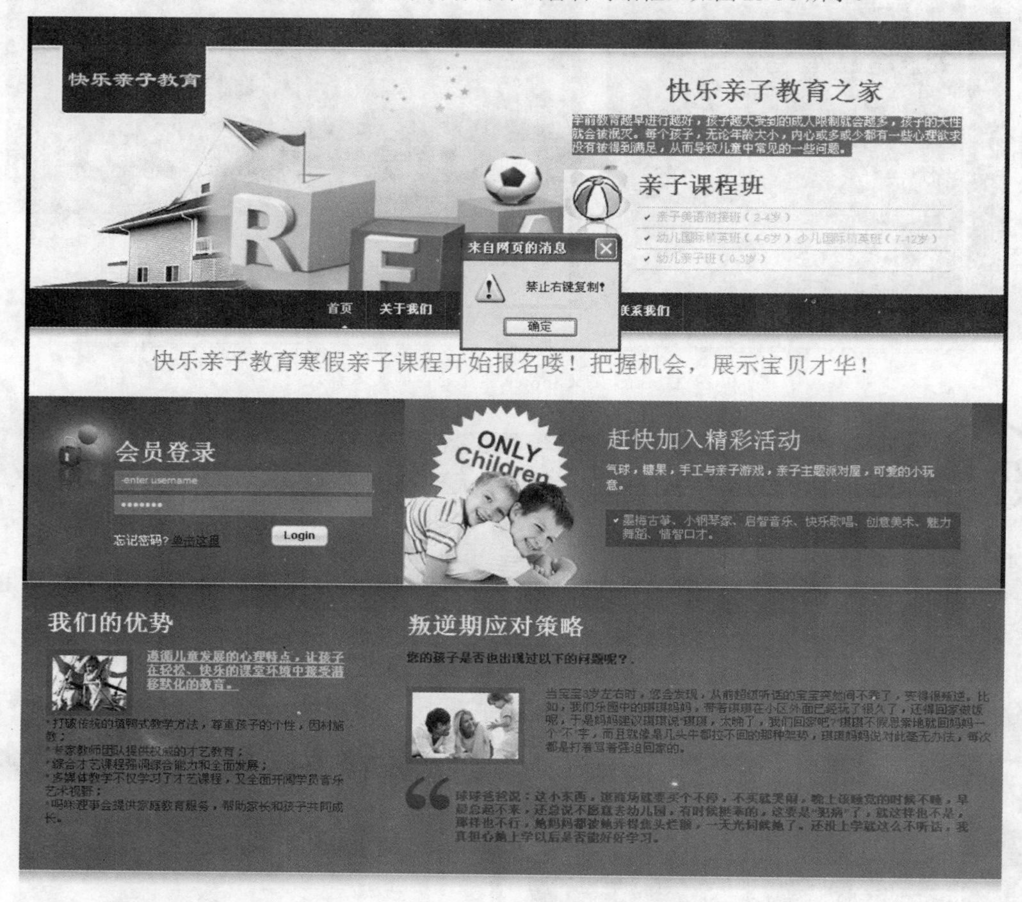

图 23−38　禁止鼠标右键

23.11 本章小结

在企业网站的设计中，既要考虑商业性，又要考虑艺术性。企业网站是商业性和艺术性的结合，同时企业网站也是一个企业文化的载体，通过视觉的元素，承接企业的文化和企业的品牌。好的网站设计，有助于企业树立好的社会形象，也能比其他的传播媒体更好、更直观地展示企业的产品和服务。

界面设计是网站设计中最重要的环节，而在 CSS 布局的网站中尤为重要。在传统网站设计中，我们往往根据网站内容规划提出界面设计稿，并根据设计稿完成网页代码的实现。在 CSS 布局设计中，除了界面设计稿之外，我们需要在设计中更进一步考虑后期 CSS 布局上的可用性，但是这并不代表 CSS 布局对设计具有约束与局限。